盘 点 年 度 资 讯 · 预 测 时 代 前 程

BLUE BOOK
权威·前沿·原创

日本蓝皮书
BLUE BOOK
OF JAPAN

日本发展报告
（2009）

ANNUAL REPORT
ON DEVELOPMENT OF JAPAN
(2009)

中国社会科学院日本研究所
主　编／李　薇
副主编／林　昶

社会科学文献出版社
SOCIAL SCIENCES ACADEMIC PRESS (CHINA)

图书在版编目（CIP）数据

日本发展报告（2009）/李薇主编. —北京：社会科学文
献出版社，2009.8
（日本蓝皮书）
ISBN 978 - 7 - 5097 - 0954 - 2

Ⅰ. 日…　Ⅱ. 李…　Ⅲ. 日本 - 概况 - 2009　Ⅳ. K931.3

中国版本图书馆 CIP 数据核字（2009）第 137199 号

法 律 声 明

主要编撰者简介

李 薇 女，北京市人，法学博士，中国社会科学院日本研究所研究员，所长。毕业于中国社会科学院研究生院法学系民法专业。兼任中国社会科学院法学研究所日本法、亚洲法研究中心秘书长，法学系教授。研究专业和方向为日本法。主要研究成果：《日本交通事故人身损害赔偿法律制度研究》（专著，1997）、《立法过程》（译著，1990）、《私人在法实现中的作用》（译著，2006），论文有《日本的不良债权和金融振兴综合政策》、《日本侵权行为法中的因果关系理论》、《〈东京高等法院裁定：民法第九百条违宪〉判例研究》、《日本中央银行法的修改》、《日本的财政重建》、《日本宏观经济政策的转换》、《日元贬值与对亚洲经济的影响》等。

张季风 男，吉林伊通人，经济学博士，中国社会科学院日本研究所研究员，经济研究室主任，硕士研究生指导教师，全国日本经济学会秘书长。毕业于东北师范大学外语系，获东北师范大学日本研究所日本经济专业硕士学位、日本东北大学经济学博士学位。研究专业和方向为日本经济、中日经济关系和区域经济。主要研究成果：《日本国土综合开发论》（专著，2004）、《挣脱萧条：1990～2006年的日本经济》（专著，2006）、《中日友好交流三十年（经济卷）》（主编，2008）、《日本经济蓝皮书：日本经济与中日经贸关系发展报告（2008）》（副主编，2008）、《日本经济概论》（主编，2009），以及有关日本经济和中日经济关系的论文100余篇。

高 洪 男，辽宁沈阳人，哲学博士，中国社会科学院日本研究所研究员，副所长，兼政治研究室主任，中国社会科学院研究生院教授，博士研究生指导教师。毕业于中国社会科学院研究生院宗教系。兼任中华日本学会秘书长、中国中日关系史学会常务理事、中国日本史学会常务理事。研究专业和方向为日本政治、中日关系。主要研究成果：《日本当代佛教与政治》（专著，1995）、《日本政党制度论纲》（专著，2004）、《日本文明》（合著，1999）、《樱花之国》（合著，2002）、《日本政府与政治》（合著，2002）、《新时代尖端产业》（译著，1987）、《科技六法全书》（合译，1988）等。

吕耀东 男，山西人，法学博士，中国社会科学院日本研究所副研究员，外交研究室副主任，硕士研究生指导教师。先后获得山西师范大学法学学士学位、北京师范大学历史学硕士学位、北京大学法学博士学位，现在吉林大学博士后流动站做政治学博士后研究。兼任中国社会科学院青年人文社会科学研究中心常务理事、日本研究所中日关系研究中心副主任。研究专业和方向为日本政治、外交及大国关系、当代日本外交政策与外交战略、东亚的冲突与合作等。主要研究成果：《冷战后日本的总体保守化》（专著，2005）、《21世纪的中日关系》（合著，2003），论文有《构建和谐世界与中日关系》、《洞爷湖八国峰会与日本外交战略意图》、《试析日本的环境外交理念及取向》、《从福田访华看中日关系发展前景》、《日本福田内阁的内政外交走向》、《美日同盟的发展轨迹探讨》、《试析日本民族保守主义及其特性》、《舆论中的中日关系：症结与分析》等40余篇。

王　伟 男，吉林梅河口人，中国社会科学院日本研究所副研究员，社会文化研究室主任，硕士研究生指导教师。中华日本学会常务理事。毕业于日本创价大学文学部社会学专业。曾任日本东京大学、成城大学、东京都立大学客座研究员。研究专业和方向为日本社会。主要研究成果：《日本青年剪影》（合著，1990）、《第四次中日青年论坛——转型中的中国与日本》（合编，2000）、《世界中的日本文化——摩擦与融合》（合编，2004）。参加了《日本社会解读》、《日本的社会思潮与国民情绪》、《21世纪日本沉浮辨》、《世纪之交的城乡家庭》、《一笔难画日本人》、《现代中国家庭的变化与适应策略》（日文）、《国外社会福利制度》等书的撰写。论文有《战后日本的社会阶层与政治意识》、《战后日本家庭变化》、《日本人口结构变化及其对日本社会的影响》、《多样化居住形态中的老人赡养》、《日本家庭养老模式的转变》、《日本社会保障的课题与改革的深化》等数十篇。

林　昶 男，北京市人，中国社会科学院日本研究所《日本学刊》副主编，副编审，编辑部主任，中华日本学会编辑出版部主任，世界知识出版社、北京大学出版社特约编辑。毕业于中国社会科学院研究生院日本系日本文化专业在职硕士研究生班。曾受聘北京日本学研究中心客座研究员。研究专业和方向为日本文化。主要研究成果：《中国的日本研究杂志史》（专著，2001）、《中日关系报告》（合著，2007）、《中日农村经济组织比较》（合著，1997）、《何方集》（选编，2001）、《宦乡集》（选编，2002），以及《中国的日本研究》（1997）、《中国的东北亚研究》（2000）、"中日青年论坛"（1998～2003）、"21世纪的日本"（2000～2003）、"日本发展报告"（2002～2008）等工具书、丛书的副主编。

中文摘要

本书是中国社会科学院日本研究所与社会科学文献出版社合作推出的首部日本蓝皮书。它对 2008 年以来日本的经济、政治、外交、社会文化的总体形势和新动态以及一些热点问题，做了全面的回顾和分析，并就日本的未来发展做了展望，还收录了该年度中国日本研究的主要学术成果、日本大事记、重要经济统计数据和中日关系文献。

总体而言，2008 年日本形势严峻。在经济方面，源自美国的国际金融危机爆发以后，日本实体经济受到重创，股市暴跌，日元升值，出口下降，生产骤减，GDP 数季度持续呈现负增长，陷入战后最严重的衰退之中。日本政府不得不暂停缩减财政赤字的计划，转而采取紧急救助措施和刺激经济计划，以期尽快走出困境。在政治方面，日本首相再次闪电式更迭，显示了"1955 年体制"崩溃后的政党政治仍旧处在动荡与摸索之中，在朝野政治口号本质趋同的情况下，应对经济危机和迎合国内政治诉求，成为朝野两党争夺政权和维持政权的主要因素。在外交上，面对美国与中国关系的发展，日本在强化日美同盟的同时，积极参与东亚及对非经济合作乃至国际事务，以实现"主体性外交"的战略意图。日本对中国汶川大地震后抢险救灾和灾后重建的援助、对北京奥运会的支持和推进青少年交流等，表现出其对对华外交的重视。中日关系迎来暖春。中国国家元首时隔十年实现访日，中日签署第四个政治文件，两国关系进入新的战略共识形成与完善期。在社会生活方面，雇佣结构的变化给日本社会带来冲击，人们普遍关心的养老金制度的完善等社会保障制度的改革尚未有明显进展，地区差距和收入差距继续拉大，贫困阶层人口增加，加速了社会转型期的分化与重构。

展望 2009 年，日本政局乱象或许将持续，大选无论对执政党还是在野党，都将是严峻的考验。而更大的考验来自经济，日本经济将以走出危机为首要目标，可望在 2009 年下半年止跌，但走向复苏恐怕最早也要到 2010 年以后。

Abstract

As the first blue paper jointly published by the Institute of Japanese Studies of the CASS and Social Sciences Academic Press (China), this book is a comprehensive review and analysis of the overall situation, trends and some hot spots of Japan's economy, politics, foreign affairs, society and culture in 2008 and a prospect of Japan's future development. In addition, this year's information such as China's important academic achievements in the field of Japanese studies, Japan's major events, important economic and statistical data, documents concerning Sino-Japanese relations is also included in this book.

Generally speaking, Japan was in grim situation in 2008. On the economic side, after the international financial crisis broke out in the United States, Japan's real economy suffered heavy losses. With the slump in the prices of stocks, the appreciation of Yen, the decline of its export, the sudden drop of its production and the continuing minus growth of its GDP, Japan came into the worst recession after the Second World War. As a result, the Japanese Government had to temporarily stop carrying out its plan of reducing budget deficits, and turned to adopt emergency measures and economic stimulation plans, so as to get out of the dilemma as soon as possible. On the political side, changing the Prime Minister in Japan looking like a break of lightning once again revealed the fact that the political party politics emerged after the collapse of the "1955 system" was still groping its way out of the turmoil. Owing to the circumstances of the basically convergence of the political slogans of both the ruling parties and the opposition parties, the chief factors for the two opposition parties to seize and maintain the political power were the following: dealing with the economic crisis and meeting the domestic political claims. On the diplomatic side, in the circumstances of the development of Sino-American relations, Japan actively took part in the international activities and the economic cooperation in both East Asia and Africa, while strengthening its alliance with the United States, so as to realize its strategic intention of carrying out its "proactive diplomacy". Japan attaching importance to its diplomatic relations with China can be illustrated by the following: giving aid to the Wenchuan earthquake rescue operations and the post-disaster reconstruction, supporting the Beijing Olympic Games, as well as promoting the teenager exchanges between the two countries. Sino-Japanese relations came into the period of warm spring. China's head of state realized his visit to Japan for the second time in ten years and signed the fourth political document between China and Japan. It signifies that the two countries' relations came into a period of shaping and improving strategic common understanding. On the social life side, the shock to the stability of the Japanese society, the indistinct improvement of the social security program and the aged insurance account which are commonly concerned by the society, the continued enlargement of both the regional disparity and the income differential, the growing population of the poor stratum, all speed up the division and reorganization of the society in a period of type transformation.

Looking forward to 2009, it is possible that Japan's political situation will continue to be in turmoil. Both the ruling parties and the opposition parties will stand the ordeal in the coming general election. The severer ordeal will come from economy. The most important target of the Japanese economy is to get out of the crisis. At the soonest, the Japanese economy will probably stop declining in the second half year of 2009 and move toward recovery after 2010.

目 录

外　交　篇

中日关系篇

社会文化篇

学术动态篇

资 料 篇

文 献 篇

CONTENTS

General Report

Economy

Politics

Foreign Affairs

Sino–Japanese Relations

Society and Culture

Academic Trends

日本蓝皮书

Data

Document

总 报 告

2008 年的日本：转型中的危机应对

李 薇[*]

摘 要： 本文以日本第三次转型期为背景，对 2008 年日本经济、政治、外交、社会生活等领域的核心问题进行回顾和分析。国际金融危机使日本实体经济受到重创，政府不得不采取紧急救助措施和刺激计划以挽救危局。日本首相再次闪电更迭，显示了"1955 年体制"崩溃后政党政治仍处在动荡之中，应对经济危机和迎合国内政治诉求成为朝野两党争夺和维持政权的主要因素。中日首脑互访步入正轨，两国关系明显改善；面对美国与中国关系的发展，日本在更加强化联美抑中的同时，推进东亚及对非经济合作。而雇佣结构的变化给日本社会带来冲击，区域和收入差距继续拉大，进而加速了社会转型期的分化与重构。

关键词： 日本 2008 年状况 背景分析

* 李薇，法学博士，中国社会科学院日本研究所研究员，所长，研究专业和方向为日本法。

2008 年，日本的形势严峻。国际经济危机和国内政坛乱象、首相更迭，给日本在第二次世界大战后第三次全面转型期中的这一年，涂上了更多危机应对的悲壮色彩。本文以日本的第三次转型期为大背景，对 2008 年日本经济、政治、外交、社会生活等领域发生的核心问题进行回顾与分析。

一

（一） 日本经济在减速之后陷入危机

因美国次贷危机引发的全球金融危机，日本实体经济受到重创，出口骤降引发经济大幅滑坡，GDP 连续呈现负增长，陷入了第二次世界大战后最严重的经济危机。

2008 年，日本实际 GDP 增长速度明显下滑，四个季度环比增长率（换算为年率）分别为 3.4%、–3.5%、–2.5% 和 –14.4%。2008 财年（2008 年 4 月 1 日至 2009 年 3 月 31 日）实际 GDP 增长率暴跌为 –3.5%，创下战后财年经济增长率新低。[1]上述数据公布之后，引起国内外舆论的普遍关注。从数字上看，日本的衰退速度甚至超过了美国和欧洲，由此断定，日本陷入了"战后最大的经济危机"[2]。

造成此次经济衰退的主要原因，是日本经济严重依赖出口。2008 年下半年因世界经济危机的波及，国际市场对日本汽车、电器以及机电设备的需求持续下降，出口相关企业的生产收入和产量相应减少。尽管日本的出口依存度仅占 GDP 的 15% 左右，但由于占 GDP 约 56% 的个人消费持续低迷，占 GDP15% 左右的民间设备投资波动又较大，而只有出口增长稳定高速增长，故出口特别是净出口对经济增长的贡献度相对较大。2007 年 11 月之前，日本维持了长达 69 个月的经济景气，2005～2007 年的实际 GDP 增长率分别为 1.9%、2.0%、2.3%，净出口贡献度分别为 0.3%、0.8%、1.1%，增长主要是依靠出口拉动；2008 年实际 GDP 增长为 –0.7%，净出口贡献度为 0.2%，增长的下降主要是因净出口下降。[3]

---

① 〔日〕内阁府《季度 GDP 速报》2009 年 5 月 20 日公布第一次速报值，后三季度与 2009 年 6 月 8 日《日本经济新闻》数据相吻合。

② 〔日〕《读卖新闻》2009 年 2 月 17 日援引日本经济和财政政策大臣与谢野馨语。

③ 〔日〕内阁府《季度 GDP 速报》2009 年 5 月 20 日公布第一次速报值。

因此，日本出口依存度虽然较低，却对经济发展的贡献度较高，这种结构在外需下降导致出口和生产减少时，经济增长率明显下滑就成为必然结果。关于2008 年第四季度出现大幅度负增长的原因，有的日本企业人士认为，除了出口急剧下降外，企业因经济预期不好而纷纷清理库存也是背景之一。① 关于始于2007 年第二季度的下滑，有学者认为，日本经济进入周期性衰退的因素也不容忽视。② 总之，无论怎样解构 2008 年的经济数据，日本进入了经济危机是确定无疑的。

由于金融危机的冲击，日本经济危机的特征日趋明显：①股市暴跌，日经225 平均股指从 2008 年 9 月初的 12834 点降至 10 月底的 7163 点，两个月内的跌幅为 44%，速度和幅度均为前所未有；②出口急剧下滑，时隔 28 年首次出现7253 亿日元贸易赤字；③ ③企业遭受重创，一些大型制造业企业首次出现年终赤字，上市制造业企业年终合并财务报表整体出现赤字，为 2000 年以来首次；④ ④设备投资持续下降，第四季度比前期下降 16.7%，创历史最大降幅；⑤工业企业生产指数在第四季度下降幅度为 1953 年以来最低点；⑤ ⑥占 GDP50% 以上的消费持续疲软并于第四季度出现负增长；⑦失业率为 4.4%，属日本失业率高值（2007 年度仅为 3.8%）。

日本金融业虽然并没有在美国次贷上遭受直接损失，但情况并不乐观。日本的大型商业银行为了应对国际金融危机和强化自身体制，在 2008 年第四季度先后进行了总额约 4 万亿日元的资本增资。尽管筹资对象多为与各银行关系密切的保险或证券机构，但为了吸引资金，各银行在增资的方式上仍多采用优先股或优先出资证券的方式，这对未来收益将会造成高成本负担⑥。金融机构的 2008 财年决算结果不容乐观，含大型银行、证券、保险在内的主要金融机

---

① 日本 NEC 中国公司总经理金子对笔者所言。

② 张季风：《金融危机冲击下的日本经济》，《亚非纵横》2009 年第 3 期。

③ 日本财务省 2009 年 4 月 22 日贸易统计速报。

④ 〔日〕《日本经济新闻》2009 年 2 月 7 日的数字显示，2008 财年，预计丰田公司出现 70 年来约 3500 亿日元的首次亏损，夏普公司为 1000 亿日元的首次亏损，半导体公司尔必达亏损约为1179 亿日元，化工材料业的东丽公司约亏损 160 亿日元等；其他行业也出现较大亏损，如日航亏损约为 340 亿日元等。此外，另有报道说，松下电器公司约亏损 3800 亿日元，日立公司的亏损数额更高。

⑤ 日本内阁府。

⑥ 2008 年 12 月 1 日〔日〕《日本经济新闻》。

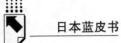
构的最终赤字额高达 4 万亿日元。金融机构损失扩大的原因并非直接购买美国贬值债券，而主要是缘于自身治理问题，如贷款业务的低利润竞争、因担心外资收购回归相互持股惯用做法、对高风险证券化商品和基金的投资是造成损失的主要原因。日本政府在 20 世纪 90 年代末为解决信用危机对大型商业银行投入了公共资金，有些商业银行在体质恢复后并没有在贷款等核心业务上更好地履行社会责任和规避道德风险，而是着手高风险高回报的业务，外资金融对日本金融业的介入带动了高管人员的薪酬，金融机构自身的体制建设尚未明显改善。①

（二）日本政府"政策总动员"②

日本这次经济危机的特点是来势迅猛，出口、消费、投资指标的下降几乎是在很短的时间内同时发生的，特别是在第四季度表现更为明显。日本政府在 2008 年 8 月、10 月、12 月先后采取了"紧急综合对策"、"生活对策"、"紧急对策"措施，三次政策措施分别投入财政资金 1.8 万亿、4.8 万亿、5.8 万亿日元，预期分别调动 11.5 万亿、27 万亿、37 万亿日元规模的事业投资。三项政策的目标分别是：减轻高龄者的医疗费负担、帮助中小企业解决资金周转困难；向居民发放定额消费补贴金、下调高速公路收费、创造自治体就业机会；降低就业保险费、强化住房贷款的减税、降低中小企业法人税率等。由于第四季度指标显示出经济状况已经不再是衰退，而是"恶化"，作为"经济危机对策"，日本政府还将在 2009 年投入财政资金 15.4 亿日元，带动 56.8 亿日元规模的事业启动，以期使经济走出低谷，恢复增长。这是日本政府有史以来最大规模的经济刺激计划，相当于日本 GDP 的 3%，政府预计此项计划能为 2009 财年 GDP 增长率贡献 2%。③

为拯救受到重创的金融环境和实体经济，除财政政策外，日本中央银行也先后紧急推出多种危机对策，其中不乏临时性的非常规、非传统的方式。这些对策包括：①为了形成超低利率环境，连续两次下调银行间无担保隔夜拆借利率，从 0.5% 下调至 0.3%、0.1%，基准贷款利率从 0.75% 降至 0.5%、0.3%，

① 2009 年 4 月 24 日〔日〕《日本经济新闻》。

② 2009 年 4 月 11 日〔日〕《日本经济新闻》。

③ 2009 年 4 月 11 日〔日〕《日本经济新闻》。

利率降至接近零的水平；②为维护金融市场稳定，提供美元流动性供给且不设上限；③为改善日元流动性，对短期金融市场实施大规模流动性供给，对商业银行在央行经常账户的超额部分实行临时付息（0.1%）措施；④为促进企业融资，设立援助企业金融特别项目，通过公开市场操作提供低息资金，通过政策性银行直接购买企业发行的 CP；⑤为提供长期资金，增加购买银行所持长期国债，2008 年 12 月购买额度从每月 1.2 万亿日元增至 1.4 万亿日元；⑥为稳定市场和金融信誉，通过直接购买商业银行持有的股票和债券，有限度地承担信用风险等。①

20 世纪 80 年代以来，日本就一直试图将外需导向的经济增长方式转变为内需导向，但一直没有成功，泡沫经济之后更加缺少消费和投资的动力。小泉执政时期推行的结构改革强调了市场的自由竞争，但未能开发出新的经济增长领域，导致一味依赖出口的脆弱经济特性，为了刺激出口，政府采取了压低日元汇率和宽松的货币政策。2008 年，转变经济发展模式、扩大内需的议题再次提到议事日程上来。为此，日本政府着手修改产业再生法，通过官方产业政策引导和支持高新技术的开发和知识产权战略的措施。已经明确的政策措施包括：以公共资金为引导，促进社会资金向创新企业投资；民间金融机构向符合产业再生法认定标准的企业融资时，政府将为其提供一定程度的担保；在制度上允许企业将节能投资计划总额在第一年度列入折旧，减轻节能企业的税负；创建官民共同基金机构，为多家企业、大学和科研机构联手创办的创新型企业或事业项目集中投入资金支持等。②

日本政府和中央银行为应对经济危机所采取的刺激经济计划和应急措施，虽然在 2008 年底尚未有明显效果，但可以断定至少会取得短期效果。如果美国金融危机能够见底，日本至少在心理压力上有所缓解；如果中国经济回暖，日本的对华出口需求上升，将给 2009 年的日本经济带来曙光；仅靠日本自身内需的增长拉动增长，效果是有限的。对日本政府来说，2009 年的首要任务是实现增长，财政将为此付出巨额代价。2003 ~ 2007 年间日本没有采取特殊的刺激经济对策③，实行的是控制公共支出的财政政策和宽松的货币政策，制定了在十年内削

① 2009 年 2 月 24 日〔日〕《日本经济新闻》。
② 2009 年 4 月 23 日〔日〕《日本经济新闻》。
③ 2009 年 4 月 11 日〔日〕《日本经济新闻》。

005

减 30% 公共投资的计划，新发国债数额有所控制，但国家及地方长期债务余额对 GDP 的比仍旧保持在高位。[①] 2008 年 8 月以来，日本政府不得不暂停健全财政计划[②]，为应对经济危机，先后在 8 月、10 月、12 月连续三次动用财政采取对策，被称为"三级火箭助推"。[③] 日本已经制定了 2009 财年"经济危机对策"方案，其财政支出和国债、地方债发行力度创下历史新高。总之，在财政和金融手段余地都十分有限的状况下，依靠出口的增长方式已经越来越困难，2009 年日本经济将以走出危机为首要目标，经济刺激计划只能有短期效果，尚不能确定修改后的产业再生计划能否引导创新经济出现。

二

（一）频繁的首相更迭与不确定的政局

2008 年日本政坛发生的最重要事件，是刚刚就任首相一年的福田康夫突然宣布辞职。在过去的 15 年中，日本政府更换了十位首相[④]，除小泉一人独揽五年半外，其他九位首相人均任期仅一年。2007 年 9 月安倍晋三也曾在上任一年之际匆忙辞职，当人们还没有完全淡化安倍冲击时，又一位首相突然宣布辞职，日本政坛的动荡再次引起世界的关注。首相的频繁更换，是日本"1955 年体制"崩溃以来政局动荡的延续，也是处在转型期的日本政治的必然现象。

2007 年 9 月，临危受命的福田康夫上台初始就意识到面临多难之途，自叹自己这届内阁"也许是一支苦命签"[⑤]。2007 年自民党在参院选举中失去了以往

---

① 根据日本财务省 2008 年 10 月《财政关系诸资料》的数据，为 147.7%；根据 OECD\エコノミック.アウトルック〔83 号（2008 年 6 月）〕的数据，为 170.9%。

② 小泉内阁从 2002 年开始，每年以 2200 亿日元的额度，连续削减公共开支，2006 年出台的《关于经济财政运营和结构改革的基本方针》（"骨太方针"）又确定了未来五年内进一步削减 1.1 万亿日元的健全财政计划框架。

③ 2009 年 4 月 11 日〔日〕《日本经济新闻》。

④ 最近的十位日本首相任职时间，细川护熙：1993 年 8 月~1994 年 4 月；羽田孜：1994 年 4 月~1994 年 6 月；村山富市：1994 年 6 月~1996 年 1 月；桥本龙太郎：1996 年 1 月~1998 年 7 月；小渊惠三：1998 年 7 月~2000 年 4 月；森喜朗：2000 年 4 月~2001 年 4 月；小泉纯一郎：2001 年 4 月~2006 年 9 月；安倍晋三：2006 年 9 月~2007 年 9 月；福田康夫：2007 年 9 月~2008 年 9 月；麻生太郎：2008 年 9 月至今。

⑤ 〔日〕本田雅俊：《首相辞职的方式》，PHP 新书，2008，第 280 页。

过半的票数，导致自民党推举的福田在众参两院对立的情况下上任，福田称自己的内阁是"背水之阵内阁"，预感"自民党也许会失去政权"。① 安倍任首相时，在延长《反恐特别措施法》、修改教育基本法、成立防卫省等问题上操之过急，而民主党高喊着通过增税健全社会保障制度的口号成为参议院第一大党，在这种局势下就任首相的福田所面临的政治形势与安倍上任时相比，于自民党更加不利。福田采取温和手段，提出了与民主党同样的健全社保的口号，并且上任伊始就试探与民主党代表小泽一郎合作的可能，而失去政治特色的民主党的目标已经不再是简单的政策反对者，而是以夺取政权为目标。民主党利用在参议院的优势，对自民党提出的所有法案大张旗鼓地"彻底抗战"，形成众参两院相互对立的"扭曲"政治局面，福田执政的一年就是在与民主党的艰苦协调中度过的。以性格温和、善于协调著称的福田，在其任期内为一系列需要两院审议的法案费尽了周折，特别是新《反恐特别措施法》、道路特定财源相关的燃油税等临时税率的延长不得不采取众议院"再次批准"② 的方式批准通过，这是众议院自1951年对赛艇法采取再次批准以来相隔57年的罕见程序。在法案进入再次批准的程序之前，日本不得不停止对印度洋美军舰艇的油料补给行动，也不得不动用道路特定财源应对油价攀升。此外，在日本银行正副总裁换届的人选等需要国会批准或其他需要向国会告知的事项上，福田内阁都处于被动立场。福田是在支持率下降和面临解散众议院的危机中决意辞职的。舆论普遍认为，福田不愿意在自己任职时因解散众议院导致自民党失去政权。正因为如此，继任首相的麻生上任后，被称为"总选举实行首相"。

2008 年 9 月麻生继任首相后，因经济日趋恶化，解散国会的问题让位于更加紧迫的经济应对，麻生打出了"政局让位于政策"的口号。由于小泽一郎秘书违法收受西村建筑公司贿赂事被曝光，小泽一郎和民主党的声誉受到影响，使得本以为更加短命的麻生内阁的支持率从最低时的9%重新回到30%以上。有舆论惋惜说："自民党政权在不解散众议院的情况下还能继续维持着，早知道的话，福田也许就不会辞职了。"③ 从过去日本的经验看，在经济处于成长阶段时期，出现萧条的时候对执政党有利，因为国民对掌握经济对策经验的自民党抱有

---

① 〔日〕本田雅俊：《首相辞职的方式》，PHP 新书，第 280 页。

② 按照日本法律，提交国会审议表决的法案在众议院审议通过而在参议院未通过时，可以在 60 天后拿回到众议院再次表决，若获得 2/3 以上赞成，法案即成立。

③ 〔日〕盐田潮：《景气与选举的微妙关系》，《东洋经济周刊》，2008 年 11 月 29 日。

期待，而在经济景气的时候则对在野党有利，因为比起经济运营，国民更关心的是物价的稳定、贫富差距的缩小、社保和环境的改善等，往往支持在野党对执政党的批评；在经济成长阶段结束后，执政党则是在经济走出谷底并走向增长、国民恢复信心的时候比较容易获得选票，而国民如果感觉不到走出谷底并且没有信心，执政党就会丢失选票。直至20世纪80年代末，日本的在野党是纯粹的反对党角色，号称"凡事都反对的万年野党"。20世纪90年代以来，在野党发生了变化，已经逐步具备了成为自民党竞争对手的实力，选举人对期待或者批判不再感兴趣，更看重的是结果和责任。因此，经济萧条可能使执政党失败，经济恢复可能使执政党得到支持。麻生并不具备理论水平，也经常因为读错字而受到嘲讽，但前文部大臣铃木恒夫曾经评价麻生"有执行力，善于瞄准"，有分析说，这个长处也许会让麻生选择在经济形势出现拐点的时候果断解散国会进行大选。① 因此，麻生内阁在2008年10月、12月先后出台两个紧急经济措施后，又为2009年刺激经济准备了历史上数额最大的"经济危机对策"，无论于本国经济还是于自民党政权都具有非常重要的意义。

（二）政局动荡的结构性原因

日本政局的动荡源于日本社会政治经济的变化，是处在转型期的日本政治的必然现象。1993年之前一党独大的"1955年体制"是在占领、复兴、高增长的特定时期形成和维持的。当经济发展进入成熟阶段和低增长时期时，与新的经济发展方式不相适应的结构被打乱，过去不成为"问题"的事被作为问题提出，其中许多是对政治家、官僚与企业之间利益关系的反省。几十年来自民党所擅长的是党内派阀斗争，治理国家的任务基本由训练有素的官僚主导，"1955年体制"时期的自民党与官僚之间相互配合的关系被称为"二人三条腿"。自民党本身因长期执政缺少自我反省意识，加上党内元老的退出和党内的分化，力量逐渐衰弱；在野党在冷战后去意识形态化，变质、分化，从思想目标转向政权目标，而拼凑后形成的最大在野党民主党也同样缺少党内政治共识。当国家政治经济都缺少明确方向的时候，民众更倾向于相信强势政治家个人的能力，这是小泉能够执政五年半的原因。小泉以"改变自民党"、"摧毁自民党"为口号当选②，面向

---

① 〔日〕盐田潮：《景气与选举的微妙关系》，《东洋经济周刊》，2008年11月29日。
② 〔日〕本田雅俊：《首相辞职的方式》，PHP新书，第280页。

国民、强调政策透明度、强化首相核心领导力、将政治主导变为首相主导，国家政策由官僚主导的传统格局被打乱，凸显了政治家在决策中的地位。由于小泉实行的"行政改革"是政治手段，而不是政治目标，不能代表自民党的发展路线也不意味国家发展方针。日本经济增长更加依赖外需，社会所得和区域差距逐渐拉大，社会不稳定因素日益增加，而"自民党凭借小泉的高支持率睡了五年多的懒觉"。

随着"1955 年体制"崩溃后政界动荡期的拉长，人们对旧结构解体的认识越来越清晰。战争期间，许多人疏散到农村的家乡，战争结束时又有许多人回到家乡落脚，农村是战后政治家的选票基础。随着 20 世纪 60 年代开始的经济增长与人口移动，当出生在城市的新生代成为选民的时候，农村共同体的作用已经弱化，政治家的基础发生了变化。冷战结束加速了日本政党政治的变化，在野党因去意识形态化而变质，在重大政治问题上朝野变得趋同于保守。1993 年以来的日本政局就是在这种朝野政治结构变化中走过的，现在的动荡是其延续。在安倍时期丢了参议院多数席位，连续两任内阁短命后，2009 年日本将迎来众议院大选，处在严重经济危机中的日本，其议会政治将会出现更多不确定因素，面临更大考验。在朝野各党都缺少政治理念和自身革新的情况下，国民投票的标准已经"不是投给优点相对更多的党，而是选择缺点相对更少的党"。

值得注意的是，无论是首相更迭还是政权更迭，政治取向将趋同。战后经济的快速增长使得因战败而严重受挫的日本国民自尊得以寄托，在世人瞩目的经济奇迹中，日本人因政治军事失败造成的失落与悲情得到缓解。但是，泡沫经济崩溃后的长期经济萧条带给日本的不仅是经济问题，更是战后社会均衡赖以生存的基础变化。于是，企业和个人寻找自我解困的出口，各种失落和悲情激烈发酵，形成新保守主义浪潮。处在动荡时期的日本政治，必然迎合社会上的这种要求恢复自尊的悲情意识。因此，有关日本政治制度结构、政权性质、国际形象、国家利益的定位等问题将成为其国内政治的核心，日本逐渐获得"正常国家"地位的愿望将会反映在其国内政治变革中。

三

（一）2008 年中日关系明显改善和发展

2001 年后的五年半时间，因日本首相小泉纯一郎参拜靖国神社，中日关系

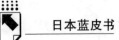

受到严重损害。小泉下台后，2006年10月安倍晋三前首相访华的"破冰之旅"、2007年4月温家宝总理访日的"融冰之旅"、2007年12月福田康夫首相访华的"迎春之旅"，为两国关系的改善营造了良好的政治氛围。2008年5月6~10日胡锦涛主席访日的"暖春之旅"是中国国家元首时隔十年后再次访日，全面推进了中日战略互惠关系，使首脑互访步入正轨，为进一步改善和发展中日关系打下政治基础。胡锦涛主席与福田康夫首相举行首脑会谈后，双方发表了《中日关于全面推进战略互惠关系的联合声明》，作为确定中日两国关系的第四个政治文件，联合声明进一步巩固了两国关系的政治基础，为新时期两国关系的发展开辟了广阔前景，将被载入中日关系的史册。

在联合声明中，两国政府面向未来确认了"和平共处、世代友好、互利合作、共同发展"的原则；重申了1972年《中日联合声明》、1978年《中日和平友好条约》及1998年《中日联合宣言》构成中日关系政治基础的三个文件的各项原则，以及2006年10月8日、2007年4月11日《中日联合新闻公报》的各项共识。双方决心正视历史、面向未来；日方重申继续坚持在《中日联合声明》中就台湾问题表明的立场；双方确认两国互为合作伙伴，互不构成威胁，共同开创亚太地区和世界的美好未来。双方决定在增进政治互信、促进人文交流、加强互利合作、共同致力于亚太地区的发展和应对全球性课题等五大领域构筑对话与合作框架，开展合作。双方同时发表了《中日两国政府关于加强交流与合作的联合新闻公报》，确定了落实联合声明的70项具体举措。联合声明的发表明显推动了双边关系的改善。

2008年四川汶川大地震发生后，福田康夫首相第一时间向中国领导人发出慰问电，并前往中国驻日本大使馆吊唁遇难者；日本国际救援队是最早抵达灾区的外国救援队，先后有两支救援队和医疗队参与了搜救和抢救工作，5月24日温家宝总理在视察灾区时特意在华西医院向日本医疗队和救援队表达了谢意；日本各界为救灾展开了捐款活动，日本兵库县向中国使馆赠送了阪神大地震的震灾资料；"发展日中关系议员之会"的议员小组专程到四川赠送救灾物资；日本国际协力机构为灾后重建制定了援助计划。日本方面在汶川大地震后所做的一切，赢得了中国人民的尊敬和感谢。

日本对北京奥运会给予了积极支持，除给予政治声援外，派出了由576人组成的奥运代表团，为日本历史上参加奥运会人数最多的一次。8月8日，胡锦涛主席在北京会见了前来参加奥运会的福田首相，代表中国政府向为北京奥运会的筹办给予了真诚关心和大力支持的日本政府和各界人士表示了感谢。

2008 年是《中日友好和平条约》缔结 30 周年，根据两国领导人 2007 年 12 月 20 日在新加坡会晤时达成的共识，双方一致同意将 2008 年确定为"中日青少年友好交流年"，以推动和加深两国年轻人之间的相互理解和相互信赖。中日双方签署了《关于"中日青少年友好交流年"活动的备忘录》，并根据备忘录附属《关于"中日青少年友好交流年"活动的合作计划》，在文化、学术、环保、科技、媒体、影视、旅游等领域开展一系列两国青少年交流活动，由中国中华全国青年联合会和日本外务省作为各自牵头单位承办。这是双方以纪念《中日和平友好条约》缔结 30 周年为契机，进一步推动中日关系改善与发展势头的重要举措。来自日本的 2000 多名青少年先后分为两批到中国访问，中国的 1000 多名青少年分三批访问了日本。[①] 这一活动是中日两国青年交往史上覆盖面最广、互访规模最大、安排内容最丰富的交流活动，双方领导人接见了到访的代表团。2008 年 12 月 20 日，"中日青少年友好交流年"活动的倡导者——温家宝总理和福田康夫首相出席了中日双方在京联合举办的"交流年"闭幕式活动，他们评价为期一年的"中日青少年友好交流年"活动为两国青少年创造了相互接触与交流的机会，达到了预期目的。

2008 年 6 月 18 日，中日双方就东海问题达成原则协议，双方宣布在划界前的过渡期间，在不损害双方法律立场的情况下进行合作，虽然双方尚未就具体实施方式进行磋商，但为搁置争议进行了有益的探索。7 月 7～9 日，胡锦涛主席出席了在日本洞爷湖举行的八国集团同有关国家领导人对话会议，在与福田康夫首相的会见中，双方确定继续加强高层往来和经济对话，推进人文交流和防务交流。

2008 年 3 月 31 日中日双方在北京举行了第八次防务磋商；6 月，日本海上自卫队"涟"号舰访华；7 月，日本对华出口首次超过对美出口，中国成为日本第一大出口国；8 月 15 日，在日本第 63 个战败日的当天，参拜靖国神社的人数有所减少，媒体炒作降温。这一时期，在两国领导人的推动下，中日关系呈现了良好的沟通与协调，增进了两国人民的互信，有碍中日关系发展的负面因素有所抑制。

麻生太郎于 2008 年 9 月就任日本首相后，重申了维护日中间四个政治文件

---

① 东方网，2008 年 12 月 20 日。

精神的方针，两国继续保持了高层接触。与福田前首相所不同的是，麻生在表示希望继续改善日中关系时，更加强调"日中友好是手段，目标是实现日中两国的共同利益"。在对华外交理念上，现任首相麻生不同于前任首相福田的显著特点之一就是把目标更清晰地锁定在利益上，也预示着日本对华外交将进一步受到利益驱动。

（二）日美基轴前提下发展自主外交

2007 年，时任首相的安倍晋三提出了"价值观外交"。2008 年 5 月，福田康夫首相在东京的国际会议上提出了加强环太平洋合作的倡议，被称为"新福田主义"。而同年 9 月，麻生太郎继任首相后，重提"自由与繁荣之弧"的理念。这些因首相更迭而出现的提法，并不能完全看做是日本外交理念的任意变化，而是日本领导人依其个人性格而做出的不同表述，有的首相善于协调，有的则过于急功近利。在这些煞费苦心、别出心裁的表述背后，是日本领导人共同的心态和国内政治的需要，即面对变化的国际格局，特别是中国在亚洲的崛起，日本需要树立自己在亚洲乃至全球的突出地位和显赫的存在，是联美抑中战略选择下的与政治大国身份相符的自主外交。

2008 年，日本在联美抑中战略的前提下，显示出对中国的重视。中国在国际政治和经济领域中影响的不断扩大，吸引了日本大量的智囊资源对中国研究和分析。日本已经认识到小泉政权一味地依傍美国的外交路线走进了死胡同，调整对华关系成为首要任务。日本 PHP 研究所"对华综合战略研究会"在 2008 年 6 月发表的报告中指出，"首先要明确日本自身希望建立什么样的国际秩序，为此日本准备发挥什么样的作用"。该报告认为，"日本已经不再是半个世纪前的羸弱的战败国，而是一个在经济和安全领域有着重要作用的主体。强大并有魅力的日本，与中国建立健康的关系，对日中双方都是有益的，也会极大地促进地区的稳定。日美中关系事关亚洲地区的稳定和盛衰，影响举足轻重……为了促进地区的稳定和发展，建立三国负责的框架体系，日本应率先建议举行日美中首脑会谈"。

日美同盟关系一直是日本外交的政治资本，但是，"由于美国与中国的经济关系也在不断加深，美中关系今后将发生怎样的变化，这是日本应该密切关注的。在日美中三角关系中，日美和日中保持良好的关系，发挥互补的作用，这对日本是有利的"。可见，日本已经明确地悟出中美关系的日益接近，并"担心美中在讨论一些事关日本国家利益的问题时是否采取了'越顶'的做法"。这些建议与前首相福田康夫提出的"日美同盟与亚洲外交共鸣"的构想是一致的。

在联美抑中战略下，日本力图在开展多边安全对话方面发挥积极作用，力求增大自己在国际社会的发言权和在东亚地区的主导权，同时规避中国外交影响的扩大对其产生的挤出效应。

2008 年 5 月 28～30 日，有 50 多个国家的代表参加的主题为"希望与机会：打造充满活力的非洲"的第四届非洲开发会议在日本横滨举行，日本充分利用该会议的场合，通过精心的筹划，扩大在非洲的影响。此外，日本利用 7 月 7～9 日在北海道洞爷湖举行的八国集团首脑会议，特意安排了八国首脑同阿尔及利亚、埃塞俄比亚、加纳、尼日利亚、塞内加尔、南非、坦桑尼亚七个非洲国家和非洲联盟领导人举行的对话会，八国首脑同中国、巴西、印度、南非、墨西哥五个发展中国家领导人对话会议以及主要经济大国能源安全和气候变化领导人会议（MEM），彰显了东道主的外交能量。日本继续积极推进与东亚、东南亚国家的经济外交，努力维持与这一地区特殊的经济关系。2008 年为"日本湄公河交流年"，1 月在东京召开了日本—湄公河国家外长会议，通过向湄公河"东西走廊"无偿援助 2000 万美元加强与该地区的联系，作为战略投资对象，日本已经有 8000 多家企业进入该地区开展业务；① 4 月日本与东盟签署了《日本东盟一揽子 EPA》；继率先提出亚洲货币基金构想、主导推动清迈倡议（CMI）之后，2008 年底，日本又为即将召开的"10+3"财长会议做出扩大 CMI 资金规模和设立事务局的建议方案，努力施展在东亚发挥主导作用的能量。2008 年 12 月，中日韩三国为应对国际金融危机在福冈举行会谈，这是其他国际会议框架之外首次举行的三国领导人会议，麻生为此次会议提出了"日中韩三国联合起来扩大内需，可以在摆脱世界危机上领先一步"的"麻生构想"②，日本将内需的概念扩大为区域性内需，充分显示出日本对中韩两国市场的需求，而这一构想与麻生此前提出的"自由与繁荣之弧"构想不无矛盾。虽然日本在美国的东亚战略中已经获得了功能扩大化的机会，但其防务和外交仍建立在不损害美国利益的基础上，其进度、方式以及后续影响仍受美国掌控，在排斥中国影响的同时不得不与中国联手参与东亚事务，导致日本外交呈现一定程度的矛盾性和不稳定性。

---

① 2008 年 1 月 14 日《广州日报》。
② 2008 年 12 月 14 日〔日〕《产经新闻》。

四

（一）经济危机对就业的影响

自 2007 年第三季度开始，日本企业利润出现下滑，到 2008 年第四季度，由于外需骤减，以制造业为核心的众多相关企业出现大幅度的利润缩减。同时，由于企业工资劳务费等固定支出没有相应压缩，日本全国企业的 2008 年经常利润同比下降 64.1%，其中制造业的收益同比下降 94.3%，几乎到了"利润枯竭"状态，对就业造成压力。随着企业状况的恶化，"有效求人倍率"① 为 1.07 倍，2008 年 1 月低于 1 倍，2009 年 2 月降到 0.59 倍，企业用人需求下降，求职者增加。② 最引人注意的是劳务派遣者的"派遣到期"，即合同到期，不再续签。由于企业的大幅度减产，合同期未满被中途解约的情况也有所增加。据日本厚生劳动省的统计，2008 年 10 月至 2009 年 6 月期间，将有 19 万人因合同到期被解约，其中 13 万为劳务派遣者。

截止到 2008 年底，就业人数与上年相比尚没有太大变化，制造业企业尚未大幅度裁员。企业的开工率已经开始下降，减产幅度与最高开工时期相比下降了 37%，但裁员仅为 3.7%（IT 泡沫崩溃时期制造业曾经裁员 7.8%）。③ 制造业企业之所以没有大幅度裁减员工，一方面是因外需下降来得太突然，还没有来得及应对裁员；另一方面是企业不愿意一下子把自己培养过的员工解雇。对于企业来说，解雇有技能的员工意味着企业自身的损失，而且会遇到法律纠纷，因此不会轻易大规模解雇员工。尽管如此，第四季度中，进行小幅度裁员的企业占 35%（第三季度为 16%），在制造业中为 50%（第三季度为 20%），预计 2009 年第一季度会有所上升。目前，一部分企业以缩短劳动时间和降低工资的方式减少解雇，但 2009 年新招员工的数量将会大幅度减少。根据日本银行预测，2009 年应届毕业生的就业率将下降 3.3%，属五年来最严重状况。④ 瑞穗综合研究所预测，2009 年出口将进一步下滑，企业收益继续下降，设备投资减少，就业、所得收

---

① 指企业招工人数对在日本全国职业介绍所登记申请就业人数之比。
② 日本厚生劳动省：《职业安定业务统计》。
③ 日本经济产业省资料。
④ 瑞穗综合研究所 2009 年 5 月调查报告。

入和消费与 2008 年相比会面临严峻局面，全年 GDP 增长率将比 2008 年下降 6%，相应劳动投入量将下降 3.3%，为历史新高。① 如此高的劳动量下降不可能仅靠减少劳动时间解决，除加班时间外，正式劳动时间的缩短意味着收入的减少，涉及劳资关系的调整和员工生活保障等诸多复杂问题。按照瑞穗综合研究所的算法，如果把人均劳动时间中的加班时间减掉，就业者人数同比减少 2.6%，失业率将从现在的 4.4% 上升到 6%。

根据日本总务省的"劳动力调查报告"，2007 年日本的雇佣者人数约为 5523 万人，非正式员工人数约为 1732 万人，约占 1/3，而在 24 岁以下的人口中，以非正式员工身份从事工作的人数则超过 50%。1997 ~ 2007 年的十年间，非正式员工的人数增加了 580 万，正式员工的人数下降了 371 万，显示出日本近十年在就业上非正式化发展趋势日渐明显的特点。非正式员工包括学生打工者、计时工、临时工、劳务派遣者，其中，劳务派遣者占绝大多数。根据瑞穗综合研究所的调查报告②，非正式员工中，劳务派遣者大多为"非本意型"非正式员工，希望转为正式雇佣，这部分人数约 570 万，约占整个雇佣者人数的 10%。劳务派遣者中，大多数是家庭的生活支柱，这部分人区别于为辅助家庭收入而工作的其他非正式雇佣者，他们除自己的生活外，还要养活整个家庭。在各种原因的裁员中，劳务派遣者首当其冲。非正规雇佣人员规模的迅速扩大开始于泡沫经济崩溃后长期的经济低迷环境中，国家为了激活企业经营活动而放宽对劳务派遣的限制，许多企业开始将正规雇佣转变为非正规雇佣。非正规雇佣具有灵活性和低成本而受到企业的青睐，这种就业模式打破了传统的终身雇佣制。但是，随之而来的是非正式员工的这种就业不稳定性成为带给社会不稳定的重要因素。

就业情况关系到社会的稳定和消费，对刺激经济计划的实施效果也会产生直接影响，2009 年就业问题将是日本亟待解决的重中之重。

（二）社会处在分化与重构之中

日本在第二次世界大战后集中精力发展经济，收入倍增计划所实现的不仅是

---

① 瑞穗综合研究所根据过去实际 GDP、每工时实际雇佣成本、劳动投入量（雇佣者人数 × 人均劳动时间）推算 2009 年 GDP 增长率下的最佳劳动投入量。
② 瑞穗综合研究所政策调研部主任研究员大岛宁子。

国内生产总值的倍增，同时是国民人均收入的倍增，到 20 世纪 80 年代中期时，日本的民意调查结果显示出 80% 的国民认为自己达到了"中流"的生活水平。自此，"一亿总中流"成为后来日本社会的代名词，象征着社会的向上和稳定，日本为此傲然于国际社会。然而，20 世纪 90 年代后期以来，日本这个超稳定的中产社会结构正经历着崩溃、分化与重构的过程。

2008 年发生的经济危机，使人们开始关注贫困问题。日本既是发达国家，也是贫困大国，但是政府从未重视过贫困问题，长期以来，"贫困"问题在日本被遗忘，社会上也习惯于回避"贫困"，只承认存在"差距"。2007 年日本民间建立了反贫困网络，提醒人们注意今天的日本正直面经济高速增长以来的最大危机——贫困。有人引用评论家吉本隆明的表述，将现在的贫困称为"新贫困社会"，而三浦展的通俗社会学著作《下流社会》成畅销书之后，媒体甚至有"一亿总下流"的说法。其实，即便在大多数日本人自觉"中流"过安定小康日子的时候，社会上也存在贫困人群，但那时的日本社会由于终身雇佣、年功序列等制度的实行，收入差距较小，个人和家庭都愿意归属于所属的集体，获得安全稳定感，经济上升期的税收为社会保险制度提供了财源，那个时候很少有人关注贫困问题或者贫困的人。当"日本式社会主义"或"温和的资本主义"秩序被打乱的时候，因就业和社保而引发的个人危机感唤起了对贫困的关注。日本在赶超型经济模式失去赶超目标后，很快就经历了泡沫破裂，受到美国的"市场原教旨主义"的影响，强调了放宽规制、自我责任、充分竞争的原则，由于社会整体缺少配套的设计，在人和钱从低生产率部门向高生产率部门集中的过程中，首先出现的就是就业模式发生的变化，而人的流动和不稳定，使得过去以各大类组织为系统而建立的社保系统也发生了混乱，劳动力市场规则的放宽，催生出数量庞大的非正式员工和他们的家属游离了既有的社保系统。竞争打破了原来的各种均衡，政府有限的财源不得不限制对地方的转移支付，区域差距和人之间的差距拉大，社会的分化和重构从这里开始。

2008 年的"蟹工船"现象足以引起人们对日本社会更多的思考。作家小林多喜二发表于 1929 年的小说《蟹工船》，在 2007 年以漫画的形式被推出后，小说本身也于 2008 年意外地成为抢手的畅销书。伴随着不断的增印、电视台的特别报道节目、电视纪录片、阅读征文活动、电影和话剧的制作等，《蟹工船》火暴于整个日本。一位几乎被淡忘了 80 年的无产阶级作家和他的一本小说再次受到追捧，其背后同是对现实社会不满和失望的揭露，以及困于经济危机的时代巧合。日本经济长期停滞、社会贫富差距拉大、日趋保守的政治，都是人们借用《蟹工船》发出呼唤、醒世的背景。如果 2008 年的日本其社会的很多成员特别是年轻人对揭示资本主义剥削和国家专制统治的 1929 年小说感同身受，足以证明 20 世纪 80 年代的中流安定社会在经历了 90 年代"失去的十年"后已经不复存在，日本社会确实处在一个转型中的动荡期。

社会的变化还可以从家庭关系中得以证实。一般认为，人口老龄化将导致有效劳动力的减少、投资减少和社会保障成本的加大，老龄化问题是困扰今后日本社保的一大难题。但是也有调查①表明，在老龄化的过程中，日本老人积累了大量的财富，这些财富并不全部被老年人用于养老和医疗，而是通过金融机构以多种方式被用于海外投资。由于投资收益的增加，以及日本家庭文化背景发生的变化，成年人和老年人之间的家庭转移方向发生了改变，老年人对成年孩子的依靠在下降，而在很多家庭中，老年人向成年的孩子提供着资金。这项调查表明目前的老年一代尚未因老龄给社会带来更多的麻烦，而是反过来用自己的积蓄为社会做贡献，同时也给予下一代帮助。这更加证实了新生代中"啃老族"、"飞特族"（自由职业者）的存在。从年青一代对老人的赡养到双方各自养活自己，再到依靠老人接济，即便目前还不是普遍现象，但日本的家庭关系随着社会变革正在出现新的形态这一点是值得关注的。

综上所述，2008 年和 2009 年的日本已经或必将在应对政治经济危机中度过。回顾 2008 年的日本并追踪 2009 年的日本时，我们要在日本自身发生的结构性变化及其内因结构上寻找线索和答案。

参考文献

〔日〕内阁府：《季度 GDP 速报》，2009 年 4 月。

〔日〕财务省 2009 年 4 月贸易统计速报。

2009 年 4 月 24 日〔日〕《日本经济新闻》。

中国新闻网，http：//www. chinanews. com. cn/，2008 年相关报道。

日本外务省网站，http：//www. mofa. go. jp/mofaj/index. html/，2008 年相关报道。

---

① 巩勋洲：《人口老龄化背景下的日本经济：一个调查》，《国际经济评论》2009 年第 3～4 期。

2008 年の日本：転換期における危機対応

李　薇

　要　旨：本稿は、日本における三回目の社会転換期を背景にして、2008 年の日本政治、外交、経済、社会文化分野の中核となる問題について、回顧と分析を行う。日本の首相が再び電撃的に更迭されたことは、「1955 年体制」崩壊後の政党政治がいまだに不安定な状態にあることを明らかに示した。経済危機対応と国内政治欲求への迎合は、与野党が政権の争奪と維持を行う要因となっている。中日首脳間の相互訪問は軌道に乗り、両国関係は明らかに改善された。米中関係の発展に対応して、日本は、米国との連携をさらに強化して中国を抑制すると同時に、東アジア及びアフリカとの経済協力を推進している。国際金融危機が日本の実体経済に手痛いダメージを与えている。日本政府は、やむを得ず緊急救済措置と刺激計画を打ち出して危険な情勢を挽回しようとしている。一方、雇用構造の変化が社会の安定に衝撃を与え、区域と所得の格差がさらに拡大されてしまい、これらは社会転換期における分化と再構築を加速させることになった。

　キーワード：日本　2008 年の状況　背景分析

经 济 篇

2008 年日本经济回顾与展望

张季风[*]

摘　要： 在国际金融危机和经济循环周期等因素的共同作用下，2008
年日本经济受到了比美国和欧洲更严重的冲击。股市暴跌，出口骤减，工
矿业生产迅速下滑，企业效益下降，失业率攀升，几乎所有的经济指标都
在恶化。由于国际金融危机尚在蔓延，美国经济及世界经济很难在短期内
得到恢复，出口依赖度较高的日本经济将在 2008 年度和 2009 年度陷入第
二次世界大战后最严重的衰退。但是，还应当看到，日本国内金融秩序仍
较稳定、经济社会基础层面尚好，日本经济本身依然具有较强的抗风险
能力和可遵循的经验教训，陷入类似 20 世纪 90 年代的长期萧条的可能
性不大。

关键词： 日本经济　国际金融危机　经济周期　长期萧条　实体经济

---

* 张季风，经济学博士，中国社会科学院日本研究所研究员，经济研究室主任，研究专业为世界
　经济，研究方向为日本经济、中日经济关系、区域经济。

2008 年 9 月，源自华尔街的国际金融危机突然爆发，美国、欧洲和日本三大板块以及全球经济都遭受沉重打击，其中日本经济的震荡最为强烈。2008 年上半年，国际油价和资源、粮食价格的飙升就已对资源贫乏的日本造成很大冲击，而下半年的国际金融危机又给日本经济以重创。在很短时间内，日本各项主要经济指标迅速出现战后少有的急剧下滑，2008 年度①与 2009 年度日本经济可能陷入战后最严重的衰退之中。由于国际金融危机尚未见底，目前很难对近期日本经济做出准确的预测，但日本的智库机构及国际货币基金组织等国际机构大多对日本经济持悲观态度。即使是比较乐观的预测，也认为日本经济要在 2010 年以后才能得到恢复。

一 2008 年经济运行状况

2002～2006 年度日本经济一直保持 2% 以上的正增长，2007 年度虽有些下降，但仍为 1.9% 的正增长。2009 年 1 月底日本内阁府做出判断，确认"始于 2002 年 2 月的战后日本经济第 14 次景气循环到 2007 年 11 月达到高峰"，这意味着历时 69 个月的战后最长景气已告结束，从此日本经济进入周期性衰退。不过，在经济景气惯性作用下，2008 年 1～3 月日本经济依然保持 1.4% 的微弱正增长（见表 1）。此后，由于国际油价、资源价格和粮价暴涨，日本经济出现了一定程度的震荡，而且经济衰退的端倪也逐渐显露。从 2008 年第二季度起日本经济开始跌入负增长，4～6 月为 - 3.7%，7～9 月为 - 1.8%。可以看出，二、三季度尽管出现了负增长，但下降幅度有限，可见其下行原因主要是经济循环周期作用。然而，9 月份以后由于受美国金融危机的影响，日本经济急剧恶化，9～12 月经济增长率骤降为 - 12.1%，创下 1974 年以来的新低。而且几乎所有的经济指标均开始出现雪崩式下滑：股市暴跌，日元升值，出口急剧下滑，工矿业生产指数大幅度跳水，企业设备投资连续下降，个人消费萎靡不振。由于生产的下降，企业经营困难，失业率急剧上升，经济衰退的迹象越来越明显。

---

① 日本的财政年度从当年 4 月 1 日至翌年 3 月 31 日。本文提到的年度，如无特殊说明时，均指财政年度。

表1 近年来日本主要经济指标变化

单位：%

年　度	GDP 增长率		设备投资	企业经营收益	失业率	消费支出	工矿业生产指数增减	消费物价指数	日经225平均股指
	名义	实际							
2003	0.8	2.1	6.3	14.6	5.1	-0.2	3.5	-0.2	
2004	1.0	2.0	26.7	18.7	4.6	-0.2	4.0	-0.2	
2005	0.9	2.3	-3.8	9.5	4.3	-0.4	1.6	0.1	13561.36
2006	1.5	2.3	13.5	3.3	4.1	-2.2	4.6	0.1	16391.72
2007	1.0	1.9	1.2	0.3	3.8	0.9	2.7	0.3	16011.39
2008 年	-3.7	-3.5			4.1	-1.9	-12.7	1.5	10185.00
1 月					3.8	3.6	2.9	0.8	13731.31
2 月	0.0	1.4	-5.3	-14.2	3.9	0.0	5.1	1.0	13547.84
3 月					3.8	-1.6	-0.7	1.2	12602.93
4 月					4.0	-2.7	1.9	0.9	13357.70
5 月	-5.5	-4.5	-7.6	-7.2	4.0	-3.2	1.1	1.5	13995.33
6 月					4.1	-1.8	0.0	1.9	14084.60
7 月					4.0	-0.5	2.4	2.4	13168.91
8 月	-2.6	-1.4	-13.3	-23.4	4.1	-4.0	-6.9	2.4	12989.35
9 月					4.0	-2.3	0.2	2.3	12123.53
10 月					3.8	-3.8	-7.1	1.9	9117.03
11 月	-6.4	-12.1	-18.1	-57.0	4.0	-0.5	-16.6	1.0	8531.45
12 月					4.3	-4.6	-20.8	0.2	8463.62

注："设备投资"（含软件在内）、"企业经营收益"、"消费支出"（全国 2 人以上家庭）、"工矿业生产指数"和"消费物价指数"均为上年同期比。

资料来源：2009 年 1 月 5 日、3 月 16 日、6 月 1 日〔日〕《日本经济新闻》。

（一）主要经济指标的变化

1. 出口大幅度减少

尽管日本经济的出口依赖度不算高，近五年来出口占 GDP 的比重仅为 14.7%，不仅低于许多新兴市场国家，而且在主要发达国家中也属于低位，[①] 但是，由于内需增长幅度很小，特别是占 GDP56% 的个人消费增长几乎处于停滞状态，对经济增长的贡献率有限，而出口的增长率较高，因此对经济增长的贡献率

---

① 联合国统计。转引自〔日〕饭冢尚已《出口依赖度低的日本 2009 年度能够避免负增长》，〔日〕《经济学人》，2009 年 2 月 9 日。

则相对很大。日本之所以从长达十几年的长期萧条中挣脱出来，主要是由出口扩大带动的。2008 年下半年以后，受欧美市场疲软的影响，日本出口急速减少。据日本财务省统计，2008 年日本出口总额为 81.492 万亿日元，与上年同比减少 3.4%，这是自 2001 年七年来首次出现负增长。其中，对美出口减少 15.8%，对欧出口减少 7.8%。贸易顺差（净出口）为 2.1575 万亿日元，同比下降了 80%（见图 1）。突如其来的国际金融危机给日本整个出口企业沉重一击，而汽车企业首当其冲，受害最重。汽车产业一直是日本的支柱产业，也是出口的主导产业，2000 年以来，在日本的出口品目中，汽车大体占 25% 左右。[①]北美和欧洲市场萧条，致使日本汽车企业出口骤减，丰田、本田、日产等日本企业骄子顷刻面临数十年一遇的亏损，这对日本经济甚至日本社会震动颇大。出口产业受挫，导致国内工矿业生产的迅速下降，企业经营恶化，这意味着国际金融危机已经严重冲击日本实体经济。

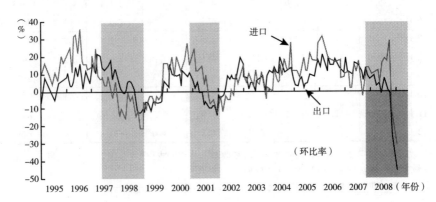

图 1　日本对外贸易的变化

注：阴影部分为景气衰退期。

资料来源：〔日〕内阁府统计资料。

2. 工矿业生产急剧下降

工矿业生产的下降与出口减少密切相关。到 2007 年为止，日本工矿业生产连续六年持续增长，但受经济周期的影响，2007 年下半年开始出现停滞局面。进入 2008 年以来，生产减少的趋势更加明显，特别是秋季以后，受国际金融危机的影响，出口产业遭到沉重打击，工矿业生产减少幅度进一步增大。2008 年

---

① 〔日〕财务省：《外国贸易概况》，1999～2007。

9~12 月的工矿业生产指数下降幅度环比接近 10%，下降幅度为自 1953 年有统计以来的最低点。①

3. 设备投资持续减少

2007 年第二季度至 2008 年第四季度，日本的民间企业设备投资已经是连续七个季度的负增长。这既有经济景气循环的影响，也有国际金融危机的影响，此外还受到设备投资自身周期的影响。在景气循环和国际金融危机影响下，企业生产大幅度减少，这自然会导致设备投资的减少。另外，从设备投资库存调整情况来看，在过去已形成了十年左右的"中期循环"，这次设备投资下降正好与设备投资的下降周期相重合。日本"法人企业统计"② 和"国民经济计算"③ 的统计表明，2007 年设备投资开始从高峰缓慢下滑。而当时企业的设备过剩感并未发生太大变化，设备投资之所以出现停滞和微弱减少的原因有以下几点：第一，2006 年 IT 相关设备投资热潮经过了一巡，需要进行消化；第二，2007 年由于实施修改后的新《建筑标准法》，建筑投资短期减少；第三，受原油涨价和美国次贷危机影响。但是，如表 1 所示，2008 年以来设备投资出现了急剧下降的局面。2008 年 1~3 月下降 5.3%，4~6 月下降 7.6%，7~9 月下降 13.3%，9~12 月又进一步下降 18.1%。据日本银行"全国企业短期经济观测调查"，与 2007 年相比，2008 年企业的设备过剩感明显上升，随着金融危机影响的深化，今后还可能会持续升高。这意味着设备投资下降或停滞局面短期内不会发生变化。

4. 企业效益下降、倒闭增加

企业的经营收益上升是增加设备投资的客观保证。2002 年以来，日本企业经营收益长期处于升势，2007 年下半年以后转入停滞状态，但仍有微弱上升。进入 2008 年以后，形势发生变化。上半年受国际原油和原材料暴涨的变动费用因素影响，大中型企业和中坚企业虽然销售额有所上升，但并没有达到抵消生产成本上升的程度，而且能源及原材料的涨价部分又不能转嫁到销售价格上，因此导致企业经营收益下降。就连销售额较大的大中型企业都难以承受这种打击，更不用说，那些销售额难以扩大的为数众多的中小型企业所遭受的打击更大。2008

---

① 〔日〕内阁府编《日本经济 2008~2009》，2008 年 12 月，第 3 页。

② 法人企业统计，是日本财务省对企业设备投资和企业效益的权威统计。

③ 国民经济计算，是日本内阁府对宏观经济运行状况进行的权威性综合统计。

年秋季以后，金融危机爆发，国际市场萧条，包括大中企业、中坚企业在内的绝大多数企业的销售额急剧减少导致企业经营收益进一步下降。具体来看，2008年1~3月下降14.2%，4~6月下降7.2%，7~9月下降23.4%，9~12月又急剧下降了57%（见表1）。下降幅度之大，在战后日本经济史上也比较罕见，这足以证明金融危机对日本企业的打击之沉重。

另外，企业倒闭数量也呈上升趋势。进入2008年以来，由于国际原油、资源价格上涨以及销售额下降，企业流动资金紧张。而金融危机爆发以后，融资环境进一步恶化，企业倒闭数量迅速增加。2008年1~12月，倒闭企业总数达12681家，同比增长15.7%，负债总额更高达11.9万亿日元，为2007年同期的2倍。①

5. 就业状况恶化

由于生产的减少以及企业效益的下降，就业形势恶化。自2002年以来，日本的失业率一直保持下降趋势。但是，2008年秋季以后，受金融危机的影响，企业的生产减少，特别是以出口为主的汽车企业遭到重创。丰田、本田、日产三大汽车企业纷纷宣布缩减国内生产规模，与合同到期的"派遣社员"（即临时合同工）不再续签合同，电子、家电行业的巨头索尼、日立等企业也纷纷效仿，宣布削减生产计划和裁员计划，甚至还有些公司宣布取消大学毕业生招工内定计划。尽管公布的这些裁减人数总量并不很大，但对习惯了终身雇佣制和低失业率的日本社会的震动极大。2008年底以来，各企业不仅要大量解雇合同到期的"派遣社员"，而且逐渐波及正式员工。据日本厚生劳动省预测，到2009年3月底有十几万"派遣社员"失去工作岗位，正式员工也岌岌可危。在这种背景下，失业率也逐月攀升，从2008年1月的3.8%升至12月的4.4%，2008年度全年平均为4.1%，这是六年以来首次恶化。严重的失业问题已开始演变为社会问题。

6. 个人消费持续疲软

2002年日本摆脱长期萧条以来，由于整个经济形势趋好，职工收入稍有增加，个人消费也随之缓慢改善。然而，2008年秋季以来，受金融危机和就业形势恶化的影响，个人消费信心明显降低。2008年3月以来，两口人以上家庭的消费支出与上年同比一直处于负增长状态，特别是秋季以来呈加速度下降趋势

---

① 日本"帝国数据银行"统计。

（见表 1）。需要注意的是，在名义工资没有增加的情况下，与国民生活密切相关的生鲜、副食品物价的持续上升，使一般百姓的生活更加困难。

7. 股市暴跌

2008 年 9 月，国际金融危机爆发后，引起世界性的股市全盘大跌，其中日本股市下跌最惨。日经 225 平均股指从 2008 年 9 月初的 12834 点降至 10 月 27 日的 7163 点，不到两个月时间下跌幅度高达 44%，这种下跌幅度不仅远超过同期欧美主要发达国家股市的跌幅，而且也超过了日本泡沫经济崩溃时期的股市跌幅。此次日本股市下跌的主要原因是国际金融危机和国际股市普遍下降的大环境影响，但与日本国内经济停滞也不无关系。股市是宏观经济运行的晴雨表，股市下跌势必会影响国内外投资家和企业家的投资信心和预期。资产缩水也会产生逆资产效应，直接影响消费心理。股市暴跌和长期低迷会使银行账面利益损失增加，资本充足率降低，最终将对银行正常经营产生威胁，甚至引发日本国内新一轮金融危机。

（二）日本受灾最重的原因

百年不遇的金融危机对全球经济造成冲击，但耐人寻味的是，这次金融危机对日本经济的冲击远比震源地的美国以及其他欧洲主要发达国家严重。如表 2 所示，金融危机爆发后 2008 年 9～12 月，日本经济增长率暴跌为 -12.1%，远低于美国和其他欧洲国家。国际经济组织对 2009 年日本经济的预测也低于欧美国家。

表 2　2008 年 9～12 月主要发达国家 GDP 增长率及未来走势

单位：%

	增长率	内需贡献度	外需贡献度	预测经济增长率	
				2009 年	2010 年
日　本	-12.1	-0.7	-12.0	-2.6	0.6
美　国	-3.8	-3.9	0.1	-1.6	1.6
德　国	-8.2			-2.0 左右	0.2 左右
法　国	-4.6	-3.1	-1.5	-2.0 左右	0.2 左右
英　国	-5.9			-2.8	0.2

注：预测值为《IMF - WEO》2009 年 1 月做出的预测。

资料来源：〔日〕内阁府：《有关月例经济报告的阁僚会议资料》，2009 年 2 月 19 日。

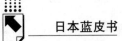
日本之所以遭受比美国、欧洲更严重的重创，主要原因有以下几点。

1. 经济周期的影响

如前所述，日本内阁府判定，战后日本第 14 次景气循环在 2007 年 11 月达到高峰，长达 69 个月的长期景气宣告结束。随着战后日本持续时间最长的经济景气的结束，进入 2008 年后，各项主要经济指标都逐渐出现下滑迹象。

2. 日本经济的长期萧条并未完全恢复

此前的长期景气持续 69 个月，成为战后日本时间最长的景气。但是，这次景气（2002 年 2 月至 2007 年 10 月）的平均增长率仅为 2.1%（见表 3），远低于泡沫景气期（1986 年 12 月至 1991 年 2 月）5.4% 和伊奘诺景气期（1965 年 11 月至 1970 年 7 月）11.5% 的增长率。其他主要指标，如个人消费、设备投资和出口的实际平均增长等也相对较弱。在这次景气过程中，不良债权问题得到解决，金融秩序趋于稳定，企业的债务、人员、设备"三过剩"得以消除。在出口的带动下，生产迅速增加，设备投资扩大，企业效益得到提高。但遗憾的是企业效益的上升始终也没有拉升职工收入，没有带来个人消费的明显改善，因为这次景气并未惠及百姓生活，所以被称为没有"实感"的景气。

表 3　日本不同经济景气时期主要指标比较

单位：%

	实际增长率(年平均)	名义增长率(年平均)	主要项目实际增长率(年平均)
战后最长景气期 (2002.2~2007.10)	2.1	0.8	个人消费：1.1 设备投资：4.8 出　口：10.1
泡沫景气期 (1986.12~1991.2)	5.4	7.3	个人消费：4.4 设备投资：12.2 出　口：5.5
伊奘诺景气期 (1965.11~1970.7)	11.5	18.4	个人消费：9.6 设备投资：24.8 出　口：18.3

资料来源：日本银行资料。

特别需要指出的是，这次长期景气过程中，零利率政策并没有实质性解除，而且财政状况恶化的局面几乎无丝毫改善。日本央行虽然在 2006 年 7 月解除了零利率政策，但政策利率最高也达到 0.5%，与零利率几乎无实质性区别。而财政状况则是越来越糟，估计到 2009 年度末，日本中央政府和地方政府债务余额将超过 800 万亿日元，占 GDP 的比重将达 160%，在发达国家中是最严重的。事实上的零利率政策与财政状况的不断恶化，意味着政府用利率和财政杠杆调控宏观经济的空间狭小的状况几乎没有发生变化。而且，在财政状况不断恶化的背景下，百姓最关注的养老金改革根本看不到希望，心理不安不但没有消除，反而越来越严重。

3. 国际金融危机的强烈冲击

2008 年 9 月，源自华尔街的金融海啸席卷全球，世界经济遭到全面打击。尽管这次金融海啸对日本金融系统的直接打击有限，只有瑞穗 FG、三菱 UFJFG、野村证券和三井住友 FG 等几家大型金融机构遭受直接损失，损失金额分别为 68 亿、18 亿、15 亿和 11 亿美元，远低于美国和欧洲的主要金融机构，[①] 但对日本经济的间接打击难以估量。金融危机使陷入周期性衰退期的日本经济雪上加霜。此次金融危机对日本经济的影响路径如下：国际金融危机→股市暴跌→日元升值→国内出口企业遭到打击→出口减少、生产减少→失业率上升→工资减少→消费减少。由于 2002 年以来日本经济的复苏主要是依靠扩大出口带来的，出口对日本经济增长贡献相对较大。北美、欧洲经济的衰退对日本出口产业特别是汽车产业造成重大冲击。丰田汽车公司所在地的东海地区，一改昔日的繁荣，笼罩在萧条的阴云之中。随后，东芝、索尼、日立、松下等电子企业业绩也开始跳水，整个制造业均亮起红灯。企业生产减少，削减设备投资、裁减员工，失业率攀升，实体经济遭受全线冲击。可以看出，日本出现的危机并非金融危机，而是实体经济危机。

4. 政局长期混乱

2006 年 10 月以来，自民党与公明党联合政权一直处于风雨飘摇之中，经济政策往往服从于政治需要。从安倍晋三、福田康夫到麻生太郎，首相频繁更迭，经济政策缺乏连续性，特别是相关的紧急经济对策出台后长时间得不到"扭曲国会"的通过，严重影响了对国际金融危机的有效应对。

从以上的简单分析，不难看出日本经济是在旧伤尚未痊愈的情况下，又进入新一轮的周期性衰退，再加上百年不遇的国际金融危机的重创，因此表现出比美国和欧洲主要发达国家更严重的症状。

---

① 彭博新闻社，2008 年 11 月 21 日。

二 2009 年经济展望

从第二次世界大战后日本经济发展史来看，经济衰退一般经过以下三个阶段：第一阶段是出口下降，生产减少；第二阶段是企业效益下降，设备投资减少；第三阶段是就业形势恶化，个人消费减少。日本这次经济衰退来势迅猛，三个阶段的现象在很短的时间内几乎同时出现。情况极其复杂，特别是失业问题严重，正在演变为社会问题。如前所述，目前国际金融危机尚未见底，究竟还会对日本经济产生多大影响实难判断。此次日本经济衰退主要是由经济周期等因素特别是外部金融危机冲击造成的。那么，日本能否迅速克服这次金融危机的影响，自然也就成为决定近期日本经济走势的关键。

（一）日本应对金融危机的对策

面对百年不遇的金融危机，国际社会采取协调行动，多次召开七国和 20 国集团财政金融峰会商讨对策。各主要发达国家和新兴市场经济国家几乎毫无例外地采取了紧急对策，而且政策手段也主要是通过财政金融措施来刺激需求。实际上，早在未发生金融危机之前的 2008 年 8 月，日本就开始针对美国次贷危机推出了紧急经济对策，到目前为止，已出台了三次经济紧急对策，总额已达 75 万亿日元（见表 4）。其中，财政措施 12 万亿日元，金融措施 63 万亿日元。财政措施的规模约占 GDP 的 2%，与欧美各国的财政措施的规模相比并不逊色。另外，在金融措施方面，其规模与不良债权问题十分严重的 1998 年以后的金融措施的累计额不相上下。经济对策的主要内容是稳定国民生活和消除国民心理不安。具体来说，包括向国民发放定额消费补贴金①、下调高速公路通行费、就业对策、购房减税、医疗、护理和福利对策等。金融措施主要包括中小企业流动资金对策（支持规模扩大到 30 万亿日元）、向民间金融机构注入政府资金（从原来的 2 万亿日元扩大到 12 万亿日元）、加强银行所持企业股票回购机构的作用等等。另外，在金融政策方面，日本银行面对突如其来的景气恶化和日元升值，危

---

① "定额消费补贴金"的日语为"定额给付金"，其政策内容是为了促进消费，向每个国民发消费金，具体发放标准为：18～60 岁国民每人 1.2 万日元，18 岁以下 60 岁以上国民每人 2 万日元，发放总额为 2 万亿日元。

机感增强，强化了支撑经济景气、抑制经济下滑的对策。在与各发达国家央行采取协调政策的同时，及时向短期金融市场提供大量资金，扩大美元供给，实施市场操作等。而且还两次下调利率的诱导目标（10 月从 0.5% 下调至 0.3%，12 月又从 0.3% 下调至 0.1%）。除了强化传统金融手段外，还从 12 月起采取回购长期国债、回购民间企业发行的 CP 等非传统金融手段，为企业融资提供顺畅的环境。

表4　2008 年日本应对金融危机的主要对策

单位：万亿日元

	对策决定日	投资规模			主要内容
		总计	财政措施	金融措施	扩大贷款担保额度、防灾救灾对策等
第一次	8 月 31 日	11.5	1.9	9.6	定额消费补贴金、下调高速公路通行费、医疗、护理、福利对策等
第二次	10 月 30 日	26.9	6	20.9	扩大就业对策、购房减税、扩大向银行注资规模、银行所持企业股票问题对策等等
第三次	12 月 19 日	43	10	33	—
合计（扣除重复部分）		75	12	63	—

注：在"第三次对策"中，包含为实现"第二次对策"的财政对策 6 万亿日元，合计中将重复部分扣除。

资料来源：〔日〕财务省。

如上所述，日本已陆续出台了一系列抵御金融风暴的政策，但问题是上述政策究竟能发挥或已发挥了多大的作用。通常来说，评价经济政策有三个要点：第一是政策"规模"是否充分；第二是政策"内容"是否合适；第三是"时机"是否适当与及时。首先，从政策规模来看，三次紧急对策的财政支出规模约占 GDP 的 2%，可以说不算小，但美国奥巴马新政府将要推出占 GDP 5% ~ 6% 的景气对策，相比之下日本的规模就显得相形见绌，今后还有继续追加的必要。其次，从政策内容上看，就拿定额消费补贴金发放政策来说，多次舆论调查表明，有 70% 以上的国民表示反对。人们普遍认为，与这种"撒胡椒面"式的对策相比，如果将这笔钱集中用于解决当前最严峻的失业问题和扩大就业机会可能效果会更好。再次，从出台和实施政策的时机上看，则问题更大。一般来说，一项经济政策的酝酿与出台直到发挥效果，将要出现两个滞后：其一是"内部滞后"，即从决定推出某项政策到正式实施期间，需要进行各种内部调整，例如执政党内部的协调、在国会中与在野党的协调以及履行国会批准程序等；其二是"外部滞后"，即政策实施后，还需要一段时间才能体现出政策效果。而日本这次出台的定额消费补贴金发放政策的"内部滞后"时间拖得太长。如表 4 所示，定额消费金发放政策是在 2008 年 8 月提出来的，但是由于政局的混乱，该政策迟迟得不到国会的批准，直到 2009 年 3 月中旬定额消费补贴金仍未发放到国民手中，与其他国家的经济对策能够迅速得以实施形成鲜明对比。今后将要推出的关于扩大就业机会等政策，因为需要修订现行相关法律，估计也会遇到很大阻力。① 目前日本政局混乱、在野党占参议院议席 2/3 多数的"扭曲国会"中，执政党提出的议案几乎都会被参议院否决，政局的混乱导致紧急政策难以及时通过和实施，可能会使日本错过很多机会，最终会拖延经济复苏的时间。

（二）日本经济将陷入战后最严重衰退

2008 年秋季以来，由于世界经济形势和日本经济形势的变化过于剧烈，人们很难对未来日本经济做出准确的判断。包括日本政府和国际货币基金组织对日本经济的预测也都出现了很大的偏差。例如，日本政府于 2008 年 12 月 19 日发表的"2009 年度经济预测与经济财政运营基本态度"中，对日本经济实际增长率做出的预测是，2008 年度为 - 0.8%，2009 年度为 0，很显然这些预测过于乐观。国际货币基金组织在 2008 年 11 月对日本经济增长率所做的预测是 2009 年为 - 0.2%，而在 2009 年 1 月又下调为 - 2.6%。2008 年 12 月日本 16 家民间智库机构对 2009 年日本经济的平均预测数值为 - 1.5%，2009 年 2 月的平均预测值又下调至 - 4.1%。从 2009 年第一季度已发表的数据来看，主要经济指标与企业的信心指数持续下滑，日本智库机构及国际经济组织对日本经济的预测都做了下调修正。第二次世界大战后以来日本经济增长率下降最大幅度的 1998 年度为 - 2.0%，而 2008 年度为 - 3.5%，估计 2009 年度将降至 - 3% 以下，日本经济陷入战后最严重衰退几成定局。

在美国次贷危机之前，世界经济持续高涨，实际上这与大量次级贷款充斥美国资本市场关系密切。由于美国住宅投资的扩大支撑了美国经济的繁荣，而在美国经济的带动下世界经济也随之繁荣。出口主导型的新兴市场经济国家贸易顺差

---

① 〔日〕小峰隆夫：《2009 年日本经济——两年连续的 2% 负增长，创造就业机会》，《经济学人》2009 年 2 月 9 日，第 11 页。

不断扩大，国内储蓄率上升。这些资金又回流到欧美，成为投资资金。日本长期处于日元贬值和低利率状态，外国投资者大量吸收低利率的日元资金向海外投资，日本的低利率成为国外投资者的获利源泉。次贷危机之前的世界经济就是在以上机制作用下，使几乎所有的参与者都得到了好处，日本经济也以景气扩大的形式得到了好处。世界经济因美国次贷危机的爆发而下滑，日本经济自然也随之陷入衰退。2008 年 9 月爆发国际金融危机以后，日本出口下降，日元急剧升值，股市暴跌，经济遭受致命打击。但问题是，金融危机对世界经济的影响尚未终结，如表 5 所示，据国际货币基金组织的预测，2009 年美国和欧洲主要发达国家的经济均为负增长，近期美国经济走出萧条的可能性不大，世界经济也不可能在短期内得以复苏。日本经济对外需的实际依赖度较高，世界经济增长率每下降1 个百分点，日本出口就会下降 4.4%，GDP 也将随之下降 0.6%。

表 5　国际货币基金组织对世界经济增长率的预测（2009 年 1 月）

单位：%

年　份	2005	2006	2007	2008	2009	2010
日　本	1.9	2.4	2.4	-0.3	-2.6	0.6
美　国	2.9	2.8	2.0	1.1	-1.6	1.6
欧元区	1.6	2.8	2.6	1.0	-2.0	0.2
英　国	2.1	2.8	3.0	0.7	-2.8	0.2
中　国	10.4	11.6	13.0	9.0	6.7	8.0
印　度	9.1	9.8	9.3	7.3	5.1	6.5
俄罗斯	6.4	7.4	8.1	6.2	-0.7	1.3
巴　西	3.2	3.8	5.7	5.8	1.8	3.5
全世界	4.5	5.1	5.2	3.4	0.5	3.0
世界贸易		9.4	7.2	4.6	2.1	

注：表中数据为每年 1～12 月的年度数据，2009 年以后为预测值。

资料来源：根据国际货币基金组织"World Economic Outlook" Jan. 2009 资料整理。

美国经济和世界经济短期内复苏无望，这意味着日本的出口也难以扩大。而外需减退，还会继续引起国内制造业经营环境的恶化，设备投资将进一步减少。在设备开工率不足、日元升值的情况下，国内制造业企业还可能出现向海外扩大投资的现象。鉴于 2008 年 7 月至 2009 年 3 月，反映半年后设备投资增长的机械设备（除船舶、电力外）订货金额出现连续九个月大幅度负增长，这预示着2009 年全年度可能出现 15% 以上的负增长。

住宅投资也只能继续处于低空飞行状态。政府虽然推出了购房减税政策，但由于消费者对房地产价格还有可能继续下跌的预期，再加上收入毫无增长，很难形成房地产的销售热潮。

个人消费还将持续低迷。由于物价的下降，消费者的购买力可能得到一定程度的改善，春季开始发放的定额消费补贴金也多少能收到刺激消费的效果，但由于以养老金为中心的社会保障制度改革滞后，国民担心老年以后的生活，这种不安心理无法抹去，因此个人消费的扩大难以期待。财政投资和公共投资会有所扩大，但波及效果能有多大还很难说。

从日本经济政策方向来看，可分为当前的"景气对策"、中期的"重建财政"和中长期的"依靠改革实现经济增长"三个阶段。最近，日本财政咨询会议又提出新建议与对策，为了到 2011 年之前托起经济增长，把经济发展又划分为新的三个阶段，第一阶段为"危急阶段"，大体在 2009 年。这一阶段的对策是：为了切断金融危机和实体经济恶化的连锁，要强化内需的支撑作用，提前实施公共投资计划项目，扩大就业。第二阶段为"见底阶段"，大约在 2010 年前后。在这一阶段为了使景气不再下跌，应当加强机场、港口等基础设施建设，以保持经济的稳定增长。第三阶段为"恢复和增长阶段"，大约在 2011 年以后。①当前，日本政府将优先推行景气对策，通过 2009 年度财政预算后，尽快落实总额 75 万亿日元的经济对策。但是，现在的问题是政局还将持续混乱，尽管 2009 年将要进行众议院大选，但要结束政局的混乱局面估计尚需时日。长期的政局混乱将使经济政策效果大打折扣。

综上所述，日本经济是受经济循环周期、国际金融危机和政局混乱等多种因素的影响陷入急剧衰退的。可以断定，只要上述因素不能解除或缓解，日本经济就很难走出衰退。从战后日本经历的 14 次景气周期来看，衰退期平均约为 17 个月，最长为 36 个月。本次衰退始于 2007 年 11 月，若按最长时间 36 个月算，至少应到 2010 年 11 月才能复苏。另外，从国际金融危机的情况来看，还不知何时见底，如果美国经济不复苏，世界经济不恢复，日本经济率先实现 V 字形复苏的可能性不大。虽然国际油价急剧下降对日本经济利好，但远不能弥补世界经济减速和日元升值造成的损失。在出口减少、企业经营收益下降的大环境下，居民收入持续低迷、消费信心恶化，个人消费增长无望。总体看来，随着政府刺激经

---

① 2009 年 3 月 25 日〔日〕《日本经济新闻》。

济政策效果的逐渐释放，2009 年下半年日本经济可能止跌，但走向复苏恐怕最早也要到 2010 年以后。同时，我们还应当注意到，日本金融系统仍然稳定，而且日本经济本身依然貝有较强的抗风险能力和可遵循的经验教训，陷入类似 20 世纪 90 年代的长期萧条的可能性不大。

参考文献

〔日〕《经济学人》2009 年 2 月 9 日。

〔日〕财务省：《外国贸易概况》，1999～2007。

〔日〕内阁府编《日本经济 2008～2009》，2008 年 12 月。

〔日〕内阁府：《有关月例经济报告的阁僚会议资料》，2009 年 2 月 19 日。

2008 年日本経済回顧と展望

張季風

要　旨：国際金融危機と景気循環など諸要因の共同作用の結果、2008 年の日本経済は金融危機の震源地である米国およびアメリカに最も近い関係あるヨッロパー諸国よりも厳しいショックを受けた。株の暴落、輸出激減、鉱工業生産指数も企業利益も急落、完全失業率急増、経済指標はほぼ全面的に悪化しつつである。国際金融危機はいつ収拾がつくのかわからない。米国経済と世界経済も短期間に回復する見込みがない状態において、2008 年度と 2009 年度の日本経済は戦後最悪の衰退に陥る可能性が極めて高い。しかし、日本国内金融システムはまだ安定しており、1990 年代のような長期不況に陥る可能性は低い。

キーワード：日本経済　国際金融危機　景気循環　長期不況　実体経済

影响日本经济的国际因素

——以探讨 2008 年第四季度日本经济大幅度下滑原因为重点

姚海天*

摘　要： 2008 年世界金融危机以超乎预料的速度开始波及实体经济，世界经济形势迅速恶化，日本经济所受影响尤甚，出现大幅度下滑。日本出口急剧下降，一方面来自欧美的需求犹如"蒸发"一样急剧减少，另一方面来自其他新兴经济体的需求也随后大幅度下降。第四季度日本经济增长按年率换算为 −12.1%。日本经济大幅下滑有其特定原因，但其内在经济基础未受冲击，仅是生产一时萎缩，文中对日本经济下滑原因进行了简短分析。诸多迹象显示，世界经济将在 2009 年下半年进入复苏阶段，但经济是"活的"，随时会受到各种要素的影响，日本经济具有迅速复苏的潜力，但实际结果如何有待进一步观察。

关键词： 实体经济　世界经济危机　市场萎缩　经济大幅下滑　逆向波及效果

2008 年，日本经济剧烈波动。①

日本经济年初缓慢扩张、年中景气扩张逐渐停滞，年底（第四季度）出现了大幅下滑。日本政府、日本银行在各自的经济形势判断报告中均显示出了这一波动过程（见表 1）。

从 2006 年"次贷问题"开始显露到 2008 年，本次经济动荡经历了美国"次贷危机"→欧美"流动性危机"→欧美"信用危机"→世界"金融危机"→

---

* 姚海天，经济学博士，中国社会科学院日本研究所经济研究室助理研究员，研究专业为日本经济，研究方向为经济政策（实证）、经济安全。

① 如无特别说明，本文中所使用数据在时间上均为公历年。

表1 日本内阁府和日本银行对日本经济景气的判断
（2008年1月～2009年4月）

时 间	政府（内阁府）：《月例经济报告》经济基本面判断	日本银行：政策委员会及金融政策决策会议对景气的总体判断
2008年1月	虽然局部有弱化迹象，景气仍然在恢复	虽然住宅投资下降，景气仍然在稳定扩大
2月	景气恢复在放缓	虽然住宅投资下降，景气仍然在稳定扩大
3月	景气恢复在停滞不前	住宅投资下降以及能源、原材料价格高涨出现减速因素，但景气仍然在稳定扩大
4月	景气恢复在停滞不前	由于能源、原材料价格高涨，经济在减速
5月	景气恢复在停滞不前	由于能源、原材料价格高涨，经济在减速
6月	景气恢复在停滞不前，局部有弱化迹象	由于能源、原材料价格高涨，经济在减速
7月	景气恢复在停滞不前，局部有弱化迹象	由于能源、原材料价格高涨，经济在进一步减速
8月	景气恢复势头出现弱化	由于能源、原材料价格高涨，出口增长减慢，经济出现停滞
9月	景气恢复势头出现弱化	由于能源、原材料价格高涨，出口增长减慢，经济出现停滞
10月	景气出现减退	由于能源、原材料价格高涨的影响，同时出口增长减慢一直持续，经济出现停滞
11月	景气出现减退，随着世界经济进一步放缓，日本经济也因此受影响的可能性较大	由于之前的能源、原材料价格高涨及出口减少的影响，经济更明显地呈现停滞迹象
12月	景气恶化	景气恶化
2009年1月	继续急剧恶化，形势严峻	景气大幅度恶化
2月	继续急剧恶化，形势严峻	景气大幅度恶化
3月	继续急剧恶化，形势严峻	景气大幅度恶化
4月	继续急剧恶化，形势严峻	景气大幅度恶化

资料来源：2008年日本内阁府各月《月例经济报告》、日本银行各月《金融经济月报》。

波及实体经济→世界"经济危机"等几个阶段。

对于日本经济来说，2008年也是"不幸"的一年，日本经济本无大的内在问题，但在9月中旬以美国"雷曼兄弟投行破产"事件曝光为分水岭，金融危机开始迅速波及实体经济，世界市场急剧萎缩，之前一直对金融危机"隔岸观火"的日本经济开始被"殃及"。在年初即已开始下降的对美国、欧盟的出口开始大幅度减少，随后，对中国、"亚洲四小龙"、东盟、俄罗斯、印度及巴西等主要经济体的出口也在第四季度开始急剧下降，日本国内进入急速的库存、生产调整，随后引发日本工矿业生产指数、国民所得、失业率、民间设备投资等几乎所有经济指标的全面恶化，2008年第四季度日本经济增速换算年率下降了

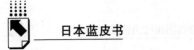
12.1%，下滑幅度在诸多发达经济体中最大，已经接近了1973年第一次石油危机中日本经济所受冲击。① 进入2009年之后，日本经济形势仍然持续大幅恶化，形势严峻。

以下以日本经济大幅度下滑及原因分析为重点，探讨2008年日本经济所受的国际因素的影响。

一 日本国内对其经济景气状况的判断

（一）2008年日本经济出现大幅度下滑

受世界经济危机的影响，2008年日本经济规模已经出现一定程度萎缩。2008年日本名义GDP为507.6万亿日元，与2007年相比下降了1.6%；实际GDP为557.2万亿日元，同比下降了0.6%。

2008年，随着世界经济减速，日本的出口减少，进入第二季度后，日本经济出现下滑趋势，且呈现加速态势，第二季度和第三季度的经济增长率分别为-3.7%和-0.4%。从2008年11月开始，日本出口出现了20%~50%的下降，第四季度经济增长更是下滑高达-12.1%②，下滑幅度远超人们预想，引起各方高度关注。

（二）日本政府、日本银行对日本景气状况判断的变动

日本内阁府和日本银行均会在各自的每月经济形势报告中对当时的日本经济形势做出判断。2008年1月至2009年4月日本内阁府和日本银行对其经济形势判断的变动过程如表1所示。

日本政府和日本银行在对日本景气判断的表述上略有不同，但是，两者在判断上的共同点是：日本经济在2008年8月、9月间出现停滞倾向，在10月、11月停滞迹象更加明显，在12月经济明显恶化。虽然包括日本在内的世界主要经济体都宣布了大规模的经济刺激计划，但进入2009年之后直到4月，日本经济依然持续大幅度恶化，形势越发严峻。

---

① 日本1974年第一季度经济增长（季节调整后）按照年率换算为-13.1%。
② 美国的这一数据为-3.8%，欧洲的为-5.7%。

二 日本经济所受国际因素影响

2008 年世界金融危机开始波及实体经济，世界市场急剧萎缩，对日本经济犹如"釜底抽薪"，日本经济在第四季度出现大幅度下滑，直到 2009 年第一季度，数据显示日本经济仍然在持续恶化。下面以日本经济大幅度下滑及原因分析为中心，探讨 2008 年日本经济所受影响。

（一）世界市场急剧萎缩导致日本经济大幅度下滑

2008 年 9 月中旬的美国"雷曼投行"破产事件是世界金融危机波及实体经济并转化为经济危机的分水岭，以下分别介绍"雷曼投行"破产事件前后日本经济的形势，探讨日本经济所受影响。

1. "雷曼投行"破产事件前后日本经济形势的变动过程

日本经济形势的变动主要有三个特点。

第一，在 2008 年金融危机波及实体经济之前，日本经济运行尚平稳，基本面良好。

从 2002 年 1 月到 2007 年底，日本经济经过了长达六年的缓慢的经济扩张，经济结构得以调整优化，日本企业在 2002～2007 年的五年中，收益持续增长。截止到 2007 年前后，日本的银行系统已经基本解决了长期拖累日本经济的不良债权问题，日本企业也基本解决了"人员过剩、债务过剩、设备投资过剩"等问题，企业的竞争力得以提高。

在本次世界经济危机"初期"的"次贷危机"中日本的金融系统也没有遭受过大的直接损失，基本上都可以在企业的内部消化。

日本经济在 2006 年的 GDP 增长率为 2.4%，2007 年为 2.1%，增长率虽略有减少但仍然在正常波动范围内，即使到了 2008 年第一季度，日本经济的增长率仍然达到了 2.5%，显示出日本经济增长平稳，说明本次金融危机未波及实体经济之前对日本宏观经济直接影响有限。①

第二，迫于经济下滑压力，日本财政、金融政策已经在进行根本性调整。

世界主要经济体的财政金融政策方向因本次金融危机被迫发生转变。美国

---

① 本段落中 2008 年的季度增长率均按年率换算。

实施大规模景气刺激对策,同时用公共资金救济那些金融机构和汽车行业。同时,美国 FRB 也实施了史无前例的零利率政策,并且实施了实质上的货币"量的缓和"政策。欧盟原本制定了各成员国的中期均衡财政目标,并为彼此相互监督而制定的"财政及稳定成长协定"也由于大规模财政出动而束之高阁。

最近一两年,日本一直在致力于财政重建,计划在 2011 年消除财政收支赤字,重返平衡财政并且颇见成效。但是,本次经济危机来势凶险,日本不得不无限期延迟其努力许久的财政重建计划,转而大量增加财政支出,以求刺激内需,延滞经济下滑速度和幅度。在日本,围绕"补充预算",原来的财政支出路线也不得不从根本上进行修订。

日本各界对政府的财政刺激政策充满期待,日本政府从 2008 年 8 月起,不得不修正其原有经济政策方向,连续三次制定了总计 58 万亿日元的经济刺激计划。

对于财政刺激计划的局限性,日本财政大臣与谢野馨明确表示,"增加公共事业支出短期内具有一定的刺激需求的效果,但是,产业的波及效果不足在经济学上已经成为定论"。

第三,"雷曼投行"事件之后,世界市场萎缩,日本出口急剧下降,经济大幅下滑。

世界经济危机对日本经济的影响主要经过三个阶段。首先是以"雷曼投行"破产事件为发端,金融危机开始波及欧美等实体经济;然后是欧美需求下降,导致日本出口下降;最后是日本出口持续整体下降,日本经济大幅度下滑,进入衰退的恶循环,被迫全面调整。

(1)以"雷曼投行"破产事件为发端,金融危机开始波及美欧等主要实体经济。以 2008 年 9 月"雷曼投行"破产事件为发端,美欧等实体经济受到迅速波及,世界经济进入真正的危机阶段,欧美的需求急剧下降,给整个世界投下了严重衰退的阴影。

(2)美欧及其他经济体市场先后全面萎缩,日本出口急剧下降。图 1 所示的是日本在 2008 年各个季度及 2009 年 1 月对世界主要经济体或区域的出口的同比变化率。从图 1 可以看出,从 2008 年第一季度到 2009 年 1 月,日本对主要经济体(或区域)出口呈现加速下降的趋势。

事实上,日本对美出口从 2007 年就开始减少,2007 年第三季度、第四季度

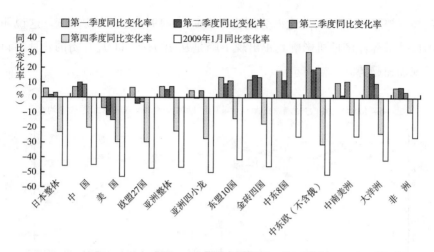

图1 日本对世界主要经济体或区域出口同比变化率

（2008 年四个季度及 2009 年 1 月）

数据来源：日本财务省对外贸易统计，部分由笔者计算而得。

的对美出口同比变化率分别为－1.67%、－4.08%。进入 2008 年后，日本对美出口的下降幅度逐渐增大，对欧盟 27 国和亚洲"四小龙"出口，都是从第二季度开始出现负增长，日本对亚洲"四小龙"的出口一度出现反复，在第三季度日本对其出口又出现 4.8% 的增长。

到了 2008 年第四季度，世界实体经济开始明显受波及，日本经济整体出口也同比下降了 23.1%，对美国和欧洲出口均下降了 29.7%，对中国下降了 20.3%，对亚洲整体的出口则下降了 22.5%。及至 2009 年 1 月，日本对几乎所有经济体出口同比又出现了比 2008 年第四季度更大的降幅。这表明中国、欧美等日本的主要海外市场都出现需求萎缩，且呈加速态势，即使进入 2009 年之后，需求萎缩的趋势仍然在加速。

2008 年，不仅是对美国，包括对欧洲、中国的出口，几乎对所有经济体或区域的出口都在减少，日本经济大幅下滑成为必然。

图 2 表示 2008 年日本月出口额及变动率，如图 2 所示，2008 年 1～9 月日本出口额变动情况与 2005～2007 年出口三年平均①的相同月份极为相似，但在 2008 年 10 月，日本出口开始出现下降且呈加速趋势，从 10 月到 12 月，日本出

---

① 为使算得的 2008 年日本出口的变动更具有客观性，此处采用 2005～2007 年的三年平均值作为基准来计算，后文中简称为"三年平均"。

口额与三年平均相比，变化率分别为 3.6%、- 19.4% 和 - 30.1%。这说明日本出口受世界经济危机影响真正出现下降是从 2008 年 11 月开始的，且出口下降呈现加速趋势。

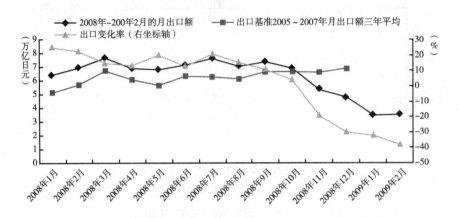

图 2　2008～2009 年 2 月日本月出口额及变动率

注：包括 2009 年 1 月、2 月，变动率的基准为 2005～2007 年月出口额三年平均。

2009 年 2 月日本出口额为 3.53 万亿日元，比 2009 年 1 月出口额 3.48 万亿日元要略有增长，如果仅仅从出口额绝对值来看，这似乎显示日本出口已经止跌回升，但是，从出口的季节性考虑，2009 年 2 月出口同比变化率为 - 38.2%，下降幅度大于 2009 年 1 月同比变化率 - 32.1%，表明日本出口在 2009 年 2 月不仅下降没有停止，反而又略有加速倾向（可参考前文中的图 2）。

表 2 显示了 2008 年日本对外贸易与对外出口主要市场比重的变化。2008 年美国、欧盟所占比重比 2007 年分别下降了 2.59%、0.67%。2008 年中日贸易高达 27.79 万亿日元，中国是日本最大贸易对象国，但是，美国仍然是日本最大的出口市场，占据着 17.54% 的份额。对于日本出口的恢复，美国仍然起着不可替代的作用。

（3）日本经济大幅度下滑，被迫全面调整。

本次世界金融危机波及实体经济后，日本出口持续加速下降、生产萎缩，几乎所有经济指标恶化，日本经济已陷入衰退的恶性循环。

日本企业界尤其是出口行业，在 2008 年第三季度后，不少企业发布经营业绩比预期大幅减少，例如丰田汽车公司分别在 2008 年 11 月和 12 月两次下调了

表2　2008年日本对外贸易与主要出口市场比重变化

单位：万亿日元，%

贸易对象 \ 项目	2008年					2007年各经济体（区域）占出口总额比重	与2007年相比，2008年比重的变化
	贸易额	出　口	进　口	贸易收支（出口-进口）	占出口总额比重		
中　国	27.79	12.96	14.83*	-1.87	15.99	15.30	0.69
美　国	22.26	14.22	8.04*	6.18	17.54	20.13	-2.59
亚洲(不含中国)	44.25	27.02	17.23*	9.79	33.34	32.84	0.50
欧盟27国	18.72	11.43	7.29*	4.14	14.10	14.77	-0.67
中东8国	20.86	3.51	17.35*	-13.84	4.33	3.67	0.66
中南美洲	7.07	4.25	2.82*	1.43	5.24	4.92	0.32
大洋洲	7.54	2.20	5.34*	-3.14	2.71	2.51	0.21
非　洲	3.56	1.39	2.17*	-0.78	1.71	1.63	0.09
印度、俄罗斯、巴西三国合计	5.96	3.14	2.82*	0.32	3.87	2.93	0.95
日本整体合计	159.94	81.05	78.89*	2.16	100.0	100.00	—

注：表中所列贸易对象不是全部，故所占出口比重合计不足100%。

数据来源：笔者根据日本财务省贸易统计计算而得。后面缀有"＊"的数据为速报值。

其2008年度的盈利预期，时间间隔如此短暂，甚至对日本社会心理造成冲击。不仅是汽车行业，几乎所有的出口企业都由于经营业绩下滑而重新制订生产和设备投资计划。

经济危机影响广泛、迅速，衰退的到来迫使日本企业界进行全面调整。日本企业的调整主要有：先是调整生产，调整在库水平，同时削减人工成本和其他成本，伴随着降薪、裁员，随后重新制订设备投资等支出计划。这也是经济危机对日本社会经济生活的微观层面产生的影响。

日本的工矿业生产指数能够反映制造业的形势，2008年10月工矿业生产指数同比变化率为-7.1%，11月为-16.6%，12月为-20.8%，2009年1月为-30.8%。从指数值来说，1月份的工矿业生产指数值为76.0（2005年为100），已经降到1985年前后的水准。

加班工作时间能够敏锐地反映景气动向，生产急剧减少首先体现在加班时间减少上，2008年10月同比变化率为-11.1%，11月为-20.6%，12月为-30.6%，到了2009年1月则为-40.0%。其次，减薪及增加休假也在某些企业出现，劳动者工资所得已经出现下降情形。但是由于员工薪金呈现下方刚性的特点，减薪

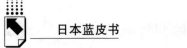

方式往往效果有限。

一般来说，在经济衰退时期，越是主要市场，需求减少的程度越大，如汽车、电机、电子等等，所以这次减薪、裁员的风潮首先从那些以往业绩很好的著名公司开始，比如索尼、丰田等等。2008年度丰田汽车裁减了约3000人，索尼则在全球范围裁减了1.6万个工作岗位。

这次危机中，首先被裁掉的是非正式员工，这些人约占日本就业人口的三成。即使是非正式员工的裁减，日本企业也已经受到了社会的广泛批评，并在一定程度上已转化为社会问题。这也说明经济危机不仅影响了日本经济，也在某种程度上给日本社会带来震荡。

2. 世界经济危机对日本经济产生重大影响的原因分析

日本经济受到如此巨大的影响其原因可以考虑如下几点。

（1）在经济全球化的进程中，经济体间的相互依存程度比人们预想的要大。

2008年上半年，当欧美在"金融危机"中全力应对的时候，由于日本金融系统所受损失有限，日本有很多人持有"隔岸观火"的心态，即使在日本对美国、欧洲的出口开始出现下降的情况下，日本仍然有人认为只要日本对占日本出口市场近50%的中国、亚洲"四小龙"以及东盟等地区的出口不下降，日本经济就不会受到严重影响。

但事实说明，在经济全球化进程中，经济体之间的影响已经远比人们预想的更大。比如亚洲"四小龙"以及东盟虽然吸取了1997年东南亚金融危机的教训，且在"次贷问题"中所受损失也轻微，但是，这些经济体的出口同样急剧下降、经济增速放缓。

（2）"逆向波及效果"① 的结果。

日本经济的衰退速度之所以比预计的要严重，主要原因在于日本经济是成熟经济，经济潜力大多已被充分挖掘，产业关联度高，产业的波及效果比较充分，在经济扩大期，对经济发展有利的因素会充分放大，正因为如此，日本经济才以狭小的国土和不足1.3亿人口成为世界第二大经济体。

同样因为如此，在这次金融危机中，随着欧美内需下降、新兴经济体的进口需求也萎缩，世界市场急剧缩小，日本企业尤其是出口型企业调整库存和生产，

---

① 日本在此次经济危机中所受影响巨大，对于原因的分析，仅仅能通过定性的判断做出，更深入的定量分析有赖今后通过更深入的日本产业关联分析完成。

生产减少同样通过"逆向波及效果"导致其他关联下游企业生产的萎缩，且这种萎缩无法在日本经济内部得以消化，表现在统计数据上就是日本经济在诸多发达经济体中下滑幅度最大。例如，对于产业波及效果显著的日本运输机械产业，出口一旦减少，整个行业所减少的生产会达到出口减少额的3倍。

而新兴市场经济体，由于产业波及效果不十分充分，这种"逆向波及效果"可以被部分吸收，反而可以在一定程度上吸收外界经济的衰退所带来的冲击，这些经济体发展速度有可能在一定程度上被拖缓，其经济规模扩张的速度将减慢，经济增长的趋势却不会发生根本性转变。

（3）日本本轮景气扩张具有"出口依存性"。

与人们的印象相反，日本经济的外贸依存度在所有的发达经济体中是非常低的，仅有14.7%（2003~2007年五年平均），仅仅略高于美国的10.7%。

日本经济的出口依存度不高，但是其景气扩张却极为依赖出口。纵观日本这次二战后持续时间最长的景气扩张（从2002年1月至2007年底）可以发现，来自中国等新兴经济体的需求对日本景气的扩张起了主导作用。在这次长达近6年的景气扩张中，日本经济增长率的约60%是由外需拉动的。

正因为如此，日本出口急剧下降相当于"釜底抽薪"，日本景气缺乏支撑，出现景气后退也就顺理成章。

（4）世界经济处于长波经济周期的下降阶段①。

一方面，世界经济发展的长期周期正处于下降过程中，这是此次世界危机远比预想严重的主要原因之一；另一方面，中国不可能永远保持高速增长势头，且中国并没有培育出有效的需求市场，"金砖四国"的其他三个经济体的规模还较小，即在世界失去美国市场的牵引后，已经没有能牵引或者阻挡世界经济下滑的力量了。

此外，其他几个循环周期分别是库存投资周期、设备投资周期以及基础建设投资周期，对于日本这样的成熟经济体而言，均不处于能够起到牵引所用的上升期。

---

① 关于长波经济周期的问题，笔者曾在2008年末的一次研讨会上与一日本教授发生争论，笔者认为世界处于长波经济周期的下降期而对方认为世界经济正处于长波经济周期的上升期。对方认为，新兴经济体经济不断发展，中国、印度、俄罗斯、巴西等新兴市场也随之扩大，世界经济将更加发展。对此，笔者的观点是现代新科技对经济发展所能产生的推动作用已经比较充分地利用了，很多经济体的市场由于运行效率低等因素已经难以有更大的发展空间，进一步借助新科技发展经济的余地不多，世界经济也因此进入长波经济周期的下降期。

（5）"三角贸易链"受到冲击①，日本出口因此受到"双重打击"。

实证研究显示，日本—亚洲经济体（包括中国）—美欧之间存在"三角贸易链"，即日本生产零部件，出口到亚洲经济体组装成成品，最后再出口到美欧等经济体，"三角贸易链"的形成也是经济全球化的结果。美欧需求下降必然也导致这一"三角贸易链"受到冲击，影响了日本对亚洲经济体的出口，日本出口遭受了对欧美直接出口大幅下降和通过"三角贸易链"的间接出口这样的双重冲击，这也应是日本经济如此大幅度下滑的原因之一。

此外，长期以来，在国际贸易中，日本产品以高品质、技术含量为后盾，针对高端市场发展，在经济危机来临的时候，市场中的消费者往往会以低价产品尽可能代替昂贵产品，这也应是日本出口急剧下降的一个因素。

（二）其他影响因素

到目前为止，世界市场萎缩导致日本出口大幅度下滑对日本经济产生的影响最为直接、巨大。相对而言，其他国际因素的变动导致的影响大多轻微、间接。为求内容的完整性，以下对日本经济所受其他因素的影响略做介绍。

1. "金融危机"本身的直接影响轻微

根据 2008 年 10 月国际货币基金组织发布的《世界金融稳定报告》，截止到 2008 年 9 月，世界各国的银行遭受损失总额为 5870 亿美元，其中，包括日本在内，亚洲国家的金融系统遭受损失为 240 亿美元，仅占世界金融系统损失总额的 4.1%，日本金融系统所受直接损失约为 60 亿美元②。

2008 年 9 月"雷曼破产"事件是此次世界金融危机的一个"分水岭"。"雷曼破产"引起的直接后果是国际金融市场大范围混乱，世界范围股市出现暴跌。日本股市也急剧下挫，日经平均股价由 9 月初的 12834 日元下降到 10 月 27 日的 7163 日元，降到与 1982 年的股价持平，下降率达到 44%。

对于日本经济而言，股票价格下降的波及范围非常广泛，主要通过资产效果对家庭消费、企业需求方面产生影响，还通过对银行的借贷行为产生影响进而波及供给方面。耐人寻味的是，世界金融危机对日本股市价格的影响，甚至远远超

---

① "三角贸易链"受到冲击对日本经济到底产生多大影响以及本段中的分析还需要通过进一步的实证研究来验证和量化。

② 即约 0.6 万亿日元，参见日本金融厅于 2007 年 12 月进行的调查。

过对金融危机发源地的欧美的股市的影响。有人认为其原因在于日本东京股市的投资者的构成中，日本之外的投资者所占比重较大。

2. 国际商品市场价格波动的影响

2008 年国际市场原油价格出现了史无前例的急剧震荡，先是 WTI 国际原油期货价格在 1 月 2 日首次突破了 100 美元/桶的大关，在略微下挫之后，急剧攀升，直到 7 月 11 日竟然达到了历史最高价位 147.27 美元/桶。随后，原油期货价格又出现暴跌，并在 5 个月之后的 12 月 19 日瞬时价格降到了 32.40 美元/桶，下降幅度超过了 100 美元。直到 2009 年第一季度，国际原油期货价格始终在 35～60 美元/桶的范围内波动。

原油价格的波动对日本经济影响巨大，一升一降，对于包括日本在内的石油消费国是"先苦后甜"。

3. 汇率的影响，日元汇率走高、日本企业在海外扩大并购

2008 年，日元对美元、英镑等世界主要货币均出现大幅升值。日本国内也普遍认为今后日元进一步升值的可能性很大。众所周知，日元升值是把"双刃剑"，一方面会减弱出口企业的价格竞争能力，尤其在日本出口企业海外需求减少的危机状态中，日元升值是"雪上加霜"，另一方面又能增加进口企业的赢利，增加日本国内消费者的福利。

2008 年中，由于金融危机的影响，以往以投资基金、对冲基金主导的并购急剧下降，取而代之的是日本企业，一年之中，日本企业趁世界金融危机展开大规模并购，并购海外企业多达 12 起，参与并购的日方企业分别有三菱 UFJ 银团、武田药品工业、第一三共、东京海上控股、伊藤忠商事（与新日本制铁合作）、丸红（与关西电力、九州电力等合作）、NTT DOCOMO、麒麟控股、理光、TDK、盐野义制药以及三菱丽阳公司，并购总金额达 4.49 万亿日元。[①]

有日本经济学者强调，日本企业展开新一轮大规模海外并购与 2008 年的日元升值不无关系。

三 关于日本经济的复苏

现阶段，包括日本在内的主要发达经济体出现严重的景气衰退，同时，中国

---

① 原始资料来源于日本《经济学家》周刊杂志（2009 迎春合并号），由笔者计算而得。

等新兴经济体则经济减速。日本经济何时复苏也存在着极大的不确定性，人们的看法不一。根据日本《东洋经济统计月报》2009年初实施的"关于日本经济何时复苏"的调查，在38位经济学者中，有14人（36.8%）认为日本经济会在2009年第四季度再次复苏，16人（42.1%）认为日本经济将在2010年上半年开始复苏。

对几十年来日本经济复苏过程的实证分析显示，往往在美国经济好转之后，日本经济才会借助对美出口实现复苏，在当前的危机中，日本国内有很多人还抱有同样的期待。同时，由于中国的大规模经济刺激计划，以及中国在2009年第一季度经济指标出现若干好转，日本国内对于对中国出口的增加也同样抱有期待。

虽然日本在实体经济受到冲击后，为摆脱景气扩张极度依赖海外市场的现实，出台大规模财政刺激计划，力图通过扩大内需，改善日本经济的景气扩张模式，但这将是一个缓慢的过程，对于日本经济的复苏，海外市场的恢复仍然起着至关重要的作用。

世界主要经济体已步调一致地制定了空前规模的经济刺激计划，且经济刺激计划总额高达约5万亿美元（相当于500万亿日元）。但是，产生效果需要一个滞后期，在当前金融危机和实体经济衰退的形势下，根据日本学者今村卓的计算，这些经济刺激计划仅仅能提升经济增长率1%左右，无法改变世界经济下滑的趋势。世界经济将进入整体调整时期，不太可能在短期内复苏。种种迹象表明，截止到2009年2月，世界经济下滑还没有触底，如前文所述2009年1月、2月日本出口的绝对值已经开始出现持平状态，分别为3.48万亿日元和3.53万亿日元，日本经济出口额似乎有"止跌回升"的迹象，但经过季节因素调整可以发现，日本出口仍然处于下滑之中，且下滑的速度并未减缓（参见图2）。

对于世界经济，包括日本经济何时走出衰退，经济学者的看法不一致是必然的，但是有一点可以肯定的是，在美、日、欧这三个经济体中，欧美将通过自身的努力、产业结构的调整率先走出衰退，随后，日本则通过强化企业竞争力，最大限度利用产业的波及效果，借助外需的拉动，在衰退中萎缩的经济得以重新"舒张"起来，但其经济真正回复必然仍将依赖对欧美及中国的出口。

一旦世界经济度过这次危机，日本经济将很快恢复（不是最早），但进一步发展仍将是缓慢的低速增长。

总之，2008年源于美欧的金融危机以超乎预料的速度开始波及实体经济，世界经济形势迅速恶化，日本经济所受影响尤甚。

据国际货币基金组织的预测，2009 年世界经济实际增长率将是第二次世界大战后最低的，日本实际经济增长率将为 - 2.6%。诸多迹象显示，世界经济危机还没有见底，仅是恶化速度开始放缓。

在金融危机所引发的全球经济危机中，几乎所有的主要经济体都在主动采取积极的财政金融政策，这些经济刺激政策都通过扩大内需力图延缓本经济体下滑的势头，缓和经济可能发生的大幅度震荡。

2008 年 9 月中旬的"雷曼破产"事件是日本经济也是世界实体经济走向的分界点，对于日本而言，来自欧美的需求犹如"蒸发"一样急剧减少，随后，来自其他新兴经济体的需求也出现大幅度下降。

到目前为止，日本经济虽大幅下滑但内在基础未受冲击，仅是生产规模一时萎缩，所受影响仅是"皮肉伤"，远未"伤筋动骨"。七国集团认为世界经济将在 2009 年下半年进入复苏阶段，但经济是"活的"，随时会受到各种因素的影响，日本经济具有迅速复苏的潜力，但实际结果如何，有待进一步观察。

参考文献

姚海天：《日本经济的国际影响因素》，《日本：2007》，世界知识出版社，2008。

〔日〕《经济学家》2008 年、2009 年第 1 ~ 4 期。

〔日〕《东洋经济统计月报》2009 年第 1 ~ 4 期。

〔日〕《东洋经济周刊》2008 年、2009 年第 1 ~ 4 期。

日本内阁府、日本银行、日本财务省、日本贸易振兴机构、国际货币基金组织等机构的网站资料。

日本経済を影響する国際要素

2008 年第 4 四半期における日本経済の大下振れの原因に関する検討を中心に

姚海天

要　旨：2008 年において、欧米発の金融危機は想像以上のスピードで世界

の実体経済を波及し始めた。世界の経済情勢は急速に悪化した。特に日本経済
への影響は大きく、大幅な下振れとなった。「リーマンショック」以降、欧米
の景気が一層に低迷するようになった。欧米からの需要も「蒸発」と言える
ほど急に下がり、その上、他の新興市場からの需要も大幅に下がり、日本輸出
の急減は輸出の生産調整を招き、第4四半期において日本経済は年率で12.1%
も下がった。これまで、日本経済は大幅に委縮したが、内在的な底力を失うこ
とではなく、ただ一時的な生産の縮小である、本文において、その大下振れの
原因について、おおざっぱに究明しようとする。日本経済の受けたショックは
ただ表面の傷であるが、依然として世界一流の実力を持っておる。世界経済が
2009年の後半に回復に向かう兆候が見られているが、経済は「生き物」であ
り、各種の影響を受けることも恒常的なものである。日本経済は迅速的に回復
する実力を持っているが、先行きはどうなるかは時間の問題であろう。

　キーワード：実体経済　世界経済危機　市場萎縮　経済の大幅下振れ　逆波
及効果

财政预算与财政制度改革

张淑英[*]

摘　要: 1995 年 11 月 14 日时任大藏大臣关于财政的一番讲话, 被舆论界概括为 "财政危机宣言"。此番讲话, 道出了国库空虚的真相, 也将财政改革提上议事日程。十余年来日本节支措施年年定, 财政制度不断改, 但始终没有真正摆脱财政困局。本文探讨了 2008 年度日本的财政运营、改革措施、百年一遇的金融危机给日本财政带来的影响。

关键词: 预算框架　政策重点　财政改革　金融危机　影响

　　财政是一国基本制度的重要组成部分。发展经济, 执行各项政策, 解决各类社会问题等, 均离不开财政的配合。然而, 日本的财政却是负债累累, 难有作为。走出泡沫经济破灭的长期萧条后, 重建财政的课题再次提上议事日程。2008 年度, 日本财政预算的基本方针是继续推进改革, 控制支出, 减少赤字, 突出政策重点, 提高财政资金运用效率。

一　预算框架与收支结构

　　日本的财政预算书通常由三大本构成, 即一般会计预算、特别会计预算、政府相关机构预算。预算规模的确定, 通常建立在对当年经济增长预估的基础上。

(一) 预算框架与总规模

　　日本政府当初估计, 2008 年的经济增长率为 2.1%, GDP 可达 526.9 万亿日元。据此制定的财政预算总体框架如表 1 所示。

---

* 张淑英, 经济学博士, 中国社会科学院日本研究所经济研究室研究员, 研究专业为日本经济, 研究方向为财政金融。

表1　2008年度日本中央财政预算框架

单位：亿日元

		2008年度预算	比上年增减	对GDP之比（%）
财政收入	一般会计	830613	1525	15.76
	特别会计	3943239	48290	74.84
	政府相关机构	21019	−5997	0.40
	扣除重复计算后　合计	2383141	12322	45.23
财政支出	一般会计	830613	1525	15.76
	特别会计	3684477	65676	69.93
	政府相关机构	19555	−3876	0.37
	扣除重复计算后　合计	2140990	33527	40.63

　　注：表中所用GDP数字是日本政府对2008年度GDP的预估值。
　　资料来源：〔日〕《财政金融统计月报》2008年第5期。

　　在主要发达国家中，日本被视为小政府，其主要原因在于日本的经常性财政收支在GDP中所占比重不大。如表1所示，2008年度，经常性财政收支占GDP的比重为15.76%。

　　但是，众所周知，日本政府在干预和引导经济方面的能量很大。这与日本财政体制的特点密切相关。日本除了经常性财政预算之外，还有规模庞大的特别会计和政府相关机构预算。就2008年度预算来看，特别会计的总规模相当于一般会计的4.7倍。当然，这其中包含重复计算的成分。即使扣除重复计算（241.2万亿日元）部分之后，特别会计和政府相关机构预算合计仍相当于一般会计的1.9倍。表1的数据显示，2008年度，日本政府支配资金的总规模占GDP的40%以上。

（二）经常性财政收支结构

　　经常性财政预算，即一般会计预算，是日本财政预算的核心部分，它反映着日本政府的经常性收支活动。正因为如此，在比较财政研究中使用的日本财政数据，往往是一般会计的数据。

1. 收入结构

　　经过20世纪80年代的民营化改革，国营企事业收入一项大幅度缩小。此后，日本政府的财政收入主要来自两大项：一是税收，二是发行国债。如表2所示，2008年度，在经常性财政收入预算中，税收占64.5%，发行国债占30.5%。

表2　2008年度日本经常性财政收入预算

单位：%

收入来源	2008年度预算(亿日元)	所占比重	比上年度增减
租税及印花税收入	535540.00	64.5	0.2
国有企事业收益	160.54	0.0	-0.7
整理政府资产收入	2816.44	0.3	4.1
杂项收入	38581.49	4.6	3.6
公债收入	253480.00	30.5	-0.3
上年度结余	34.93	0.0	—
合　　计	830613.40	100.0	-0.2

注：比上年度增减幅度是相对于2007年度最初预算数字。

资料来源：〔日〕《财政金融统计月报》2008年第5期，第62页。

从国债的发行规模看，2008年度最初预算比上年度减少840亿日元。尽管如此，2008年度经常性财政对债务的依赖程度仍在30%以上。这表明，日本靠借债度日的财政局面没有多大改观。

2. 支出结构

在借债度日的财政局面下，日本政府上下都不得不过"紧日子"，皇室也不例外。2008年度，皇室费预算比上年度减少5000万日元，减幅为0.7%。从分部门的财政预算看，经费减幅最大的是会计检察院，比上年度减少18.6%；其次是财务省，减幅为3.7%；国土交通省居第三，减幅为2.8%。除国会、内阁、总务省和厚生劳动省4个部门的预算比上年度有所增加外，其余13个部门的预算都有不同程度的减少。

表3是按支出目的分类的财政预算结构。同1990年度财政支出结构相比，只有社会保障费和国债费的比重在上升，而包括产业、教育文化在内的其他各项支出的比重均在下降。

在2008年度财政支出预算中，第一大项是社会保障费，占27.5%，比1990年度上升了9.1个百分点，这是人口结构老龄化在财政支出结构上的反映；第二大项支出是国债费，占24.3%，比1990年度上升了3.6个百分点。这表明，尽管日本的利率长期处在历史最低水平（公定利率接近于零），但是，国债的还本付息负担仍在加重。前两大项支出合计占2008年度日本财政预算总额的51.8%。

表3 2008年度日本经常性财政支出预算（按支出目的分类）

单位：亿日元，%

支出目的	2008年度预算	所占比重	比上年度增减	（参考：1990年度的支出结构）
国家机关费	42864.67	5.2	−1.0	6.5
地方财政费	156336.20	18.8	+4.6	22.9
国防费	48002.68	5.8	−0.5	6.1
国土保全与开发费	60555.04	7.3	−2.6	8.5
产业经济费	28401.17	3.4	−1.7	5.9
教育文化费	51091.83	6.2	+0.3	7.7
社会保障费	228299.14	27.5	+2.9	18.4
抚恤费	8514.97	1.0	−7.7	2.6
国债费	201632.30	24.3	−4.0	20.7
预备费	3500.00	0.4	0.0	0.5
其　他	1415.40	0.2	+0.2	0.1
合　　　计	830613.40	100.0	+0.2	100.0

注：比上年度增减幅度是相对于2007年度最初预算数字。

资料来源：2008年度数据源自日本《财政金融统计月报》2008年第5期，第63页；1990年度数据源自日本财务省主计局调查课编《财政统计》，国立印刷局，2006年8月25日，第31页。

以上两大项均是既不能压缩又无助于增进经济活力的支出，它们所占的比重越大，财政就越僵化。如果再加上国家机关费、国防费等必须安排的支出，日本政府可支配的机动财力实际上很有限。

二　财政政策的重点

在机动财力非常有限的局面下，为了充分发挥财政促进经济发展、稳定社会秩序的作用，日本确定的方针是突出重点。2008年度，日本的财政政策围绕以下三个重点展开。

（一）强化增长能力

财政要走出困境，最终有赖于经济发展。为了增强经济增长能力，2008年度日本采取的财政措施主要有三个方面。

1. 培育新的增长点

日本经济已经成熟，欲使经济有进一步的发展，需要通过技术创新和产业创新，培育出新的增长点。2008 年度，作为新的增长点加以培育的项目主要有三个：一是安排 145 亿日元（比上年度增加 68 亿日元）用于发展下一代超级计算机；二是安排 20 亿日元（比上年度增加 10 亿日元）用于再生医疗①的实用化项目；三是安排 10 亿日元（新设项目）用于推进对稀有金属的开发。如果加上特别会计投资部分，用于以上三个方面的支出为 112 亿日元。

2. 提高生产率

要提高国家总体的生产率，既要提高单位生产率，更要提高有劳动能力者参加生产的比率，即降低失业率。为了创造更多的就业岗位和提高总体生产率，日本在 2008 年度财政支出预算中新设了两个项目：一是安排 21 亿日元用于为创业者提供帮助；二是安排 97 亿日元用于帮助地方团体实施创新计划。

3. 打造国际物流中枢

在经济全球化的时代，跨国、跨洋货运量迅猛增长。日本利用独特的地理位置和自然条件，建设国际物流中枢，有望成为新的经济增长点。2008 年度，日本继续将打造国际物流中枢作为财政投资的重点，一是安排 601 亿日元（比上年度增加 77 亿日元）用于建设超级中枢海港；二是安排 204 亿日元（比上年度增加 56 亿日元）用于打造高质量、高性能的空港。

（二）搞活地方经济

日本的国土面积虽然不大，但也存在明显的地区差距。挖掘那些相对落后地方的发展潜力，对促进日本经济社会发展具有重要意义。为促进地方搞活经济，2008 年度日本采取的财税措施主要有以下方面。

1. 矫正地区之间的税源不均衡

创设地方法人特别税和地方法人特别让与税，② 将原来归于都道府县级（类似于中国的省级）的法人事业税，由地方税改为国税，由国家统一调配，用于对各地方财政的再分配。通过加大中央财政转移支付力度，矫正地区之间税源分布不均衡的局面。

---

① 所谓再生医疗，一般是指从患者身上提取组织或干细胞进行培养，然后将培养出的器官或组织用于对患者的治疗。

② 这实际上是同一笔税收的两个侧面，从征税的角度说，称为"地方法人特别税"，而从中央对地方再分配的角度说，则称为"地方法人特别让与税"。它们不是两个新开征的税目，因而并不增加企业的负担。

2. 创建"地方再生对策费"

将此项对策费作为划拨给地方财政的特别项目。

3. 增加对地方道路建设的财政拨款比率

具体拨付比率视各地的具体情况而定，最高可由现行的 55% 提高到 70%。另外，创建对地方的无息贷款制度。

4. 改善地方居住环境

拨付 3956 亿日元（比上年度增加 108 亿日元）用于地方居民生活环境建设，提高地方居民的生活质量。

5. 振兴地方产业

新增 52 亿日元拨款，用于构建援助体系，为维持地方企业的运营和增强其经营能力等提供支持。新增 60 亿日元拨款，用作振兴农村、山村和渔村的对策费。

此外，日本新增 25 亿日元用作恢复地方元气事业费；新增 350 亿日元拨款，作为地方基础设施建设费；拨付 250 亿日元（比上年度增加 50 亿日元），用于支持地方自立和搞活经济。

（三）构筑安全放心的生活环境

日本已进入高度老龄化社会，老年人的生活、医疗、护理等成为公共财政必须面对的一大社会问题。靠借债度日的日本财政状况，加重了人们对未来生活的不安。2008 年度，日本政府继续将构筑安全放心的生活环境作为财政政策的重点，为此而采取的措施主要有以下三个方面。

1. 健全高质量的医疗体系

首先是确保有足够的医师，为此，财政安排 161 亿日元（比上年度增加 69 亿日元）用于扩充医师队伍。其次，安排 100 亿日元（比上年度增加 10 亿日元）用于健全急救医疗系统。最后，安排 207 亿日元（比上年度增加 132 亿日元）用于肝炎的综合防治。

2. 以"零死亡"为目标，强化抗灾能力

日本列岛上活火山密布，地震、火灾、台风、泥石流等自然灾害比较频繁。为增强抗灾能力，在遭遇灾害时实现"零死亡"的目标，2008 年度，日本政府安排 170 亿日元（比上年度增加 33 亿日元）预算，用于增强住宅等建筑物的抗震能力；安排 1855 亿日元（比上年度增加 254 亿日元）用于防治水灾、泥石流等建设项目。

3. 构筑放心养育子女的环境

"少子化"已成为危及日本社会长远发展的另一大社会问题。十多年来，在鼓励生育的政策措施下，日本的"总和出生率"（女性平均一生生育的子女数）从 2005 年的 1.26 人提高到 2007 年的 1.34 人，但仍远低于维持人口简单再生产（2.08 人）的水平。导致人口出生率下降的重要因素是育儿负担重，包括经济上的负担和精神上的负担。针对这些问题，日本政府提出，要构筑放心养育子女的环境。为此，2008 年度采取的财政措施包括：①安排 48 亿日元（比上年度增加 6 亿日元）用于健全围产期医疗网，为母婴保健提供多方面的支持；②安排 375 亿日元（比上年度增加 10 亿日元）用于强化"保护儿童区域网"的功能，为养育下一代提供支持。

三　强化财政自身管理的措施

在严峻的财政形势下，强化财政自身的管理尤为重要。2008 年度，日本决定从以下几方面加强财政管理，提高财政资金的使用效率。

（一）减少随意契约

为应对突发需求，日本政府各个部门都有一些机动财力。为了严格预算约束，减少财政资金支出的随意性，2006 年 6 月，政府各部门均制定了《针对随意契约的改革计划》，2007 年 1 月又对该计划进行了进一步的改进。将这项计划落到实处，是 2008 年度财政管理的首要任务。在预算编制阶段，就要对项目本身的必要性进行周密审查，对必要性不大的项目，不予安排预算。对确有必要的项目，严格把握各项单价和发包数量，尽可能将各种支出反映在预算中，减少随意支出。

（二）强化监督和反馈机制

1. 发挥预算执行情况调查的作用

预算执行情况调查，不仅要对照预算检查执行情况，而且也要对项目、机构本身存在的必要性予以重新审视。根据 2007 年度的调查，明确撤并的项目有七项，涉及 2008 年度的预算资金达 342 亿日元。除此之外，预算执行情况调查中发现的其他问题，也要及时反馈到本年度的财政管理工作中。

2. 克服决算检查等指出的问题

日本的会计检察院是专门针对财政收支的审计机构，会计检察院的审计报告，不仅提交给国会和政府，而且也公开发表，接受社会各阶层的监督。近年来，日本国会也更加重视对决算的审查，从中发现问题。对于国会和会计检察院指出的问题，要在 2008 年度的预算中予以克服。

3. 发挥政策评价机制的作用

强化对政策的评价，是日本建设"高效率的小政府"的重要一环。为此，日本于 2001 年制定了《关于评价行政机关实施政策的法律》。自 2002 年以来，日本强化了对政府各部门所推行的政策的评价，包括所从事的事业、所支持项目等的必要性、有效性、运营效率等。在 2008 年度，日本政府要求各个部门将政策评价的结果反映在财政管理工作的改进上。

（三）注重实效

这里所说的注重实效，是指财政支持的项目要有明确的政策定位，并在严格评估的基础上，定有量化的实效目标。对于符合规定的政策支持项目，为尽快达到预定的目标，在财政上实行跨年度的弹性预算制。

从注重实效的原则出发，2008 年度，日本对总计 50 个项目（包括正在实施的项目）采取跨年度的弹性预算制，所涉及的经费为 2487 亿日元。

（四）重新审定"电子政府"相关预算

应该说，加快电子政府建设，既是建设"高效率的小政府"的重要方面，也是实现《电子日本战略》的核心。但是，在加快电子政府建设的大旗下，也难免借题发挥、夸大预算，在支出上大手大脚。对此，日本在制定 2008 年度财政预算时，将各部门有关电子信息系统的开发和运营所需经费作为重新审核的重点，吸收外部专家的意见，从业务最优化、系统最优化出发，对 98 个系统、1100 亿日元的投资进行跨部门的综合分析和评价，分析项目的必要性和估值的合理性。在此基础上，确定对 25 个系统进行调整，削减经费 92 亿日元。

（五）排除重复项目

有一些政策支持的项目，往往涉及多个主管部门。为了排除不同部门重复列预算的问题，从 2004 年度起，日本对各个部门之间的交叉项目，采取了"政策群"的做法。2008 年度，跨部门的"政策群"为 17 个。对于已列入"政策群"的项目，不在各个部门内安排预算。除列入"政策群"的项目外，对其他跨部门项目，也实行严格审查，排除重复预算现象。

（六）节流挖潜

在节流方面，大力推进节俭办事，节省费用。这方面的措施主要包括：①强化第三方机构对国防装备更新成本的管理，力争在五年内将其成本削减 15%；②改革公共工程招标办法，扩大招标范围，力争在五年内将公共工程的综合成本削减 15%；③对供电商实行招投标制，以节省行政用电费用；④提高公用车的利用效率。此外，出差时尽可能利用优惠机票。

在挖潜方面，包括：①用活特别会计的结余资金；②改革公益法人等的基金管理办法，将其集中于国库，统筹调配；③灵活运用土地置换制度，促进国有土地的销售。

通过以上措施，减少浪费，使有限的财政资金发挥更大的效能。

四 财政制度改革的主要进展

严峻的财政局面，促进日本对原有的国家行政架构进行改革，而每一项行政改革，也伴随着财政制度的改革与调整。日本将这类改革统称为"行财改革"。①进入 21 世纪以来，日本一直在推进"行财改革"，诸如将中央政府部门由 1 府 21 个省厅合并为 1 府 12 个省厅；将部分行政事务"下放"给民间处理；撤并特殊法人；压缩行政人员；建设电子政府，提高行政效率；等等。2008 年度，与财政制度密切相关的改革主要有以下四个方面。

（一）特别会计制度改革

进入 21 世纪以来，日本为改变政府机构臃肿、财力分散、既得利益者寻租舞弊、挥霍公款、滋生隐性债务等弊病，特别会计成为财政制度改革的重要方

---

① "行财改革"是一个日语专用词语，这里的"行"指行政，"财"则指财政。这一日本式的表述，意指财政改革与行政改革之间存在着密不可分的关系，财政是政府行政活动在财务上的表现，财政改革的实质是行政改革。

面。到 2005 年度初，日本的特别会计由此前的 38 个减少为 31 个。为了进一步促进特别会计制度改革，2007 年 3 月，日本通过了《关于特别会计的法律》，该法规定，到 2011 年度，将尚存的特别会计减至 17 个。2008 年是落实这项法律的关键之年。从公布的预算方案看，2008 年度，特别会计制度发生以下变化。

（1）道路建设、港口建设、空港建设、治水、城市开发资金融通等五个特别会计被并为一个，称作"整建社会设施事业特别会计"。

（2）产业投资与财政融资资金特别会计合二为一，合并后的名称为"财政投融资特别会计"。

（3）车检登记特别会计与汽车损害赔偿保障事业合并，新名称为"汽车安全特别会计"。

（4）国营土地改良事业特别会计转入一般会计。

从特别会计的数目上看，2008 年度共有 21 项，与上年度（28 项）相比减少了 7 项。但是，表 1 的数据显示，特别会计的预算规模不仅没有减少，反而比上年度增加了 48290 亿日元。那么，上述改革究竟意义何在，有无实质性效果，这些尚有待继续观察。

（二）政府相关机构改革

所谓政府相关机构，是指由政府全额出资、政府经营，但又未包括在特别会计中的企业或事业单位，诸如原来的日本国有铁路、日本电信电话公社、政策性金融机构等，在财政预算分类上，都属于政府相关机构。20 世纪 80 年代中期，日本国有铁路和电信电话公社等转为民营后，剩下的政府相关机构基本上都是承担财政投融资业务的政策性金融机构。

进入 21 世纪以来，政策性金融系统因官僚作风、效率低下、与民争利等弊端而成为日本"行财改革"的重要方面。反映在预算上，政府相关机构的预算规模在逐渐缩小，由 2000 年度的 73961 亿日元减至 2007 年度的 27016 亿日元。

2008 年，日本在政府相关机构改革方面又有重大进展。

（1）于 2008 年 10 月 1 日解散作为政府相关机构的"日本政策投资银行"，将该银行改造为股份公司。目前，该银行仍为政府全额出资。日本政府预定在 2012～2014 年间，将所持该银行股份全部卖掉，使之完全走向民营。

（2）将原国民生活金融公库、农林渔业金融公库、中小企业金融公库和国际协力银行合并为一家，于 2008 年 10 月 1 日成立"日本政策金融公库"。至此，战后日本最多时拥有的 13 个政策性金融机构①，仅剩下这一家。

从预算上看，2008 年度，政府相关机构的预算规模为 21019 亿日元，与上年度相比，减幅达 22.2%。

（三） 进一步压缩公务员编制和工资总额

为精简机构和压缩国家行政机构支出，2005 年 11 月 14 日，日本经济财政咨询会议提出了《工资费用总额改革基本指针》；同年 12 月 24 日，日本内阁会议确定了《行政改革的重要方针》。此外，日本政府还根据经济形势的变化，每年对《关于经济财政运营与结构改革的基本方针》进行滚动调整。在颁布的这些"方针"中，日本政府提出的目标是：在 2005 年度以后的五年间，将国家机关的定员减少 5.7%；在 2005 年度后的 10 年间，将国家公务员的工资总额对 GDP 之比削减一半。

到 2008 年度，国家行政机关压缩的定员编制为 4122 个，国家公务员工资等人事经费比上年度减少 457 亿日元。

（四） 道路建设特定财源制度改革

道路建设特定财源制度创立于 1953 年。随着日本经济的高速发展，道路不足的矛盾愈发突出。于是，道路建设特定财源也不断扩充，先后将石油气税（1966 年）、汽车交易税（1968 年）、汽车重量税（1971 年）也列为道路建设特定财源。作为地方道路建设特定财源的还有轻油交易税、汽车购置税等。到 2008 年，道路建设特定财源的规模达 48626 亿日元，占中央财政税收预算总额的 9.08%。

随着道路设施日趋完善，这项制度的弊端便凸显出来。在这一制度下，已经形成了称作"道路族"的强大利益集团，这笔钱只能用在道路建设上，而不能用于其他方面。结果是：一方面，"道路族"资金充裕，为把钱花出去，绞尽脑汁编造工程项目；另一方面，日本财政赤字累累，急需解决的问题成堆，却苦于没有财政资金。于是，要求改革道路建设特定财源制度的呼声越来越高。

---

① 13 个政策性金融机构由"两行十库一基金"组成。"两行"指日本输出入银行和日本开发银行。"十库"包括：国民金融公库、住宅金融公库、农林渔业金融公库、中小企业金融公库、中小企业信用保险公库、北海道东北开发公库、公营企业金融公库、医疗金融公库、环境卫生金融公库和冲绳振兴开发金融公库。"一基金"指海外协力基金，后来被并入国际协力银行。

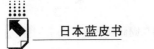
经过各种力量的反复较量，2003 年以后，道路建设特定财源的用途才扩展到道路周边公共设施的建设与改造。但是，这种小打小闹的调整，无助于从根本上解决问题。这方面的制度改革终于在 2008 年有所突破。

2008 年 5 月 13 日，日本内阁会议确定了《关于道路建设特定财源的基本方针》。根据这项方针，在 2008 年上半年，对运用道路建设特定财源的相关机构、法人等集中实施检查，彻底纠正支出中的浪费。在 2008 年规划税制改革时，废除道路建设特定财源制，将其归入一般财源。有关此项改革的法律，从 2009 年度起实施。不过，这项方针也指出，对于应该建设和修整的道路仍要修建；对于此项改革带来的地方财政收入减少等问题，将在相关的内阁会议上研究具体解决办法。

五　金融危机对日本财政的影响

走出泡沫经济萧条不久的日本经济，犹如大病初愈，体虚乏力。由美国"次贷危机"引发的金融危机，给日本经济带来新一轮冲击。日本政府制定 2008 年度财政预算的前提（GDP 增长 2.1%）彻底泡汤。

（一）税收大幅减少

受美国经济形势恶化和全球性金融危机的影响，日本经济再度陷入严重衰退。2008 年第四季度，日本的出口额较三季度下降 22.5%，较 2007 年同期下降了 23.1%；GDP 较三季度下降 3.3%，按年率计算，降幅达 12.7%。2009 年第一季度，日本的出口额较上季度下降 34.4%，较 2008 年同期下降了 46.9%；GDP 较上季度下降 3.8%，按年率计算，降幅达 14.2%。

政府的税收，来自企业和劳动者的收入减少。在金融危机的冲击下，就连丰田、日产、马自达、索尼、NEC 等著名大企业也濒临亏损境地，源自企业的税收大幅度减少。经济不景气，企业纷纷裁员，劳动者的收入减少，甚至完全丧失了收入来源，向政府缴纳的税收也随之减少。日本政府第二次补充预算的数据显示，2008 年度的税收将比当初预算减少 71250 亿日元，减少幅度达 13.3%。

（二）两度追加财政支出

在泡沫经济破灭后的长期萧条中，日本原有的终身雇佣制悄然解体。金融海啸袭来，失业率乘风而上，完全失业率由 2007 年 7 月的 3.6% 上升到 2008 年 7

月的 4.0%，2008 年 12 月进一步升至 4.4%，接近泡沫萧条时期的水平。国民的不安感与日俱增。针对这种情况，2008 年 8 月 29 日，日本政府确定了"紧急综合对策"，并为落实这项紧急对策出台了第一次补充预算。

第一次补充预算于 2008 年 10 月 16 日获国会通过。在补充预算中，安排 18081 亿日元财政资金，用于"紧急综合对策"，其中，19.5%（3518 亿日元）用于消除生活困难者的不安；40.4%（7296 亿日元）用于安居和防灾对策；24.7%（4469 亿日元）用于增强中小企业活力。日本企业总数的 99.7% 是中小企业（2006 年数据）[1]，提高中小企业的活力，是增加就业岗位、降低失业率的重要途径。

但是，相对于急剧恶化的经济形势和失业人口，总额为 18081 亿日元（按照当时的汇率，约相当于 180.2 亿美元）的第一次补充预算有如杯水车薪，无济于事。因企业经营失败和生活无着而自杀的人数在显著上升。[2] 在这种形势下，日本政府再度编制补充预算。

第二次补充预算于 2009 年 1 月 27 日在众议院获得通过，其政策重点仍是安定国民生活。此次补充预算总额 47858 亿日元（按照当时汇率计算，相当于 529.3 亿美元），用于安定国民生活的资金为 46880 亿日元，占第二次补充预算总额的 98%。此次补充预算的一大特点是，确定向全体国民每人发 1.2 万日元；未满 18 岁和 65 岁以上者，再加 0.8 万日元，即每人 2 万日元。此项支出总额达 2 万亿日元。

该项补充预算方案引起在野党的强烈反对，认为这是执政党借扩大内需之名，收买民心，为下一次选举做铺垫。因此，在野党占议席多数的参议院否决了关于此次补充预算相关财源的法案。众议院于 2009 年 3 月 4 日对相关财源法案进行了重新表决，并以 2/3 的多数再次通过该法案。至此，第二次补充预算方案终于可以付诸实施了，但是，时间已接近年度末。

先后两次追加预算，合计增加财政支出约 65939 亿日元，约合 709.5 亿美元。这对于急剧下滑的日本经济，不可能发挥什么作用。不过，通观日本 2008 年度的补充预算，有一个与以往截然不同之处。往年政府编制补充预算，多是追加公共投资，将产业作为施策的重点。2008 年度的补充预算，不再是追加公共投资，施策的重点也由产业转向国民生活。这是一个值得关注的变化。

---

① 〔日〕经济产业省中小企业厅编《中小企业白皮书》，2008，附属统计资料表 1。
② 据日本广播协会（NHK）报道，2008 年日本的自杀人数达 32194 人，为十余年来最多。

（三）财政状况更趋恶化

2008 年度，由于税收减少和财政支出增加，财政收支缺口扩大至 383229 亿日元以上，经常性财政对债务的依存度由 2007 年度的 30.7% 升至 43% 以上，就是说，2008 年度，日本经常性财政收入的近一半靠发行国债筹措。

据日本财务省 2009 年 2 月 10 日发表的公告，至 2008 年 12 月末，日本的普通国债余额较上年度末增加了 39959 亿日元，达 5454542 亿日元。按照 2008 年度第二次补充预算后的税收额（464290 亿日元）计算，普通国债余额约相当于政府经常性财政 12 年（11.75 年）的税收总额。

国债是需要还本付息的。2008 年度，日本国债费支出预算为 201632.3 亿日元，如果按一年 365 天计算，日本政府平均每天用于国债还本付息的数额为 552.42 亿日元。这意味着，在一天 24 小时里，每过一小时，政府就得支出近 23 亿多日元用于国债的还本付息。如果按一年 250 个工作日（扣除节假日和每周两天休息日）、每个工作日 8 小时计算，日本政府平均每个工作日应支付的国债费约为 806.5 亿日元，平均每小时的支付额将近 100.82 亿日元。这是日本政府留给下一代的沉重负担，而且这个负担在不断加重。

参考文献

〔日〕财务省财务综合政策研究所编《财政金融统计月报》2008 年第 4、5 期。

〔日〕财务省主计局调查课编《财政统计》，国立印刷局，2006。

〔日〕中小企业厅编《中小企业白皮书》，行政出版社，2008。

〔日〕《关于特别会计的法律》2007 年法律第 23 号。

http：//www.mof.go.jp/.

平成二十年度予算と財政改革

張舒英

要　旨：1995 年 11 月 14 日、財政状況に関する大蔵大臣の発言はマスメディアに「財政危機宣言」として受け取られた。これによって、日本財政の実状を明らかにすると同時に、財政改革の課題をも提示された。それから十年余り、日本政府は無駄の排除や予算の効率化を図り、行財政改革を推進してきたが、終始困難な財政状態から脱出されなかった。2008年度の日本財政はどのように運営されたのか、どのような改革措置がとられたのか、百年一度の金融危機が日本財政にどんな影響を及ぼしたのか、これらは拙文の主なテーマである。

　キーワード：予算フレーム　重要施策　財政改革　金融危機　影響

国际金融危机下的日本金融市场与金融政策

刘　瑞[*]

摘　要： 受国际金融危机影响，2008 年日本金融市场波动剧烈，短期市场利率上行压力增大，长期债券市场震荡，股票市场暴跌，日元汇率攀升。与欧美各国相比，虽然日本金融机构因证券化商品交易所蒙受的损失对日本金融体系的直接影响有限，但在世界经济减速背景下，日本经济陷入衰退。为应对金融危机，日本银行与政府携力应对，在形成超低利率环境、维护金融市场稳定、促进企业融资和确保金融体系稳健等方面实施了多种金融举措。在继续恶化的经济环境中，日本银行还应解决金融中介功能受阻、金融机构道德风险放大、中小企业融资难和货币政策作用有限等问题。

关键词： 金融危机　金融政策　金融市场　金融体系

2008 年 9 月，雷曼兄弟公司的破产使源于美国的次贷危机最终演变为一场全球性的全面金融危机。全球短期货币市场流动性急速收缩，资本市场功能弱化，金融市场陷入混乱局面，实体经济急速下滑。受此影响，日本金融市场波动剧烈。与欧美各国相比，虽然日本金融机构因证券化商品交易所蒙受的损失对金融体系的直接影响有限，但金融机构收益恶化，银行贷款向大企业倾斜，企业融资环境严重受损。在世界经济减速背景下，日本出口及内需均受到重大打击，经济陷入衰退困境。为应对金融危机，日本银行与政府携力应对，实施了多种金融举措。

一　2008 年国际金融环境

2007 年下半年，为了应对美国次贷危机引发的金融市场的混乱，美国、日

* 刘瑞，经济学博士，中国社会科学院日本研究所经济研究室助理研究员，研究专业为金融学，研究方向为日本金融理论与政策、中日金融制度比较。

本与欧洲等国中央银行共同努力，通过降息、公开市场操作等方式向金融市场注资，以期缓解市场流动性紧张状况。但是，2008 年 9 月雷曼兄弟的破产，彻底动摇了原本脆弱的金融市场，美国金融危机最终演变为一场席卷全球的全面金融危机。短期货币市场流动性急速收缩，资本市场功能弱化，公众信心严重受挫。在悲观的经济预期及金融资产评估不确定性增加的作用下，公司债与国债之间的收益率利差进一步扩大，以次贷为基础资产的证券化商品价格急速跌落，涉足其中的金融机构蒙受巨大损失，金融机构破产事件时有发生。2008 年 10 月，国际货币基金组织（IMF）公布的《世界金融稳定报告》显示，全球金融机构在此次金融危机中共损失 1.4 万亿美元，是 2008 年 4 月公布值 9450 亿美元的 1.5 倍。金融与实体经济间的反向乘数效应增大，美国、日本、欧洲等主要经济体相继陷入衰退，包括中国在内的新兴国家，其旺盛的经济增长势头也显著放缓。

2008 年，为应对日益严峻的国际金融危机，避免经济陷入严重衰退或下滑，全球多数经济体都实施了经济救援措施，各货币当局为防止市场信用进一步紧缩，采取了极其宽松的货币政策，并不断创新救助手段和流动性工具，向市场注入流动性，全力稳定金融市场。一年之中，美联储先后七次下调联邦基金利率，至 2008 年底，利率目标由年初的 4.25% 下调至 0～0.25%，进入零利率时代。欧洲中央银行初期还将重点置于防止通货膨胀，于 7 月将欧元区基准利率上调25 个基点至 4.25% 后，从 10 月起三次大幅下调基准利率，降至 2.50% 的低水准。英格兰银行也五次降低基准利率，从 5.5% 降至 2%。10 月 8 日，美联储同欧洲央行、英国、加拿大、瑞士和瑞典等五家央行紧急采取联合行动，同步下调基准利率 0.5 个百分点。为了应对金融危机，中国、印度、韩国等许多新兴经济体也采取了降息等宽松的货币政策。

面对金融危机严峻形势，日本银行也全力进行金融政策调整。日本金融政策目标是通过稳定物价促进国民经济健康发展，在制定政策时，既要紧密关注国际金融动向，更要根据国内经济、物价及金融环境做出准确判断。

二　2008 年日本宏观经济环境

2008 年日本经济状况不断恶化，甚至超过金融危机震源地的欧美国家。从第二季度起，日本实际 GDP 连续三个季度与前期环比呈负增长态势（见表 1），经济陷入衰退。伴随金融危机的不断深化，日本第四季度 GDP 比前期增长 -3.2%，

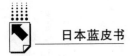

换算成年率为 -12.1%，降幅仅次于 35 年前第一次石油危机时期的 -13.1%（1974 年第一季度）。

表 1   日本 2008 年 GDP 增长率及贡献度变化表

单位: %

指　标	2007 年		2008 年			
	第三季度	第四季度	第一季度	第二季度	第三季度	第四季度
名义 GDP	0.1	0.4	0.0	-1.4	-0.7	-1.6
实际 GDP	0.4	1.0	0.3	-1.2	-0.4	-3.2
个人消费	-0.1	0.4	0.7	-0.8	0.3	-0.4
住宅投资	-8.3	-10.7	4.6	-1.9	4.0	5.7
设备投资	1.4	2.2	-0.7	-2.3	-3.4	-5.4
公共投资	-0.7	-1.2	-4.8	-0.8	1.1	0.1
出　口	2.4	3.0	3.0	-2.3	0.6	-13.8
进　口	-0.3	0.3	1.5	-3.1	1.7	3.0
GDP 平减指数	-0.5	-1.3	-1.4	-1.5	-1.6	0.7
内需对实际 GDP 贡献度	-0.1	0.5	0.0	-1.2	-0.2	-0.1
民间需求	0.0	0.2	0.3	-1.0	-0.2	-0.4
库　存	0.2	0.0	-0.2	-0.2	0.0	0.5
公共需求	-0.1	0.3	-0.2	-0.2	0.0	0.2
外需对实际 GDP 贡献度	0.5	0.5	0.3	0.1	-1.0	-3.0

注: 数据为季节调整值; GDP 平减指数为年增长率, 其余指标为前期环比增长率。
资料来源: 根据日本内阁府统计资料制作。

从外需来看，在世界经济急速恶化的背景下，以汽车、电子产品为代表的主干产业出口急剧下滑，第四季度比前期减少 13.8%，创历史最大降幅。外需对实际 GDP 贡献度持续减少，第四季度为 -3.0%，远高于 1973 年第二季度的 -0.8%。

受金融危机影响，内需方面也持续低迷，内需对实际 GDP 的贡献度连续三个季度负增长。雷曼兄弟破产后，股票等资产价格暴跌重创了消费者信心，占 GDP 一半以上的个人消费疲弱，第四季度增长 -0.4%。进入 2008 年，由于出口低迷，企业收益减少，企业设备投资一直处于负增长状态，第四季度降幅扩大至 -5.4%，是 2001 年第四季度以来最大降幅。而住宅投资虽然下半年连续两个季度出现增长，但主要是由于《建筑标准法》修订后投资大幅减少后的反弹作用。

物价水平方面，表 1 中反映综合经济物价动向的 GDP 平减指数一直处于极低水准，由于原油等资源性大宗商品进口价格大幅降低，2008 年第四季度 GDP 平减指数比前年同期增长 0.7%。进口商品价格的回落，加之经济恶化，日本国内物价指数变动激烈，消费价格指数、生产价格指数与进口价格指数的涨幅在上半年均呈上升趋势，2008 年 8 月后逐渐下降，年末降速加快，12 月分别达到 0.2%、1.1% 和 −22.9% 的年度最低点。

三　2008 年日本金融市场运营状况

2008 年上半年，虽然受到国际金融环境变化的影响，但日本金融市场运行相对稳定，金融体系中银行等存款性金融机构经营相对稳健。伴随金融危机的继续深化，日本金融市场波动剧烈。

（一）短期货币市场

受次贷危机后欧美短期货币市场流动性紧缩影响，2008 年日本短期货币市场中银行间短期市场利率上升压力加大，出现了"神经质"悸动动向①，但上半年无担保隔夜拆借利率在除了 3 月上升至 0.6% 以上外，其余月份均在日本银行诱导目标 0.5% 的水平上小幅波动，隔夜拆借市场的平均规模也基本保持在 22 万亿日元水平（见图 1）。

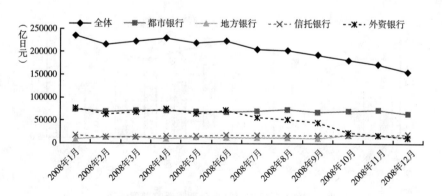

图 1　2008 年隔夜拆借市场平均规模

资料来源：根据日本银行数据制作。

---

① 〔日〕日本银行金融市场局：《金融市场报告》，2008 年 7 月，第 38 页。

但是 9 月雷曼兄弟的破产增大了日本短期市场对外资金融机构的交易对手风险，无担保隔夜拆借市场中外国金融机构融资利率大大高于日本金融机构。如图 1 所示，隔夜拆借市场中，日资银行与外资银行融资规模差距加大，2008 年 1 月外资银行平均余额高于日本都市银行，达到 76280 亿日元，而到 12 月降至 12250 亿日元，规模仅相当于当月都市银行的 19%。

为了舒缓短期金融市场流动性的紧张局面，日本银行采取了一系列措施（详见下文），其中两次下调基准利率。在经济衰退和超低利率作用下，日本短期货币市场利率维持着较低水准，与欧美相比相对稳定。

（二）长期债券市场

长期债券市场利率是短期利率的先行指标，在货币政策传导中发挥重要作用。与短期金融市场相比，长期债券市场具有不确定性和风险大的特点。

2008 年日本长期利率基本与欧美联动，作为长期利率的风向标，新发十年期国债的收益率于第一季度呈下滑低迷状态，反映出市场对经济前景的担忧。第二季度伴随美欧利率的上升，日本长期利率也同步攀升，新发十年期国债收益率月平均为 1.74%，单日甚至超过 1.8%，回至 2007 年 8 月的高水准（参见图 2）。雷曼兄弟破产后，美欧经济恶化、金融体系机能弱化，出于安全性、流动性考虑，美国国债市场出现了"向质的逃避"现象①，长期利率大幅下降，年末跌至

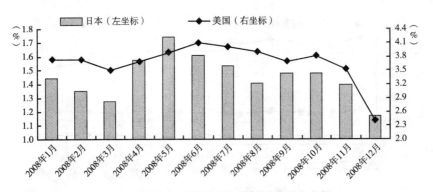

图 2　2008 年日美新发十年期国债收益率走势

注：数据为月平均收益率。
资料来源：根据日本相互证券数据制作。

---

① 〔日〕日本银行金融市场局：《金融市场报告》，2009 年 1 月，第 38 页。

历史最低的 2% 的区间。与美欧长期利率一年内分别骤降 2% 和 1.5% 左右相比，日本债券市场长期利率的降幅止于 0.5%，但 2008 年 12 月的平均利率为 1.2%，低于 2001 - 2006 年 3 月执行数量宽松货币政策时的平均利率 1.3%，说明日本债券市场所受的震荡不亚于美欧市场。①

（三）股票市场

2008 年世界主要股票市场均大幅下跌，2008 年末全球股票时价总额为 31 万亿美元，比 2007 年末的 60 万亿美元几乎减少了一半。日经平均股价最终值连续两年下跌，2008 年末为 8859.56 日元，比 2007 年下跌 42%，创战后最大跌幅。② 10 月 27 日，日经平均股价跌至 7162.90 日元，创 1982 年以来新低，10 月以 23.8% 创历史最大单月跌幅。从产业类别来看，出口、金融相关产业跌幅大，其中包括银行在内的金融业下跌 56.6%，运输用机器制造业（包括汽车）下跌 56.4%，证券和商品期货下跌 55.2%，电器制造业下跌 53.6%。

2008 年末，东京证券交易所一部上市的股票时价总额为 282.93 万亿日元，比 2007 年末的 483.12 减少了 41.4%（见图 3），东京证券交易所股价指数（TOPIX）下跌 41.8%，其中 10 月 27 日为 746.46 点，创泡沫经济崩溃后最低值。根据日本银行公布的资金循环统计数据，受股票价格暴跌影响，日本家庭持有的金融资产余额为 1433.52 万亿日元，比 2007 年减少 5.7%，为 1998 年末以

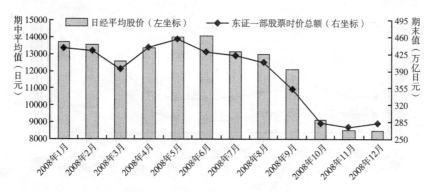

图 3　2008 年股票市场主要指标

资料来源：根据《日本经济新闻》、东京证券交易所数据制作。

---

① 〔日〕日本银行金融市场局：《金融市场报告》，2009 年 1 月，第 39 页。
② 2008 年 12 月 31 日〔日〕《日本经济新闻》。

来最大降幅,其中第四季度减少6.2%,为1979年第二季度以来最高值。从家庭资产项目来看,股票比前年缩水40.2%,为87.79万亿日元,信托投资为47.85万亿日元,同比下降33.4%。[①]

世界金融危机对日本股票市场的影响不亚于处于危机中心的美欧国家,主要原因一是在于上市公司中出口外向型企业较多,与海外经济联系紧密,二是外国投资者对日本股票市场影响很大。虽然从存量看外国投资者仅持有30%的股票,但从流量看占股票市场交易额的60%以上。在经济衰退、日元升值背景下,外国投资者撤离日本市场,持续净抛售股票,也是导致日本股票大幅下跌的重要原因。[②]

(四) 外汇市场

2008年第一季度,次贷危机对美国经济的影响不断加剧,美元对主要货币均呈贬值倾向,日元对美元也保持升值趋势。之后在美国经济政策主导下,经济回升预期增大,日元对美元回落,至8月降至1美元兑换110日元的水平。但9月以后金融危机愈演愈烈,美元对主要货币全线贬值,日元汇率不断攀升,10月8日,日元对美元突破100大关,12月17日升至1美元兑换87.4日元,创造了13年来最高纪录。欧元区经济危机加深,欧元对日元也不断贬值,从7月的1欧元兑换170日元一路贬为年末120日元左右,半年内贬值率达到近30%。

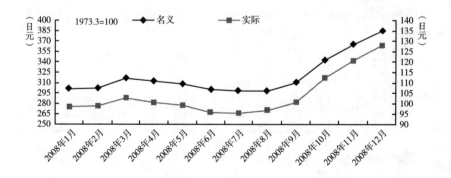

图4 日元实效汇率走势

资料来源:根据日本银行数据制作。

---

① NIKKE NET, http://www.nikkei.co.jp/news/keizai/20090324AT2C2400824032009.html.

② 〔日〕内阁府:《日本经济2008~2009》,2008年12月,第65~67页。

从图4日元实际汇率走势中可以看出日元升值趋势明显，名义实际汇率升至1995年以来的高水准。这也反映出日元套利交易平仓在推动日元升值中的作用。在全球经济环境不确定性增加形势下，投资者风险偏好降低，随着日本与欧美国家利差的缩小，在美元贬值、日元升值预期判断下，一直以低利率、低汇率成本融通并用于购买海外高风险、高回报资产进行套利交易的日元资金大规模平仓，导致外汇市场日元汇率出现大幅升值。

四　2008年日本金融体系动向

由次级贷款引发的全球性金融危机，使日本的金融机构也无法独善其身。但由于深受20世纪90年代以来不良债权拖累，日本金融机构强化了风险管理和控制，对证券化商品投资较为谨慎，因此与欧美相比，因证券化商品交易所蒙受的损失对日本金融体系的直接影响有限。但是受金融危机影响，企业融资环境严重受损，金融机构收益恶化、银行贷款向大企业倾斜等动向对实体经济影响很大。

（一）金融机构参与证券化商品情况

2008年12月末，日本存款性金融机构证券化商品保有额为19.41万亿日元，比9月末的22.27万亿日元减少了12.8%；实际损失累计2.17万亿日元，评估损失1.07万亿日元，合计3.24万亿日元，比9月末减少1%；次贷关联商品保有量为0.57万亿日元，损失合计1.05万亿日元，均比9月末下降。①

从损失占金融机构核心自有资本比率看，日本存款性金融机构证券化商品合计损失仅占其核心自有资本比率的6.47%，其中大银行占10.53%，地方银行占1.77%，合作性金融机构占2.44%。存款性金融机构次贷关联商品合计损失占其核心自有资本2.10%，其中大银行3.70%，地方银行0.43%，合作性金融机构0.33%。而欧美损失额最大的前15家银行②的次贷关联商品损失达到413万亿日元，占其核心自有资本比率高达57.50%。

---

① 减少现象主要是在日本金融厅暂缓执行证券化商品的时价会计制度以及日元升值的作用下，评估损失缩小。

② 欧美损失额最大的前15家银行：花旗银行、美林银行、瑞士银行集团、美国银行、汇丰银行、皇家苏格兰银行、摩根斯坦利、JP摩根、巴克莱、德意志银行、法国农业信贷、瑞士信贷、法国兴业银行、高盛、美国富国银行。

(二) 金融机构收益状况

受内外经济环境恶化影响，银行收益急剧减少。2008 年末存款性金融机构证券化商品损失总额占其业务实际纯收益的 52.63%，其中大银行占 78.19%，地方银行占 12.67%，合作性金融机构占 34.47%。根据日本全国银行协会对 124 家银行的 2008 年度上半期决算统计，2008 年 4 月至 9 月末，全国银行业务纯收益为 2.18 万亿日元，比上期减少 21.1%；经常利益 4173 亿日元，比上期减少 76.3%；中间纯收益 4824 亿日元，减少 60.4%。其中大银行业务纯收益连续两期呈负增长，地方银行连续 3 年收益减少。

在经济衰退、信用风险增大、贷款企业经营低迷、股票市场下跌的背景下，金融机构业绩持续恶化。2008 年 4～9 月，包括三菱日联集团、瑞穗集团、三井住友、理索纳集团、住友信托和中央三井银行集团在内的六大银行集团合计纯利润前期同比下降了 57%，4～12 月，六大银行集团的最终合计利润同比减少 80% 以上，不足 2000 亿日元。①

(三) 银行贷款情况

20 世纪 80 年代以后，日本出现"金融脱媒"现象，即以大企业为中心通过资本市场由间接融资向直接融资方式转移。受危机影响，日本股票价格大幅下跌，资本市场功能受损，企业信用风险高涨，通过发行股票、企业债及商业票据（CP）等进行资金融通的渠道受阻，只能依赖银行中介进行融资。

从银行贷款金额看，2008 年全国银行贷款平均余额为 395.46 万亿日元，比上年增加 1.9%，为 1993 年来最高年增长率。2008 年前三个季度贷款基本保持小幅平稳上升趋势，但第四季度贷款明显增加。这主要是由于雷曼兄弟破产后金融市场急剧波动，企业筹资渠道严重阻塞，预防性资金需求增加，对银行借款依存度增强。12 月都市银行贷款余额为 214.99 万亿日元，地方银行 192.19 万亿日元，涨幅分别比上年同期高 4.2% 和 4.0%，全国银行贷款余额为 407.17 万亿日元，比上年同期激增 4.1%，是自 1992 年 2 月以来最大单月涨幅。

虽然银行贷款激增，但从贷款对象的企业规模来看，银行向中坚企业、中小

① 2009 年 1 月 23 日〔日〕《日本经济新闻》。

企业的贷款减少，对大企业贷款大幅增加（见图5）。在资金紧张、经营艰难困境下，2008年日本破产企业高达15646家，为五年来最高数量。其中上市企业破产数量为战后以来最高的33家，负债10亿日元以上的大型破产为942件。[①]在破产企业中，绝大多数为中小企业。在企业间信用收缩的情况下，中小企业、中坚企业的资金筹措一直处于紧张状态。

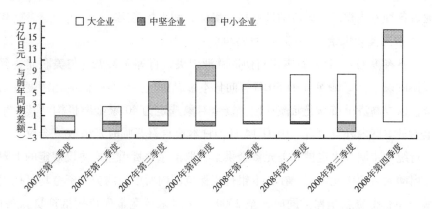

图5 银行贷款变化情况（按企业规模）

资料来源：根据日本银行统计资料制作。

五 危机中的金融对策

在百年一遇的全球性金融危机中，日本银行与政府携力应对，实施了多种金融措施。

（一）形成超低利率环境

在雷曼兄弟破产后，全球金融风险增大，日本银行于10月31日宣布将银行间无担保隔夜拆借利率从0.5%下调至0.3%，同时将基准贷款利率从0.75%降至0.5%。这是日本银行自2001年3月以来首次降息。此次利率下调旨在协调其他国家利率政策，共同应对金融危机。12月19日，日本银行再次降息，银行间无担保隔夜拆借利率由0.3%下调至0.1%，基准贷款利率由0.5%降至

---

① 2009年1月13日〔日〕《日本经济新闻》。

0.3%，这是继1999年采取零利率政策以后，日本银行再度把利率降到接近零的水平。

（二）维护金融市场稳定

9月15日雷曼兄弟公司申请破产保护，金融市场流动性面临枯竭，日本银行通过各种方式积极提供流动性支持，确保金融市场稳定。

1. 扩充美元供给

2008年9月18日，日本银行协同欧洲中央银行等3家央行与美联储签署货币互换协议，至2009年1月30日，向日本金融市场投放600亿美元额度流动性资金，以提高货币市场美元流动性。资金对象选定为40家金融机构，其中半数以上为日本国内外资银行。10月14日，日本银行召开临时货币政策会议，与欧美央行统一步调，决定扩大美元资金供给，取消原先货币互换协议规定的上限额度，启动无限额美元供给，在日本银行担保范围内所申请的美元资金均可按固定利率全额获得贷款担保。同时，至2009年4月末放宽金融机构抵押贷款条件，通过抵押持有的资产支持商业票据（ABCP），可获得央行提供的美元资金。

2. 提供日元流动性供给

第一，日本银行通过公开市场操作，连续对短期金融市场提供大规模流动性供给，以满足包括日本国内外资银行在内的金融机构筹措资金的需要，解决流动性不足问题。第二，12月8日，为了支持年度末企业资金需求，日本银行实施了新型公开市场操作方式，为市场供给1.22万亿日元资金。这是一项以2009年4月末为时限的临时措施，利率低于通常的公开市场操作。第三，为商业银行存款准备金账户付息。商业银行在日本银行设立经常账户并按照一定存款比例缴纳存款准备金，此账户不付利息。为了避免短期利率大幅波动，10月日本银行制定了"经常账户补充制度"，对商业银行在央行的经常账户的超额部分实行临时付息（0.1%）措施，以提供充足资金。第四，日本银行10月出台国债期货市场流动性改善措施，增加了浮动利率国债、30年国债及物价联动国债交易品种。第五，为了向市场提供较长期限资金，日本银行于12月决定将购买长期国债的数量从每年14.4万亿日元增加至16.8万亿日元，缓解市场紧张资金。

3. 稳定国内股票市场

为了防止股市暴跌影响实体经济，日本银行从10月15日起暂时冻结出售从金融机构购买的股票。日本政府也采取了相应措施，包括放宽上市企业购买自身股票的条件，放宽员工持股会认购股份限制，要求股票交易所提供更多关于卖空股票的信息，禁止无担保的卖空交易，加强限制卖空执行过程中不当行为的监管，暂时冻结出售政府及日本银行持有股票，放宽银行持有股份限制规定等，还延长了上市公司股票分红的现行优惠税制期限。

（三）促进企业融资

受金融危机影响，企业融资环境不断恶化，融资渠道也受阻。为解决企业融资难问题，日本银行提出放宽资金担保条件的基本方针，并于 12 月 2 日召开临时货币政策会议，制定了支援企业融资新方案。考虑到年关企业资金需求扩张因素，为缓解企业因金融机构惜贷导致资金紧张的困境，至 2009 年 4 月 30 日，日本银行对金融机构实行总额 3 万亿日元的特别融资。① 主要包括两项内容：第一，放宽日本银行接受公司债作为抵押品的标准。第二，在公司债抵押价格范围内，日本银行决定无限制注入资金，利率与无担保隔夜拆借利率相同。

此外，日本政府也通过政策性金融机构贷款及信用保证协会的紧急担保，为企业提供总额为 30 万亿日元贷款。

（四）确保金融体系稳健

为了稳定金融体系，强化金融机构经营体质，日本政府实施向金融机构注入公共资金的措施。10 月 24 日，日本内阁审议通过《金融机能强化法》修正案，计划向金融机构注入额度为 2 万亿日元公共资金，注资对象从地方性中小金融机构到大银行，申请期限为 2012 年 3 月 31 日。

六　政策效果、课题及其展望

在金融危机严峻形势下，日本银行重拳出击，与政府共同积极应对危机。在大规模刺激措施作用下，2008 年 12 月末，日本银行基础货币发行量年增长率为 1.8%，达到 101.26 万亿日元，2005 年以来首次突破 100 万亿日元大关。基础货币是流通纸币、流通硬币与央行经常账户余额的合计。在日本银行大规模公开市

---

① 日本银行官方网站：http：//www. boj. or. jp/type/release/adhoc/un0812b. pdf。

场操作带动下，2008 年 9 月起基础货币增长率转为正值，显示了流动性供给的增加。但是 11 月起对商业银行在央行的经常账户付息后，原本应在短期金融市场运营的一部分资金滞留在经常账户上，经常账户余额增加，反映出金融机构对金融市场的不安情绪。

从货币存量①来看，2008 年 9 月前保持基本稳步上升趋势，其中 8 月 M_3 增长 1.0% 达到 1036.7 万亿日元，为 2004 年 12 月以来最大涨幅。2008 年第四季度货币存量大幅减小，10 月比上年同月相比减少了 0.1%（年比减少 0.5%），是 1981 年此数据开始统计以来的首次减少。主要是由于出于对金融市场的极度不安，资金向安全资产转移，企业筹措短期资金发行的商业票据（CP）减少，流动性资金紧张。

虽然日本政府和央行采取了各种对策抵御金融危机带来的风险，但是依然面临亟待解决的难题。

（一）金融中介功能受阻

在复杂的经济环境中，虽然日本银行等存款性金融机构损失占其业务纯收益的比重很大，但对其核心自有资本比率影响较小，整体上银行贷款增加，日本金融体系基本稳健。可是受股票价格暴跌和企业经营低迷的影响，银行的一级核心资本充足率呈下降趋势，在资本充足率制约下，通过银行贷款刺激实体经济的政策很难持续奏效。

（二）金融机构道德风险放大

在对金融机构实施公共注资时，与 2008 年 3 月末到期的《金融机能强化法》相比，修正案删除了申请注资时提交的经营计划中要求明确经营责任、整合业务等条款，旨在稳定地方金融体系。但申请条件的放宽或许会放大注资金融机构的道德风险，削弱市场约束。因此还需加强金融监管，强化金融机构经营体制。

---

① 2008 年 6 月起，鉴于对货币保有主体、各指标货币发行主体及金融商品范围的重新评估和判断，日本银行将"货币供应量"指标名称变为"货币存量"，共分为四个层次：M_1、M_2、M_3 和广义流动性。其中 M_2 = 现金 + 活期存款 + CD（相当于"货币供应量"中的 M_2 + CD），$M_3 = M_2$ + 邮储银行发行的 CD。

（三）中小企业融资难问题突出

虽然日本政府及央行均提出了企业融资对策，但因受金融危机影响，东京银行间同业拆借利率（TIBOR）攀升，企业通过发行商业票据（CP）筹措短期资金的环境恶化，只能依赖银行间接融资。据统计，2008 年 10 月 CP 发行余额减少 8.5%，为 2007 年 2 月以来最大降幅。而 2008 年 1~10 月破产企业中，因资金短缺而破产的企业比 2007 年同期增加了 31.3%。在经济不断恶化的背景下，日本银行的融资对策将首先惠及大企业，出于自有资本比率考虑，商业银行对中小企业的惜贷现象无法解决。对于日本政府提出的紧急担保政策，虽然利用规模不断增加，但保证协会对中小企业提供的紧急担保条件非常严格，依然无法满足中小企业融资需要。

（四）货币政策作用有限

日本银行将短期利率降至 0.1% 后，多次表示继续降息可能引发短期金融市场功能受损，而且日本经历过零利率政策下流动性陷阱的无奈，因此日本银行对继续降息一直持极其谨慎的态度。面对不断恶化的实体经济，日本银行或许会采取直接购买企业 CP、公司债等非传统手段，而这些方式也将增加日本银行的财务风险。因此货币政策必须与其他相关经济政策相配合，才能发挥出更大效用。

2009 年 1 月，日本银行公布了对 2008 年度、2009 年度经济增长率的预测，两年分别为 -1.8% 和 -2.0%，大大低于 10 月公布的 0.1% 和 0.6%。在这种艰难困境下，日本银行必将继续加大政策力度，甚至采取 20 世纪 90 年代金融危机时实施的非常规手段和政策，将重点置于扩张央行的资产和负债，全力确保金融体系的安全与稳定。

参考文献

〔日〕日本银行金融市场局：《金融市场报告》，2008 年 7 月、2009 年 1 月。

〔日〕日本银行：《金融体系报告》，2008 年 9 月、2009 年 3 月。

〔日〕内阁府：《2008 年度经济财政白皮书》，2008 年 7 月。

〔日〕内阁府：《日本经济 2008~2009》，2008 年 12 月。

2008 年 12 月 31 日〔日〕《日本经济新闻》。

2009 年 1 月 13 日〔日〕《日本经济新闻》。

http：//www. fsa. go. jp/news/20/ginkou/20090306 – 2. html.

2008 年世界金融危機と日本の 金融市場・金融政策

劉　瑞

　要　旨：世界的な金融危機の影響を受け、2008 年に日本金融市場が激しく揺れた。短期市場金利に上昇圧力が加わり、長期債券市場に機能が低下し、株式市場に株価が暴落し、為替市場に急速な円高が進行した。欧米各国と比べ、日本の金融機関は証券化商品取引による損失が金融システムへ直接な影響が限定的だが、世界経済が減速する背景のもとで、日本経済は景気後退に陥った。金融危機に対して、日本銀行と政府は提携・協力し、超低金利環境の創出、金融市場・システム安定化の維持及び企業融資のスムーズ化など次々と金融対策が打ち出された。経済環境がさらに悪化する中、日本銀行はいくつかの課題が抱えている。それは金融仲介機能の発揮を阻害すること、金融機関のモラール・ハザードを拡大すること、中小企業融資が困難であることなど。さらに金融政策にも限界がある。これらの問題を早急に解決すべきである。

　キーワード：金融危機　金融政策　金融市場　金融システム

油价高启与政府的中小企业对策

丁　敏[*]

摘　要： 在世界经济激烈动荡的 2008 年，以石油、股票为首的全球金融投资，演绎了过山车式的跌宕起伏。前所未有的油价波动，给日本中小企业以严重冲击。中小企业是日本经济的重要基础，扶助中小企业是政府长期的经济政策。针对此番油价暴涨给中小企业造成的困境，政府从金融、信息、产业结构、节能技术等诸多方面，构筑救援中小企业的政策和对策，以帮助中小企业走出困境。

关键词： 能源　中小企业　政策　对策

2008 年是世界经济发生激烈动荡的一年。在这一年里，以石油、股票为首的全球金融投资，演绎了过山车式的跌宕起伏。随着狂热的金融投资的退烧，世界经济景气也迅速降温，特别是 2008 年入夏以后，在美国次贷危机影响下，不仅美国金融界频频爆出金融机构巨额亏损，美股开始暴跌，世界主要金融市场也在美国引发的金融风暴中，顷刻颠覆，除黄金以外的各种金融投资市场，均一路狂跌。金融危机迅速向实体经济蔓延，全球经济进入了严重的衰退期。

在经济环境急剧变化中，日本政府、企业和国民，都在不同程度上经历了烈日烘烤和风暴洗礼，不得不迅速调整各自的策略，以应对危机。2008 年的油价高启，考验了日本的方方面面，也考验了政府的中小企业对策。

一　油价暴涨暴跌让经济失速

回首 2008 年日本经济动态，不能不提及油价高启给经济整体带来的冲击。

---

* 丁敏，经济学硕士，中国社会科学院日本研究所经济研究室副研究员，研究专业为日本经济，研究方向为日本产业、企业、能源问题，东亚经济。

尽管国际油价在 2002 年就出现了上涨的苗头，但没有人确切地知道此番油价上涨到底涨到何时何地。2007 年秋，当油价涨破每桶 90 美元时，人们对 2008 年油价走势的预测已经开始茫然。

（一）国际油价疯狂上涨

2008 年世界油价高开高走，从年初的每桶 90 美元的高价，继续一路上涨，之后好像失控一样，3 月涨破每桶 100 美元的心理大关。

尽管在油价上涨中，那些卖油的企业可以渔利，但更多的企业抱怨高油价已经超出了以往的经验，企业经营的各种成本随之上升，越发让企业不堪重负。尽管国际能源机构频频发出呼声，呼吁石油出口国应该增产，以降低油价，呼吁石油进口国控制能源消费，以减少对石油的需求，批评大肆投机石油的国际炒家，指责是那些投机热钱搅乱了油价。各种呼声其实目的都在于稳住油价，使其回归理性，但是，国际油价仍然像失控的风筝一样飙升。2008 年 5 月，石油的月均价格已经涨到每桶 120 美元以上，6 月突破 130 美元，7 月价格冲高 147 美元。然而，进入 8 月，国际油价像越过顶端的过山车，迅速下冲，价格连连暴跌，让还没有从石油投资热中醒过来的世界炒家们头晕目眩（见表 1、图 1）。

表 1　2008 年国际市场主要原油现货平均价格

单位：美元/桶

月份	欧佩克	WTI	布伦特	迪拜	米纳斯	塔皮斯	辛塔	大庆	胜利
1	88.50	92.98	92.0	87.37	95.35	97.45	88.98	91.72	77.19
2	90.81	95.39	95.04	90.02	96.16	100.93	92.66	93.96	79.35
3	99.03	105.45	103.66	96.76	104.73	109.11	100.68	102.24	88.77
4	105.16	112.63	108.97	103.41	109.02	116.55	106.16	107.14	99.5
5	119.39	125.38	122.72	119.50	127.23	131.15	121.42	123.88	114.84
6	128.34	133.93	132.44	127.82	136.49	140.71	127.30	131.44	118.34
7	131.22	133.20	133.18	131.27	139.76	144.66	129.01	133.94	118.24
8	112.41	116.58	113.03	112.86	119.07	124.40	110.18	114.17	104.07
9	96.85	103.61	98.13	95.90	101.63	106.54	92.83	96.78	88.55
10	69.17	76.62	71.87	67.42	76.42	77.56	62.87	69.18	58.09
11	49.29	57.44	53.10	49.84	—	—	—	51.67	—
12	39.51	42.04	41.40	40.53	—	—	—	41.00	—

资料来源：11 月以前的价格参见《中国石油石化》2008 年第 23 期，第 85 页；以后的价格参见 http://www.kakimi.co.jp/4kaku/0spot.htm，2009 年 1 月。

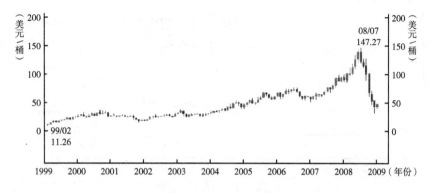

图1　纽约市场 WTI 石油价格长期走势（月线）

资料来源：http：//www.fuji－ft.co.jp/selection/genyu/index.htm，2009 年 1 月。

（二）日本物价明显上浮

在这次国际油价暴涨暴跌中，石油消费大国或地区，均受到不同程度的影响，美国、日本、中国，以及亚洲和欧洲一些比较依赖进口石油的国家和地区，其进口石油价格上涨带动了国内各种成品油价格上涨，特别是汽油价格上涨更为明显，对经济整体的波及影响也更大一些。

日本作为石油进口大国，在世界石油进口国排名中长期位居第二，其石油进口依赖度高达99%。尽管在 20 世纪70 年代第一次石油危机后，日本已经竭力调整了自己的能源结构和产业结构，将经济对石油的依赖度从80%降到50%，但石油目前仍然是日本经济最重要的能源支柱，近年来每年从外部进口石油 2 亿吨左右，石油大幅度涨价仍然对日本产生多方面影响。当油价涨到每桶 50 美元乃至 60 美元以上时，很多企业面临能源成本管理困境，企业盈利遭到重挫。

2008 年的国际油价飙升无疑导致日本国内各种油价跟随上涨。期货市场石油价格走势最能反映市场对油价涨落的预期，从近几年东京期货市场石油价格走势看，与国际市场同样走出一条节节攀升的上扬曲线，特别是在 2008 年，更是跌宕起伏。如图 2 所示，自 2004 年开始，东京期货市场油价上涨幅度加大，在买单大大超过卖单的市场行情里，2007 年入秋以后到 2008 年夏，东京期货市场油价飙升的势头更猛，2008 年 7 月 4 日油价冲高回落后，出现罕见的油价暴跌（见图2）。

包括油价在内的日本物价，在 20 世纪 90 年代泡沫经济崩溃后的长期萧条

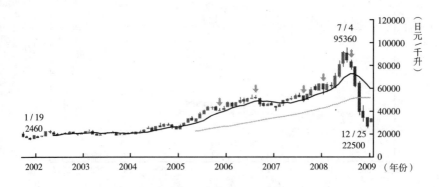

图2　东京期货市场石油价格走势（月线）

资料来源：http：//www. comtex. co. jp/www/？ module = Default&action = meigara&page = sheet2&article = T – genyu &kind1 = m&kind2 = d&kind3 = d#ch01，2009 年 1 月。

中，处于难以抑制的下降趋势，而在这一轮国际油价暴涨中，日本物价总体出现了一定程度的上涨，其中汽油涨价最为突出。2008 年，日本几家大的汽油供应商，先后亮出涨价牌，东京汽油零售价格 2002 年大约在每升 105 日元，2004 年价格上涨到每升 120 日元，2007 年涨到 150 日元以上，2008 年夏涨到 180 日元左右，2008 年 10 月以后才大幅回落。（见表2）

表2　2002 年与 2008 年东京都汽油零售价格比较

单位：日元/升

年份＼月份	1	2	3	4	5	6	7	8	9	10	11	12
2002	105	104	104	104	106	106	106	105	105	105	105	105
2008	154	152	153	132	160	172	181	182	173	158	132	117

资料来源：日本总务省统计局网页，2009 年 1 月。

　　石油、汽油价格的上涨对整体物价产生上涨压力，日本的与上年同月比综合物价指数，2002 年和 2003 年还处在下降的态势，2004 年以后开始出现上涨，2008 年 6 ~ 9 月的综合物价指数，出现了连续四个月的上涨，涨幅均在 2.0% 以上，这是 20 世纪 90 年代以来十多年没有出现过的上涨。在日本十大消费品指数中，涨幅较为明显的有食品、水电煤气、交通、服装等生活日用品。[①]

---

　　① 十大消费品指数统计是以 2005 年物价为 100 进行的统计，更加反映 2005 年以来日本物价变动情况。参见日本总务省统计局网页，2009 年 1 月。

（三）经济再遇滑坡

2002 年以来日本经济开始走出萧条，恢复了正增长，2008 年的高油价和随之而来的国际金融风暴，给这一轮日本经济增长又画上了休止符。2008 年工矿业生产滑坡逐季度显现，曾经支撑此轮增长的运输机械、电气机械、通信机械、电子、钢铁、有色金属、金属制品、化工等产业，先后出现负增长，导致 2008 年日本经济可能出现六年来不曾有过的负增长。在这一次经济滑坡中，制造业的滑坡对整个经济景气的打压今后将更加深刻。设备投资、机械订单、住宅开工等主要经济指标，在 2008 年第四季度都出现大幅度下降（见图 3）。

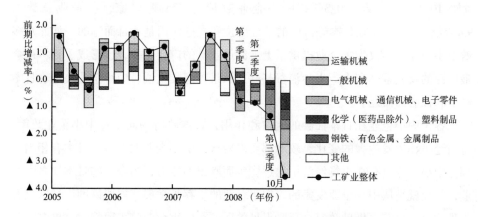

图 3　日本工矿业生产、出库、库存景气指数波动

注：图中柱形图为季度的前期比增减。

资料来源：日本政策金融公库综合研究所、中小企业研究组报告《中小企业的经济、金融环境》，2008 年 12 月。

二　中小企业陷入经营难

高启的油价让众多企业深感能源成本压力增加，相当一部分企业苦于难以承受，特别是中小企业，消化高能源成本的能力比较差，在成本价格上涨中总是处于弱势地位，往往是大企业成本负担转嫁的对象，而中小企业占日本企业的 99% 以上，是日本经济最重要的基础。高油价使众多企业陷于困境，让中小企业更是难上加难。

（一）中小企业的经济分量

中小企业在日本这个企业王国中是最大的企业群体，在日本经济中所占分量极重。

20世纪60年代末，在日本完成了经济追赶目标后，其第二产业和第三产业就成为国民经济中比例最大的产业了。在第二、第三产业中，中小企业的数量远超过大企业。

在日本第二产业中有不到95万家企业，其中大企业2300多家，仅占0.2%，中小企业94.7万家，占企业总数的99.8%。第三产业中有326万多家企业，大企业10043家，仅占0.3%，中小企业数量有325万多家，占企业总数的99.7%。中小企业在日本经济中的基础地位和支撑作用是不言而喻的。如此众多的中小企业，不仅为大企业提供了上下游产业链的广泛支持，也形成了日本社会最广泛的就业基础和生产生活消费基础。从某种意义上说，中小企业决定着日本经济和社会的命运。

鉴于中小企业在日本社会的地位和作用，日本政府一向重视中小企业政策，每当经济环境发生大的变化，政府都要出台扶持中小企业的对策。日本有相当一部分中小企业具有在市场经济中通过竞争而胜出的能力，当今一些日本知名大企业，曾经就是从中小企业发家的。中小企业的生存与发展，需要借助市场这只看不见的手，也需要借助政府这只看得见的手。在中小企业陷入困境时，更多得到政府政策的关怀，这体现了社会应该把更多关怀送给弱势群体的公平与公正。

（二）中小企业的特殊困境

一般来说，企业通常都要面对不断变化的经济环境调整自己的经营，以求生存和发展。所谓不断变化的经济环境，包括各种经营成本环境、经济和产业结构环境、国内外贸易环境、政策环境等等，经营成本环境是直接影响企业经营的最重要的经济环境因素，其中劳动力成本、能源成本及其他经济要素成本对不同行业的企业，影响程度大不相同，对不同规模的企业，影响程度也大不相同。

以丰田汽车公司为例，这样的日本大企业，主要收益来源于在世界范围销售汽车，由于丰田较早开始了节能减材型经营战略，其先于欧美开发的节能小汽车，在高油价时代凸显优势，畅销欧美。高油价带来的能源成本上涨，对丰田这样的企业并没有造成多大损失，相反，丰田倒利用高油价大赚了一把。还有一些能源供应业企业，获利于能源价格上涨。而有更多的企业如能耗比较高的制造业、建材业、建筑业、运输业等行业的企业，能源成本上涨无疑会导致这些行业的企业收益减少。大企业实力强，分散风险的能力强，而许多中小企业实力弱，或者本来就处于勉强生存的境地，所以会面对更多难以独自承受的压力。

在2008年的高油价中，日本多数中小企业的能源成本压力加大，接近甚至超过其承受能力极限。

根据日本中小企业厅的调查，不断上涨的油价削弱着中小企业的收益力，在接受调查的中小企业中，90%的企业反映受到高油价的负面影响，其中60%的企业已经无力分散高油价风险。在2006年公布的调查结果中，有26.9%的企业反映油价上涨对经营收益有很大影响，有49.8%的企业反映油价上涨对企业经营收益有一定程度的影响，而在2008年公布的该项调查结果中，这两部分企业的比例分别上升到37.5%和55%。①

与大企业转嫁能源成本上涨的能力相比，中小企业显得十分虚弱和无奈，完全不能转嫁能源成本负担的中小企业占到61.1%，只能转嫁1%～20%负担的中小企业占27.9%，能转嫁出去60%以上能源成本负担的中小企业仅占6%。

2008年大多数中小企业面对的是买进原材料价格不断上涨、卖出产品价格却在低位徘徊的困境。在这种困境中，一些实力差的企业，其经营困难逐渐显露。据三菱UFJ对地方中小企业的一项调查显示，在近两年石油涨价、原材料涨价中，感觉在日本国内生存已经非常困难的企业，5人以下规模的小企业中有31.1%，6～20人规模的中小企业中有24.6%，在21人以上规模的中小企业中有15.7%。感觉经营上有一定困难、勉强过得去的中小企业，在5人以下规模的小企业中占到了49.7%，在6～20人规模的中小企业占到50%，在21人以上规模的中小企业占45.8%。

中小企业主要面临的困境，除以油价为首的各类原材料价格上涨导致成本压力加大外，还面临无力获得周转资金，无力升级技术，无力开发新市场，无力实现产业转型，无力获取优秀人才等各种困难。

2008年下半年，当中小企业还没有从高油价打压中喘过气来的时候，又遭

---

① 日本中小企业厅资料，2008年12月。

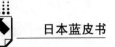

遇国际金融风暴的袭击，随着日本内外整体经济形势的恶化，中小企业的经营进一步陷入困境。很多中小企业破产或濒于破产。据日本民间调查机构东京商工调查公布的资料，2008 年 10 月破产企业件数同比增加了 13.4%，中小企业因资金周转困难而面临倒闭的问题尤其突出。

三　政府援助中小企业

在高油价时代，更多关注中小企业的困难，援助中小企业，出台危机对策，成为日本政府稳定经济的一个重点。

虽然日本政府在 2007 年已经试行了一些针对中小企业的援助对策，2008年，随着油价的进一步高启，日本政府根据油价动向继续完善援助措施，加大资金扶持力度，扩大关怀范围。

（一）开设关怀窗口

在高油价时代，企业遇到能源、原材料成本上涨，资金周转不畅，收益下降等困难，大企业较容易将能源、原材料涨价带来的成本风险向中小企业转嫁，这加重了中小企业的负担。为及时了解中小企业的情况，日本政府协调相关部门和团体，开设专门面向中小企业的服务窗口，听取受损陈述。这种服务窗口既有及时听取中小企业声音的功能，也有随时给予中小企业指导的功能。中央相关省厅、各地方政府、行业团体，分别开设了服务窗口，窗口网络基本可以覆盖各个层面的中小企业群体（见表3）。日本 47 个都道府县还为中小企业开办了临时的"避难所"，接纳因紧急困难需要救助的中小企业。

鉴于大企业将负担转嫁中小企业的案例，日本政府向有关部门和行业协会下发严查大企业向中小企业转嫁负担的公文，凡发生此种情况，中小企业可通过上述服务窗口或"避难所"陈述情况，寻求快捷援助。

（二）选准关怀对象

高油价带来的能源成本、原材料成本上涨，影响到很多行业和企业，但其中又有轻重缓急，选定受害最重的行业和企业，就是锁定救援重点，只有选对受害最重的企业群体，政府才能在援助上做到帮确实需要帮的，救真正需要救的。早在 2007 年，日本经济产业省、财务省就已经通过调查，确定了一些业种作为重

表3　日本政府服务窗口

中小企业厅窗口	
中小企业厅事业环境部交易课	
北海道经济产业局产业部中小企业课	中国经济产业局产业部中小企业课
东北经济产业局产业部中小企业课	四国经济产业局产业部中小企业课
关东经济产业局产业部中小企业课	九州经济产业局产业部中小企业课
中部经济产业局产业部中小企业课	冲绳经济产业局产业部中小企业课
近畿经济产业局产业部中小企业课	
公平交易委员会窗口	
公平交易委员事务总局经济交易局交易部企业交易课	
北海道事务所下请课	近畿、中国、四国事务所中国分所交易课
东北事务局交易课	近畿、中国、四国事务所四国分所交易课
中部事务局下请课	九州事务所下请课
近畿、中国、四国事务所下请课	冲绳综合事务所总务部公平交易室

注：国内一般把日本的"下请"翻译为承包，实际上，日本的"下请"概念不能等同于中国所使用的承包。日本的"下请"一词有其特殊的社会含义。"下请"表现的是中小企业与大企业之间的长期的特殊的关系，处于劣势的中小企业，长期从属于某些特定大企业，从这些大企业处承揽业务，受这些大企业的支配。

资料来源：日本中小企业厅，2008年12月。

点拉开救助安全网的对象，并限定了实行援助对策的期限。[①] 2008年10月，纳入这种安全网对象的业种又有所扩大，被列入考虑实施安全救助的业种达700多个，并延长了援助对策实施的期限。

2008年开展救援的行业和对策主要有：

（1）运输业：由国土交通省牵头，落实削减高速公路收费以降低运输成本对策，严格监管卡车货运燃料费用负担对策，普及低公害车对策，环保型船运对策，筛选安全网监护业种工作，开发下一代低公害车对策等；由经济产业省和国土交通省牵头，落实促进使用节能设备和机器对策。

（2）建筑业：由国土交通省牵头，落实监察建筑项目价格联动条款的实施，确保公共设施建设品质对策，促进发包、承包建筑商公平交易对策。

（3）生活服务业：由厚生劳动省牵头，落实向居民宣传石油涨价导致生活

---

① 安全网是近些年日本从经济、社会综合因素考虑，逐步建设的一种基本安全网络，这种网络集硬件设施和软件设施于一体，覆盖面力求最大化。从金融、生产、就业、消费、生活、医疗等多个层面，着手建设社会的基本安全网络，已经成为日本政府近年来重要的工作。

消费品物价上涨对策的常识；由财务省、厚生劳动省、内阁府牵头，落实居民生活卫生安全网建立及资金支持对策，在国民生活金融公库开设特别洽谈窗口对策。

（4）石油销售业：由经济产业省牵头，落实向经营困难的企业发放救援贷款、向资金周转难企业提供政府信用担保对策。

（5）渔业：由农林水产省牵头，落实水产业燃料油涨价紧急对策基金事业、渔船渔业结构改革综合对策，引进节能技术事业，稳定国产水产品供给事业，水产品流通结构改革事业等。

（6）农业：由农林水产省牵头，落实强农交付金对策，发展节油型设施园艺对策，援助牧业、奶农对策，降低肥料成本对策，改进施肥体系对策，稳固林业、木材产业对策，发展地产地销型生物燃料农业机械对策，农林渔业安全网基金对策等。

此外，在2007年就已经开始实施安全救助对策的业种如原材料、汽车、住宅设备等行业，也视2008年具体情况延长了对策实施期限。

（三）重视金融援助

俗话说，兵马未动，粮草先行。金融即资金的支援好比援助中小企业的粮草，周转资金短缺是中小企业存在的比较普遍的困难，为中小企业疏通金融渠道，成为构筑中小企业安全网对策中十分重要的一环。

日本在经济发展中，已经形成了比较完善的、服务于中小企业的体系，其中包括面向中小企业的金融服务体系。比如，政府的中小企业厅，长期主管中小企业的事务，服务于中小企业的还有全国大大小小的商工会议所。为解决中小企业融资难，日本有政府系金融机构向中小企业提供金融服务，主要有中小企业金融公库、国民生活金融公库。还有一个以政府信用为担保的金融支援体系，形成了凭借政府信用引民间金融之水为中小企业解渴的大金融网络。在2008年的石油高启中，政府启动这样的金融窗口和网络，为那些因高油价陷入资金困境的中小企业提供应急金融服务。

日本政府还开设了直接连通中小企业的金融热线，使中小企业的呼声可以直达金融厅，以便主管金融的政府最高部门快速应接来自中小企业的诉求。

另外，扩大无担保融资额度，国民金融公库面向中小企业的无担保融资上限原定为2000万日元，对需要特殊急救的中小企业，无担保融资额度扩大为4800

万日元。此项措施自 2008 年 2 月启动。

为方便中小企业从民间金融机构融资，金融厅还发文给各个民间金融团体，请它们向自己麾下的金融机构晓以大义，对中小企业给予金融支援（见表4）。

表4　中小企业厅公布的金融服务窗口

中小企业金融公库 全国各分店	
东京洽谈中心 大阪洽谈中心	名古屋洽谈中心 福冈洽谈中心
国民生活金融公库 全国各分店	
东京洽谈中心 大阪洽谈中心	名古屋洽谈中心
商工组合中央金库 全国各分店	
广告部	客服中心
冲绳振兴开发金融公库 本店、分店	
全国信用保证协会联合会 全国各信用保证协会	

资料来源：日本中小企业厅，2008 年 12 月。

（四）圈定重点地区

在油价上涨过程中，日本各地区的中小企业受害情况不同，有些地区情况比较严重，特别是集中了高能耗产业的地区和中小企业密集地区，受油价及其相关产品价格上涨的影响比较大。

如日本的关东、东海、中国、近畿等地区，各自产业集群结构有所不同，关东地区金融、电子、信息、精密机械、高科技产业密集，商业服务业、建筑业、运输业发达，生产用能耗的比例相对较小，公务、交通、生活用能耗较大，油价上涨主要影响到关东地区建筑业、运输业、成品油销售等行业的中小企业。这些行业的中小企业成为这个地区需要重点关注的对象。

在日本的东海、中国、近畿等地区，化工、原材料、造纸、汽车、机械等工业密集，能耗产业比例相对较大。如原材料产业，在日本的中国地区经济中占比

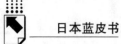

46.5%，高出日本全国平均占比（35.3%），受油价上涨的压力要大于其他地区。与日本有些地区相比，中国地区从事制造业的中小企业也比较密集，与中国地区情况有些相似，东海和近畿两个地区从事制造业的大企业比较多，在这些大企业周围还有更多的中小企业，它们主要仰仗来自大企业的订单而维持企业的生存。在以石油为主的能源及原材料成本急剧上涨时，大企业为了压缩成本，可能减少面向中小企业的订单，或者对新订单进一步压价，这是日本大企业向中小企业转移风险常用的手段，这会导致中小企业的经营难上加难。2008年的高油价，对东海、中国、近畿地区的中小企业造成的影响较大，这些地区从事制造业的中小企业成为日本政府部门重点关注的对象。

政府针对高油价出台政策关怀时，对不同地区和行业的中小企业给予有针对性的指导和援助。经济产业省中小企业厅针对关东地区中小企业的对策更加侧重金融援助和信息沟通，针对生产型中小企业密集的地区如东海、中国、近畿，除资金支援外，更着眼于引导和援助这些地区中小企业调整经营结构，引进节能技术，降低包括能耗在内的运营成本，为中小企业开发新产品，获取新市场，调整在地区经济中的定位，提供政府服务。

虽然2008年日本政府从多个角度强化了支援中小企业的对策，但从对策实施到生效需要一个过程，在石油价格暴跌和随之而来的金融风暴中，日本中小企业还没有来得及应付好高油价带来的经营困境，又迅即卷入国际金融危机的旋涡。迅猛而来的国际金融危机，可能进一步延缓日本政府救援中小企业对策的成效。今后要走出油价高启和金融危机双重阴影，不仅要靠政府加大政策关怀力度，更要靠中小企业本身的努力和自救，才能渡过难关。从日本以往的经验看，大企业的恢复要先于中小企业，当危机来临时，大企业的应对危机调整，将形成对中小企业的二次、三次波及影响，日本中小企业将面临比大企业更严峻的考验。

参考文献

《中国石油石化》2008年第23期。

〔日〕横仓尚：《中小企业》，小宫隆太郎等编《日本的产业政策》，东京大学出版会，1984。

丁敏：《日本产业结构研究》，世界知识出版社，2006。

〔日〕中小企业厅网，http：//www.chusho.meti.go.ip/。

〔日〕总务省统计局网，http：//www. stat. go. ip/。

〔日〕日本政策金融公库综合研究所中小企业研究组：《中小企业的经济、金融环境》。http：//www. fuji-ft. co. jp/selection/genyu/index. htm.

http：//www. comtex. co. jp/www/? module = Default&action = meigara&page = sheet2&article = T-genyu&kind1 = m&kind2 = d&kind3 = d#ch01.

原油高と中小企業の対策

丁　敏

　要　旨：2008 年は世界経済が激しく揺れ動く年でした。石油、株をはじめとするグローバル金融・投資は、ジェット・コースター式のような起伏を演繹しました。いまだかつてない原油高は、日本の中小企業に深刻な衝撃を与えました。中小企業は日本経済の重要な基礎であるが故に、中小企業を助けることは日本政府の長期の経済政策です。今度の原油高による苦しい立場に陥る中小企業に対して、政府は金融、情報、産業構造、省エネ技術など多方面から、中小企業を救援する政策と対策を構築して、中小企業は困難な境地を抜け出すことに援助しています。

　キーワード：エネルギー　中小企業　政策　対策

日本建筑物抗震防灾整修举措新动向

陈桐花[*]

摘　要：本文以中小学校教育设施抗震检测、整修计划的实施为例，就 2008 年日本建筑物抗震防灾法律保障机制中的《建筑标准法》、《地震防灾对策特别措施法》、《建筑物抗震整修促进法》这三部主要法律的新修改或新实施的主要内容进行简单介绍。在此基础上分析三部法律的修改对实际实施抗震检测、整修计划中所产生的问题显示出了哪些积极的效果，以及它对中国的启示和中日两国建筑物抗震防灾建设未来的影响。

关键词：建筑物　抗震　防灾　减灾　安全性

2008 年，是中国的震灾之年，也是日本延续抗震建筑物的发展历史，再次总结建筑物防震减灾经验和教训，完善建筑物抗震防灾法律法规，大力推进对危险建筑物实施抗震整修的一年。

面对汶川地震，日本立即做出了快速反应：对外，在第一时间派出国际紧急救援队和日本医疗支援队，先后于 5 月 16 日和 21 日到达灾区现场，展开了紧急救援，其突出的表现和人道主义精神得到两国人民的高度赞誉；对内，吸取中国汶川地震灾害的惨痛教训，修改了《建筑基准法》（1950 年制定）、《地震防灾对策特别措施法》（1995 年制定）、《义务教育学校等设施费用国库负担法》（1958 年制定）等多部法律；加大了包括中小学校、幼儿园等教育设施、医院、住宅建筑、核电站等现有建筑物抗震防灾建设的力度。对实施抗震检测、整修计划内的工程加大了国库补助的力度；制定了新的财政预算、减税方案，全方位支援《建筑物抗震整修促进法》的实施。而其中许多法律制度的修改，新举措的

* 陈桐花，法学博士，中国社会科学院日本研究所经济研究室助理研究员，研究专业为日本法律，研究方向为日本民法、经济法。

推出都是在震后的短短一个多月内完成的。此后，在 2008 年内又制定了具体执行法律的实施细则，以及各项紧急综合对策，以此来营造"安心的社会"。

一 汶川地震后日本的快速反应及建筑物抗震防灾整修新举措

为了能够全面了解 2008 年日本建筑物抗震防灾整修举措新动向的意义，需要对法律制定时的特殊历史背景和社会发展状况进行简要回顾，这些内容也穿插着放在了本文中。

（一）日本的快速反应与新举措概况

汶川地震中，学校、医院等公共建筑物、农村乡镇房屋严重倒塌，映秀小学、北川中学、聚源中学等中小学校学生几乎集体遇难，人员伤亡惨重。面对中国的巨大灾难，日本国民对本国直接危及国民安全，危及国家持续、稳定发展的中小学校、幼儿园等教育设施、住宅建筑、核电站等建筑物的实际抗震安全性能提出了质疑，要求公布学校、医院等特定建筑物实施抗震检测、整修计划的落实状况及其专项资金的使用情况。面对民众的质疑与要求，以文部科学大臣为负责人（本部长），文部科学省、内阁官房、内阁府、总务省、经济产业省、国土交通省为成员，依据《地震防灾对策特别措施法》设置的"地震调查研究推进本部"就提高学校设施的抗震安全性能，在法律规定的范围内展开了有效的合作，并开始了翔实的调查、研究。

6 月 18 日，日本国会通过了提高公立学校设施的抗震强度，加快推进抗震整修规划实施的《地震防灾对策特别措施法》（1995 年制定）的部分修正案。这是对 1995 年 1 月阪神大地震之后制定的《地震防灾对策特别措施法》的第 14 次修改。修改后的法律加大了国家对大规模地震来临时倒塌危险性高的公立幼儿园、中小学校舍、中等教育学校及其室内运动场馆设施等的抗震加固工程费用的补助力度。同时，为确保相关法律的一致性，当日国会还通过了《义务教育学校等设施费用国库负担法》（1958 年制定）的修正案，确保了中小学校教育设施抗震整修资金来源稳定。

6 月 20 日，为贯彻法律执行，文部科学省公布了"第三个地震防灾紧急事业五年规划"（2006～2010 年）中截止到 2008 年 4 月 1 日《公立学校设施的抗

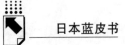

震整修状况调查结果》①，在此基础上确定了当年度具体的国库补助金额。

6月30日，文部科学省修改了《文部科学省防灾业务规划》（文科施第138号），就地震等自然灾害、大型事故性灾害的预防、应急措施、灾后重建及地区防灾规划标准进一步做出了明确规定，以《加速实施学校抗震强度规划》（同月13日文部科学省通知）确保地震来临时，学校及其他教育研究机构的土地、建筑物及其他构筑物等文教设施、设备安全万无一失；地震之后，各教育设施、设备功能快速恢复，最终确保儿童、学生、教职员以及大学附属医院患者和研究开发机构等相关机构职员等的生命、身体安全，确保教育研究活动的正常进行，提高防灾研究活动的效率。②

8月29日，日本政府、执政党会议、经济对策阁僚会议三方的共同会议通过《实现营造"安心社会"的紧急综合对策》。其中包括"加速提高预防大规模地震倒塌危险系数大的公立中小学校设施（约1万栋）等抗震整修工程实施进度"的财政预算、减税方案。

10月17日，文部科学省根据《实现营造"安心社会"的紧急综合对策》方针，发出《加速实施学校抗震整修》倡议，希望各级政府以中国四川汶川地震的惨痛教训为鉴，争取在五年内（2008~2012年）完成Is值（=建筑物结构计算上的抗震指标）不满0.3的公立中小学校、幼儿园、特别援助学校、高中学校设施的抗震检测、整修。同时，国家扩大了财政预算与概算支出额，确定2008年度公立中小学校设施抗震检测、整修国家财政支出预算为1139亿日元。2009年度概算支出大约为1935亿日元。

12月1日，《建筑物抗震整修促进法》2006年6月2日修改后的内容开始实施。

2008年，对日本也是一个"教育设施抗震安全大检测"之年。

（二）以《建筑标准法》为核心的建筑物抗震防灾制度体系

以上日本的快速反应与新举措的及时推出，与日本长期与地震灾害抗争，从建筑物倒塌、毁损、地面液化的状况等地震的纹理中找出造成人员伤亡的直接原因，并及时总结防震减灾教训，积累了许多有效应对灾害的救助措施及重建方法

---

① 日本文部科学大臣的《加速实施学校抗震强度规划》的通知及会议内容见文部科学省网，http：//www. mext. go. jp/b_ menu/houdou/20/09/08090210. htm#a004。

② 日本文部科学省防灾业务规划的目标及相关内容详见 http：//www. mext. go. jp/a_ menu/shisetu/gyoumu/04052101. htm。

息息相关。而且，日本把地震灾害教训转变成"立国、强国"所需的科技能量，不断研究、开发出具有实际可操作性的抗震防灾技术。《建筑标准法》及其施行令等相关法律法规作为建筑物抗震防灾制度体系的核心，也随着科技进步进行着不断的修改、完善，以保证当时经科学实践验证为最实用、有效的最新抗震技术统一向全国推广应用（见表1）。

表1　自然灾害、不可抗力事件的发生和应对灾害法律制度的制定、修改大事表

法 律 名 称	制定修改年	灾 害 名 称	发生年
市街地建筑物法(《日本最早的建筑法规》)	1919		
市街地建筑物法修改	1924	关东大地震（震级7.9，死亡、失踪14.2万多人）	1923
灾害救助法	1947	二战结束	1945
建筑标准法	1950	福井地震（震级7.1，死亡3769人）	1948
灾害对策基本法	1961	伊势湾台风（死亡、失踪5098人）	1959
建筑标准法施行令修改	1971	十胜冲地震（震级7.9，死亡52人，受伤330人）	1968
建筑标准法修改(新抗震设计法)	1981	宫城县冲地震（震级7.4，死亡28人，受伤1325人）	1978
地震防灾对策特别措施法;建筑物抗震整修促进法	1995	阪神大地震（震级7.3，死亡6434人，受伤43792人）	1995
地震防灾对策特别措施法修改、2006年建筑物抗震整修促进法修改后实施	2008	四川汶川地震（震级8.0，死亡69227人，受伤374643人，失踪17923人）	2008

资料来源：根据宇佐美龙夫《新编日本地震受害总览》（东京大学出版会，1996）、日本消防厅官方网站及中国《汶川地震灾后恢复重建总体规划》等资料整理。

1. 与科技进步同步发展的《建筑标准法》

世界上20%的地震都发生在狭长的日本列岛。日本从1880年创设"地震学会"，1891年创设"震灾预防调查会"，到1924年《市街地建筑物法》（现行《建筑标准法》的前身，1919年制定）修改时规定，房屋建造时必须按照设防震级采取抗震设计（这是世界上首次明确建造房屋等建筑物必须采取抗震设计的法律规定），再到1981年《建筑标准法》修改时规定必须实行二次设计的新抗震设计法，这100多年间，日本从未停止过对建筑物抗震安全性能的研究、探索。到目前为止，《建筑标准法》从1950年制定以来历经了41次修改。最后一

次修改在 2008 年 5 月 23 日。每次法律修改都把各类建筑物、构筑物及其设备设施等人类可控制的抗震技术向前推动了一大步。同时，也造就了一批原有建筑标准下的"不合格建筑物"，或存在结构性危险的"危险建筑物"。从一定意义上说，日本的"危险建筑物"是在《建筑标准法》不断修改过程中产生的。

2. 对"危险建筑物"实施抗震防灾处理的《地震防灾对策特别措施法》和《建筑物抗震整修促进法》

《建筑标准法》制定、修改的历史也是日本制造"危险建筑物"的历史。但要说合法地一次性制造"危险建筑物"数量最多的一次，当属 1981 年《建筑标准法》修改。1981 年《建筑标准法》修改时引入了新的抗震设计标准——二次设计法〔即保有水平耐力计算＝1 次设计（容许应力度计算）＋2 次设计（考虑到塑性计算）〕。修改后的法律明确规定，在 1981 年 6 月 1 日之后申请施工的建筑物必须采取两次设计法（同法第 21 条），以达到在发生 6～7 级大规模地震时，抗震墙配置合理，建筑物变形不过大，即使有破损也不出现倒塌压死人的现象，确保生命安全。而同年 6 月 1 日之前没有采取新抗震标准建造的建筑物被称为"现存不合格建筑物"，即"现有危险建筑物"。1995 年阪神大地震也证明了，全部倒塌或局部倒塌建筑物的 95% 都是 1981 年前建造的"现有危险建筑物"[1]，而采取了两次设计的新抗震标准建造的建筑物因其抗震安全性能高，受损数量很少。

吸取阪神大地震血的教训，面对随时随地都可能发生的地震，日本政府认识到，在确保新建建筑物新的抗震设计标准的同时，有必要立即在全国范围内提高包括住宅以及中小学校、医院、政府大楼、博物馆、美术馆、电影院、养老院等人员密集的公共建筑物的抗震性能，特别是急需对 1981 年以前建造的"现有危险建筑物"实施抗震检测，并根据检测结果，对不符合现行《建筑标准法》规定的危险建筑物实施抗震整修。于是，日本政府在阪神大地震发生的当年 6 月，出台了《地震防灾对策特别措施法》，同年 10 月出台了《建筑物抗震整修促进法》。从此，把大量长期存在并时刻威胁着人们日常生产与生活安全的"现有危险建筑物"全部列入了国家的抗震检测、整修规划之列，并把对局限于阪神地震特定部分灾区实施的"危险建筑物"抗震整修工程推向了全国，虽然这已是实施新的抗震设计标准——1981 年《建筑标准法》修改后的第 14 个年头。

---

① 〔日〕室崎益辉：《大震灾之后》，岩波书店，1998，第 9 页。

（三）现行《地震防灾对策特别措施法》的主要内容

第一，2006 年修改后的《地震防火对策特别措施法》明确了地震防灾对策的实施目标，即该法是"为了保护地震灾害中国民的生命、身体及财产安全，设立地震防灾对策实施目标、制定《地震防灾紧急工作五年规划》，同时在此基础上制定国家财政特殊政策，以此推进地震调查研究体制建设，加强地震防灾对策实施，维护社会秩序，确保公共福祉"（第 1 条）。这一方向一直延续至今。

第二，国家在制定并执行《地震防灾紧急工作五年规划》时，首先设立由文部科学大臣为部长，由文部科学省、内阁官房、内阁府、总务省、经济产业省、国土交通省为部员的"地震调查研究推进总部"，在多方合力协调下，总部负责全国地震调查研究的体制建设，推进抗震调查研究方针的制定（第 7、8 条，11~13 条）。其次，总部下设主管综合政策制定、调整预算、进行政策宣传的"政策委员会"（第 9 条），和收集整理相关部门的调查结果并对其进行分析、评价的"地震调查委员会"（第 10 条）。此外，总部在制定地震观测、测量、调查及研究、开发等基本综合推进政策时必须听取"中央防灾会议"的意见（第 7 条）。

各都道府县根据国家规定的地震防灾设备设施等内容制定本地区的"地震防灾工作五年规划"（第 2、3 条）。

同时，把耐力度调查等抗震检测费用也纳入了国库补助的范围（第 4 条），加大了公立中小学校舍及其室内运动场馆设施等的抗震加固整修工程费用的国库补助力度。

国库补助率在 2006 年法律修改时由最初制定时的 1/3 提高到 1/2。2008 年 6 月 18 日修改后的第 6 条之 2 规定：凡是抗震安全系数 Is 值不满 0.3 的公立学校设施，其加固工程的国库补助费率由 2006 年的 1/2 提高到 2/3。同时，扩大了地方交付税率（由 18.75% 扩大到 20%），减轻了地方公共团体的实际负担（由 31.25% 降低到 13.3%）。对需要重建才能够达到抗震标准的学校，重建工程费用的国库补助费率也由 2006 年的 1/3 提高到 1/2，减轻了地方公共团体的负担（由 26.7% 降低到 20%）。

而且，明确规定各行政单位市町村必须对辖区的公立幼儿园、中小学校舍及其室内运动场馆设施等实行抗震检测，并有义务把检测结果公之于众（第 6 条之 3）。

（四）现行《建筑物抗震整修促进法》的主要内容

2008 年 12 月 1 日起，《建筑物抗震整修促进法》于 2006 年 6 月 2 日修改后的内容开始实施，所以，现行《建筑物抗震整修促进法》沿用 2006 年法律修改后的内容。

第一，2006 年法律修改时，追加了幼儿园、中小学校、养老院为特定建筑物，并强化了其规模要件，规定二层 500 平方米以上的幼儿园、保育所和二层 1000 平方米以上的中小学校必须实施抗震检测，必要时必须实施抗震整修（以前无论建筑物用途，特定建筑物规模均要求为三层 1000 平方米以上）（第 6 条）。

同时，设定责任三方国家、地方公共团体及国民对促进建筑物抗震整修都负有努力的义务（第 2 条）。明确规定，国家有为推进建筑物检测、整修技术研发收集信息，并提供相应政策支撑的义务；国家和地方公共团体有融通资金，提供资料，普及建筑物相关抗震知识的义务；国民有为提高建筑物的抗震安全性努力的义务。

第二，全国《抗震整修促进规划》基本方针由国家制定（第 4 条）。根据国家的基本方针，地方公共团体就所辖区域内的建筑物制定相应的"都道府县抗震整修促进规划"，具体包括：所辖区域内建筑物的抗震检测、整修的实施目标、具体措施（包括确保闭塞道路上的避难通道畅通、制定防灾地图、设立建言建议窗口等），以及具体提高国民对建筑物的安全意识及相关知识的普及方法等事项（第 5 条）。无论是国家制定的《抗震整修促进规划》，还是各个都道府县以及市町村制定的相应的具体实施计划，其规划制定或变更时都要及时对外公布，不得迟延（第 4、5 条）。而且，建筑物所有者必须对需要加固、改建的特定建筑物尽快实施抗震整修（第 6、7 条）。

第三，为了加强抗震整修促进规划的实施，各级建筑行政主管部门就抗震检测、整修等技术事项必须对特定建筑物所有者提供必要的指导和建议。特别是对学校、医院、养老院等一定规模以上急需提高抗震安全性能，而建筑物所有者却又迟迟不实施抗震检测或整修的，所辖行政主管部门必须下达行政命令，指示其按照相关技术方针实施抗震检测，对倒塌危险性大的特定建筑物按照《建筑标准法》实施抗震加固或改建。建筑物所有者无正当理由不服从指示时，所辖行政主管部门应公布建筑物所有者和该特定建筑物名录及其理由（第 7 条）。

第四，实行建筑物所有者申请，行政主管部门认定的制度。包括各所管行政部门必须对建筑物所有者提出的申请内容（包括国土交通省规定的建筑物的位置、层数、建筑面积、结构、用途和整修工程的内容以及整修资金预算等整修计划）进行审核。整修工程内容等符合国土交通省规定，资金预算可行的整修计划列入认定抗震整修计划（第8条）。已认定的计划需要变更时，该变更计划必须履行再次认定手续（第9条），并向主管行政部门汇报抗震整修状况（第10条）。若没有按照抗震整修计划执行检测或加固、改造，主管行政部门需发布行政命令，限在一定的期限内进行整改（第11条），如有违反，取消其认定计划（第12条）。

第五，设立一般社团法人或以非营利目的的普通法人作为"抗震整修援助中心"，确保抗震整修计划的顺利推进。抗震整修援助中心主要业务内容有三：对获取认定资格的建筑物所有者的抗震整修资金贷款提供债务保证；收集、整理并提供建筑物抗震检测及整修信息、资料；对建筑物抗震检测及整修展开调查和研究等（同法19条）。

第六，创设抗震检测、整修融资制度和税务制度。融资制度主要指在指定的金融机构（如住宅金融公库、日本政策投资银行）设立抗震整修专项融资资金。税务制度主要指创设抗震整修促进税制。如1981年前建造的危险自住住宅，其抗震整修工程费用的10%（不超过20万日元）从个人所得税额中扣除，并且到2008年12月31日为止，固定资产税额减半。对营利法人所拥有的特定建筑物按计划实施抗震整修的，整修费用的10%返还给法人。

（五）震后法律修改与实施对日本建筑物抗震防灾建设的积极影响

1. 汶川地震前日本中小学校教育设施安全状况与问题

阪神大地震后时隔八年，也是《地震防灾对策特别措施法》、《建筑物抗震整修促进法》实施八年后的2002年5月，文部科学省发布了截止到2002年4月1日的《公立中小学校设施抗震整修状况调查结果》[①]。其调查结果显示：1981年前建造的现有的危险的中小学校设施中有87233栋须实施抗震检测，占总数131792栋的66.2%，但实际实施抗震检测率只有30.5%[②]，抗震检测改造实施

---

① 日本文部科学省为了执行《义务教育学校等设施费用国库负担法》中关于发放补助金的具体规定，每年5月1日，以公立小学、初中、高中、聋哑学校等特殊援助学校及幼儿园等为调查对象，对学校建筑物（指校舍、室内运动场、集体宿舍）的各项面积指标进行实际调查，并根据相关调查数据资料形成调查报告，在第二年的1月向全国公布前一年度的《公立学校设施状况调查报告》，在此基础上确定具体的国库补助金额。

② http://www.mext.go.jp/a_menu/shotou/zyosei/taishin/05021602.pdf.

率为44.5%，远远低于预期目标。面对现状，文部科学省于2002年7月31日发布了《公立学校设施的抗震检测实施规划》，要求全国都道府县教育委员会全面掌握公立学校抗震性能，制定辖区内具体的抗震检测实施计划，力求在2005年完成公立学校设施抗震检测工作。但直到2006年4月1日为止的调查结果显示，实际抗震检测、改造率也只有54.7%。①

出现这种结果的主要原因有很多，如阪神大地震的受灾城市之一大阪府吹田市就存在：①政府对义务教育设施抗震检测及改造工程费用投入不足，吹田市义务教育设施整备债等市债发行额过低；②费用不足，包含在消防费中的防灾费预算一减再减，2005年度预算额已减至1995年的1/5；③抗震检测费用预算的使用内容不公开，实际抗震检测结果不公开等②诸多财政问题，以及政府的不正当行使行政职权等问题。这些因素导致了到2005年底吹田市的中小学校设施抗震检测、改造率只有29.8%，低于大阪府平均值51.3%。③

此外，依据《地震防灾对策特别措施法》制定的第一个《地震防灾紧急工作五年规划》和《建筑物抗震整修促进法》中规定的抗震检测、整修的实施手段、评价方法、参照标准的选取等具体事项与现实需要存在差距或存在争议。甚至其法律基本政策方针、措施存在偏颇之处；组织体制松散，无整合力；责任人的责任、义务不明等法律制定时的纰漏④也都遭到了严厉的批判。

面对民众的批评与不容懈怠的严峻现实，为继续推进"危险建筑物"的抗震防灾工作，有关部门结合现实需求对两法进行了多次修改。《地震防灾对策特别措施法》从1997年6月的第一次修改到2006年6月21日历经了13次修改；

---

① 详见 http：//www. mext. go. jp/a_ menu/shotou/zyosei/taishin/06053107/001. pdf。

② http：//www. ne. jp/asahi/suita/kyouiku-kankyou/saigaitaisaku. html.

③ http：//www. ne. jp/asahi/suita/kyouiku-kankyou/osakafukataisin. html.

④ 最初制定的《地震防灾对策特别措施法》中规定其法律目的是"为了保护地震灾害中国民的生命、身体及财产，制定《地震防灾紧急工作五年规划》，同时在此基础上制定国家财政特殊政策，以此推进地震调查研究体制建设，加强地震防灾对策实施，维护社会秩序，确保公共福祉"（第1条），并未把设定明确的地震防灾对策实施目标纳入法律制定的目的之中。同时，在组织体制上规定：设立由科学技术厅长官为部长的"地震调查研究推进总部"，负责《地震防灾紧急工作五年规划》中全国地震调查研究的事务（第7、8、11条），总部下设"政策委员会"（第9条）和"地震调查委员会"（第10条），但并未明确其他合作部门的职责。对于具体的防灾工作，规定了各都道府县有根据国家规定的地震防灾设备、设施等事项制定本地区的"地震防灾工作五年规划"的责任（第2、3条），但并没有明确针对本地区的实际状况制定具体实施措施的义务。该规定只重视对上负责的官本位制，也使地震防灾工作的实效性大打折扣。

《建筑物抗震整修促进法》也从 1996 年 3 月的第一次修改到 2006 年 6 月经过了六次修改，2006 年 6 月 2 日修改后的内容从 2008 年 12 月 1 日起开始实施。

2. 法律修改、实施后的积极效果

文部科学省公布的截止到 2008 年 4 月 1 日的《公立中小学校设施抗震整修状况调查结果》① 显示，日本全国小学和初中学校的建筑物总数为 127164 栋。1981 年新《建筑标准法》施行以后采用新抗震设计法建造的建筑物为 48845 栋，占总数的 38.4%；未采用新抗震设计法建造的建筑物为 78319 栋，占总数的 61.6%。其中，包括 1981 年以前建造，经检测不合格，实行了抗震加固、整修后到《建筑标准法》规定的抗震安全性能的建筑物 30370 栋（23.9%），加上 1981 年以后建造的建筑物，两者合计：具有抗震性能的建筑物达 79215 栋，占总建筑物数的 62.3%。问题是：①1981 年以前建造，经检测不合格，但还没有进行抗震加固、整修的建筑物；②1981 年以前建造，既不具有抗震性能又未实施抗震检测的建筑物，两者合计"现有危险建筑物"47949 栋，占总数的 37.7%。其中，前者有 43109 栋，占总数的 33.9%；后者有 4840 栋，占总数的 3.8%。两者都处于危险状态，而后者的危险状况更难以掌握，危险性更大，亟待实施抗震检测。

由表 2 可以看出，直到 2005 年"现有危险建筑物"的抗震检测率的上升都很缓慢。2006 年《建筑物抗震整修促进法》修改时，追加了幼儿园、中小学校为必须实施抗震检测、整修的特定建筑物，并强化了其规模要件，才使全国公立中小学校的抗震检测率急剧上升，到 2008 年达到了 93.8%。法律修改后的抗震检测实施效果明显。

表 2　2002~2008 年日本全国公立中小学校设施抗震检测状况

单位：栋，%

年　度	2002	2003	2004	2005	2006	2007	2008
需检测总数	86487	85870	84638	83663	83064	80762	78319
已检测数	25749	30096	38272	47081	56359	72167	73479
检　测　率	29.8	35.0	45.2	56.3	67.9	89.4	93.8

资料来源：根据日本文部科学省各年度对全国"公立学校设施抗震整修状况调查"结果整理。

---

①　http://www.mext.go.jp/a_menu/shotou/zyosei/taishin/index.htm.

二 对中国的启示

日本在建筑物抗震防灾、减灾、救助等方面所积累的宝贵经验，以及其良性高效运转的法律保障机制，对我国目前灾区恢复重建，以及将来全面开展抗震防灾工作都是有益的借鉴。但因为我国与日本的经济发展阶段不同，如何建立一个适应我国国情和灾情的抗震防灾减灾制度体系，还需要我们对日本的相关制度体系及经验、教训进一步地深入研究。在此，仅对日本建筑物抗震防灾法律体系中建立起的各项制度对中国的启示做些提示，而不进行更深入的探讨。

（一）多部门合力协调下的地震调查研究"总部"组织体制

日本在制定并执行《地震防灾紧急工作五年规划》时，首先设立由文部科学大臣为部长，由文部科学省、内阁官房、内阁府、总务省、经济产业省、国土交通省为部员的"地震调查研究推进总部"，多方合力协调下，在全国范围内展开地震信息、监测预报、震害防御等一系列基础调查研究工作。确保了翔实调查研究基础上科学防灾计划的制定，也因此才能够在地震来临时，展开及时、有效的应急救援，推进恢复重建工作的合理、有序进行。

而设立"中央防灾会议"，总部在制定地震观测、测量、调查及研究、开发等基本综合推进政策时必须听取"中央防灾会议"意见的规定也保证了决策的客观、公正，有利于集体智慧的充分发挥。

（二）明确多方责任内容，发挥各方优势的民主集中制

为实现国家统一的《地震防灾紧急工作五年规划》，日本在法律制定中明确规定了国家、地方公共团体和每个国民各自的责任、义务内容。责任分工明确，有利于集合国家、地方、个人的力量，朝着共同的目标，快速统一推进。同时也增强了各方责任主体对建筑物的安全意识，加快建筑物抗震防灾危机管理体系的建立。

同时，地方公共团体根据国家制定的《抗震整修促进规划》基本方针，就所辖区域内建筑物的实际情况制定相应的"都道府县抗震整修促进规划"，有利于发挥地方本土优势，因地制宜地实施更为具体、切实、有效的抗震检测、整修措施。

此外，地方公共团体在具体实施、评价标准等细节处及时总结推进过程中出现的问题，改进国家《抗震整修促进规划》基本方针中规定的实施方式，提高了计划推进的效率。

（三）国家财政补助制度、专项融资制度和税务制度

日本的国家财政补助制度，和在指定的金融机构设立抗震整修专项融资制度，以及减免个人所得税、固定资产税，费用返还法人等税务制度，对保证抗震整修资金来源，提高建筑物所有者实施抗震整修的积极性有很大的促进作用。同时，稳定的财源也加快了顺利完成《地震防灾紧急工作五年规划》、《抗震整修促进规划》的步伐。

（四）民主监督制度下的程序公平

实行民主监督，及时向社会公开总体目标规划、具体实施计划内容以及阶段性推进状况，并公布未按照计划执行抗震整修的具体建筑物和建筑物所有者的名录及其理由，提高社会监督的效果和国民的安全意识，也体现了程序公平。

（五）建筑物的实际安全大于历史责任的偏颇

日本《建筑标准法》修改所造成的"现有不合格建筑物"或者"现有危险建筑物"，从一定意义上来说，显示了建筑科技应时发展的时代特征。特别是以1981年6月1日为分界点，把《建筑标准法》修改之前人为原因建造的"不合格建筑物"或者"危险建筑物"归为历史，不再去追究建筑规划→设计→施工→监理→中期检查→竣工检查、验收等一系列建筑生产流程中当事人的谁是谁非，而是把关注点放在了如何降低建筑物的危险性，提高建筑物本身应该具有的防灾减灾的功能上，并制定了对"不合格建筑物"或者"危险建筑物"实施抗震防灾整修的措施。这些都表现了地震大国日本重视建筑物实际安全性能的务实精神，但也因此淡化了对人为故意或者过失因素所造成的"不合格建筑物"或者"危险建筑物"的"历史责任"的追究。这将招致新建建筑物中，除技术局限因素之外的其他人为因素造成"不合格建筑物"或者"危险建筑物"发生的可能，不利于建筑专业人员职业道德的培育，建筑行业的有序发展及国家的长治久安。

三 未来展望

日本拥有世界一流的建筑物抗震安全技术，有一大批长期从事建筑物安全研究的建筑学、地震学、地质学、法律、管理学等各个专业领域的研究队伍。各专

业人员进行信息交流、交换的社会团体"协会"、"研究会"等研究活动频繁，起到了最新成果发布基地的作用。这些良好的基础研究环境建设，与日本国民强烈的危机意识下建立起的一整套科学、有效的危机管理——防灾、减灾、救助等良性高效运转法律保障机制一起，成为持续推动建筑物抗震科学技术向前发展的原动力。而高效廉洁的执法环境与高素质的人才队伍培养等地震、建筑、法律之外的工夫，也使得日本在建筑物抗震防灾建设之路上，虽然新问题不断出现，但也都克服在了建筑物安全措施实施的前进途中。当然，这也需要纠正建筑物的实际安全大于历史责任这一认识上的偏颇，才有可能走得更稳。

此外，日本目前实行的建筑物所有者申请，行政主管部门认定的审核制度，对急需抗震整修，而建筑物所有者不申请的建筑物，以及建筑物所有者提出了申请，但因所有者财政困难，享受了国库补助或融资或减免税制等优惠政策后仍然不能履行抗震整修计划时，只能被迫取消其认定的整修计划。这将使得经济上的贫困者无法改变所有"危险建筑物"的危局，最终使急需抗震整修的"危险建筑物"得不到整修，成为危及社会公共安全的隐患。这作为贫困者＝弱者的问题表现之一，将是日本社会长期争论的焦点。

反观中国在汶川地震发生后的应急反应，与日本相比，可谓动作缓慢。到目前为止，虽然建立起了抗震防灾组织体制，制定了灾区的恢复重建目标和规划，在推进恢复重建实施方法以及评价标准、信息公开等方面也已经形成了框架型制度，但没有统一调查、研究方针，也缺少明确判断建筑物倒塌、毁损原因的鉴定标准。① 尽快制定统一的调查、检测、评价标准、阶段性实施目标，并及时公开调查、检测、标准的实施情况，或许才是目前真正实现恢复重建目标，全面把握我国建筑物整体安全性能的切近之路。

中国的建筑抗震建设，与中国特色的问题一样，将是一项长期存在的哲学命题，需要建筑的内部与外部的不断协调、改良与完善。且不论表明我国城市建筑物抗震安全技术标准的《建筑抗震设计规范》及《建筑工程抗震设防分类标准》等与日本的《建筑标准法》有多少数字上的差距，仅就农村建筑物依然游离于

---

① 震后，国家组织了专家队伍限定地区对部分倒塌建筑物的倒塌原因进行了基础性调查，对部分没有倒塌的建筑物的安全性能进行了专业鉴定，其部分调查和鉴定结果也都以专家意见、学术成果的方式发表了（如，《建筑结构学报》2008年第4期、《结构工程师》第24卷第3期等都有汶川震害调查专题系列发表），但离全面把握灾区建筑物的安全状态，制定全面具体的恢复重建规划和实施计划，还有很多工作要做。

《建筑法》之外这一点，就可以推定，无设计图纸，无专业施工，由农民包工队建设房屋的现状不改变，农村危险建筑物的建设依然会不绝于后。此外，农村建筑物建设规范的长期缺失，也将直接导致农村的城镇化建设、城市化道路进程中建筑固体废弃物垃圾的大量堆积。而取消建筑标准上的城市、农村差别待遇，按照建筑结构类别制定全国统一的民用建筑标准，同时，制定高于一般国家标准的学校、医院、住宅等公共建筑物的特殊安全建筑标准，也是我国《建筑法》保护全体公民生命财产安全的终极目标所在。

但是，从根本上提高建筑物的抗震防灾安全性能，还须从列入国土计划中的建筑规划入手，全程把握从建筑规划到竣工验收一系列（建筑规划→勘察、设计→施工许可→施工→监理→竣工验收）建筑生产全过程的质量安全控制。而确保质量安全的制度体系（包括道德体系、程序体系）建设，对处于社会主义市场经济初级阶段的我国来说，将是一项长期而艰巨的任务。

参考文献

〔日〕宇佐美龙夫：《新编日本地震受害总览》，东京大学出版会，1996。

〔日〕室崎益辉：《大震灾之后》，岩波书店，1998。

〔日〕自治省消防厅灾害对策本部：《阪神、淡路大震灾》，1999 年 12 月 27 日、2000 年 1 月 12 日。

〔日〕神户防灾技术者会编辑发行《传承阪神、淡路大震灾——我们所学到的》，2008 年 1 月。

〔日〕文部科学省发布的各年度《公立中小学校设施抗震整修状况调查结果》。

日本における建築物の耐震・防災措置に 関する新たな動向

陳桐花

要　旨：本報告では、日本国の小中学校の教育施設に関する耐震性検査、整修計画の実施を例として、建築物の耐震防災に関する法システムの中に、おもに『建築基準法』、『地震防災対策特別措置法』および『建築物の耐震整修の促進に関する法律』の改正の背景、および新たに実施された改正内容について、紹介しながら、これらの法的改正内容は、日本国の耐震検査、整修計画の実施プロセスにおいて、如何なる点で問題解決に役に立つか、中国ぶん川地震による被害地域の建築物に関する耐震防災復興政策の制定にどのような示唆を与えうるか、さらに、中日両国の建築物に関する耐震防災建設に与える影響を分析した。

キーワード：建築物　耐震性　防災　整修　安全性

"毒饺子事件"与食品安全问题

胡欣欣[*]

摘　要：食品安全保障是世界各国共同面临的严肃课题。本文由三个部分组成：一是讲述 2008 年 1 月下旬因日本消费者食用中国进口冷冻饺子而发生的农药中毒事件（即所谓"毒饺子事件"）的经过；二是介绍·2000 年雪印乳品食物中毒事件的概况；三是通过对这两起食品安全事件的比较，分析其背后存在的一系列相关问题，如 2000 年以来日本食品安全保障制度的进步、中日食品贸易与食品安全问题以及中日关系的大背景等。

关键词：毒饺子事件　雪印事件　食品贸易　食品安全

2008 年 1 月下旬，日本发生了一起因消费者食用中国进口冷冻饺子而发生农药中毒的事件，在日本国内引起一系列连锁反应和声讨中国产进口食品的风波，使中日食品贸易受到严重影响。这起被日本媒体称为"毒饺子事件"的食品安全事件，使人联想到 21 世纪日本发生的另一起重大食品安全事件——2000 年的雪印乳品食物中毒事件。通过对 2008 年"毒饺子事件"与 2000 年雪印乳品食物中毒事件的比较分析，可看出这八年时间里围绕食品安全问题日本发生了不小的变化。本文试图从这一角度进行初步探讨。

一　2008 年"毒饺子事件"

（一）事件经过

2008 年 1 月 30 日下午，日本厚生省向中国有关部门通报，称日本发生消费

---

* 胡欣欣，经济学博士，中国社会科学院日本研究所经济研究室研究员，研究专业为日本经济，研究方向为日本产业与中日产业比较。

者食物中毒事件，疑为食用了被农药甲胺磷污染的中国出口速冻水饺。据通报，饺子的生产商是河北食品进出口集团天洋食品厂，进口商为日本烟草公司旗下的JT食品公司。

当日下午4时左右开始，日本各主要媒体陆续报道这起农药中毒事件。下午5时，JT食品公司召开新闻发布会，就这起食物中毒事件进行说明。此后，日本媒体陆续"曝光"各地发现的农药饺子相关事件。

这起食物中毒事件的受害者最终确定为10人。2007年12月28日，千叶县稻毛区2人在食用中国产冷冻饺子后发生呕吐等症状，其中1人住院治疗，事发时已出院。警方于2008年1月25日认定这是一起中毒事件。2008年1月5日，兵库县高砂市3人因食用中国产冷冻饺子发生健康受害问题。这3人住院治疗后，至1月25日为止均已恢复健康。警方于1月6日认定这是一起中毒事件。2008年1月22日，千叶县市川市5人在食用中国产冷冻饺子时出现呕吐等中毒症状，5人均住院治疗，其中1人（5岁女童）一度情况危急，4人情况严重。此后4人症状均已好转，于2月15日出院。2月6日主治医生宣布，一度出现危急症状的患者亦出现好转，此患者后于2月16日出院。警方于1月23日认定这是一起中毒事件。

按照被发现的时间顺序，沾有农药的食品共有如下6批。

（1）2007年10月和11月福岛县和宫城县生活协同组合发现生产日期为2007年6月3日、名称为"手工饺子"的产品有异味，经检测发现包装袋黏附有敌敌畏成分。2008年2月5日，日本生活协同组合联合会正式向社会公布此事，2月8日经福岛县警方鉴定，确认这些饺子中混入了敌敌畏成分。

（2）2007年12月27日大阪枚方某零售店发现饺子包装外侧有黏状液体并发出怪味，对饺子进行了退货处理。2月7日兵库县警宣布，从回收的这批饺子中，检测出六袋外包装上沾有甲胺磷成分，其中一袋从包装袋内侧和饺子皮上也检测到杀虫剂成分，包装袋表面有1.5毫米的破损。这些饺子是天洋食品加工厂2007年10月1日生产的，名称为"中华一口饺子"。2月7日，兵库县警方宣布在另两包同批回收的饺子包装袋外部发现甲胺磷成分，其中一包包装袋内侧也检测出甲胺磷成分。

（3）前述千叶市食物中毒者12月28日食用的饺子检测出甲胺磷成分，生产日期为2007年10月20日，名称为"手工饺子"。

（4）前述兵库县高砂市食物中毒者2008年1月5日食用的饺子检测出甲胺

磷成分。包装袋有破损。生产日期为 2007 年 10 月 1 日，名称为"中华一口饺子"。与大阪的退货饺子属于同一批。

（5）前述千叶县市川市食物中毒者 1 月 22 口食用的饺子检测出甲胺磷成分。生产日期为 2007 年 10 月 20 日，名称为"手工饺子"。

（6）兵库县警方宣布，通过对高砂市发生中毒事件后回收的同日同批生产的同一品种饺子进行检测，又发现有 39 袋饺子的包装袋外侧沾有甲胺磷成分，其中一袋内侧也检测出甲胺磷成分，但发现这个包装袋有微小破损。

上述先后六次发现沾有农药的饺子总共有三批，即生产日期为 2007 年 6 月 3 日的沾有敌敌畏成分的"手工饺子"，生产日期为 2007 年 10 月 1 日的沾有甲胺磷成分的"中华一口饺子"以及生产日期为 2007 年 10 月 20 日的沾有甲胺磷成分的"手工饺子"。日本媒体分析说，几处地方发现的有毒饺子，都是在中国的生产厂家包装后装到纸箱子里，在该厂冷冻仓库保管几天后就装入集装箱运到日本。从集装箱取出的纸箱子在密封状态下直接运到各企业的仓库，再运到各个零售店。因此，几处毒饺子的"接点"只有中国国内。因此，很可能是生产过程或包装过程（把饺子装到塑料袋里或把塑料袋装到纸箱子里时）下的毒。

（二）事件影响与日本国内各方的应对

事发之后，JT 公司立即回收了所有来自天洋食品厂的进口食品，并许诺将对回收的食品进行检测。1 月 30 日晚至 31 日一整天，日本各大报纸、广播和电视台对这起农药中毒事件的报道形成了舆论轰炸。多家电视台的新闻都离不开"毒饺子"这一恐怖字眼。某些媒体如《产经新闻》等，还使用了"杀人未遂罪"等用语。在事件原因尚未查明的情况下，日本媒体众口一词地推断，剧毒农药是中国国内的食品加工厂混入的。《产经新闻》等媒体更是直接将"毒饺子"事件与中国主办奥运会的事情联系起来，向读者暗示抵制奥运的可能。

1 月 30 日事发当天，日本政府各有关省厅立即启动应急措施。内阁官房和内阁府连夜召开相关省厅局长会议。食品安全委员会在其官方网站链接了各相关政府机构和关系企业的信息发布网页，并随时更新，同时提供有关甲胺磷的相关知识信息。警察厅于当天下午 4 时发布了防止受害者队伍扩大的通报，并由刑事局搜查一课向全国各地方政府警察当局发出书面通知，指示其发现同样情况时必须在第一时间向警察厅报告。文部科学省、厚生劳动省及农林水产省等政府机构分别在其责任范围内采取了应急措施。

1月31日，日本内阁府召开相关阁僚会议及相关省厅第二次联席会议。阁僚会议就防止进一步受害、查明事件原因以及防止今后发生此类事件等事项进行讨论。同日，内阁府国民生活局对各地方政府实施有关冷冻饺子受害的紧急调查，并委托各地政府向消费者积极提供包括事件概要以及生产者、商品目录等的必要信息；厚生劳动省公布了进口商名单，要求其终止来自天洋食品厂的其他冷冻食品的进口，向社会公布各地方政府的咨询窗口相关知识，并将事件通报给日本医师会和世界卫生组织。农林水产省向各地农政局长发出指示，令其对各地零售店铺实施紧急巡回检查，同时指示日本冷冻食品协会等相关业界团体设置面向消费者的咨询窗口，公布必要信息。文部科学省要求学校配餐停止使用天洋食品厂的所有产品。内阁府连日召开关系省厅联席会议讨论对策，各相关政府机构不断更新所掌握的最新信息，发布事件调查及商品检测结果。2月4日，内阁府国民生活局企划课长率日方调查组前往中国开展实地调查。警察厅2月5日召开搜查会议并决定动员全国警力进行搜查，同日设立兵库县、千叶县杀人未遂事件联合搜查本部。2008年2月整整一个月期间，内阁府官方网站每天发布有关事态进展的公报，此后仍以不同频度发布公报，直至同年10月31日。

在"毒饺子事件"的影响下，日本民众中产生了一种中国食品恐惧症。日本媒体报道称，事发后不久，各地的保健所不断接到消费者表示担心的电话，进口商则接到大量的抗议电话。对中国食品的不信任感覆盖了整个日本列岛。日本媒体不断报道各地消费者出现"中毒"症状。根据内阁府公布的信息，自1月30日起，日本各地被疑中毒者高达5915人，但除最初发现的10名中毒者外，其余疑案均被否定与有机磷中毒有关。这些"患者"的症状或是与甲胺磷中毒的症状不符，或是根本没有食用过这种从中国进口的食品。

事件进展过程中，除食品进出口公司全部回收已配送到零售店的中国冷冻食品外，各个商店都匆忙宣布将中国冷冻食品下架。各大餐馆和连锁店宣称已不采用中国冷冻食品。所有学校都声称学校伙食禁止中国冷冻食品。厂家、商家纷纷表态，与中国食品划清界限。据不完全统计，"毒饺子事件"发生后"主动回收"天洋食品厂生产的冷冻食品的日本食品进口商，除发现问题饺子的JT食品公司和生活协同组合外，还有日本味之素冷冻食品公司、加卜吉（于2008年1月与JT食品公司合并）、双日食料等十几家公司，回收的冷冻食品除冷冻水饺外，还包括冷冻包子、盖浇饭等数十个品种，所涉及的零售店更是不计其数。

在日本国内，对于"饺子"中的农药究竟如何混入，一时间出现了种种猜测（除日本国内舆论占上风的"中国国内混入说"外，还出现了"股市操纵说"、"日本国内竞争对手阴谋说"、"外国间谍破坏说"等各种传闻）。2月21日，日本警察厅长官吉村博人在新闻发布会上向媒体表示，投毒发生在日本境内的可能性很低，或者说微乎其微。日本各大媒体对警方的这一结论立即进行了轰炸性报道。

"毒饺子事件"发生后，虽然中日两国有识之士都表示，希望这次事件不要引发日本舆论对中国的新一轮攻击，但日本媒体对"毒饺子事件"的大肆渲染，仍给日本国内右翼分子破坏中日友好提供了借口，加深了日本国民对中国的误解，也加大了中日两国国民相互间的不信任。

受"毒饺子事件"的影响，中国对日本食品出口急剧减少。根据中国海关统计，饺子等"包馅面食"类商品出口自2008年2月起出现大幅度下降（见图1）。多年来一直占据中国包馅面食出口首位的对日出口，3月的单月出口量首次落到香港和美国之后而居第三位，出口额也落到香港之后位居第二。4月之后出口虽出现一定回升，但至2009年2月为止，仍未恢复到2008年1月的水平。2008年全年包馅面食对日出口量比2007年减少了53.6%，出口额减少了49%。

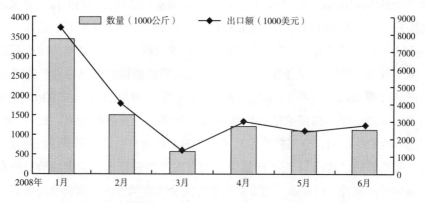

图1　中国包馅面食（HS编码19022000）对日出口的变化

资料来源：中国海关统计（海关综合信息网，http：//www.haiguan.info/）。

"毒饺子事件"所造成的恶劣影响，不仅影响到包馅面食等冷冻食品的出口，也影响到其他农产品的对日出口。中国对日本的蔬菜出口一时也出现了急剧减少的现象。根据中国海关统计数据，2008年2月中国对日蔬菜出口数量和金额分别比1月减少27.8%和33.5%，2月、3月对日蔬菜出口无论数量还是金额都比2007年同期减少了27%以上。

"毒饺子事件"使经营中国产冷冻食品的日本企业受到不同程度的打击。根据旗下拥有 JT 食品和加卜吉两家涉案企业的日本烟草公司发布的财务报告，公司食品事业的收益状况在 2008 年 2 月、3 月严重下滑，2008 年度第一季度（4 月 1 日至 6 月 30 日）出现 27 亿日元营业亏损。受到更严重影响的则是石家庄天洋食品厂，由于这起食品安全事件，全体员工通过十几年努力建立的良好信誉毁于一旦。自 2008 年 2 月初发生食品安全事件之后，该厂就再也没能恢复生产，1000 余名工人因此失去工作。

据日本媒体报道，"毒饺子事件"的影响一时间甚至还波及日本各地中华街的餐饮店、日本国内的饺子店以及其他冷冻食品等本来与进口食品无关的领域。

（三）中方的应对

2008 年 1 月 30 日下午，日本厚生劳动省通过中国驻日使馆向中国国家质检总局通报了这起食物中毒事件。接到日本方面的通报以后，中方迅速做出反应。质检总局立即与日本厚生劳动省等相关部门联系，了解具体情况，并表示了对日本消费者身体健康情况的关切，希望他们早日康复。质检总局当天派出专家组赴河北展开调查。对天洋食品厂的原料进厂、生产加工、包装、贮存、运输、出口等各个环节进行了核查，查看该企业的录像监控资料，调阅企业有关生产记录。

从 1 月 30 日事发当天下午开始，河北出入境检验检疫局迅速对日方通报的两批产品（即 2007 年 10 月 1 日生产的 13 克规格和 10 月 20 日生产的 14 克规格的猪肉白菜馅水饺）的厂家留存样品进行了取样，连夜进行检测。此后，又扩大了抽样检测的范围，分别在 1 月 31 日、2 月 1 日对与引发中毒事件的两批货物生产日期相邻的、共计 11 天的产品留样和召回产品进行检测扩大抽检。所有样品检测均显示未检出甲胺磷。出于对消费者安全负责的考虑，质检总局责成天洋食品厂停止生产和销售，对其在日本的产品和正运往日本途中的产品予以召回。质检总局还表示，中方将派专家赴日本，同日方共同合作查清问题，并希望日方提供涉案产品的相关信息。

2 月 3 日，由国家质检总局和商务部组成的中方调查小组到达成田机场。同日下午中日双方进行了事务级磋商，通报中方调查的进展，配合日方开展调查。

2 月 5 日，由日方四名官员组成的日本政府调查组抵达北京，同中国质检总局官员会面。国家质检总局，河北省政府接待并积极安排日本政府派出的调查团前往天洋食品厂调查。为日方调查团在华工作提供了所有能够提供的资料，尽可能安排日方需要调查的地点和设施。

为确保检测结果的准确客观，除河北检验检疫部门组织检测以外，国家质检总局调查组同时委托中国权威检测研究机构之一——中国检验检疫科学研究院再次对相关饺子样品进行了检测。检测结果为未检出甲胺磷。

2月8日，公安部召开专门会议研究调查工作，要求公安机关立即开展调查，查清事实真相，拿出负责任的调查结论。2月9日，公安部成立由刑侦局余新民副局长、首席刑侦专家乌国庆等侦查、毒化、痕迹专家组成的工作组赴石家庄市，河北省公安机关迅速调集近百名民警开展调查。

2月12日，国家质检总局副局长魏传忠与有关人员，再次赴河北对天洋食品厂各环节进行了调查。得出的结论是，该企业管理规范，相关资料齐全，各个环节都没有异常。2月13日，魏传忠表示，根据中日双方已有的调查结果初步判断，日本饺子中毒事件不是一起因农药残留问题引起的食品安全事件，而是一起个案。中方建议中日双方尽快成立联合调查组，在各个可能的环节进行彻底调查，及时查清事实真相。

为查明事实真相，2月20日，公安部派出由刑侦局余新民副局长率领的10人工作组前往日本，与日警方磋商交流。

2008年2月28日上午10时，中国国务院新闻办公室召开新闻发布会，邀请参与调查日本饺子中毒事件的国家质检总局和公安部有关负责人，介绍中方最新的调查进展情况。新闻发布会上，国家质检总局副局长魏传忠首先介绍了对事件涉及的河北石家庄天洋食品厂的调查结果：第一，该企业的有关产品，包括质检总局工作组从日方带回来的样品，均没有检出甲胺磷；第二，该企业管理规范，各个生产加工环节没有发现任何异常。因此，这次饺子中毒事件应认为是一起人为作案的个案。余新民随后介绍了警方的调查经过和结果，提出了中国警方的初步判断，即这不是一起因农药残留问题引起的食品安全事件，而是人为的个案，并表示甲胺磷投放发生在中国境内的可能性极小。

2008年5月，中国国家主席胡锦涛访日期间，明确表示中国公安部门将配合日方尽快查明事实真相，并希望事件得到圆满解决。

二 由"毒饺子事件"追溯当年雪印乳品中毒事件

日本第二次世界大战后曾发生过多起重大食品安全事件。如1955年的森永毒奶事件、1968 年的米糠油中毒事件、1990 年和 1996 年的三起 O157 事件等。2000 年 6～7 月，以日本近畿地区为中心，发生了因饮用雪印乳业公司生产的牛奶而导致的大规模食物中毒事件。受害者约 14780 人，一位 84 岁妇女因抢救无效而死亡。这便是战后日本历史上最大规模的食物中毒事件之———雪印乳品集体食物中毒事件。

（一）事件经过

2000 年 6 月 26 日晚，和歌山县那珂町三位儿童饮用雪印牌低脂牛奶后发生严重呕吐现象。次日上午 11 点半左右，孩子家长就此事向雪印乳业客服电话投诉。

6 月 28 日，大阪市保健所接到该市某医院发现因饮用雪印低脂牛奶发生食物中毒的报告，随即派人到雪印公司大阪工厂进行调查。同日，大阪市以传真方式向厚生劳动省通告发生食物中毒的信息。次日下午 4 点，大阪市向外界公布此消息。大阪市和厚生省向雪印公司做出自主回收产品的指令。

6 月 30 日，和歌山市卫生研究所从患者剩余的雪印牛奶中检测出含有毒素的黄色葡萄球菌。同日，厚生省派主管官员到大阪，召开相关地方政府联席会议。次日，厚生省和大阪市官员联合对大阪工厂进行调查。

7 月 2 日，大阪府立公众卫生研究所从患者剩余乳品中检测出含有甲型毒素的黄色葡萄球菌。大阪市勒令雪印公司大阪工厂停业。大阪府警察本部以涉嫌业务过失罪对大阪工厂进行搜查。

8 月 18 日，大阪市发布大阪府警方从制造问题产品的部分原料用脱脂奶粉中发现含有毒素的黄色葡萄球菌的消息，并委托北海道对向大阪工厂提供原料奶粉的北海道雪印工厂展开调查。

8 月 19～20 日，北海道对雪印公司大树工厂进行检查。同月 23 日发表了调查结果：①3 月 31 日该厂曾发生停电事故，造成原乳在生产过程中长时间滞留；②从 4 月 1 日生产的脱脂奶粉中检测出黄色葡萄球菌；③4 月 1 日生产的部分脱脂奶粉在 4 月 10 日生产的脱脂奶粉中被再次利用，从 4 月 10 日生产的奶粉中也检测出黄色葡萄球菌。北海道根据《食品卫生法》对大树工厂发出停业令，并责令其回收所有问题产品。

8 月 23 日，厚生劳动省接受大树工厂提交的改善计划书，经过审查，于 10 月 13 日解除了对该厂的停业令。10 月 14 日该工厂重新开始生产。

（二）有关雪印事件的各方应对

厚生劳动省6月29日接到大阪市报告后，当天向雪印公司做出公布事实及回收产品的指示，同时在官方网站公布发生食物中毒事件的信息。30日派官员前往大阪市了解情况并召开相关地区联席会议。7月1日与大阪市协同对雪印公司大阪工厂进行检查。7月2日将大阪府和大阪市汇报的信息向各地政府通报。7月3日向各地方政府发出对当地乳品生产设施进行紧急检查的通知，通知乳业行业团体加强对各地乳品企业的指导。

各地方政府于7月初根据厚生劳动省指示对本地乳品生产设施进行检查。

7月6日，农林水产省设立由畜产局和食品流通局官员组成的"雪印乳业食物中毒问题对策本部"。把握原料乳流通状况，就乳品厂卫生管理及危机管理等问题进行指导。同日就生乳生产和调配等事宜向生产厂家和生产者团体发出通知。

厚生劳动省于7月7日正式设立以生活卫生局长为本部长的"雪印乳业食物中毒事故对策本部"。对策本部在7月10日至12月25日期间先后召开五次正式会议，商讨相关对策。厚生劳动省多次派人前往事故现场进行调查。

7月13日，召开厚生劳动省、农林水产两省局长级信息交换会议。

作为食品安全主管部门，厚生劳动省于7月19日至30日对雪印公司在各地的20处乳品处理设施进行调查。8月28日至12月20日，厚生劳动省与大阪市先后三次联合召开由国家科研机构和大学教授组成的专家会议，对事件进行仔细调查分析。9月29日，厚生劳动省发布关于乳品处理设施检查结果的最终总结和雪印乳业食物中毒事件的中间报告。12月22日召开新闻发布会，通报厚生劳动省、大阪市联合专家会议提交的最终调查结果，25日发表近2万字的最终报告全文。

事件曝光后消费者不再购买雪印产品。7月11日，伊藤洋华堂、西友、大荣等主要连锁超市以及7-11、全家、罗森等连锁便利店纷纷宣布将雪印产品全部撤下。全国农业协同组合中央会、全国农业协同组合联合会、全国酪农业协同组合联合会、全国共济生活组合联合会、农林中央金融公库、中央酪农会议等六个团体于7月7日设立了雪印乳业问题全国团体对策本部。工会、生活协同组合以及大阪市民保卫保健所之会等市民团体，纷纷向有关部门要求妥善解决问题，加强防范体制，防止类似事件再度发生。

三　进一步的分析

（一）关于两起食物中毒事件的初步比较

同为食物中毒事件，雪印事件主要是由于乳业公司使用了变质原奶，责任者被认定负有业务过失责任。而"毒饺子事件"则被初步认定为一起人为破坏事件。两起事件都给消费者身体健康带来了严重损害，但从受害范围和严重程度来看，"毒饺子事件"涉及 3 个家庭共 10 人，患者在几周内均已恢复健康。而雪印牛奶中毒事件患者近 14800 人，死亡 1 人。相比之下，显然是雪印事件更为严重。

就政府的应急措施来看，两个事件都存在因政府采取措施不够及时而受到社会批评的情况。就雪印事件而言，虽然在第一名患者出现后的第三天就采取了回收大阪工厂产品的措施，但由于没有查明其源头北海道大树工厂，这导致北海道工厂生产的问题原料奶粉在此后一个多月的时间里未能及时回收。就"毒饺子事件"来看，由于某些原因，从第一批患者出现至事件公布于众，花费了大约一个月的时间。为此日本政府受到严厉追究。当时的福田康夫首相曾在国会答辩中向广大国民道歉。①

从政府部门的应对力度来看，雪印事件曝光后，最初主要由大阪市等地方政府有关部门出面应对，厚生劳动省、农林水产省等中央官厅设立对策本部都是在事发一个多星期之后。而"毒饺子事件"曝光后立即引起内阁府和食品安全委员会、内阁府国民生活局以及农林水产省、厚生劳动省、文部科学省等中央政府部门的高度重视，各有关部门均在第一时间采取了应急措施。雪印事件起初只回收了大阪工厂的产品，并没有回收和停止销售雪印乳品公司的全部产品。而"毒饺子事件"发生之后，天洋食品厂生产的全部食品在事发第二天均被要求停止销售。

从社会反应和民众关注程度来看，虽然冷冻饺子在日本并非像牛奶那样贴近居民日常生活，但整个社会对"毒饺子事件"的关注程度与雪印事件相比却有过之而无不及。从国会讨论的情况来看，雪印事件发生后，在 2000 年 7 月 19 日召开的众议院农林委员会上，自民党议员首先向农林水产省、厚生劳动省和文部科学省提出质疑，此后至 2001 年 5 月末，在第 149 届至第 151 届国会上，共有

---

① 关于发言的详细内容可查询日本国会讨论检索系统，http：//kokkai. ndl. go. jp/。

39 次会议发言涉及雪印事件。与此相比，国会议员对"毒饺子事件"的追究显然有所升级，在 2008 年 1 月 31 日至 2008 年 12 月 31 日的 169、170 届国会上，涉及中国进口饺子的发言达 105 次之多。雪印事件发生之后，虽有部分消费者将怀疑对象扩大到整个乳制品，但广大民众的抵制对象主要限定于雪印品牌，乳制品消费总体上并未受到影响。而"毒饺子事件"发生之后，不仅天洋食品厂的冷冻饺子及其他所有产品都受到怀疑，而且怀疑对象几乎扩大到全部中国进口食品，甚至中国整个国家的形象都受到一定影响。可以说，日本民众对"毒饺子事件"的反应要比雪印事件强烈得多。

（二）背景分析

1. 日本的食品安全保障制度

2000 年雪印事件的发生，引起整个日本社会对食品安全问题的极大关注，日本各界对发生恶性食品安全事件的原因进行了追究。各社会团体、在野党和媒体等纷纷从各个角度追究政府责任并提出自己的分析意见和改善主张，促使政府完善食品安全监控保障制度。2002 年 6 月，有关食品安全行政的阁僚会议决定引进食品安全的风险管理体制，设立直属于内阁府的食品安全委员会，同时制定新的《食品安全基本法》。2003 年 5 月《食品安全基本法》正式出台。该法旨在确立消费者至上、科学的风险评估和"从农场到餐桌全程监控"的全新食品安全理念，立足防患于未然，加强对食品安全事故的风险管理，明确国家、地方政府和食品相关企业对食品安全所应承担的责任以及消费者的作用。随着《食品安全基本法》的制定，食品安全委员会于 2003 年 7 月正式成立。根据新的形势需要，日本对《食品卫生法》及其《实施细则》也进行了修改。对法律目的的提法由以往的"确保食品卫生"改为"确保食品安全"，追加了有关国家、地方政府及食品相关企业食品安全责任的条款。

通过上述努力，日本成为世界上食品安全保障体系最完善、监管措施最严格的国家之一。"毒饺子事件"曝光之后，整套食品安全监控系统和应急体制立即启动，防止事态进一步扩大，对嫌疑对象进行彻底清除和排查。日本政府对上述两个事件应对力度的不同，可以说，在一定程度上体现了近八年来日本在食品安全保障方面取得的进步。

2. 食品进口与食品安全

由于国土狭小、劳动力昂贵等原因，战后日本的食品自给率一直不高，近年来，随着经济全球化的进展，又出现进一步下降。根据农林水产省公布的数据，以日本综合热量计算的食品自给率，1980 年为 53%，1990 年下降到 48%，2007 年仅为 40% 左右。2007 年，日本蔬菜、水果和肉类的自给率分别为 81%、41% 和 56%，大豆的自给率仅有 5%。

中国作为日本的近邻和劳动力大国，是日本最重要的食品供应基地。根据中国海关统计，2006 年对日出口在中国全部蔬菜出口额所占的比重为 28.9%，在面食产品（HS 编码 1902）出口总额中所占的比重高达 35.6%。而根据农林水产省发布的《农业白皮书》，在 2006 年和 2007 年，中国进口蔬菜在日本全部蔬菜进口量中所占比重分别为 63.6% 和 62.6%。[①] 根据日本冷冻食品协会 2008 年 1～3 月的调查，在协会所属会员企业中，从事冷冻食品进口贸易的企业约有 31 家，其中 26 家由中国进口冷冻食品，来自中国的进口在冷冻食品进口量和进口额中分别占 66.5% 和 62.0% 的比重。[②]

中国食品在日本市场确立的优势，不仅是由于其成本和售价大大低于日本国内产品，也是由于其相对优异的产品质量。根据日本厚生劳动省发布的进口食品监控数据，2006 年抽检中国进口食品的不合格率低于 0.6%，2007 年仅为 0.4%。[③] 应该说，这是中国农民和食品加工企业员工辛勤劳动的结果，也是与众多日本食品进口企业常年坚持在现场指导生产，为使中国出口的食品达到日本严格的检验标准所花费的巨大努力分不开的。根据日本农林水产省调查，2007 年，日本食品企业在中国设立的当地法人约 284 家，占日本食品企业海外法人的 58% 以上。[④] 据中国商务部负责人 2008 年 3 月 12 日在新闻发布会上介绍，中国出口到日本的食品中，大约有 47% 是由日本在华投资企业生产并出口的。[⑤]

发生中毒事件的天洋食品厂也是在日本食品进口企业的指导下成长起来的。天洋食品厂早在 1994 年 8 月就取得了中国出口食品生产加工企业卫生注册资格，

---

① 〔日〕2008 年《农林水产白皮书》，http：//www.maff.go.jp/j/wpaper/w_maff/h19/pdf/t_all.pdf，关于日本农林水产品进口以及中国的份额，具体数据可查询农林水产省网页，http：//www.maff.go.jp/www/info/bunrui/bun07.html#nen1。

② http：//www.reishokukyo.or.jp/about-ff/report/import.html.

③ 2006 年进口食品监控数据可参见，http：//www.mhlw.go.jp/topics/yunyu/dl/tp0130-1j.pdf；2007 年数据可参见：http：//www.mhlw.go.jp/topics/yunyu/dl/tp0130-1am03.pdf.

④ 〔日〕农林水产省：《海外进出企业调查》，http：//www.maff.go.jp/toukei/sokuhou/data/kaigai2008/kaigai2008.pdf.

⑤ 详见国务院新闻办公室官方网站，http：//www.scio.gov.cn/syyw/ejtt/200803/t153079.htm.

专门生产对日本出口的饺子、四角包等热加工食品。该厂十多年来对日出口产品质量稳定，在日本有关部门的例行注册现场检查中历年都合格。

然而，尽管在农产品、食品贸易领域中日间存在如此紧密的关系，日本却一直没有消除对中国食品的不信任感。日本对中国食品进口的苛刻限制由来已久。根据日本厚生劳动省进口食品监控报告，2007 年日本进口食品监控部门对中国进口食品的抽检率高达 17.2%，不仅远高于对欧洲（3.8%）、南美洲（6.7%）、北美洲（9.0%）进口食品的抽检率，也高于对非洲（14.9%）和全部亚洲进口食品的抽检率（16.6%）。

以上述情况为背景，在日本民众之间，"国产食品档次高令人放心，中国进口食品档次低不安全"的观念根深蒂固。雪印事件并未破坏日本乳品企业和国产乳制品在日本民众中的形象，而"毒饺子事件"的影响却远远超过冷冻饺子本身，几乎殃及全部中国进口食品。中日食品贸易的实际状态与民众主观认识的不平衡，可以说是造成上述差异的重要原因。

3. 中日关系大环境

从中日关系的大环境来看，进入 21 世纪以来中日之间多年持续的"政冷"局面，已经逐渐影响到两国经贸关系，虽然 2007 年以后通过两国政府和有识之士的共同努力抑制了关系恶化，但不利于发展中日友好关系的气氛仍未得到彻底扭转，相互间的不信任感根深蒂固。特别是日本国内某些右翼势力对中日关系改善心怀不满，"毒饺子事件"的发生正好使其抓住可乘之机大做文章，推波助澜，发挥出不可小视的"能量"。为迎合这种总体气氛，一向以"报忧不报喜"为己任的日本媒体对事件的报道"毒"字当头，大肆渲染，炒作范围远远超出冷冻食品范围，某些媒体甚至把矛头指向整个中国。日本民众对"毒饺子事件"的过激反应，应该说与某些媒体不负责任的"舆论轰炸"不无关系。

四　结语

食品安全问题关系到人民生命安全和身体健康。尽管日本在进入 21 世纪以后强化了食品安全监控体制，但从对"毒饺子事件"的反应速度来看，仍有较长时间延迟。在"毒饺子事件"发生之后，日本又发生了"毒大米事件"，中国则发生了骇人听闻的"三聚氰胺毒牛奶事件"。可以说，食品安全保障是世界各国共同面临的严肃课题。

客观地讲，与日本相比，目前中国的食品安全保障体制在检测标准、信息公开、监控的严密性、查处力度和执法的严格性等方面还存在很大差距。"毒饺子事件"也折射出我国在食品安全方面存在的某些缺陷。如食品生产、流通的"内外有别"体制导致对出口产品要求严，对内销产品要求松的现象；对禁止使用的剧毒农药等查处不彻底；等等。近年来，我国国内食品安全事件频发，日本右翼势力正是抓住这些把柄煽风点火，企图搞臭中国食品的声誉，增强日本民众对中国食品的不信任感。从这个角度讲，健全中国国内的食品安全体制，强化监控管理，加大查处力度，无论从保护我国人民生命安全和身体健康的角度来看，还是从保护中国食品的国际声誉，维持中国食品国际竞争力的角度来看，都是十分必要的。另外，应该承认，在对"毒饺子事件"的处理上，我国的应对也确实存在一些问题。例如，与日本方面对来自同一食品公司的相关产品逐一检测、排查的做法相比，我国的质检部门只抽检了部分相关样品；现场记者见面会由政府相关部门和天洋食品厂负责人同时出席并发言，给人以政府充当企业"挡箭牌"的印象。在相关信息的公开方面也有欠缺。在此后的"毒牛奶事件"中，类似问题体现得更加突出。吸取"毒饺子事件"等食品安全事件的经验教训，加强和改善食品安全体制，无疑是我国需要进一步努力的课题。对于上述课题，日本在雪印等事件发生后"亡羊补牢"，建立健全食品安全监控体制和相关应急体制的做法和经验，值得我们学习借鉴。从这个角度讲，加强中日两国在食品安全保障方面的交流与合作，不仅有利于中日食品贸易的顺利发展，也将有助于促进我国自身在食品安全领域的改善。

参考文献

中国海关综合信息网，http：//www. haiguan. info/。

国务院新闻办公室，http：//www. scio. gov. cn/syyw/ejtt/200803/t153079. htm。

日本国会讨论检索系统，http：//kokkai. ndl. go. jp/。

2008 年《农林水产白皮书》，http：//www. maff. go. jp/j/wpaper/w_ maff/h19/pdf/t_ all. pdf。

〔日〕农林水产省，http：//www. maff. go. jp/www/info/bunrui/bun07. html#nen1。

〔日〕农林水产省：《海外进出企业调查》，http：//www. maff. go. jp/toukei/sokuhou/data/kaigai2008/kaigai2008. pdf。

http：//www. mhlw. go. jp/topics/yunyu/dl/tp0130 – 1j. pdf.

http：//www. mhlw. go. jp/topics/yunyu/dl/tp0130 – 1am03. pdf.

「毒ギョウザ事件」と食品安全問題

胡欣欣

　要　旨：食品安全保障問題は世界各国がともに直面している課題である。本稿では2007年1月に発生した「毒ギョウザ事件」と2000年に発生した雪印乳業食品中毒事件について、事件の経過を紹介すると同時に、この二つの事件に関する対応の仕方や社会的反響の違いについて比較し、その背後に存在する食品安全保障体制の問題と食品貿易の課題および中日関係の変化等の背景について、若干の分析を試みる。

　キーワード：毒ギョウザ事件　雪印乳業食中毒事件　食品貿易　食品安全

日本的东亚经济一体化构想及动向

徐 梅*

摘 要：20 世纪 90 年代后期以来，东亚区域经济合作及一体化不断取得进展。日本为了从中获取自身的政治、经济利益，制定和实施了参与区域经济一体化的战略，并于 2006 年 4 月提出"东亚经济伙伴协定构想"。近两年，日本积极宣传这一构想，以赢得有关国家的支持，同时通过缔结双边经济伙伴协定，参与东亚区域经济一体化的进程，推进本国战略。

关键词：东亚经济 一体化 经济伙伴协定 构想

20 世纪 90 年代以来，欧美区域经济一体化快速发展，以 1997 年亚洲金融危机为契机，东亚区域经济合作取得实质性进展。随之，东亚各国和地区纷纷提出有关东亚区域经济合作和一体化的建议及构想。作为该地区经济强国的日本，也制定了参与区域经济合作和一体化的战略，提出关于东亚经济一体化的构想。进入 2008 年，日本一方面继续通过加强双边经贸合作参与和推动本地区的一体化进程，一方面积极宣传和推行其"东亚经济伙伴协定（CEPEA）构想"。

一 日本关于东亚经济一体化构想产生的背景

在区域经济合作方面，东亚一直落后于欧美地区。1990 年，马来西亚总理马哈蒂尔提议创立"东亚经济集团"（1992 年 10 月改称为"东亚经济核心论坛"），这通常被认为是关于东亚经济一体化构想的萌芽。这一设想因招致美国、澳大利亚的不满和反对而未能推行。直到 1997 年，东亚地区只有东盟一个区域一体化组织。

---

* 徐梅，经济学硕士，中国社会科学院日本研究所副研究员，经济研究室副主任，研究专业为日本经济，研究方向为日本对外经济关系等。

（一）促使东亚经济一体化的背景

东亚各国和地区开始努力推进区域经济合作和一体化，并迈出实质性步伐，主要有以下几个方面的原因和背景。

1. 来自欧美区域经济一体化的挑战

经济一体化的形式多种多样，自低至高主要有优惠贸易安排、自由贸易区、关税同盟、共同市场和经济联盟。20 世纪 90 年代以后，区域经济一体化趋势不断加强，多数国家和地区都成为区域贸易协定（RTA）的成员。在欧洲，1993 年欧共体开始向欧洲联盟过渡，1999 年欧元问世，标志着该地区的一体化进入更高层次。在北美，1994 年成立北美自由贸易区，并计划逐步向南扩展。在这种形势下，包括日本在内的东亚国家和地区在一定程度上受到被排斥在欧美市场之外的负面影响。

2. 东亚区域内成员之间的相互依存日益加深

据统计，1990 年，在东亚地区的贸易总额中，区域内成员之间的贸易额所占比重为 28.6%，1995 年上升到 37.0%，到 2007 年升至 38.8%，虽然低于欧盟（65.8%）和北美（41.0%）[①] 的比重，但区域内贸易比重不断提高的势头表明，东亚成员之间的经贸关系越来越密切，存在加强区域经济合作的客观要求。

3. 亚洲金融危机的爆发提供了契机

1997 年，源于泰国的亚洲金融危机爆发，东盟国家深感自身实力不足，迫切需要加强区域经济合作。于是，同年底，由东盟发起召开了东亚领导人非正式会议，共同商谈金融危机对策和东亚区域经济合作等问题，由此形成所谓的"10＋3"（东盟十国加上中国、日本、韩国三国）框架。1999 年 11 月，第三次"10＋3"领导人会议发表《东亚合作联合声明》，将"10＋3"领导人会议机制制度化，并决定成立"东亚展望小组"，研究探讨东亚区域合作和一体化问题，"10＋3"成为东亚各国和地区开展对话与合作的主渠道。

在"10＋3"框架下，2000 年 5 月，东亚国家和地区签署了"清迈协议"[②]，标志着东亚区域经济合作迈出了重要的一步。日本与韩国、泰国、马来西亚、中国、菲律宾等分别签署了货币互换协议。

---

① 〔日〕日本贸易振兴会：《贸易投资白皮书》，2008 年 9 月，第 55 页。
② "清迈协议"是在双边谈判的基础上达成的地区性合作协议，它要求缔约方承诺一定数量的美元等货币，以便在其他国家或地区国际收支出现问题时提供资金上的支持。

（二）日本关于东亚经济一体化构想的提出

2001 年，"东亚展望小组"提出建设"东亚共同体"的长远目标，其中包括建立"东亚自由贸易区"（EAFTA）等内容。该提议在 2002 年召开的"10＋3"领导人会议上获得通过，并委派"10＋3"经济部长会议研究建立"东亚自由贸易区"问题，这意味着东亚各国和地区就确立东亚一体化目标已达成共识，并且经济一体化先行，然后逐步过渡到"东亚共同体"。此后，东亚各国和地区纷纷提出关于区域经济一体化的建议及构想。

2004 年 11 月，第八次"10＋3"领导人会议正式宣布，将建立"东亚共同体"作为东亚区域合作的长远目标，并决定自 2005 年起定期召开"东亚峰会"，吸收澳大利亚、新西兰和印度三国参加。另外，"10＋3"领导人会议还同意就建立"东亚自由贸易区"问题成立专家小组。2005 年 4 月，由中国社会科学院亚洲太平洋研究所所长张蕴岭担任组长，专家小组围绕建立"东亚自由贸易区"问题开始进行共同研究，并于 2006 年 8 月向"10＋3"经济部长会议提交了研究报告。

面对地区形势的发展变化，一直充当东亚地区"领头雁"的日本不可能甘于落后。事实上，早在 20 世纪 60 年代，日本民间就曾提出过建立"泛太平洋组织"、"亚洲经济合作机构"、"太平洋自由贸易区"等设想。[①] 对于 1990 年马哈蒂尔提出的"东亚经济集团"设想，日本因害怕美国反对而采取了消极回避的态度。

进入 21 世纪，随着东亚区域经济合作和一体化的进展，日本开始制定相应对策，实施参与区域经济合作的战略，逐步形成关于东亚经济一体化的构想。2002 年 1 月，日本首相小泉纯一郎访问东盟五国，并在新加坡发表演说，表示日本今后将继续加强与东盟的经济关系，并倡导在东亚建设一个"共同行动、共同前进的共同体"，推进东亚区域经济合作的进程。这次演说也被称为"小泉构想"，它首次提出在"10＋3"框架的基础上，吸收澳大利亚、新西兰为"东亚共同体"的核心成员。

然而，真正突破"10＋3"框架的是 2005 年 12 月"东亚峰会"的召开，特别是印度的崛起。"东亚峰会"在"10＋3"的基础上，吸收了澳大利亚、新西

---

① 陆建人：《从东盟一体化进程看东亚一体化方向》，《当代亚太》2008 年第 1 期。

兰和印度参加。并且，在此次峰会上，印度提议建立"泛亚洲自由贸易区"。

2006年4月，日本经济产业省发表《经济全球化战略》报告，指出日本应积极推动东亚经济一体化，并提出出"10+3+3"①组成的"东亚经济伙伴协定构想"，建议成立"东亚东盟经济研究中心"（ERIA），将其作为建设"东亚版经济合作组织（OECD）体制"的第一步。同年8月，在"10+3"经济部长会议上，日本建议成立专家小组和设立"东亚东盟经济研究中心"，研究其倡导的"东亚经济伙伴协定构想"及区域经济合作等问题。

2007年1月，"10+3"领导人会议通过日本的上述提议，同时也表示支持对"东亚自由贸易区"问题进一步的研究。同年6月，相关国家和地区围绕"东亚经济伙伴协定构想"开始进行民间研究，并在11月召开的第十一次"10+3"领导人会议上汇报了研究的进展情况。2008年8月，专家小组向经济大臣会议提交报告，并计划在第四次"东亚峰会"上提交最终研究报告。

根据日本的官方文件，其"东亚经济伙伴协定构想"的目的是加强东盟与中日韩以及澳大利亚、新西兰、印度相互间的经济合作，促进贸易投资的自由化和便利化，加强制度化建设，通过广泛的合作来促使东亚构筑自由、公平的市场经济秩序。2008年6月正式成立的"东亚东盟经济研究中心"则是与东盟事务局联动的组织，它主要针对人才培养、基础设施建设、环境能源、经济差距等区域内国家和地区面对的课题进行共同研究，并通过"东亚峰会"等场合向各国领导人提供政策性建议，以促进东亚经济的持续发展和一体化建设。

二 日本的"东亚经济伙伴协定构想"及其动向

近两年来，日本积极宣传和推行"东亚经济伙伴协定构想"，主要是出于国家利益的考虑，其构想有着自身的特点。

（一）日本"东亚经济伙伴协定构想"的特点

直到目前，关于建设东亚经济一体化和东亚共同体的框架、具体内容、

---

① "10+3+3"是在"10+3"成员的基础上加上澳大利亚、新西兰和印度三国，也被称为"10+6"。

时间表等问题，各国和地区还没有形成统一的认识，但归纳起来主要有三种构想。

除了前文中提到的"东亚自由贸易区"和"东亚经济伙伴协定构想"外，还有近几年美国倡议的"亚太自由贸易区"（FTAAP）① 构想。2004 年，在智利召开的亚太经合组织（APEC）会议上，加拿大在由工商界代表组成的工商咨询理事会上提出，就建立"亚太自由贸易区"的可行性进行研究。由于一些国家和地区担心"亚太自由贸易区"一旦建立，有可能违背 APEC "开放的地区主义"原则，会改变 APEC 机制，因而持慎重态度。随着东亚"10＋3"合作机制和双边 FTA 的不断进展，美国越来越忧虑在东亚出现一个将其排斥在外的区域贸易集团，于是自 2006 年起开始积极倡导建立"亚太自由贸易区"。2006 年 11 月，APEC 领导人会议发表《河内宣言》，提出将建立"亚太自由贸易区"作为区域经济整合的一个选择而进行共同研究，《河内宣言》在 2007 年 9 月召开的 APEC 领导人会议上获得通过。

与"东亚自由贸易区"和"亚太自由贸易区"构想相比，日本提议的"东亚经济伙伴协定构想"在成员范围、一体化程度等方面都有所不同，主要有以下三个特点：

1. 超越了东亚的地理范围

日本主张在"10＋3"的基础上，吸收在地理范围上不属于东亚的澳大利亚、新西兰和印度为核心成员，这不仅是为其自身经济发展谋取更大的利益空间，而且希望由此在一定程度上消除美国的疑虑，牵制影响力日益扩大的中国，保持和提升自身在本地区的地位。

2. 寻求领域广泛的合作

作为世界第二经济强国，日本的国内市场已十分成熟，货物贸易的自由化程度已达到较高水平，特别是工业制成品关税较低，仅靠货物贸易自由化措施对日本经济的拉动作用比较有限。因此，日本着眼于建立合作内容宽广的区域经济一体化组织。

3. 突出东盟的作用

在与东盟建立自由贸易区问题上，中国走在了日本前面，并且近年来与东盟

---

① "亚太自由贸易区"构想的范围包括："10＋6"成员（除老挝、缅甸、柬埔寨、印度外）、美国、加拿大、墨西哥、中国台湾、中国香港、智利、秘鲁、巴布亚新几内亚、俄罗斯。

的经贸关系发展迅速。为避免在东亚经济一体化过程中陷入被动，日本试图通过强调和凸显东盟的核心地位来拉拢东盟，制衡中国在地区的影响力。

（二）日本"东亚经济伙伴协定构想"的进展和动向

现阶段，日本主要通过缔结 FTA 或经济伙伴协定（EPA），实施对外经济战略，推行其"东亚经济伙伴协定构想"。2002 年以来，日本加快了实施 FTA/EPA[①]战略的步伐，与新加坡、墨西哥、马来西亚、智利、泰国等分别签署了 FTA/EPA，并已相继生效。

进入 2008 年，日本在实施 FTA/EPA 战略方面又取得了明显进展。首先，日本与东盟之间经过两年半的谈判，于 4 月签署了 EPA，该协定已在 12 月生效。其次，日本与印度尼西亚和文莱于 2007 年签署的 EPA 自 7 月开始生效；与菲律宾签署的 EPA 被搁置了两年多后终于在 12 月生效，这是日本签署的第一个涉及劳务市场开放问题的 EPA。临近岁末，日本又与越南签署 EPA，为 2008 年再添新成果。

2008 年 4 月韩国总统李明博上台以后，伴随日韩关系有所改善，日本与韩国中止多年的 EPA 谈判在 6 月恢复磋商，但随后因领土争端等政治因素影响而没有取得进展。

另外，日本与区域外国家间的 FTA/EPA 也取得一些进展。2009 年 2 月，日本与瑞士签署 EPA，至此日本已与 11 个经济体签署了 FTA/EPA，其中有 9 个已生效。根据日本经济财政咨询会议制定的《2008 年经济财政改革基本方针》，日本计划到 2009 年初，至少与 12 个国家或地区缔结 FTA/EPA。目前，日本与海湾合作组织、印度、澳大利亚正在进行 FTA/EPA 谈判。

在加快实施 FTA/EPA 战略的同时，日本还从整个地区的角度出发，充分发挥自身优势，逐步推行其"东亚经济伙伴协定构想"。在《2008 年经济财政改革基本方针》中，日本以其在节能、环保等方面的优势，进一步提出"亚洲经济环境共同体"设想，欲将之作为其"经济全球化战略"的一个环节，以建设"与环境共生发展的亚洲"、"引领经济增长的亚洲"、"开放的亚洲"。

---

① FTA 是指在两个或两个以上的主权国家或单独关税区之间签署的自由贸易协定。随着 FTA 的发展，其内涵已从最初的货物贸易逐步延伸到服务贸易、投资、政府采购、知识产权、标准化、竞争政策、环保、劳工等内容。日本的目标是缔结内容广泛的 FTA，也将之称为"经济伙伴协定"，即 EPA。

三 日本"东亚经济伙伴协定构想"的展望

综上所述，近年来日本积极参与和推动东亚经济一体化进程，并取得了一些进展。但是，要实现"东亚经济伙伴协定构想"，还面临诸多困难和课题。

（一）实现"东亚经济伙伴协定构想"面临的课题

1. 在合作框架上达成共识

与欧美所不同的是，东亚地区的情况较为复杂，区域经济合作起步较晚。并且，在世界经济全球化和 FTA 潮流愈演愈烈的形势下，东亚各国和地区在参与和推动区域经济一体化的初级阶段，普遍采取了区域内与区域外并进的做法，出现"圈中有圈"、交织重叠的 FTA 网络，使合作机制复杂化，给相互协调和整合增添了难度。

至今，东亚各国和地区在区域经济一体化的框架问题上还没有形成共识，这无疑会拖延东亚经济一体化进程。因此，以何种方式、在多大程度上推进一体化，是东亚各国和地区今后面对的一个课题。

2. 减少东亚各国和地区之间的差异

东亚各国和地区之间无论在政治体制、历史文化、价值观方面，还是在经济发展水平方面，都存在明显差异。以 2005 年人均名义 GDP 为例，按照世界银行的统计，东亚地区经济最为发达的日本比该地区经济最为落后的缅甸高出 330 倍，即使东盟内部的新加坡与缅甸人均名义 GDP 也相差 252 倍。相比之下，欧洲的卢森堡与保加利亚人均名义 GDP 的差距为 21.5 倍，北美地区的美国与墨西哥的差距仅为 5.6 倍。[①] 可见，东亚各个经济体之间的经济发展水平相差悬殊，这必然会影响该地区经济合作的广度和深度。

3. 提高东盟自身的实力

亚洲金融危机以后，东盟在东亚区域经济合作和一体化方面一直发挥主导作用。但是，东盟能否长期担此重任，始终受到质疑，如有人认为，东盟的实力有限，并且正在实施内部一体化，在这一进程中还面临内部协调等诸多难题；也有人认为，东盟实施的普惠关税协定和原产地规则使内部成员享有较多优惠，但对

---

① 〔日〕经济产业省：《通商白皮书》，2007 年 7 月，第 231 页。

区外的国家和地区具有一定的封闭性和排他性；东盟中有的国家政局缺乏稳定性。这些因素不利于东盟在区域合作和一体化进程中发挥积极的作用。所以，提高自身实力，加强内部协调，处理好内部一体化与东亚区域一体化之间的关系，是东盟需要面对的现实课题。

4. 加强中日韩之间的合作

东亚要实现经济一体化，中日韩三国之间的合作至关重要。自 2003 年起，就建立自由贸易区问题三国已开展共同研究，但至今没有取得实质性进展。2008 年 9 月以后，随着全球金融危机不断深化，中日韩三国再次感受到加强三国之间以及区域经济合作的必要性，以共同应对危机。12 月 13 日，中日韩首脑签署《三国伙伴关系联合声明》，强调三国"将本着公开、透明、互信、共利、尊重彼此文化差异的原则，以相互补充、相互促进的方式推进东盟与中日韩、东亚峰会、东盟地区论坛和亚太经合组织等更大范围的区域合作"。此次金融危机的爆发和蔓延，为中日韩三国加强合作提供了新的契机，但能否有所突破，还取决于政治外交环境、内外经济形势、领导人的决断等诸多因素。

5. 妥善处理与美国的关系

从地理位置上看，美国远离东亚。但是，美国在东亚地区的地位却举足轻重，在该地区有着传统影响和现实利益。在政治、经济、军事方面，美国与日本、韩国及东盟一些国家都存在长期合作关系；在经贸方面，美国与日本、中国、东盟的联系非常密切。20 世纪 90 年代以后，美国希望通过日美军事同盟及其与韩国、东盟的军事合作，加强其在东亚地区的影响。对于东亚区域经济合作和一体化的进展，美国虽然不会像 20 世纪 90 年代初那样强烈反对，但也不会袖手旁观。因此，在东亚一体化问题上，如何处理与美国的关系，也是日本等东亚国家和地区不得不面对的课题。

6. 解决好日本自身的问题

在推进东亚经济一体化方面，日本国内还存在一些难题，如开放农产品市场始终是日本与一些国家商谈 FTA/EPA 的最大障碍。在日本与墨西哥、泰国、印度尼西亚等农业国签署的 EPA 中，虽然也做出某种程度的让步，但通常是有选择性地开放或开放后有所保留，像大米、小麦、指定的奶制品、牛肉、猪肉、淀粉等产品往往是其严守的敏感领域。再如，日本与部分亚洲国家之间存在的历史认识、领土争端等敏感问题，也时常干扰和影响相互间的关系和国民感情，今后日本需要增进与这些国家间的互信。

（二）今后的前景

目前，关于东亚经济一体化的各种构想都还处于研究中。事实上，"10＋3"框架一直在维系着东亚区域合作。近两年，"东亚经济伙伴协定构想"和"亚太自由贸易区"构想有升温迹象。2008 年 11 月，APEC 领导人发表的《利马宣言》中又重申，在区域经济整合方面将继续研究"亚太自由贸易区"的可行性。对此，许多人认为，APEC 成员较多，各国和地区的情况差异较大，相互间的利益很难协调，加上领导人会议声明和宣言缺乏约束力，近期推行这一构想的条件不成熟，缺少可操作性。

不管东亚经济一体化最终采取何种框架，可以明确的是，东亚走向经济一体化的第一步是建立自由贸易区，并且正在以双边 FTA/EPA 方式逐步向前推进。

从表 1 中可见，东亚正在逐步形成 FTA 网络，中日韩三国已分别与东盟签署 FTA/EPA 并在 2008 年底前全部生效，这意味着"10＋3"框架下的三个"10＋1"自由贸易区已成形；东盟与印度、澳大利亚和新西兰已完成谈判，即将签署 FTA。另外，中国与新西兰的 FTA 自 2008 年 10 月起生效。不难看出，无论在"10＋3"框架还是在"10＋6"框架下，目前东盟都成为合作的"轴心"。

表 1 日本"东亚经济伙伴协定构想"下的 FTA 网络现状（2009 年 5 月）

	日 本	韩 国	中 国	东 盟	印 度	澳大利亚	新西兰
日 本	＼	○		◎	○	○	
韩 国	○	＼	△	◎	◎ **	○	△ *
中 国		△	＼	◎	△	○	◎
东 盟	◎	◎	◎	◎	◎ **	◎	◎
印 度	○	◎ **	△	◎ **	＼	△	
澳大利亚	○	○	○	◎	△	＼	◎
新西兰		△ *	◎	◎		◎	＼

注：◎表示已生效或已签署；○表示已进入谈判阶段；△表示研究中；◎ ** 表示已完成谈判；△ * 表示已完成研究。

资料来源：〔日〕《世界经济评论》，2008 年 11 月，第 8 页；〔日〕外务省经济局：《日本的 EPA 谈判——现状与课题》，2009 年 2 月。

从东亚各国和地区的自由贸易区战略来看，2010 年是十分关键的一年，一些问题可能会明朗化。届时，按计划东盟内部将实现贸易自由化，东盟与韩国、中国将建成自由贸易区，还有部分正在谈判或研究中的双边 FTA/EPA 会取得一定进展，如日本一直在努力推动日韩恢复谈判，韩国在 2007 年 3 月已与中国就 FTA 问题展开共同研究，但为扩大自身在东亚经济一体化中的影响，摆脱对本地区经济贸易的依赖，近几年韩国加快了与欧美地区的 FTA 谈判，并已与美国签署了协定，随后与欧盟启动谈判，若与欧盟达成 FTA，将可能考虑与中国启动谈判。

此外，日本—澳大利亚、中国—澳大利亚、日本—印度等 FTA/EPA 正处于谈判中；中国—印度、中国—韩国等 FTA 正处于共同研究中。由此分析，无论在 "10 + 3" 还是在 "10 + 6" 框架下，东亚能否走向一体化的关键环节在于中日韩三国，尤其中日间加强合作至关重要。如果中日韩三方或中日达成 FTA，无疑会加快和催生东亚经济一体化组织的建立。因此，中日两国有必要增信释疑，进一步深化交流和合作，为促进东亚区域经济一体化乃至亚洲的繁荣发展作出应有的贡献。

总之，区域经济一体化是今后世界经济发展的一个趋势，任何国家都无法抗拒这一时代潮流。只要各国和地区有参与区域合作的意愿，树立共同发展的意识，本着平等互利的原则，就有可能消除差异，克服困难，实现地区经济的整合。要实现东亚经济一体化的目标，东亚各国和地区还需要在统一认识和标准的基础上，先易后难，分阶段、分层次地逐步建立起各种地区性合作机制，携手解决地区生存发展中共同面对的问题。

参考文献

〔日〕日本贸易振兴会：《贸易投资白皮书》，2008 年 9 月。

〔日〕经济产业省：《通商白皮书》，2007、2008。

〔日〕外务省经济局：《日本的经济伙伴协定谈判——现状与课题》，2009 年 2 月。

〔日〕经济团体联合会：《关于东亚经济一体化的思考》，2009 年 1 月 20 日。

〔日〕石川幸一：《走向东亚共同体》，*JETRO SENSOR*，2007 年 5 月。

张蕴岭：《对东亚合作发展的再认识》，《当代亚太》2008 年第 1 期。

周永生：《21 世纪初日本对外区域经济合作战略》，《世界经济与政治》2008 年第 4 期。

日本の東アジア経済統合に
関する構想及び動向

徐　梅

　要　旨：1990 年代後半期に入って以来、東アジア地域における経済協力及び統合に向けて引き続き展開している。政治的、経済的利益を得るために、日本は、地域経済統合に参加する戦略を制定、実施し、そして2006 年 4 月に、「東アジア経済連携協定構想（CEPEA）」を打ち出した。この二年間、日本は、この構想を積極的に宣伝を行い、関係国の支持を得ると同時に、二国間の経済連携協定（EPA）の締結を通じて、東アジア地域における経済統合のプロセスに参加し、自国の戦略を推進している。
　キーワード：東アジア経済　統合　経済連携協定　構想

政 治 篇

2008 年日本政治回顾与展望

高 洪[*]

摘 要：2008 年日本政治持续动荡。安倍晋三、福田康夫在短短两年中先后辞职后，麻生太郎当选为自民党新总裁并任首相。然而民主党方面利用"扭曲国会"发动的政治攻防战愈演愈烈，麻生政府又因接连不断"失言"与内阁丑闻丧失了国民信任。小泽一郎秘书收受违法政治献金被逮捕事件，使麻生政权利用民主党的"逆风"得以站稳脚跟。但调整政治结构、建立新的政治模式仍是横亘在自民党乃至整个政界面前的一个难题。面对前所未有的金融危机，日本可谓人心思变，政治家在放弃一党之"私"，复归国民政治之"公"的"重返政治原点"的变革中，切不可忘记和平宪法的基本精神。

关键词：联合政权 麻生内阁 结构改革 权力运作

---

* 高洪，哲学博士，中国社会科学院日本研究所研究员，副所长，兼政治研究室主任，研究专业和方向为日本政治、中日关系。

在过去的 2008 年中，日本政治持续动荡。动荡不定的政局不仅加剧了受国际金融危机严重影响的日本经济所面临的困境，更直接导致了福田首相的辞职，政局不稳似乎成了日本政治生活的常态。① 而接替福田康夫的麻生太郎不但同样要面对国会两院分别由朝野掌控的"扭曲国会"难题，随着大选期限日益临近国内政治斗争也趋向白热化，维护目前自民党与公明党的联合政权，迎战 2009 年年中不可避免的大选，始终是横亘在麻生政府眼前的一道难题。

一 福田执政期间的改革及其失败

福田康夫首相是在前任安倍晋三遭遇参议院选举失败后以"健康恶化"为由辞职的情况下，于 2007 年 9 月接掌自民党、公明党联合政权的。因此，上任以后一直苦于应对众参两院的"扭曲国会"，政治局势动荡不安始终伴随着福田的执政过程。

2008 年 1 月 18 日，福田首相在第 169 届国会开幕式的众参两院全体会议上发表施政方针演说，对本届政府的基本方针给出了五点说明。"我的内阁的使命在于焕发出国民的活力，为有活力的国民搭建供他们活跃其中的舞台。……为了实现这一目标，第一要在社会中实现消费者为主体的'国民本位的行政财政转换'；第二要确立能够使国民放心的'社会保障制度和安全机制'；第三要构筑国民切实感受富裕生活的'有活力的经济社会'；第四要在解决全球规模课题上使日本成为'和平、合作的国家'；第五要争取同时实现解决全球变暖和经济增长两大目标，建设'低碳排放社会'。我基于以上五项基本方针施行国政。为实现'自立与共生'的基本理念，为实现国民可资信赖的政治和行政全力前行。"② 显而易见，福田首相的施政着眼点在于"重视民生"和"发挥日本在解决全球课题上的作用"这两个方面。在长达 40 分钟的施政演说中，福田首相多次提及"负责任的政治"、"以生活者、消费者为主体"、"为世界的和平发展做贡献"，其迫切的心境溢于言表。

在 2008 年春季国会期间，福田政府努力促成新财年预算案顺利通过，以提

① 进入 20 世纪 90 年代以后，政治、经济的矛盾作用下出现了"十年九相"的频繁动荡期，直至 2001 年小泉政府建立才暂时结束了这一过程。但从总体观察，第二次世界大战结束以来，日本首相任期平均只有 26 个月，不到同为首相制的德国的 88 个月任期的 1/3。第二次世界大战后日本换了 29 个首相，而美国、英国、法国、德国的政府在 8～13 届之间。
② 2008 年 1 月 19 日〔日〕《每日新闻》。

高内阁支持率。民主党方面也加紧政治攻防，决心"通过大选改变政权，以实行'国民生活第一'政策，实现有政权交替的真正的议会民主制"。众所周知，形形色色的"改革"历来是自民党政治家共同使用的口号和理念。[①] 但以往的改革也给福田遗留了许多难以克服的负面遗产，致使福田的政治改革举步维艰。前几届政府遗留的政治课题，决定了福田政府在经济政策和民生政策上的基本思路，是将争取实现让国民富裕而安心的生活作为"福田政治"的重中之重。

为此，福田努力推进积极的改革，面对中央、地方债务高达 733 万亿日元（大体相当于 GDP 的 1.6 倍）的困局，决心提高消费税，以增大税源解决财政困难。在改善民生方面，福田对最低工资设限，同时加强社会保障制度的完善。不过，虽然经济的总体状况属于"2007 年增长势头减弱，但仍在复苏的延长线上"，但政治上的不稳定性限制了福田改革经济的手脚。毋宁说，福田政府目前准备采取的政策大多集中在公众呼声较高的问题上。例如，在养老金问题上，福田强调："本届内阁将全心全意致力于谋求如何解决这一问题。"政府为了对养老金制度进行彻底改革，迅速设立了专事社会保障制度改革的"国民会议"，还进一步提出要使 2008 年成为向"生活者和消费者为主角的社会"转换的元年。

然而，福田惨淡经营并不能扭转"扭曲国会"给自公两党联合政权造成的困境。由于既定政策，春季国会上"汽油税暂定税率失效，价格下调再次表决"的能源议案迟迟无法通过，令国民愤懑不已，也让福田本人心急如焚。到了春季国会结束时，福田康夫的支持率降至 31%，已经不足 2007 年 9 月上任时的一半。更为严重的是，联合执政的公明党在是否解散国会提前举行大选这一重大问题上与福田意见相左，日益艰难的执政状况使福田首相逐渐丧失信心。面对"建党以来最大的政治危机"，2008 年 9 月 1 日内外交困的福田康夫突然宣布辞职，自民党在短短两年中首相接连垮台使国民信任骤降，只好匆忙决定选举新总裁接掌政权。

---

① 20 世纪 90 年代，日本一直推行财政扩张政策，桥本、小渊、森等历届政权多次推出大型经济对策，总计投入 120 万亿日元的资金，试图扭转后退的经济局面。结果是政府开支浩繁，而财政收入不足，不得不靠增发国债来弥补，政府债务年年增加，到 21 世纪初，中央和地方长期债务高达 666 万亿日元，为日本国内生产总值的 1.3 倍，日本人均负担 520 万日元，财政到了严重制约经济发展而非改不可的进步。小泉政权的改革方针已经确定后，面对"财政改革与景气对策难以两全"的难题，断然决定分两阶段进行改革，第一阶段从 2009 年度起削减政府岁出，控制国债发行，第二阶段实现不依靠国债的财政平衡。为此，小泉明确指出"没有结构改革就没有景气"，"当前的景气减速是不得已而为之"，要求日本国民"忍受暂时的困难"，把改革置于优先地位。

二 自民党总裁选举与麻生政权的课题

2008年9月22日，由287名自民党国会议员及该党在都道府县的基层组织"地方议员联盟"共同选举新总裁。由于自民党占有众议院多数议席并与公明党联合执政，自民党总裁选举也就意味着日本新首相选举。按照自民党内规则，新总裁产生可以有两种方式：高层领导人协商推荐和党内实行代表选举。考虑到福田辞职是继安倍辞职后自民党领导人又一次放弃政治领导权，为了向国民证实该党仍具有领导国政的人才和政治力量，选举成了吸引公众对自民党的关注，进而提高国民对下一届政府的支持率的唯一方法。为了满足党内要求，平衡各派系力量关系，福田在8月初改组内阁时建立"福田—麻生体制"后已经占据接班人位子的麻生太郎成为呼声最高的热门人选。① 他本人也公开宣布自己要像前首相小泉那样，经过多次败选总裁的痛苦经历后赢得最终胜利。这一次，麻生以压倒优势战胜党内竞争对手，终于凭借实力一举登上自民党总裁和内阁总理大臣宝座。

麻生宦海沉浮多年，具有鹰派人物的政治声望、四代高居权力核心家族政治背景及与天皇家族的亲属关系，并且在政治家、企业家中掌握了大量人脉。在日本政治评论家描绘的内政与外交"十字线分类图表"中，麻生等人在内政上处于"单纯强调社会生活安全网络"（这是与全面改革社会保障制度相对立的主张）与"全球化趋势下的市场主义"的夹角中，可以说与小泉、安倍等前任强势首相的主张有明显相似之处；在外交上，几位候选人大多处在"硬实力外交路线"与"重视美国的现实主义"夹角中，至于麻生太郎本人的国家形象设计，早在他的许多言论与著述中讲得很是明白：日本应当做"先驱国家"，即争取和保持亚洲盟主的地位。不过，这一切并没有减轻麻生政权的政治压力。

对麻生政权而言，"扭曲国会"下的政治难题堆积如山。最大在野党民主党干事长鸠山由纪夫在国会辩论中率先发起攻击，称"接连几任缺乏魄力的首相导致了政治空白，造成经济不景气和失业问题日益严峻"，要求麻生内阁全体辞

---

① 2008年8月4日民意调查显示，日本民众认为最适合担任下届首相的政治人物是刚接下自民党干事长职务的麻生太郎。统计结果表明，有20%的民众选择麻生太郎，高居第一。作为参照，第二名是前日本首相小泉纯一郎，获得13%的民众支持。第三名是最大在野党民主党的代表小泽一郎，获得10%的支持。前防卫大臣小池百合子获得4%的支持。

职或解散众院实行大选。对此，麻生辩解道："内阁的职责是让国民生活稳定。我们将迅速出台国民生活对策"，拒绝内阁全体辞职或解散众院。

除了政治对手的进攻外，麻生还要面对阁僚丑闻频发和党内有人造反的双重危险。2008 年 12 月前后，国会开始讨论为缓解危机给国民生活造成的困顿，政府开始研究发放"定额补贴金"，在强行通过的政府《第二次财政补充预算案》中，也包括向每个国民发放数额不等的定额补贴金政策。麻生强调这个刺激消费的政策仅占政府 8300 亿美元振兴经济对策中 220 亿美元，不过很多媒体指责这是乱花纳税人的钱，而流落街头的失业者更指出定额补贴金到不了最需要的人手里。一名最近住入东京收容所的失业者说："失业的临时工们渴望得到定额补贴金，但像我们这样没固定住址的人是无法领到的。"《新闻周刊》日本版总编辑竹田圭吾说，定额补贴金最大嫌疑是执政党用纳税人的钱买选票，"自民党的资深国会议员说，这是因执政公明党坚持的建议不得不做出妥协，但从麻生上台起就面临国会大选的日程来看，执政党都不能洗掉选举前花钱买人心的嫌疑"。

此外，麻生从初期反对公明党建议的定额补贴金政策，到转向同意，然后又以"贪婪无耻"的词语遏制高收入者领取定额补贴金，而后又鼓励所有人领取，这种政策摇摆，这种首鼠两端的做法不仅增加了党内外混乱，也引发了自民党前行政改革担当大臣渡边喜美退党。进入 2009 年，民主党等在野党拒绝参议院进入审议日程，以抗议执政党在众议院强行表决通过 2008 年度第二次补充预算案等议案，至此国会审议陷入"空转状态"。围绕如何打开国会审议僵持局面，朝野双方还将明争暗斗。2009 年 2 月，财务大臣兼金融担当大臣中川昭一出席七国集团财长和央行行长会议后的记者会时因醉酒失态，反对党方面就此事在国会提出"问责决议案"，追究首相任命大臣的责任。尽管麻生首相立即命令中川提交辞呈，但被视为麻生亲密政治盟友的中川辞职，让本已摇摇欲坠的麻生内阁再受打击。

日本政治持续动荡的直接原因何在？不外乎政治结构、制度原因、政治文化、政治环境等四方面原因。第一，从政治结构方面看，战后日本实行的议会内阁制本身要比议会总统制缺乏稳定性。第二，就日本目前实行的小选区政党比例代表制而言，党派间的分化组合加剧了这种生活的不稳定性。20 世纪 90 年代中期以来的选举结果表明，新选举制度对大党有利，议员们为争取选举胜利就需要适时做出改换门庭的重新选择。第三，在高端政治文化层面上，议会民主制中对

抗因素大于对话协调因素。实际上，国会两院分别由朝野党派掌握的情况并不是罕见的特例，英国议会中的两院对立、美国总统与议会多数派的不同意见都是人们熟知的事实，问题的关键在于是否是通过对话与协调来解决意见分歧。只要国会里现在仍然是扭曲状态，日本的政局就难以稳定。第四，大众政治文化在进入新千年以后，受信息时代影响，公众对政治家的评判越来越多地受到"政治演艺化"左右，国民对政治家和政党的选择看的是人气，人气聚则首相及政府获得很高的支持，人气散则政府垮台，政权更迭。①

当前，日本政局的基本结构是自民党、公明党联合政权与民主党为核心联合社民党、国民新党、共产党等在野政党的朝野对立，即自民党与民主党又分别掌控着众议院和参议院所形成的保守政党在"扭曲国会"中的朝野两极对立结构。然而，执政党方面以自民党为主导，公明党与自民党之间存在着政治理念差距；四个在野党中，共产党及社民党与民主党之间也存在明显的政治信仰与政策主张上的区别，保守政治势力与旧革新政治势力的意识形态对立依然存在。两种矛盾对立会随着政治课题的属性与性质发生变化，举凡关乎国家发展道路的根本性问题，新老保守政党就会采取维护国体、政体的一致行动；而在夺权斗争的具体政策上，保守政党间不可调和的对立又成为矛盾的主要方面。所以，日本政治实际上处于一种政治理念与政权构想以及政策争端复杂交错的局面之中，两者的混合体现出一种政治结构与社会结构、经济结构不适应的激荡期、调适期所带有的动荡不安状态。

三 麻生政权的历史使命与民族保守主义

21世纪的日本政治走向哪里？日本新老保守政党和主流保守派政治家内心深处构想的战略目标是尽早卸掉历史包袱，成为按照经济实力主导地区乃至国际事务的政治大国和军事大国。为此，日本在新世纪中急需从根本上理顺政治经济关系，实现顺畅发展仍旧是一个未完成的政治课题。

如果我们大尺度地观察日本政治发展变化过程，就可以从纷繁复杂的政治斗争表象中得出较为清晰的这种发展走势。与新世纪中前十年相比，20世纪90年

---

① 这个最突出变化的直接原因是小泉造成的"小泉剧场"，即信息时代的政治家要善于表演，特别善于用简短的政治口号吸引公众。

代在日本被普遍称为"失去的十年"①。不过，这种"丧失"主要是经济意义或统计意义上的结论，而就保守政治的总体目标的实现程度和保守政府的政治绩效来观察，整个 90 年代可以看做一个过渡性的"政治调适期"——政治、经济关系上的不适应突出表现为"1955 年体制"积淀形成的"利益诱导型"政治模式不能适应新世纪经济环境与政治结构转换的需要，以"政官财铁三角"为主要表征的自民党旧政治模式更是成为政治改革的靶子。因此，经济与政治关系上的不适应状况催生出形形色色的政治改革，而改革与政治局势的变动又常常形成一种互为动因的政治发展推力。

小泉政治开始时面临的课题是，21 世纪的世界经济将在高科技竞争之下发展，日本已经失去了十年，其经济明显落后于时代，同时环境、老龄化等社会问题将越来越突出，因此，社会各界都已经清楚地意识到：日本实行结构改革、进行脱胎换骨的转变是一个急需解决的课题。对时代脉搏十分敏感的小泉决心废除"1955 年体制"下实行的"利益诱导型"政治模式后，努力建立一种使国民"跟上"保守派政治势力走大国主义道路的"政治认同型模式"。

人们还清楚地记得，2006 年作为保守政治势力中战略派代表人物的安倍晋三接替小泉纯一郎后，曾迫不及待地将自民党政治运作的重点公开放置到政治性课题上——极力推进修改宪法、自卫队正规军化、修改《教育基本法》等，努力完成一系列政治大国与军事大国所需要的课题——忽略了小泉改革造成的贫富差距拉大等负面政治遗产的处理，忽视民生。加之频发的内阁丑闻导致安倍政府信誉锐降，直至安倍政府倒台，战略派始终未能够行之有效地建立起他们期盼已久的"政治认同型"政治模式。

2007 年 10 月，福田接替了安倍，政治钟摆一度由强硬的少壮派重新摆向温和的稳健派。无独有偶，民主党方面与安倍晋三具有相似"政治 DNA"的前原诚司也把党首位子让渡给宦海里更为老到的小泽一郎。不过，走向大国主义道路是日本朝野保守政治势力发自内心深处的共识。年长的政治人物采取适度缓解的做法仅仅是乐章之间的插曲——既然是插曲就必须与主旋律协调一致。政治性的大国主义目标可以暂时搁置，却不可能永久放弃，毋宁说建立"政治认同型模式"的努力一直处在调适与磨合当中。

---

① 日本经济 1955~1973 年是高速增长期，平均年率不足 10%，1974 年以后是稳定增长期，平均年率不足 5%，进入 20 世纪 90 年代则平均年率为 1%，即所谓"失去的十年"。

那么，"政治认同型"政治模式的建立为什么总是"难产"？一个重要的原因，就在于其本身带有的先天缺陷。从政治学原理上讲，"政治认同"是人们内心深处产生的一种对所属政治系统感情上的归属感，其本质上是社会公众对政治权力的信任，以及对这一政治价值体系的信仰。自民党（也包括部分民主党）的保守派政治家所理解的"政治认同型"政治模式，就是要国民放弃"一国和平主义"，通过培养"爱国心"跟上保守政党的认识水平，一同走政治大国道路。

原因大体有三：第一，"利益诱导型"政治模式死而不僵，这源自自民党在过去执政中构筑的盘根错节的关系的遗留的惯性。第二，相对于保守政党急不可待的要求，社会思潮和国民政治意思的变动有一定的"滞后性"，政治生活中的"钟摆效应"也使老百姓不会一味跟随战略派政治家的步伐。第三，就某种意义而言，"政治认同型"政治模式以政治性内核取代了以往重视经济发展的利益内核，其本身就是一个"怪胎"，包含着严重的逻辑悖论。因为，政治认同的逻辑是国民在政治生活中对所在政治系统运行状态认同的底线或原则，即人们的政治共识。形成共识的相应次序是：从利益认同到制度认同再到价值认同，三者之间是相互联系的，其中利益认同是政治认同的逻辑起点，制度认同是政治认同的关键，价值认同是政治认同的核心。小泉到安倍政府忽视民生已经伤及老百姓的实际利益，政治认同自然要成为泡影。随着政治的钟摆摆向年长的稳健派一端，福田政府取代和缓解安倍为核心的战略派一族的政治过激行动也就带有某种必然性。

今天的麻生政权也同样面对着政治转型的艰难课题。首先，在政党制度方面，21世纪初期，曾经昙花一现的新进党争霸引起的"日本方式的两党制征兆"，早已海市蜃楼般地消失了。代之而起的民主党向自民党发起接连不断的政治攻击，已经对麻生政府形成严重挑战。2009年春季，民主党代表小泽一郎的秘书被揭发出收取违法政治资金，迫使民主党更换党首，鸠山由纪夫再次出任党代表迎战即将到来的众议院选举。然而，因此得到喘息的自民党也元气大伤，如果在即将来临的大选中，自民党联合公明党仍不能取得半数席位，将被迫交出政权，或者变换政权组合方式，甚至出现自民党内元老和舆论界元老共同推动的"保守政治大联合"。

面对日本政治的急剧变化，人们在瞠目之余，不禁开始思索主导日本政治变化的精神动力何在，究竟是什么政治理念从根本上决定着日本对国家发展道路的选择？我们的结论是，动力来自当前政治舞台上占据主导地位的民族保守主义

（nationalistic conservatism）潮流。所谓日本"民族保守主义"，是指"占据当今日本政治舞台中心的主流派政治家普遍奉行的'安邦立国'的政治理念以及由此提出的政策路线和政治主张"。就其内涵讲，可以理解为"日本的战略派政治家群体在 21 世纪初期所信奉的带有浓烈民族主义色彩与特性的日本式保守政治的意识形态及其系统理论"；它的外延应该是指"所有信奉这种政治理念的民族主义保守派政治家所表现出来的政治言论和政策行为"。①

作为思想意识特征的日本的民族保守主义既不是民族主义与保守主义的简单耦合，也不是二者的单纯叠加，而是带有民族主义性质的保守主义。它虽然使用着保守主义政治的躯壳，血脉中却流淌着新保守主义的血液，而在骨子里深藏着的则是典型的日本民族主义内核。在当今的日本社会里，它不仅是自民党一党的信念主张和价值观，同时也是其他保守政党的政治基础，并正在成为一种普遍的思想意识和政治文化而被越来越多的媒体和大众所接受。在某些涉及国家利益的具体问题上，它甚至会成为公众舆论和社会思潮的主流。作为政治理念特征的日本民族保守主义，以积极追求政治大国目标而形成独特的政治符号。信奉并推行这一政治理念的主体，则是日本的保守主义政党，并表现为保守党的政治纲领和政策主张。其政治理念的具体内涵可概括为："天皇主义"、"国家主义"、"资本主义"、"现实主义"和"秩序主义"。在政策行为上，则突出体现为通过修宪修法、强行立法、扩充军备、开展以邻为壑的强硬外交等手段，来恢复"民族认同"，树立"威权统治"，凝聚"国家意识"，提升"国家实力"，争取最终成为与美国及其他西方大国平起平坐的全球意义上的"政治大国"。作为政治文化特征的日本的民族保守主义既是保守型政治的，也是宗教式文化的，同时兼有浓烈的民族主义成分。之所以这样讲，是因为民族主义、神道国家意识和西方式自由民主理论等三大意识形态要素构成了日本的政治文化，而日本的政治文化与社会环境对民族保守主义的形成起着重要作用。在冷战后强调本民族和本国家利益的倾向逐渐取代冷战时期重视意识形态对立的今天，日本的民族保守主义政治家也正是利用其"神道"、"武士道"等固有宗教式文化的传播和其他社会政治文化的变动，进而影响整个社会政治文化的变动，以利于他们政治理想的实现。②

---

① 高洪：《试论当代日本政治中的"民族保守主义"》，《日本研究》2006 年第 1 期。
② 关于民族保守主义思想、理念、行为特征的分析，参见张进山《关于当代日本民族保守主义研究的成果报告》，《中国社会科学院院报》2008 年 9 月"前沿扫描"专版。

麻生首相领导下的保守政府所憧憬的"大国目标"在日本也引起不同反响。最近，日本著名作家五木宽之在文章中呼吁日本应该"优雅地缩小"，去"做一个像希腊、葡萄牙、西班牙那样的国家"。① 按照五木宽之的观点，"日本必须放弃今后也会继续高速增长、必须成为亚洲领袖的这样一种目标，而应该往这样一个方向努力：成为一个受世界尊敬的小国。……应该提高'文化'这一无形资产的附加价值，做一个理性的、受人尊敬的国家"。不过，日本人自己还处在普遍的抵触当中。五木宽之的论点，也引发了一些政治势力的反对意见。记者伊吹智在《书评》杂志上对五木的观点批评道："日本在亚洲的理想地位，应该和英国在欧洲较为接近。中日的关系，未来应该更像法英在欧洲的关系。如果日本变成葡萄牙或者西班牙，等于在亚洲被边缘化，是不符合日本在亚洲的地位，也不符合日本的理想的。"

其实，"大国地位"从来就不是自封的。一方面，真正有国际事务中的影响力和主导力的国家是无须煞费苦心地说明自己"很大"的，在很多特定的历史时期与特殊环境下某些国家或民族一定要给自己加一个"大"字，往往从反面印证了这个国家并不很大，渴望自己能坐大，从本质上讲通常是内心深处的傲慢与自卑交织作祟的结果。另一方面，大小都是相对而言的概念。回顾日本在战后实现经济大国目标的历史，在和平宪法规范下坚持"重经济、轻武装"可谓是日本宝贵的经验与成功的捷径。日本要想实现政治大国等发展蓝图，仍然离不开和平发展的正确途径。当然，一个国家自身的行为方式也决定着其他国家对其的认识和定位，自轻自贱的国家成不了国际社会的主角。毋宁说，"日本是被自己边缘化的"。因为，"念念不忘从美外交的日本在这出大戏中除了跟在美国后面跑跑龙套，还能扮演什么角色？"② 但从另一个角度思考，日本若能超越"大日本主义"与"小日本主义"的争论，走进边缘化，也是为下一次东山再起做准备。

目前，麻生首相已经在政府新近出台的发展报告中修正了自己的改革路线，决心"采取与小泉改革不同的方式"去实现"国民的政治利益"。笔者想为麻生政府进一言：在放弃党派私利、追求国民公利的政治回归努力中，切不可忘记第二次世界大战后和平发展的历史经验，尤其是要尊重和平宪法的原则精神。否则，大国目标的实现只能是可望而不可即的泡影。

---

① 〔日〕五木宽之：《面对衰退时代日本应该持有的精神准备》，《中央公论》2009 年第 2 期。

② 蒋立峰：《日本被自己边缘化》，人民网国际频道，2009 年 2 月 13 日。

参考文献

〔日〕森本哲郎：《现代日本的政治与政策》第二版，法律文化社，2008。

〔日〕《日本论点》，文艺春秋社，2009。

〔日〕《レバアイアサン》，木铎社，2008。

2008 年〔日〕《读卖新闻》、《朝日新闻》、《每日新闻》时事政治版。

桐声：《当代日本政治中的"民族保守主义"》，《日本学刊》2004 年第 3 期卷首语。

高洪：《试论当代日本政治中的"民族保守主义"》，《日本研究》2006 年第 1 期。

张进山：《关于当代日本民族保守主义研究的成果报告》，《中国社会科学院院报》2008 年 9 月"前沿扫描"专版。

2008 年日本政局の回顧と展望

高 洪

　要　旨：過去った2008 年に、日本の政局は引き続いて激動の中で終わらせ、安倍晋三、福田康夫が二代続けて1 年余りで総辞職し、後継の総理総裁として麻生太郎が選出された。その一方で、「ねじれ国会」を利用する民主党からの政治攻防も激しくなり、麻生政権は失言や閣僚の不祥事などにより完全に国民の信頼を失っている。最近、民主党の小沢代表の公設第一秘書が献金問題に絡み逮捕されたことをきっかけに世間の民主党に対する逆風が吹き、麻生おろしの動きは鎮静化している。しかし、政治構造の調整や新しい政治モデルの創出など、自民党乃至政界全体に直面している問題は相変わらず厳重な課題である。日本政治は未曾有の金融危機に臨み、「政治を変えなければ」という想いが沸々と湧く。いまこそ政治の原点に立ち返り、一党の「利」を優先する「私」の政治から、真に国民全体のために奉仕する「公」の政治に根本的に変革すべきだ、日本は「平和憲法」の真髄を常に忘れてはならない。

　キーワード：連合政権　麻生内閣　構造改革　政権運営

麻生内阁与自民党派阀政治

赵　刚[*]

摘　要：2008 年对日本自民党来说不同寻常，主要体现在两件事情上：一是从外部环境而言，民众对自民党支持度急剧下降；二是党内最大的派阀——町村派"主动"放弃领导地位，实现了党内的"政权交替"。本文从麻生内阁诞生的背景、小泉的政治改革遭到严重挫折和自民党的出路及未来两大政党的格局等方面，就 2008 年自民党派阀权力分配及其结果对日本政局的影响以及自民党派阀的未来走向进行了分析。

关键词：派阀政治　麻生特色　结构改革

2008 年对日本自民党来说，是一个不同寻常的年头，主要体现在两件事情上。其一，从外部环境而言，民众对自民党支持率急剧下降。2007 年的第 21 届参议院选举，使自民党失去了自 1955 年建党以后一直保持的参议院第一大党地位，参众两院的"扭曲国会"现象使安倍晋三、福田康夫两任内阁步履维艰，同时民众支持率也一直处于较低的水准。2007 年 8 月安倍内阁辞职前的支持率为 12.3%。2008 年 9 月 1 日，福田康夫宣布辞职时的内阁支持率也只有 9.3%，表示不支持的却达到了 67.4%。[①] 而 2007 年 9 月福田上任当初的支持率也是近年来最低的，只有 30.1%。与之相反的是，各种版本的民意调查都显示，2008 年在野第一大党——民主党的民众支持率，无论在城市还是在原先支持率较高的农村地区都大有超过或是已经超过自民党的趋势。其二，党内最大的派阀——町村派"主动"放弃领导地位，实现了党内的"政权交替"。从 2000 年

---

[*]　赵刚，文学博士，中国社会科学院日本研究所政治研究室助理研究员，研究专业为日本文学，研究方向为日本政治思想史、自民党派阀。

① http：//www.seiji.yahoo.co.jp/research/archive/200808.html.

4月5日森喜朗出任日本第85任、第55位首相以来，历经小泉纯一郎、安倍晋三、福田康夫三任计八年零五个月，自民党町村（森）派一直占据着首相的席位。然而，2008年9月1日，出自町村派的福田却在刚刚进行完内阁改组后不久就突然宣布辞去首相之职，主动让位于党内第六大势力的麻生太郎。自民党执政以来，以党内少数势力代表的身份而出任总裁的并非没有前例，诸如三木内阁和中曾根内阁等，但是每次首先都是在有外部压力的前提下才会发生这样的情况。

本文主要围绕2008年自民党派阀权力分配及其结果对日本政局的影响以及自民党派阀的未来走向进行一些分析。

一　麻生内阁的诞生是自民党派阀政治妥协的结果

2008年9月22日，日本自民党在东京举行总裁选举投票。结果尘埃落定，麻生太郎以351票的高票当选为第23任自民党总裁。两天后的24日，在日本临时国会众议院全体会议首相指名选举中，凭借执政联盟的多数赞成票自民党新总裁麻生太郎，正式当选为日本第92任、第59位首相。

在福田康夫2008年9月1日宣布辞职以后，先后有麻生太郎、小池百合子、石原伸晃、石破茂、与谢野馨等人宣布参加自民党总裁选举。

作为自民党麻生派的代表的麻生太郎的推荐人，主要有鸠山邦夫、岛村宜伸等人。出身于町村派的小池百合子推荐人，主要有卫藤征四郎、杉浦正健等人。出身于山崎派的石原伸晃的推荐人，主要有深谷隆司、渡海纪三朗等人。出身于津岛派的石破茂的推荐人，有鸭下一郎、小坂宪次。属于无派阀人士的与谢野馨的推荐人，主要有野田毅、柳泽伯夫等人。另外，由于缺乏足够的推荐人（国会议员20人），山本一太和棚桥泰文放弃了参选。即便是这样，参选这次自民党总裁的人数也还是自1972年实行总裁公选以来最多的一次。

麻生曾三次参选自民党总裁，但是先后败给了"邮政改革、打破自民党陈规旧习"的小泉、"战后新生代政治家代表"的安倍和"中庸持重、与官僚有良好关系"的福田。归根结底，其原因在于缺乏党内各大派别对他的支持尤其是遭到来自最大派系町村派的阻击。但是，时过境迁，福田言退之后，自民党内的确已无人能与麻生一比高低，麻生熬到了"第一人气"的地位。麻生以少数派别领袖的身份获得最终的胜利，主要得益于以下三个方面。

（一）媒体和民意的高度支持

根据 2008 年 9 月 3 日日本共同社发表的民意调查结果，麻生以 35.3% 的支持率排名首位，遥遥领先位居第二、得到 15% 支持的前首相小泉纯一郎，被视为福田康夫的最适合的接班人。因此，面对民主党的咄咄逼人之势，为了赢得众议院大选，自民党把绝处逢生的希望寄托在麻生的"人气"上，把他视为唯一可与小泽一郎率领的民主党决一雌雄的大将。而各大媒体在自民党总裁选举之前对于麻生的追捧，更是使得他在候选者中鹤立鸡群，"风光这边独好"。为了追求所谓的收视率，连原本应该是保持中立立场的 NHK 也在新闻节目中用很多的时间段进行了专题报道。事后，NHK 的负责人还为此事而被迫在国会中进行了道歉。

（二）公明党的大力声援

麻生太郎与同为执政联盟的公明党一直保持着良好的关系。2008 年 8 月 11 日公明党干事长在会见记者时明确表示，"为了日本的将来，日本需要有一个充满活力的领袖"。此举分明就是表示了对当时福田内阁的不满。同时，在麻生宣布参加总裁选举的次日，公明党的后援团体"创价学会"妇女部首脑滨四津敏子立即表示了支持。公明党是自民党能否作为执政党继续执政的关键存在，面对友党这样明确的表态，自民党各大派阀自然不敢无动于衷。①

（三）党内最大派阀的内部斗争

2000 年 4 月，森喜朗在当时最大的派阀——小渊派的支持下，经过野中广务等四人的"密室策划"出任日本首相。自此直至 2008 年 9 月福田宣布辞职，自民党内的实权一直由森派掌控，森派也由当时党内第二大派成为第一大派。尽管小泉担任首相后宣布脱离派阀，但事实上森派一直是他的最大的后盾。不仅如此，他还无视自 1979 年大平正芳担任总裁后，任命中曾根派的樱内义雄出任干事长之职，形成的所谓总裁与干事长不同派的自民党内"潜规则"，任命同一派阀的安倍晋三出任干事长和官房长官的要职，形成町村（森）派独大的局面，也为安倍日后参选总裁奠定了基础。但是，事与愿违，面对内忧外患的困扰，安倍匆匆下台，而福田内阁也以"短命"告终。日本国民对于自民党长期执政产

---

① http：//mainichi. jp/select/seiji/news/20080903k.

生了厌倦，以至于福田内阁下野前的支持率落到了个位数字。出于对于自身的危机感，自民党内部各派对町村（森）派继续掌权表示了极度的忧虑。津岛、古贺、伊吹等各派的主要人物从一开始就表示支持人气度　直很高的麻生。因为不想再触犯众怒，町村派的森喜朗、町村信孝、安倍晋三等实力人物也纷纷表态支持麻生。然而，同样是町村派的重量级人物的小泉纯一郎和中川秀直，却与派阀领导层大唱反调，公开表示支持出自本派的小池百合子参加竞选。选举结束，原本由中川秀直、町村孝行和谷川秀善三人组成的町村派领导层被解散改组。权力集中到了町村孝行一人手中。

表 1 和表 2 分别是 2008 年和 2007 年自民党总裁选举结果的一览。2007 年福田参加竞选时得到了除麻生派以外其他七派的支持。仅仅时隔一年，尽管参选人数大增，麻生太郎所得议员选票却增加了 85 票。大量的议员选票流向麻生的结果，表明了町村派内部意见分裂、小泉在自民党内以及在町村派内影响力的下降。

表 1　2008 年自民党总裁选举结果一览

单位：票

候选人	得票总数	议员票	党员票
石原伸晃	37	36	1
小池百合子	46	46	0
麻生太郎	351	217	134
石破茂	25	21	4
与谢野馨	66	64	2

资料来源：http：//ja. wikipedia. org/wiki/2008。

表 2　2007 年自民党总裁选举结果一览

单位：票

候选人	得票总数	议员票	党员票
福田康夫	330	254	76
麻生太郎	197	132	65

资料来源：http：//ja. wikipedia. org/wiki/2007。

二　派阀政治复苏，小泉政治改革遭到严重挫折

在对日本社会结构进行分析时，本尼迪克特有这样一句话："日本是个封建

的国家，效忠的对象不是一个庞大的亲戚集团而是封建领主。"① 作为日本社会政治结构中庞然大物的自民党自然也不例外。自其诞生之日开始，自民党党内的各种势力就结成了"各路诸侯"。

表 3 显示了现存自民党八大派系的演变过程。从所谓"1955 年体制"以来一直作为执政党（除 1993 年 7 月至 1994 年 6 月以外）领导日本政坛的自民党，党内派系林立，可谓党中有党、派中有派，被称为"派阀联合政党"。1955 年 11 月，自民党成立之初，自由党内部就有吉田、绪方、大野派，民主党内部有鸠山、岸、三木派，旧改进党内部则又有松村、大麻派。建党第二年的 12 月进行总裁选举时，党内便已形成八大派系：分别为自由党系列的池田、佐藤、石井、大野等四派，民主党系列的河野、岸、石桥等三派，以及并入民主党的原改进党系统的松村—三木派。其后随着党内主流派和反主流派、官僚派与党人派、鸽派与鹰派的斗争，党内各派系不断分化和重新组合形成了今天的八大派系。

表 3　自民党现主要八大派别的演变

派别名	演 变 示 意	派别别名
町村派	福田→安倍→三冢→森→町村	清和政策研究会
津岛派	田中→竹下→小渊→桥本→津岛	平成研究会
古贺派	池田→前尾→大平→铃木→宫泽→加藤→古贺	宏池会
山崎派	中曾根→渡边→山崎	近未来政治研究会
伊吹派	中曾根→渡边→村上→江藤、龟井→伊吹	志帅会
麻生派	池田→前尾→大平→铃木→宫泽→河野→麻生	为公会
高村派	三木→河本→高村	番町政策研究会
二阶派	保守新党→二阶	无

另外，日本的首相因为必须经由国会的多数党推荐而受制于国会势力的变化。现在自民党在国会众议院占据多数，因此，首相的诞生就取决于自民党内部派别的调整。迄今为止，自民党内各派，原则上采取轮流坐庄的办法，各取其所需的利益，当某派阀在位日久，以致其他派阀无法触及首相大位时，他们便会采取各种手段，迫使该派阀让贤。而当发生威胁到自民党政权稳固的事情时，党内各派内也会进行调整，比如，20 世纪 70 年代，田中角荣深陷洛克希德丑闻时，尽管他的权势依旧很大，但是迫于党内压力，也不得不让位于以清廉著称的三木

---

① 〔美〕鲁思·本尼迪克特：《菊花与刀》，晏榕译，光明日报出版社，2005。

武夫以使自民党政权得以延续。因此，派阀的存在，从某种意义上可以说是自民党政权延续至今的一个重要的原因（见表4）。

表4　参众两院自民党议员所属派阀一览

单位：人，%

参众两院自民党议员（387）				
派别名	众议院	参议院	合　计	比　例
町村派	62	27	89	29.9
津岛派	46	23	69	17.8
古贺派	51	10	61	15.7
山崎派	38	3	41	10.5
伊吹派	22	6	28	7.2
麻生派	16	4	20	5.1
高村派	14	2	16	4.1
二阶派	13	2	15	3.8
无所属	42	6	48	12.4

注：自民党议员所属派阀的统计数值截止于2008年12月31日。

自民党的派阀主要有以下三大功能。

（一）分配资金

截止到1993年，日本实行中选举区制选举，在同一选区里会有复数自民党人候补者的存在。他们的竞选资金不得不依赖于各自的派阀。[①]

（二）分配权力职位

除了小泉执政的时代以外，每一次取得大选的胜利，对自民党各大派阀来说都是一次论功行赏的机会。每次大选获胜后，自民党和内阁的重要职位主要以派系为单位按资历、在派系内的地位高低或重要度进行分配。同样，自民党总裁的产生，绝大多数是这种派系之间妥协的结果。各派系都有自己的组织机构、各自

---

① 根据1994年生效的《政党助成法》的规定，竞选资金由自民党中央直接掌控。由小选举区，一区一候补的形式取代中选举区复数候补，议员依靠派阀获得竞选。资金的情况有所改变，但是拥有派阀支持的议员与毫无派阀背景的议员相比，仍然拥有诸多有利条件。

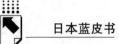
的政治资金来源，在大选和总裁竞选时分别提出本派候选人。选举结束后，议员们以派系为单位向自民党中央进行交涉，而如果是不属于任何派阀而且也没有任何派系的背景的议员，则很少有得到重要职位的机会。

（三）保障党内竞选资本

竞选自民党总裁的第一条件，就是需要有参众两院20名议员的联名推荐。9月的总裁选举，尽管参议院议员山本一太和众议院议员棚桥泰文都表示了参加竞选的意愿，但因为没有凑齐20名推荐人，而没有获得竞选总裁的资格。因此，即便是出于实现自己政治抱负的目的，众多的议员也不得不从属于各个派别。

但是，上述情况在小泉从2001年4月到2006年9月共计五年半的执政期间有了很大的改变。一方面是因为小选举区制度的导入，自民党中枢对于参选议员的直接控制能力得以加强；另一方面也是因为小泉具有与迄今为止自民党派阀出身的议员所不同的强烈的个性，而且与以往派阀密室操作推荐出任总裁不同，小泉是依靠基层党员的支持及民意的支持，以绝对优势成为自民党新总裁的。[①] 因此，小泉可以毫不顾忌派阀的约束，他的胜利改变了自民党领导人以往的以派阀为主的诞生模式，将民意与权力捆绑在了一起。随后，他又运用各种手段分化瓦解派阀。在他执政时期，桥本派、龟井派和堀内派等反小泉派阀的势力严重缩水。特别是在2005年所谓"邮政解散"时，小泉运用总裁大权将带头反对他进行邮政改革的13名议员开除出自民党。同时自民党中枢还毫不留情地取消反对小泉改革的36名议员的公认资格，而且还向他们各自的选区派遣"选举刺客"，用自民党中央的财力和人力使他们当中的大部分落选。当年10月，"邮政民营化相关法案"在众议院得以通过审议的时候，各派阀的组织机能（除町村派以外）几乎已经瘫痪，完全失去了抗衡小泉的能力。但是，小泉的一系列改革除去打破自民党派阀在内部的影响力以外，并没有取得明显成效。首先是小泉的改革目标不明确，民众既不能确定他所主张的民营化路线是否是最佳的选择，比如他倡导的邮政系统民营化，这一改革并不能阻止邮政储蓄流入耗资巨大的公共项目中。其次是历经五年的结构改革，其成效并不像他当初的口号——"没有改革就没

---

① 小泽一彦对此表示异议，他认为这是桥本派的计谋。目的在于缓解自民党内部对于桥本派长期执政的不满。参见〔日〕小泽一彦《现代日本的政治结构》，世界知识出版社，2003。

有发展"和"结构改革无禁区"那么一目了然。相反,改革使自民党失去了很多乡村地区和其他受到小泉改革伤害的传统行业的支持人群。比如为了帮助大企业渡过难关,小泉时代,日本政府解除了对"派遣社员"雇佣的制约,使企业可以大量采用临时员工。然而,在经济衰退的时候"派遣社员"首先成为公司解雇的对象,"过年派遣村"的出现成为现今日本严重的社会问题,等等。小泉把许多在结构上无法解决的问题留给了他的继任者。

2006年9月,安倍继任总裁。应该说,最初他在各个方面还是力图继承小泉路线的。安倍在题为《致美丽的国家——日本》的政权公约中强调"制定符合旨在开拓新时代的日本国情的宪法,奉行开放的保守主义","要强化政治领导力,建立以首相官邸为主导的领导体制,对行政机构进行彻底的改革、重组,充分发挥民间的活力,建立高效的小型政府"等等。但是,仅仅过了三个月,为了保证自民党拥有在众议院中2/3的议席,安倍同意被小泉除名了的11名议员重新恢复党员的身份。然而紧接着他的内阁成员接二连三地被曝丑闻,小泉时代遗留的年金问题又迟迟得不到解决,最终使自民党失去了自建党以来从未失去过的参议院多数议席。面对外部压力,安倍不得不再次借重自民党派阀的力量以求稳住阵脚。在第二任安倍内阁的时候,各派阀的重要人物纷纷入阁,自民党的重要职位也分别由派阀的首脑出任。至此,小泉时代的"脱派阀"战略已经完全失败。

这种"倒退"到了福田时代更为明显。福田以年过七旬之躯出任总裁之职,原本就是自民党各大派阀内部协商以求抵制麻生当选的结果。在各派阀的抵制下,麻生的议员得票仅是福田的一半,作为回报,福田总裁体制下自民党的四个党内重要人物——伊吹干事长、谷垣政调会长、二阶总务会长、古贺选举对策委员长都均为党内派阀的首脑。

时隔一年,正值全球爆发金融危机之际,日本经济也受到了很大影响。自民党再次选举总裁,主题是内政,焦点是经济,但归根结底是围绕是否还将继续坚持小泉的改革路线。五名候选人纷纷亮出挽救经济的主张以图博取民意。麻生力主积极财政,主张利用减税、发行国债等手段刺激经济,不惜放弃此前日本政府提出的在2011年度实现基础财政收支盈余的目标。关于财政重建,他主张中长期应依靠增收消费税,但最近几年不应提高税率,属于"积极派"。与谢野馨主张重建财政,在一定范围内以增加税收的手段来促进经济,属于"规律派"。小池百合子则是紧跟小泉改革,坚持不利用发行国债等手段刺激经济的"涨潮

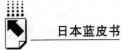

派"。而石破茂和石原伸晃二人的主张处于上述三者之间。尽管小泉和他在町村派内部的代言人中川秀直再三设法阻止麻生当选，但最终还是以失败告终。

麻生内阁明显突出"麻生特色"，主要有以下四项。

1. 继承了福田时代的"举党"体制

内阁中有近半数的阁员在其前任福田康夫改组后的内阁中任职，福田改组前内阁的一些阁员也重新入阁。同时自民党内几乎所有派阀都有人出任内阁要职。

2. 将竞选对手也吸收入执政团队

除小池百合子已表示因政见与麻生不合不愿任职外，他在自民党总裁选举中的另外几个竞争对手都得到了职位。

3. 重用"世袭"议员

由于麻生首相本人也是出身名门，所以他并不避讳让名人之后也入阁拜相。内阁成员中，出自名人、政治家家庭的众多。除了与谢野馨之外，外相中曾根弘文是前首相中曾根康弘之子，少子化对策担当大臣小渊优子是前首相小渊惠三之女等等。

4. 对重要职位的安排深思熟虑

出任官房长官的河村建夫是森喜朗亲信，曾任小泉内阁文部科学大臣，而财务大臣兼金融担当大臣则由盟友中川昭一出任，以期保证麻生积极财政的主张能得到贯彻。

归根结底，麻生内阁执行的"举党"体制政策，从根本上是反"小泉流"的。麻生太郎不但迎合了自民党各大派阀"恢复势力版图"，"利益均分、机会共享"的要求，同时，对于小泉时代以"小政府、大社会"为原则的《行政改革推进法案》，在实际操作上进行了大幅度修正，使自民党内支持小泉改革的势力深感失望。

三 自民党派阀面临重组，两大政党
轮流执政局面呼之欲出

对于自民党派阀的长期动态，有学者分析："自民党派阀的稳定性只是相对的，从较长时间的政治运作过程上看，变化才是绝对的。每当抱残守缺的陈旧派阀出现破绽，标新立异的新生派阀就会崭露头角。这种派阀本身的生长与异化在世代更新，或者政党分化重组之时，也会因量变积累到一定水平发生急剧的质变跃动。"①

自民党派阀是伴随自民党的诞生而诞生的。1989～1992 年，在自民党内一手遮天的是竹下（田中）派。此后，历经变迁，2000 年 6 月人选前后的自民党其实是由党内最大两个派系小渊（竹下）派和森派共同维持着的。然而，在小泉执政的时期这样的默契被打破，除森派和山崎派以外，各大派系都处于"蛰伏"状态，尤其是津岛（桥下）派受到的打击最重。邮政改选后加入自民党议员团队的 80 多名新议员宣布不再加入任何派别。曾几何时，人们推测自此自民党派阀会自然消灭，然而从安倍改造内阁的时期开始，派阀的影响力就得到了逐步的恢复。

日本国民对于目前的政局抱有一种较为复杂的心理。一方面正是因为有自民党的长期执政，才使日本在第二次世界大战后拥有了一个较为安定的政治体制，以此为前提，日本从一个战败国迅速发展成为世界第二经济大国；但是另一方面，目前日本社会严重的政治弊端，也正是自民党长期执政的结果，众多的选民对自民党政权已经产生了强烈的厌倦情绪，舆论调查显示就连不少自民党支持者都表示要在未来的大选中投票给民主党。

但是，正如杰拉特卡蒂斯所说的那样："假设自民党有一天结束它的统治地位，最大的原因就是因为自民党内部的分裂。"② 事实上，自民党 1955 年体制的崩溃也正是自民党内部派阀斗争的结果——羽田孜、小泽一郎等当时的派阀大佬因反对宫泽内阁的政治改革方案而带领大量议员宣布退出自民党成立新党，使自民党在 1993 年的大选中遭受惨败。

1993 年，日本政治的"1955 年体制"崩溃后，以社会党为主要代表的"革新势力"衰落，日本社会出现了"政治总保守化"趋势。小泉主政时期倡导"结构改革"、"打破自民党的陈规陋习"等，虽然使民众对自民党的支持率有所回升，但是随着时间的推移，人们发觉小泉的改革与以往自民党的一贯做法并无本质区别，又因为以前的保守支持基础的瓦解，尤其是因为小泉改革所带来的城乡以及贫富差距的扩大化，民众对自民党派阀主导的政、官、财"铁三角"的相互勾结关系产生厌倦，其支持基础发生了动摇，2006 年自民党在参议院大选中遭到惨败的结果就是最好的证明。

① 高洪：《日本政党制度论纲》，中国社会科学出版社，2004，第 71 页。

② 〔日〕杰拉特卡蒂斯：《日本型政治的本质》，山冈清二译，TBS 社，1987。

很难预测麻生领导的自民党在 2009 年的大选中能获得怎样的成绩。如果民主党方面真能获胜，自民党将丧失执政地位。而自民党的派阀很可能会在此前后再次进行组合，日本的政坛又会发生一场巨大的波动。

参考文献

〔美〕鲁思·本尼迪克特：《菊花与刀》，晏榕译，光明日报出版社，2005。

〔日〕小泽一彦：《现代日本的政治结构》，世界知识出版社，2003。

高洪：《日本政党制度论纲》，中国社会科学出版社，2004。

〔日〕杰拉特卡蒂斯：《日本型政治的本质》，山冈清二译，TBS 社，1987。

2008 年度自民党の派閥闘争をめぐって

趙　剛

　要　旨：2008 年度は自民党にとって並みならぬ一年であった。主に二つのことで表れている。その一、自民党の支持率急激に下がったこと。その二、党内最大な派閥の町村派が自ら政権の座を譲り、党内の「政権交代」を実現したこと。長期与党として日本政権を君臨してきた自民党は、党内少数派で総裁就任の前例があるものの、何れも外圧があったことを前提とした。小論は2008年度自民党派閥勢力の起伏をめぐって、麻生内閣誕生の背景、小泉構造改革の現状、保守基盤の崩壊を目前された自民党の未来などについて検討しようとした。

　キーワード：派閥政治　麻生政権　構造改革

首相更迭与公明党的发展及未来走向

张伯玉[*]

摘　要： 自日本进入多党联合执政时代以来，无论是在非自民非共产势力的多党联合执政时代，还是在以自民党为核心的联合执政时代，公明党都发挥了重要影响。尤其在 2007 年 7 月参议院选举、执政联盟失去参议院多数席位后，公明党在联合政权中拥有更大的发言权，同时影响力也进一步增强。公明党在 2008 年夏天酝酿并展开"倒福田"运动，迫使福田首相辞职。随着两大政党制逐渐成为现实，公明党在两党制时代的影响将不能与联合执政时代相提并论，其关键少数的作用将被限定。在两党制时代，公明党将是一个拥有一定影响力的少数政党。

关键词： 公明党　福田首相辞职　联合政权　两党制

自民党一党长期执政的终结与细川护熙多党联合内阁的成立，标志着战后日本政党政治的发展进入一个重大转折期：多党联合执政成为走向两大政党制的过渡形态。在联合执政时代，无论是在非自民非共产势力的多党派联合政权中，还是在自民党恢复执政地位以后以其为核心的多党联合政权中，拥有稳固支持母体的公明党都发挥了重要作用。

一　多党联合执政与公明党

公明党是以宗教团体创价学会为基础成立的。1970 年实行政教分离后，该党由宗教政党转变为国民政党。此后，作为国民政党执掌政权便成为其奋斗目

---

* 张伯玉，法学博士，中国社会科学院日本研究所政治研究室副研究员，研究专业为日本政治，研究方向为日本政党政治、选举制度、政治改革。

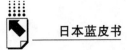

标，公明党走上不断探索如何执掌政权之路。

20 世纪 70 年代前半期，公明党不断加强革新色彩，试图建立中道革新联合政权以取代自民党一党单独执政的局面。1975 年公明党开始向右转，转向现实主义路线。进入 20 世纪 80 年代，该党采取了更加灵活的联合策略，放弃了"反自民党"的口号，试图与自民党结成执政联盟。但是，它并未完全转向与以自民党为首的保守势力联合的方向，仍然保留了社公民联合这一选项。公明党在是坚持社公民联合路线、以通过社公民三党联合夺取政权为目标，还是通过与保守势力即自民党联合、以加入政权为目标之间不断摇摆。当自民党内发生激烈的派系抗争时，出现了自民党分裂、公明党参加政权的可能性。至少这一机会在大平正芳执政时以及在 1984 年自民党总裁选举中参与拥立二阶堂进时两度出现，但公明党均未抓住有利时机。其最大理由，在自民党看来，如果党内恢复了团结或者和谐，就没必要与公明党联合。对公明党来说，抛弃社公民路线与自民党联合始终是一个难以决断的选择。进入 20 世纪 90 年代以后，公明党对联合政权的探索终于随着自民党一党长期执政的结束而得以实现。

（一）多党联合执政前期——非自民非共产势力联合执政

自 1955 年以来一直在众参两院占据多数席位、独揽政权的自民党，在 1989 年 7 月 23 日举行的参议院选举中失去了参议院的多数议席，自民党政权迈出了崩溃的第一步。虽然日本参议院的权限不如众议院，仅在参议院失去多数席位尚不致影响自民党的执政地位，但自民党在参议院的活动还是受到前所未有的制约。

由于受到参议院朝野逆转的鼓舞，在野党之间政权协议的讨论重新展开。各种政治势力跃跃欲试，展开合纵连横。但是，关于日美安全条约、自卫队等基本政策，社会党与公明党、民社党之间的分歧增大，无法形成共识。公明党在 1990 年第 29 次党大会上宣布与社会党的政权协议诀别："作为大框架的'社公民'路线不是唯一的路线"，目前公明党"对通过'社公民'路线建立联合政权已经丧失了信心"。

公明、民社两党在 1989 年 7 月自民党失去参议院多数议席后，曾与自民党建立过三党协调体制。然而，由于主张导入单纯小选举区制的自民党和重视比例代表制、主张导入小选举区比例代表并用制的公明党在选举制度改革问题上的分歧太大，公明党在 1992 年底召开的第 31 次党大会上确立了"政界重组"的方针，表示如能推进政界重组，"不再固守公明党这个牌子"。同时，公明党锁定了合作目标，即与自民党内主张"政治改革"的羽田孜、小泽一郎派合作。

实际上，小泽在幕后已经做足了准备工作。羽田派即"改革论坛21"成立（1992年10月）后的1992年底至1993年初，小泽开始筹划分裂自民党、政界重组。羽田派成立后不久，小泽曾对其侧近表示："我们离党，仅仅使自民党打破过半数没有意义。若是能够分裂党，成立取代自民党的政权就有头绪了。"小泽和联合会长山岸章频繁接触也是此时开始的。1993年早春，二人就"建立非自民联合政权"达成基本共识。与此同时，小泽和公明党书记长市川雄一也在研究建立联合政权的设想。以小泽为轴心，市川和山岸两人也不断交流关于建立联合政权的想法。①

1993年6月，羽田派所属议员脱离自民党成立新生党后，公明党委员长石田幸四郎即明确表示："新生党的政策符合我们的想法，我们感到公明党主张的重视生活者的政治越来越成为巨大的潮流……准备在大选之后马上举行非自民党党首会谈讨论具体政策问题。"1993年7月自民党在大选中跌破过半数，由于在大选中获得48席的日本新党和先驱新党最终决定与社会党、新生党、公明党、民社党、社民联以及参议院会派民主改革联合五党一派组成联合政权，第一大党自民党成为在野党，结束了该党一党长期执政的历史。

在联合政权中，首相由日本新党党首细川护熙出任，外务、通产等重要大臣职务均由处于政权核心地位的新生党出任，内阁中的第一大党社会党获得六个职位，公明党有四人入阁。公明党委员长石田任总务厅长官，国会对策委员长神崎武法出任邮政相，政审会长坂口力就任劳动相。历经迂回曲折，细川政权终于在1994年3月通过了政治改革相关四法案。随着政治改革的实现，执政党内的倾轧逐渐公开化。细川政权运营的主导权掌握在被称为"一一阵线"的新生党干事长小泽一郎和公明党书记长市川雄一手中，引起了官房长官也是新党先驱代表的武村正义以及联合政权中最大政党社会党的很大不满。双方对立因税制改革进一步升级，倒向"一一阵线"的细川首相试图改组内阁以更迭官房长官，此举不仅招致新党先驱、社会党的反对，民社党也加入反对阵营。改组内阁未果，细川人气衰落。同时，因"佐川快件"丑闻受到自民党的严厉攻击，1994年4月8日细川首相宣布引咎辞职。1994年4月28日，作为国会少数派内阁的羽田孜内

---

① 〔日〕伊藤惇夫：《政党崩溃——永田町失去的十年》，新潮社，2003，第56~57页。

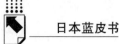
阁成立。因社会党和先驱新党退出联合政权，新生党和公明党在羽田内阁中的地位更加突出，两党分别有八人和六人入阁。可是，羽田内阁维持不久便于 1994 年 6 月 26 日宣布总辞职。公明党重新沦为在野党。

如上所述，公明党在细川、羽田"非自民非共产"多党联合政权下，第一次成为执政党并与小泽一郎联合掌握了政权运营的主导权。2003 年市川雄一在接受采访时，曾对细川政权做出如下总结："细川联合政权在成立之前连政策协定都未签订，主要还是由于准备不足失败的。不过，它结束了自民党一党单独执政的局面，开辟了联合执政时代。"① 确如市川所指出的，细川非自民联合政权开辟了多党联合执政时代，公明党在此过程中发挥了重要作用。

（二）多党联合执政后期——以自民党为核心的联合执政

1994 年 6 月，以社会党委员长村山富市为首相的自民党、社会党、先驱新党联合政权诞生，自民党重新执掌政权，成为执政党。但是，重新执掌权柄的自民党无力继续维持一党独大的优势，不得不与其他政党组成联合政权。从先驱新党、社会党，到自由党，再到公明党、保守党，与自民党组成执政联盟的各个政党，除公明党外，均体无完肤。对于拥有坚固支持母体的公明党，即使是犹如吸血鬼的自民党，似乎也不能吸尽其养分。

1994 年新选举制度导入以后，政界重组朝着两大政党制的方向发展。为了在以小选举区制为主的新选举制中获胜并再次夺回政权，对于在野党来说，最重要的就是成立一个能够对抗自民党的政党。1994 年 11 月公明党召开第 33 次党大会，通过了加入新党的基本方针即以"分党、二阶段方式"参加"新新党"（后新党名称定为新进党，二者发音相同）。公明党在党大会上表示："在新选举制度下，公明党以通过志同道合或在政策上有一致性的人们组成大的政治势力来夺取政权为目标，在这种政权下实现我们的理想和政策。这难道不是一种比较好的生存方式吗？基于这种判断，我们决定加入'新新党'。"石田委员长在开幕式致辞中对"分党、二阶段方式"给出了详细说明：第一阶段，1994 年 12 月 5 日召开临时党大会，解散公明党，成立两个新党。一个是以参众两院国会议员为中心成立"公明新党 B"加入"新新党"。另一个是以地方议员和部分参议员为主体成立"公明新党 A"。参加"公明新党 A"的部分参议员主要是在即将到来的

---

① 2003 年 10 月 10 日〔日〕《朝日新闻》。

1995 年参议院通常选举中未被改选的参议员。"公明新党 A"负责管理公明党总部 600 多名工作人员和日刊《公明新闻》的发行,并领导 1995 年春季统一地方选举。"公明新党 B"主要是准备 1995 年夏天的参议院通常选举和新选举制度下的第一次大选。公明党以分党方式参加"新新党",很显然是在为在将来的政界重组中占据有利位置而采取的灵活策略。公明党在地方政治中一直与自民党有合作关系。在在野势力结集的过程中,公明党不希望丢掉与自民党长期以来的合作渠道,因而采取分党方式加入新党。公明党试图在"新新党"与自民党两大政党对峙之中保持最有利的位置。1994 年 12 月 5 日,"公明新党 A"召开建党大会。"公明新党 A"取名为"公明",有 12 名参议员参加公明。公明代表为东京都议员藤井富雄,公明暂不加入新进党。由以石田委员长为首的 52 名众议员和 12 名参议员组成的"公明新党 B"于 1994 年 12 月 10 日加入新进党。公明党与新进党的合并难以实现,也是新进党解体的要因之一。

在 1995 年 7 月的参议院选举中,新进党在比例区、选举区所获选票均超过了自民党,有 30 多位新人当选。对于新进党的胜利,公明党的支持母体创价学会发挥了很大作用。对此,渡部恒三曾表示:"从心里感谢创价学会 600 多万的选票。"以自民党为核心的执政党也认为,新进党选票增加的原动力是创价学会的支持。于是,以奥姆真理教沙林事件为契机,村山富市内阁与执政党向国会提出了《宗教法人法修正案》,以牵制公明党和创价学会。不仅如此,自民党还要求创价学会名誉会长池田大作和会长秋谷荣之助出席审议修正案的特别委员会。

1996 年 1 月村山首相宣布辞职,自民党总裁桥本龙太郎继任首相。桥本内阁仍然维持自民、社民、先驱新党三党联合执政的局面。1996 年 9 月 27 日桥本首相断然解散众议院举行大选。创价学会决定在比例代表区支持新进党。但是,在小选举区除有旧公明党系统候选人的选区外,决定以"人物本位"为基本方针。因此,执政三党、成立不久的民主党都希望创价学会推荐他们拥立的候选人。1996 年 10 月 20 日的大选结果对新进党来说并不理想。大选后不久,由新进党离党组组成的太阳党、从五开始等相继成立。此后,新进党党内对立不断加剧,1997 年 12 月仅仅维持了三年的新进党宣布解散。1998 年 1 月由曾是新进党最大会派公友会的 38 名成员组成的"新党和平"成立,神崎武法任代表。旧公明党系 18 名参议员也成立了新党"黎明俱乐部"。此后不久,黎明俱乐部与公明党合并,参议员滨四津敏子任公明党新代表,参议员鹤冈洋任干事长。在 1998 年 7 月的参议院选举中自民党惨败,参议院议席未过半数。公明党与选举前相比减少了两个议席，有九人当选。加上非改选议席，公明党在参议院拥有22 席。1998 年 11 月 7 日，新党和平与公明党合并，新公明党诞生。新党和平代表就任新公明党代表，新党和平干事长冬柴铁三就任新公明党干事长。公明党代表滨四津敏子任新公明党代表代行。参加新公明党的议员主要有新党和平 37人（众议员旭道山和泰未加入）、公明党所属参议员 22 人、脱离自由党的众议员 5 人、无所属 1 人，总计 65 人。新公明党成为超过自由党，继新民主党之后的第二大在野党。神崎代表声称："不会充当自民党的补充势力。"新公明党成立大会通过了《新宣言》。《新宣言》指出："我们并不限于以公正无私的立场发挥关键少数的作用。我们以成为根本改变日本政治、创造充满信赖和希望的新日本的中道政治'新结集轴'为目标。"

　　1998 年 7 月参议院选举后，桥本首相引咎辞职。继任的小渊惠三首相为改变执政党在参议院少数派的地位、巩固政权，试图与小泽一郎率领的自由党联合。时任小渊内阁官房长官的野中广务在 2003 年出版的《老兵不死》一书中如下记述自民党与自由党联合的契机："小渊内阁成立不久，我与性情相投的他（指新党和平干事长冬柴铁三）见面，与他商谈联合事宜。他说：'突然进行自公联合恐怕不行啊。'可是，对于冬柴先生的话，我理解为如果中间有一个缓冲，（公明党）是可以加入联合政权的。"[①] 可见，自民党与自由党的联合，不过是自民党为实现与公明党联合的一个踏板。同时，自民党与自由党联合虽可巩固小渊政权的执政基础，但仍然不能改变参议院朝野逆转的状况。为改变执政党在参议院少数派的现状，与公明党的联合不可或缺。小渊首相在与自由党商谈联合事宜的同时，还表示"必须与各党对话"，以此为与公明党联合作铺垫。野中还指出："为动摇自由党、推进其加入联合政权，同时还进行了与公明党关于联合的协商。"在小渊与小泽会谈宣布"自自联合"达成共识的 1998 年 11 月 19 日之前，召开了自民、公明两党干事长、政调会长会议，就发行"地区振兴券"达成共识。1999 年 1 月小渊内阁改组，自自联合政权成立。

　　至此，小渊政权的执政基础已基本巩固。在自自公三党联合推动下，1999年 8 月闭幕的例行国会迅速通过了 1999 年度财政预算后，小渊政权最重要课题《日美防卫合作指针》相关法案也经修改后通过。1999 年 7 月 7 日小渊首相与公明党神崎武法代表在国会举行会谈，小渊首相表示为推动建立"自自公"联合

---

　　① 〔日〕野中广务：《老兵不死》，文艺春秋社，2003，第 77 页。

政权，希望公明党入阁实行阁内合作。神崎则表示"郑重接受，党大会（7 月
24 日）后给予答复"。1999 年 10 月小渊内阁第二次改组，自自公联合政权成立。

随着自民党在政权运营中对公明党的重视，自由党在联合政权中的影响力逐
渐减弱。2000 年 4 月小泽决定脱离自自公执政联盟。但是，自由党内重视与自
民党联合的势力仍然主张留在执政联盟，自由党因此分裂。主张留在执政联盟的
众参两院议员结成保守党加入联合政权，组成自公保联合政权。2002 年 12 月由
九名保守党议员和退出民主党的五名议员组成保守新党，但自公保联合政权框架
不变。2003 年 11 月，保守新党因在大选中惨败，决定解散该党后加入自民党。
至此，自 1999 年 10 月公明党加入以自民党为核心的联合政权，经自自公联合与
自公保联合后，进入了不需要缓冲装置的自公两党联合执政时代。2003 年 11 月
起自公两党联合执政至今。

二　从福田首相辞职看公明党在联合政权中的影响

随着联合政权框架从"自自公"到"自公保"再到"自公"，公明党在联合
政权中发挥的影响力远远超过其议席数所应发挥的作用。尤其是 2007 年 7 月参
议院选举执政联盟失去参议院多数席位后，公明党在联合政权中的发言权和影响
力进一步增加。公明党甚至在 2008 年夏天酝酿并展开"倒福田"运动，主张
"政权交替"即以能成为下届大选"选举招牌"的自民党总裁取代福田总裁。
"尽管自民党内也有各种问题，但'倒福田'的核心肯定是公明党。"[1]

2008 年 9 月 1 日晚 9 时，改组内阁仅一个月的福田康夫首相在首相官邸召开
紧急记者会，突然宣布辞职。福田首相在记者会上表示，由于临时国会难以通过
相关政策法案，遂决定辞职。不到两年的时间，连续两届首相辞职。这固然与日
本的政治结构有着很大的关联[2]，但是福田政权的倒台"开端其实是来自公明党
的批评"[3]。换言之，导致福田首相辞职的直接原因，是联合执政伙伴公明党的
不合作。

福田政权自成立后，虽在设置消费者厅等与国民生活密切相关的问题上有些

---

① 〔日〕伊藤惇夫：《论政权交替的可能性》，《中央公论》2008 年第 11 期。
② 〔日〕竹中治坚：《接连丢弃政权的日本政治结构》，《越洋聚焦·日本论坛》第 21 期。
③ 〔日〕饭尾润：《政权更迭的机运中，朝野两党激烈冲突》，《越洋聚焦·日本论坛》第 21 期。

建树，但始终没能提出赢得民心和社会舆论支持的政策。而民主党在 2007 年参议院选举中大胜后也加大了夺取政权的攻势。凭借在参议院的席位优势，民主党频频否决福田内阁提出的重要法案，福田首相又拿不出有效的对抗之策，导致福田内阁的支持率一直处于低迷状态。面对持续走低的内阁支持率，公明党的危机感不断增加，对福田内阁的前景不看好，自、公两党联合出现裂痕。福田首相得不到公明党的全力配合，国会运营越发困难。

公明党开始对福田领导的自民党滋生疑虑之心，是在 2008 年 4 月举行的山口二区众议院议员补充选举时。山口二区的补充选举，是福田政权成立后面临的第一次国政选举。在此次选举中，公明党代表太田昭宏、干事长北侧一雄等"大人物"纷纷到选区助战。太田代表更将此次补充选举视为"下届众议院选举的试验案例"。福田首相在选举进入高潮时也曾到选区助战。在投票日一周前的各媒体的舆论调查中，执政党候选人落后在野党候选人十个百分点。可是，选举结果却是执政党候选人以远远超过预期的差距落后于在野党候选人，自民党惨败。同时，公明党还遭到一个更为严重的打击：在出口调查统计中，只有七成的公明党支持者在此次选举中投了票。于是，公明党判断"福田（这张招牌）不能在选举中获胜"，"应该尽量回避众议院以 2/3 多数重新表决（各项议案）"。①

此后直到福田首相辞职，公明党对福田首相展开了凌厉的攻势。之所以对福田首相展开如此攻势，重要原因之一就是公明党要确保 2009 年 7 月举行的东京都议会选举的胜利。东京都议会是公明党的发祥地。尤其在其支持母体创价学会的所管官厅从东京都转到文化厅后，东京都议会选举对公明党来说具有特殊意义。为全心全力迎战东京都议会选举，公明党认为大选时期与都议会选举时期离得愈远愈好。众议员任期截止于 2009 年 9 月。对公明党来说，最理想的选择是尽快解散众议院，实行大选。2008 年 7 月 2 日，公明党前代表神崎武法公开表示："福田首相能否解散众议院举行下届大选尚未可知，是否继任首相解散众议院也未可知。"从而点起"倒福田"之烟雾并主张 2008 年末或 2009 年初解散众议院举行大选。2008 年 7 月 24 日，北侧一雄干事长在记者会上继续煽风点火："对组织来说，任何时间实施选举都不足为怪。7 月就是一决胜负之际。"7 月 29

---

① 由于此次选举正值国会审议预算相关法案，执政党计划以众议院 2/3 多数重新表决在参议院遭到否决的相关法案。公明党认为众议院重新表决可能会影响选举，要求自民党回避公开表明重新表决的方针。可是，自民党国会对策委员长大岛理森却在投票日前公开表示将采取重新表决的方针。

日，北侧在与记者恳谈时更发出如此豪言壮语："自民党如果没有足够的危机感，（公明党）有可能脱离执政联盟。正因为有公明党存在，日本政治才能保持稳定，如果脱离联合政权，股票都会下跌。"同时，北侧还对自民党干事长伊吹文明表示不满："伊吹先生太缺乏危机感。"[①] 2008 年 8 月 1 日，在福田首相改组内阁、自民党干部人事时，公明党要求更迭自民党干事长伊吹文明。主要由于伊吹干事长的一些主张与公明党对立。如伊吹主张尽早召开临时国会、在众议院重新表决被参议院否决的"新《反恐特别措施法》"等。2008 年 7 月 31 日夜，回京都参加为其本人组织的聚会的伊吹干事长被福田首相紧急召至首相官邸，告知其干事长职位将被麻生太郎取代。被起用为干事长的麻生太郎又建议福田首相以财政规律派的与谢野馨取代涨潮派的中川秀直前干事长。结果，为得到公明党的支持与合作，无论是内阁阁僚人事还是自民党人事，福田首相都不得不考虑公明党的意见。

内阁改组后，在临时国会召开的时间、会期以及重要议题等问题上，公明党依然强硬坚持自己的主张。临时国会的最大焦点是为使海上自卫队在印度洋的供油活动能够继续而修改新《反恐特别措施法》。在参议院多数席位掌握在在野党手中、在野党反对延长《反恐特别措施法》的情况下，要实现该法的修改，必须在修正案被参议院否决后动用众议院 2/3 多数重新表决。为此有必要确保从参议院被否决到众议院重新表决所需要的时间即 60 天。福田首相最初打算 8 月下旬召开国会，但国会会期最短也要两个半月。可是，从 2008 年 7 月下旬开始，公明党开始强烈主张 9 月下旬召开临时国会并缩短国会会期，主张国会会期为60 天。对公明党的强烈要求，福田首相不得不妥协，决定在 9 月 12 日召开临时国会，会期为 70 天。

在福田首相做出上述妥协决定以后，公明党又进一步提出了让福田首相难以继续妥协的要求，导致福田首相不得不宣布辞职。2008 年 8 月 31 日即福田首相辞职的前一天，公明党国会对策委员长漆原良夫又提出，首相演说应该在 9 月29 日进行。根据日本国会开会的相关程序规定，若 9 月 12 日是临时国会的召集日，则召集日当天要确定国会会期。召集日当天或第二天举行"开会式"。之后，在众参两院的全体议员大会上首先要由国务大臣进行演说，通称政府演说。

---

① 〔日〕滨健太郎：《公明党下一个目标是"民主党木屐下的雪"?》，《前瞻》（*FORESIGHT*）2008 年第 10 期。

政府演说主要包括内阁总理大臣的演说，外相的"外交演说"，财相的"财政演说"，经济企划厅长官的"经济演说"等四大演说。当然，根据情况的不同，也有其他大臣进行演说。在例行国会和与例行国会"撞车"而在大选后进行的特别国会上由内阁总理大臣进行的演说，一般称为"施政方针演说"。内阁总理大臣在临时国会或年度中期的特别国会上所进行的演说，一般被称为"表明观点的演说"。按这一流程来看，公明党国会对策委员长漆原良夫提出的首相演说应在 9 月 29 日进行的建议，相当于临时国会在 9 月末召开。对公明党的如此不合作，福田首相除了辞职别无选择。

公明党之所以介意临时国会会期的长短，一方面是由于其支持母体创价学会对自卫队的海外活动持慎重态度，如果可能的话不想延长《反恐特别措施法》；另一方面，与公明党前委员长失野绚也起诉创价学会密切相关。2008 年 5 月公明党前委员长失野绚也以"损坏名誉"、"妨碍言论自由"等对创价学会提起诉讼。2008 年 6 月 13 日，以民主党为中心的在野党成立了"听失野绚也先生谈话之会"。在临时国会召开期间，民主党有可能在参议院行使国政调查权，要求传唤失野绚也就创价学会和公明党"政教一致"问题作证。失野积极配合民主党："尽管审判的主要舞台是法院。但公明党和创价学会是否政教一致关系到民主主义的根本问题。我必须在国会作证，将知道的一切说出来。这就是我的基本立场。"① 公明党非常担心在参议院传唤失野绚也后，继续传唤创价学会名誉会长池田大作，因此迫切希望缩短临时国会会期。

在公明党的步步紧逼下，福田首相辞职。继任首相则是公明党期待的麻生太郎。但是，麻生首相上台后仍未能如其所愿，未在其算好的最佳时期 2008 年 10 月或 11 月举行大选。对此，公明党深感不快，与自民党合作的热情逐渐降温。同时，开始为有朝一日民主党上台执政做两手准备。因此，有记者揶揄公明党的下一个目标是成为"民主党木屐下的雪"。

三　2009 年大选与公明党的未来走向

2009 年日本将迎来 1994 年小选举区比例代表并立制导入以来的第五次大选。在两大政党制逐渐成为现实之际，多党联合执政时代发挥重要影响的公明党

---

① 〔日〕失野绚也等：《自公联合、被学会和小泉毒害的岁月》，《诸君》2008 年第 11 期。

却处在两难境地。随着两大政党制的实现,公明党将失去其影响力。即使在自民、民主两党均不能单独确保过半数议席的情况下,公明党也很难发挥其关键少数的作用。

(一) 2009 年大选的几种可能与公明党的选择

在 2009 年的大选中,无论是自民党还是公明党,都面临着严峻的考验。在现行选举制度下,自民党与公明党的选举合作已经历了三次(2000 年、2003 年、2005 年)大选,两党在大选中之所以配合默契,选举合作发挥了积极作用。可是,在 2009 年大选中,两党选举合作能够确保何种程度的议席已成为一个疑问。尤其对公明党来说,要维持现有议席必须竭尽全力,已无力支援自民党。实际上,自公执政联盟在 2007 年参议院通常选举中已被选民抛弃,两党联合执政的未来不容乐观。当然,民主党单独确保过半数也不容易。因为民主党现在的势头主要受惠于国民对自民党的不满,而不是国民对民主党的积极支持。2009 年大选可能会出现以下三种情况①。

第一种情况,自民党虽不能单独确保过半数议席、成为第一大党,但自、公两党联合能够确保过半数。在这种情况下,公明党与自民党联合可以继续维持其执政地位。同时,执政联盟仍然不能改变参议院少数派的地位。国会运营可能会愈加困难。第二种情况,民主党、社民党、国民新党等在野党联合确保过半数议席。在这种情况下,政权交替实现,公明党除下野外没有别的选择。第三种情况,无论是自民党还是民主党,均不能获得选民压倒性支持。但是,民主党以微弱之差战胜自民党成为第一大党。

上述三种情况中,第三种的可能性比较大。在这种情况下,公明党的选择比较关键。既然公明党与自民党组成执政联盟又在大选中互相配合,民主党成为第一大党,公明党与民主党组成联合政权的可能性就几乎不存在。因此,在第三种情况下,对公明党来说,有两条道路可以选择:一是与自民党实行第二位、第三位联合以执掌政权,二是下野。对公明党来说,第二位、第三位联合不是最佳的选择。民主党成为第一大党,说明选民希望建立民主党政权而不是自民党政权。如果无视选民民意、公明党阻止建立民主党政权,肯定会招致舆论相当大的不

① 〔日〕川人贞史:《即使自民、民主不能单独过半数,公明党也不能掌握关键少数的理由》,*SAPIO*,2008 年 10 月 22 日。

满。于是，公明党选择下野的可能性比较大。公明党下野以后，与自民党成立统一战线共图未来这种可能性也几乎不存在。对于以维持本党势力为最优先任务的公明党来说，没有与败给民主党的自民党合作的理由。相反，与民主党就某些具体政策进行合作的可能性则比较大。从历史上来看，公明党一直坚持"中道"政治，其政策与执政党的政策并不是对立的。因此，公明党站在是非分明的立场上与民主党进行政策合作，是十分可能的。

（二）公明党将是一个拥有一定影响力的少数政党

如上所述，公明党在多党联合执政时代、凭借其稳固支持母体创价学会的支持发挥了重要影响。可是，随着两大政党制的实现，公明党在多党联合执政时代的影响将不复存在。即使在自民、民主两党均不能单独确保过半数议席的情况下，公明党也很难发挥其关键少数的作用。当然，短期内公明党仍可继续发挥其关键少数的作用和影响力。但是，公明党将不可能长期持续发挥这种关键少数的作用。其理由如上所述，在自民、民主两大政党对峙的政治结构下，选民不能长期容忍由第三党公明党来决定政权的走向。若公明党试图长期维持其关键少数的地位，则舆论容许自民、民主大联合的可能性也不是没有。总之，随着两大政党制的迫近，公明党发挥关键影响的可能性越来越小。

今后，公明党的影响将会比现在要小，其作用将被限定。这种可能性也许五年以后到来，也许十年以后到来，也许在 2009 年大选中，民主党获得压倒性胜利，一举完成政权交替实现两大政党制，公明党的影响力大减。但是，由于公明党拥有稳固的支持母体创价学会，今后也将是一个拥有一定影响力的少数政党。

参考文献

1998 年 8 月 26～27 日、2003 年 10 月 10 日〔日〕《朝日新闻》。

〔日〕伊藤惇夫：《论政权交替的可能性》，《中央公论》2008 年第 11 期。

〔日〕川人贞史：《即使自民、民主不能单独过半数，公明党也不能掌握关键少数的理由》，*SAPIO*，2008 年 10 月 22 日。

〔日〕矢野绚也等：《自公联合、被学会和小泉毒害的岁月》，《诸君》2008 年第 11 期。

〔日〕伊藤惇夫：《政党崩溃——永田町失去的十年》，新潮社，2003。

〔日〕島田裕巳：《公明党与创价学会》，朝日新闻社，2007。

首相交代及び公明党の発展と行方

張伯玉

　要　旨：連立政権時代以来、公明党は「非自民」、「非共産」の多党派連立政権の時においても、自民党が主導する連立政権の時においても、重要な影響力を発揮してきた。特に2007年7月に参議院選挙で、自公連盟が参議院の多数議席を失った後、連立政権の中での発言権と影響力がいっそう増した。公明党が計画した「福田おろし」の結果、福田首相が辞任した。二大政党制が現実のものとなりつつある中、公明党が岐路にたたされている。今後、公明党は影響力が今よりも小さく、キャステイングボートを握るのが限定的になるだろう。二大政党制時代における、一定の影響力を保持する少数政党であり続けるだろう。

　キーワード：公明党　連立政権　首相交代　二大政党制

日本安全防卫领域的主要动向

吴怀中[*]

摘　要： 2008 年日本在其安全防卫领域显示出政策调整与能力建设稳中有进有关战略的构想和议论兴盛而纷繁的动向特点。政策方面，日本在向太空和海洋领域拓展安保范围、推动防卫省改革和自卫队整编、构筑日印双边及亚太安全机制等方面的作为，是比较值得关注的动向。战略议论方面，焦点主要集中在探讨日美同盟的前景、应对中国的"不确定前景"、参与国际安全保障以及加强自主防卫建设等议题上。综合而言，2008 年日本安全防卫领域的"普通国家化"步伐仍在稳步前行。

关键词： 安全防卫　政策动向　普通国家化

2008 年，日本安全防卫领域的主要动向特点是：实际政策层面的调整幅度不算很大，有关的战略议论却显得比较纷繁激荡。这是因为，经过 2004 年前后《防卫计划大纲》的制定及有关安全法制的集中出台、2005 年驻日美军"整编协议"确定后日美防务合作的展开，近年的政策调整基本就是在这些既定轨道上前行的。然而，在战略谋划方面，日本的战略家们（主要是部分政治及知识精英）却由于受到内外环境变动的"刺激"而显得比较焦虑和躁动，其关注点则是集中在探究日美同盟的前景、应对中国的"不确定前景"、参与国际安全保障以及加强自主防卫建设等方面。当然，政策方面也不是没有看点，日本在向太空和海洋领域拓展安保范围、推动防卫省改革和自卫队整编、构筑日印双边及亚太安全机制等方面的作为，仍然是比较值得关注的动向。

---
* 吴怀中，法学博士，中国社会科学院日本研究所外交研究室副研究员，研究专业为日本外交，研究方向为日本安全政策。

一 自主防卫能力建设的动向

（一）战略议论的主要动向

2008 年，日本的战略家们对加强自主防卫能力建设展开了多方议论，其主要论点集中在如下两方面。

1. 主张改革妨碍"正常安保"的内因

战略家们认为，在国内外环境急剧变化的形势下，日本的消极内政因素极大地影响和延宕了安全政策的规划、制定和实施，使得日本在安全领域的"普通国家化"举措被大幅延迟并遭遇严重挫折。某种意义上讲，这些评断也属于有感而论、所言非虚，2008 年日本有关安全决策的各级政治体系确实出现了种种问题。

首先是国内政治系统的问题。这主要表现于朝野政党在"扭曲国会"上围绕延长《反恐特别措施法》展开激烈政治斗争，从而导致 2007 年 11 月再度到期的该法无法顺利得到延长，使得日本开展的对美后勤补给活动被迫一度中断。这一事态被认为日本没有履行盟邦义务，使作为日本安全保障基轴的同盟关系出现了裂隙和危机。其次是执政党及政府的问题。自民党内阁近年交替频繁，2008年 9 月又从政治倾向不尽相同的福田内阁换为麻生内阁。而在福田内阁，上届首相安倍推动的有关"摆脱战后体制"的各项安全政策措施，纷纷遭到冻结或被搁置一旁。再次是防卫部门内部的问题。2008 年一年当中，防卫大臣从石破茂到林芳正再到滨田靖一，走马灯似的换了三人。同时，防卫部门各系统屡出丑闻（日本称之为"不详事案"）。因而，防卫省陷入多难之秋，被认为没有履行主导日本各项重要安全政策实施的职责。

为了克服如上这些消极因素和局面，战略家们的共同结论是：日本应继续推动并完成修宪，在政治体制上应改变内阁首相的产生方法，应像美国一样成立执政党和在野党共谋安全问题的超党派协商机制，还应及早成立日本版"国安会"，同时应重新考虑"集体自卫权问题"，尽快制定"永久海外派兵法"并放宽自卫队武器使用限制。

2. 主张进一步加强自主防卫能力

在有关"日本安全保障基本方针"的阐释中，日本 1995 年版《防卫计划大

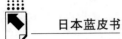
纲》将"继续坚持日美安全保障体制"放在"建立一支适度的自主防卫力量"之前，2004 年版《防卫计划大纲》则将"日本自身的努力"置于"日美安全保障体制"之前，显示出日本政府重视建设自主防卫力量的倾向。尽管如此，日本的战略家们认为，近年日本自主防卫政策调整难尽如人意、力量建设也不到位，原因是国内外安全环境变化之快超乎"意料"，具体为国际安全形势依旧不稳、中国的进一步快速崛起、朝鲜发展核武器及导弹、日美关系的波动等。对此，2008 年日本多个智库发表的相关政策建议中，都显示了对发展自主武装的深切关注，例如"东京财团"政策研究部 10 月公布的题为《日本的新安全保障战略》的报告，明显地将"加强日本自身的防卫力量"放在其提出的"多层协调型安全保障战略"的首位并给予了重点强调。

日本国内响起"讨论核武装问题"的声音，可能是以上战略议论的典型代表和浓缩。作为对朝鲜发展核武器和美国对日"核保护伞"有效性的疑虑，最近几年，一些日本政客如中川昭一和前原诚司等人在各种场合号召进行核武装的讨论，两度担任防卫首脑的石破茂则在 2008 年公开表示：有关美国"核保护伞"的有效性在日美之间一次也没有议论过。[①] 虽然迄今为止这样的观点并没有得到精英阶层和普通大众的青睐和首肯，但 2008 年里日本确实有越来越多的政治精英和分析人士传达出这种观点：以上情况有可能会改变。如果朝鲜继续发展核武器和弹道导弹，六方会谈被证明没有效果，或美国的"核保护伞"不足以保护日本的话，更多的日本人将支持本国拥有核武器，日本或最终会走向有核国家。

（二）政策调整及力量建设

2008 年，日本在自主防卫建设领域的特点是：政策调整幅度中等、能力建设稳步前进、体制整合力度很大。其中，防卫省机构改革、自卫队一线部队整编、太空及海洋政策方面取得了一些重大进展。对于自卫队的整编，日本媒体自己的报道是：海上自卫队为全面提升战斗力，在 3 月进行了可谓有史以来最大规模的整编。

1. 防卫力量建设循序稳进

日本 2008 年防卫费用为 47426 亿日元，比 2007 年度的 47815 亿日元减额

---

① 2008 年 9 月 12 日〔日〕《产经新闻》。

0.8%（2006年以来一直在47000多亿日元的水平上，且21世纪以来整体变化幅度不大）。自卫队新型重大装备首次入役的并不多，3月KC-767空中加油机服役、9月新型XP-1反潜巡逻机（P-3C的替代品、2007年9月首次试飞）的试验性服役算是其中比较引人注目的动向，特别是前者意味着日本计划引进4架加油机的工程正式启动。值得注意的是，日本航空自卫队作战飞机实现空中加油后作战半径将大为提高，大部分亚太国家和地区都将处于其作战半径之内，这就使得外界对其"专守防卫"政策再次打上了大大的问号。除此之外，还有C-X新型运输机2008年也正处于飞行试验中（2007年9月首次试飞），而更多的新型武器装备则处于陆续服役的过程之中，如T90坦克等。还有一部分在研制和建造中，如正在加紧研制下一代隐形战斗机、新型战车和导弹以及预警侦察、信息通信和联合指挥系统等，正在建造5000吨级驱逐舰（19DD）、AIP型"苍龙"号潜艇、"日向"号直升机航母等。另有一部分处于"版本升级"当中，如F-15战斗机的现代化改装等。

2. 太空及海洋政策初步成形

受《海洋基本法》和《宇宙基本法》出台的影响，为了加强在太空及海洋领域的政策制定功能，日本于2008年7月在防卫省防卫政策局防卫政策课设立"宇宙和海洋政策室"。2008年，日本围绕"上天入海"雄心勃勃地展示了如下具体政策动向。

（1）2008年5月，日本《宇宙基本法》出台生效，"宇宙开发战略本部"正式成立。宇宙开发战略本部将制定"宇宙基本计划"并将其作为日本的基本国策之一。《宇宙基本法》打破了日本40年太空开发的"非军事利用"原则，为其在太空领域发展军事用途提供了法律支撑，并打开了方便之门。目前，日本已具备初步的天基侦察能力，但自卫队的卫星通信主要依靠租借商业卫星，信息化建设受到很大"制约"。太空军事利用的禁区遭到突破后，日本如何把太空用于军事安全领域值得关注。未来，日本可能会在兼顾"国家安全"和"太空外交"上做些文章，但这并不能掩饰其试图展开太空优势争夺战的战略意向。

（2）2008年7月，日本政府批准《海洋基本计划》，该计划将成为2008年之后五年间日本"海洋立国"政策的指针。《海洋基本计划》根据2007年开始施行的《海洋基本法》制定完成，其目的是以日本政府综合海洋政策总部（时任首相福田康夫任总部长）为中心，统筹推进横跨多个部门的海洋事务。日本为走向全面大国的行列一直在谋求发展空间，通过《海洋基本计划》，就是为走向海洋大国预先铺路。而据报道，该《海洋基本计划》中写道，将推进勘察开发有望成为未来能源的资源，并力争在今后十年内将这些资源投入实用。此外，为在发生恐怖袭击等异常情况下也能确保海上物资运输的稳定，该《海洋基本计划》还明确设定了确保海运能力的目标。

（三）体制与编制整改成效显著

1. 防卫省改革

《2008 年版防卫白皮书》专门设立了一个部分来论述防卫省改革的有关情况，这足以说明日本防务领域的年度工作重心所在。防卫厅在 2007 年 1 月升格为省后一年多的时间里，各级防卫部门被曝光管理混乱、丑闻不断，招致了日本国民的不满和失望。为此，日本政府决定从"组织文化"和"组织机构"两个方面对防卫省进行彻底改革。根据 2008 年 7 月出台的"防卫省改革会议"最终报告，前项改革确定了"严格遵守纪律"、"树立职业精神"和"确立整体优化目标下的任务优先型业务运营体制"三项基本原则；后项改革的重点放在构建防卫省在防务决策与指挥中的中枢功能上。一旦新的改革设想得到贯彻，日本防卫系统的运行体制将实现一定程度的"整体优化"。由此，防卫省因其军事决策和指挥中枢功能得到加强而将迎来大幅度的变革。

2. 海上自卫队实施大规模整编

2008 年 3 月，自卫队在总体层面上设立了直属联合参谋长（统合幕僚长）的信息通信部队——"自卫队指挥通信系统队"，队员来自陆海空三个自卫队共计约 160 人，这是日本首支多军种联合任务部队。"系统队"的工作此前由原来的联合参谋部指挥通信部指挥通信运用课负责，由于难以适应新的形势和任务需要，此次扩编整合为级别更高的联合任务部队。此外，2008 年度日本防卫预算还拨付了成立"自卫队情报保密队"的费用，它是属于与上述"系统队"同等级别、直属于联合参谋长的常设联合任务部队。该部队实际是一支专门的反间谍部队，成立目的是为了解决自卫队记录不佳的情报管理问题。

此外，就各自卫队而言，海上自卫队于 2008 年 3 月完成了被认为自成立以来最大规模的一次整编。本次整编的总体目的在于实现军政和军令的合理分离，实现自卫队海上作战思想和军事战略的根本性转型。改革的重点是海上自卫队的主力作战部队——自卫舰队下属的护卫舰队，目的是为简化体制、提高效率，使作战力量进一步集中和提升，战斗编组更加灵活高效，具体目标是使护卫舰队司令成为部队兵力提供者和训练管理责任者，而自卫舰队司令成为事态处理责任者和部队运用者。具体调整内容为：原来属于海上自卫队地方队的 6 个护卫队（共约 19 艘驱逐舰）全部转为隶属护卫舰队；护卫舰队继续保留原有的 4 个护卫队群共 32 艘驱逐舰，但这 4 个护卫队群由原来的 12 个护卫队（1 个护卫队群含 3 个护卫队）调整为 8 个护卫队（一个护卫队群含 2 个护卫队）。其中，1 个护卫队群（2 个护卫队）的具体编组模式是：1 个队为 1 艘反潜驱逐舰（DDH）＋1 艘（反）导弹驱逐舰（DDG）＋2 艘通用驱逐舰（DD）；另 1 个为 1 艘（反）导弹驱逐舰（DDG）＋3 艘通用驱逐舰（DD）。整编后，护卫舰队变身为"4（个护卫队）群＋6（个原地方）队"，共 14 个护卫队 50 余艘作战舰艇的编制。

二 日美同盟关系的调整动向

（一）战略层面的微妙变化

2008 年是日本进入 21 世纪后在安全领域显现对美战略疑虑最为浓厚的一年，其原因和表征可以归结为以下几个方面。

1. 对美国保卫日本的能力产生疑虑

背景原因之一是美国国力的相对衰退。日本有关人士认为，近年来国际政治结构和大国势力均衡发生了深刻的变化，美国从 2003 年起就因发动伊拉克战争等行动而使其国际形象和实力受损，进入 2008 年后又进一步遭遇金融危机造成的经济衰退，国际地位和影响力呈现相对下降的局面。世界格局由"一强独霸"过渡到多极化的趋势有所增强，而安全问题却日趋呈现复杂和多歧的状态。因此，对依靠美国是否就能确保安全以及美国是否具有足够能力防卫日本，就变成了需要加以思考的战略问题。这一点，正如民主党副党首冈田克也于 2008 年所言：在这种趋势中，日本自身要摆脱某种意义上依存美国的外交安保模式，迎接靠自己的智慧和力量生存下去的时代。

2. 对美国保护日本的诚意产生疑虑

2008 年 10 月，布什政府几乎未与日方商量就突然把朝鲜从"支恐国家名单"中删除。此前，日本一直坚持把该问题与绑架问题挂钩，并在政府层次上一再要求美国在绑架问题解决前，不应从支恐名单上去掉朝鲜。美国的做法让日本政府感到措手不及并发现寄希望于美国解决绑架问题简直是一相情愿。日本一

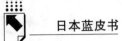

些政要对美国的决定感到"唐突"、"无法理解"、"这是日本外交的巨大耻辱"①，认为美国的这一行为简直就是背叛日本，如果美国进一步采取对朝容忍政策，那就不单是日本安保领域的问题，也损坏作为日本战后外交支柱的对美同盟关系。日本还担心，今后在朝鲜问题上奥巴马将更重视与中国的联系，而忽视日本的作用和利益。总而言之，日本今后在朝核问题上对美将保持表面合作却持续猜疑的政策心理。

3. 日本政治动荡导致日美关系"不稳"

日本部分战略派人士认为，在小泉和安倍政权时代，日美两国关系尤其是安全同盟关系，呈现出第二次世界大战后罕见的强化趋势，一直到 2007 年夏季前后为止，这种关系发展势头都可谓良好。但是，福田上台后采取平衡"日美同盟和亚洲外交"的政策，从政治层面上使日美同盟关系的进一步发展受到了阻碍。这典型地反映在防卫大学校长五百旗头真——作为福田的重要外交智囊，他的观点被认为代表了福田的一定思路——的如下言论中：从更广阔的历史视野来看，日本对美国的对外用武政策必须拥有自己的判断；历史证明，如果日本觉得美国的战略和政策有错误之处，那么作为盟友应该正直地加以规劝而不是一味地追随，这才是长久维持同盟关系的应有之道。②

同时，日本朝野政治斗争又进一步加剧了美国的疑虑和日美关系的波动。在《反恐特别措施法》延长问题上，以小泽一郎为首的最大在野党民主党，硬是拒绝了美方的要求甚至请求，在国会里采取了坚决的反对行动。除此之外，民主党还频频散布"脱美"政策言论，譬如小泽就表示日本在国际安全领域应以联合国而不是以日美同盟为中心来考虑问题等等。这一事态被认为让美国政府对日本作为其盟国的价值产生了怀疑，一定程度上动摇了两国之间的战略信任关系。

4. "中国因素"导致日本对美战略疑虑

新世纪初的第一个十年期过半后，中国综合国力和国际形象持续提升，西方国家发生金融危机后则更是如此，遭遇经济困局的美国甚至公开要求与中国携手合作解决问题。由此，美国亚洲政策的重心时或显现由日本转向中国的苗头。这一事态让日本感到不安和警觉，对美开始产生难以消弭的战略疑虑。因为日本的

---

① http://blog.livedoor.jp/hjm2/archives/51271293.html.

② 根据笔者对 2008 年 9 月中国社会科学院日本研究所和国际合作局主办的"纪念《中日和平友好条约》签订 30 周年国际学术讨论会"上五百旗头真发言所做的记录。

担心已不单再是昔日尼克松或克林顿式对日"越顶外交"尴尬的再现，而是真正开始从战略上担忧：中国的强大可能导致美中越过日本实施接近和联合，直至联手维持其至主导东亚事务；日本在中美关系不断强化的过程中被美逐渐冷落和疏远，日本的利益和安全被美国忽视而得不到有效的保障。近年来，日本战略家们的言论和重要智库的政策建议越来越多地显露出这种担心，并从长期角度提出了加强自主防卫能力、推动多边外交等应对政策。

例如，日本"防卫战略研究会议"发表的《2005～2006年度报告书》就非常典型地表露了此种疑虑。由多名著名学者和专家执笔的该报告，在其"美国的东亚战略和日美同盟"一节中专设两个段落提出了相关建议。[①] 其实，在21世纪初可预见的时期内，美国无论哪个政党上台，其对日政策和日美同盟都不会发生根本变化，但2008年日本的以上这种心理意识表明，即便双边同盟处在不断强化之中，其对美的深层战略疑虑不是减少而是增加了。

（二）政策层面依旧是强化同盟

尽管战略和思想层面日本方面对美国显示出一定的疑虑和不信任，但在政策层面，经过"9·11"事件以来在反恐等国际安全领域的合作，日美之间目前已经发展成为面向全球的新型同盟关系，双边防务合作和军事一体化进程不断加速。2008年，驻日美军整编、导弹防御合作、联手应对国际和地区安全问题等日美深度防卫合作进程，已经按照达成的既定路线图持续得到了推进。因此，可以说，美国继续借助同盟力量参与东亚和东北亚安全事务的战略目标短期内不会改变，日本借重强大盟国实现自身"正常国家"化的战略目标短期内也不会改变。在可以预见的未来，日美两国将继续强化双边军事同盟，以提升其全球干涉能力和参与地区安全事务的能力。

除此之外，日美防务合作中引人注目的具体动向是，2008年9月，美国最大的核动力航空母舰之一"乔治·华盛顿"号正式驻扎日本横须贺海军基地。这是美国核动力航母首次驻扎海外。随后的11月，该航母战斗群与日本海上自卫队舰艇进行代号"年度演习2008"的联合军事演习。演习对外公开的目的是：改善美国和日本之间的防务关系，提高双边的军事互适性，帮助日本应对来自海上的威胁，提高日美海军立体作战能力。自卫队和美军每年都要进行多次大小不

---

① http：//www. nids. go. jp/dissemination/other/studyreport/pdf/study_ j2005_ 02. pdf.

等的联合演习，这些演习多半已制度化，而本次年度性演习出动了日本海上力量的 20 多艘战舰和 50 余架飞机，其规模在世界范围内也是屈指可数的。

三　国际及地区安全保障政策动向

进入 21 世纪后，参与国际安全保障日益被日本列为其安全政策的重要支柱。2008 年，日本积极参加国际安全事务，改善影响其安全的国际环境。与此同时，在日本的地区安全政策中，日印关系的进一步发展颇为引人关注，对华安全战略思考也显示出某种新的动态。

（一）积极参与国际安全保障

2008 年，基于长期稳定参与国际安全事务的理由，日本国内主张制定永久性的"国际和平合作活动法"或"自卫队海外派遣法"的议论明显地要多于往年，执政的自民党也成立了有关的组织来探讨和推动相应工作。当然，政府方面显然也不会甘于落后。2008 年 5 月，日本共同社报道称日本政府积极准备向苏丹南部地区派遣陆上自卫队工兵部队参与联合国的维和行动。有分析认为，近年日本除加紧实施移兵西南岛屿及扩大日本东盟安全关系的"小西南"计划外，还启动了日本—东南亚—印度—非洲大陆的"大西南"战略，以实现日本防卫力量与国际政治影响力的双重扩张，同时抗衡中国对非洲的外交活动。显然，2008 年日本的"大西南"战略越发明晰并得到了进一步深化。

除了在国际维和及开发援助等活动中继续发挥作用外，2008 年日本在参与国际安全事务方面取得的重要成果是第十次当选安理会非常任理事国（任期从 2009～2010 年）。日本常驻联合国代表高须幸雄对此表示，"要将非常任理事国的活动充分利用于安理会改革"。2008 年 5 月，日本政府宣布在 2012 年前将每年援助非洲的官方拨款提高一倍，争取非洲支持日本获得安理会常任理事国席位的努力。到了 9 月，由于日、德等国的推动，联合国大会一致通过决定，要求在 2009 年 3 月之前就安理会改革开始政府间谈判。根据这一决定，2009 年 2 月开始，联大主导的联合国安理会改革政府间磋商启动。这标志着已经进行了 15 年的安理会改革进程即将步入由工作组阶段转向政府间谈判的实质性阶段，意味着日、德等国朝着"入常"目标迈出了一大步。与此同步，麻生首相则在 2008 年 9 月联合国大会上发表演讲，重申安理会改革刻不容缓，为日本"入常"寻求支持。此外，在日本国内，政府和非政府组织以及传媒界发起各种活动为"入常"引导民意和制造舆论。

其实，通览近两年日本战略家们的文章，可知其中透着一股"焦虑"之情。曾出任日本常驻联合国副代表的北冈伸一2008年在《外交论坛》杂志上撰文指出：今后能否甩掉冷战时代的残渣，开创一个新的外交前景并创建一套与之相适应的机制，日本外交面临重大抉择；今后几年内日本如果不过此关，则将不得不沦为与世界大势无关紧要的二流国家。① 很明显，在北冈等人看来，"入常"是日本的既定国策，如果日本无缘安理会常任理事国，就会被隔绝于世界重大决策之外；日本避免沦为"二流国家"，避免在国际事务中地位下降、被边缘化的良策，就是要尽一切努力赶快实现"入常"。可以认为，北冈伸一的看法某种程度上代表了日本政坛的主流声音。

（二）地区安全关系的新进展

2008年10月，日本和印度两国首脑在东京签署了关于在反恐、核不扩散以及防卫交流等安全保障领域加强合作的《安保共同宣言》，为日印两国之间防务合作关系的持续深化和迈上新台阶，从制度和法律层面提供了保障。麻生表示，从和平与安全的角度，包括日本自身安全的角度来说，这份安全协议都很重要。这是除美国与澳大利亚以外，日本与第三个国家签署的安全合作协议，不可谓不"意义"重大。有评论指出，此次日印两国签署《安保共同宣言》，表明两国之间的防务交流关系将机制化，不排除未来两国举行类似日美、日澳之间由外长和防长共同参加的"2+2"会议的可能。这份宣言的签署也为双方进行更频繁和更大规模的防务合作提供了保障。

舆论普遍认为，日本此举针对中国的意图十分明显。例如，同日本与美澳之间的安保合作内容相比较，日印之间的安保合作规模肯定要小得多，但双方在联合反恐、共同打击海盗和防止核扩散方面依然有着共同的利益交汇点。然而，协议对这些并未提及，只是含糊地表示两国共同应对"新的安全挑战和威胁"，这实际上是针对中国崛起的一种影射。有日本评论人士就此指出，麻生在担任外相时曾经提出旨在促进亚洲民主化进程的"自由与繁荣之弧"构想，其初衷就是加强日美澳印四国的合作，以遏制国际影响力不断上升的中国。该"四国联盟"

---

① 〔日〕北冈伸一：《处于分歧点的日本》，《外交论坛》2008年第11期。

以日美军事同盟为基础，日美澳安全联盟为过渡，同时拉拢印度参加。虽然麻生在出任首相后尚未触及这一路线，但其加速与印度展开安保领域合作的背后，仍然暗藏着相同的理念。

当然，日本此举并非完全针对中国，否则印度也不会俯首就范。日本的另一战略意图应该还在于构筑以日美同盟为核心的"亚太安全合作网络"。在这一理念驱动下，日本近来也大力推动日澳安全关系的发展。2008 年 12 月，日澳举行第二次 "2 + 2" 会议，就进一步推进防卫当局战略对话、扩展防卫交流等议题达成一致。种种迹象表明，日本近年来认为，适当摆脱对美"轮辐"型双边安全关系、开展"志愿联合"国家间的横向联系并推动地区安全网络连接成形，有益于提高其自身安全系数、实现对美自立和拓宽对外战略活动余地，是其值得加以推动的维护国家利益的战略措施之一。

（三）对华安全政策仍是"两面"

2008 年，日本总体上采取了理性务实的对华政策，两国关系在战略互惠格局下呈现出稳中有进的局面。5 月，在胡锦涛主席访日时双方签署了第四个政治文件，从战略高度巩固了双边安全关系的基础。10 月，麻生首相出席《中日和平友好条约》缔结 30 周年纪念大会，阐述继承"战略互惠关系"的立场。在这种大气候下，日本虽然在安全战略层面上流露出较前浓厚的"对华疑虑"倾向，总体政策上还是保持了"发展交流、不忘防范"的两面态势。

1. 相关战略议论动向

进入 21 世纪后，中国的快速发展和崛起势头导致日本在对华安全政策上的疑虑和防范心理加剧。进入 2008 年后，中国举办奥运会、GDP 跃居世界第三，日本则陷入金融危机带来的经济萧条和衰退，因而较之以往这种倾向表现得更为强烈和明显。除日本《2008 年版防卫白皮书》继续就"军力发展及军事政策透明度"问题变相渲染中国的"军事威胁论"外，据媒体报道，日本政府从 2008 年起推动修改（2009 年底完成）2004 年版《防卫计划大纲》的主要理由之一就是应对中国快速崛起带来的"不确定因素"。

日本的部分政治和知识精英倾向于把未来中国（及其针对日本）的"不确定性、非成熟性、问题性和潜在威胁性"作为对华安全政策的判断前提。在这方面 2008 年显得非常突出和典型的是：有一定政府背景或政府直属的智库公布的多份政策建议报告——这些报告的构思起草者囊括了日本相当一部分主流学者和评论人士，几乎都提出了中国在安全领域的"不透明性"、"不确定前景"和对日本的"潜在军事威胁"问题。这些报告粗算起来就有：上述"防卫战略会议"2月发表的《2007～2008年度报告书》、"世界和平研究所"4月推出的《日中关系的新篇章》、"PHP综合研究所"下属研究会6月提出的《日本对华综合战略》，"和平与安全保障研究所"7月发行的《亚洲的安全保障2008～2009》报告，上述"东京财团"研究部10月提出的政策建议《日本的新安全保障战略》报告。

此外，防卫省直属的防卫研究所8月公布了《东亚战略概观2008》报告（自1996年起，每年出版一册）。

2. 政策层面的动向

在"两手应对"的政策方针下，继2007年中日防务交流开始回暖之后，2008年日本也推动开展了多种对华防务交流与合作活动。2008年2月，日本自卫队统合幕僚长（联合参谋长）斋藤隆访问中国，这是日本自卫队最高将领近八年来首次访华。斋藤在行前曾表示，建立中日防务信赖关系是访问首要目的。3月，日本防卫省事务次官增田好平来华举行了第八次中日防务安全磋商，内容涉及台湾问题、双方防务政策和交流合作以及地区和平与稳定等多项议题。双方达成多项共识，包括同意继续保持两国防务部门高层往来、不断拓展防务交流领域、设立军事热线并于4月召开中日防务部门海上联络机制首轮专家磋商。增田在结束磋商后表示，双方在磋商中"坦率地"交换了意见，中方对于日方关切的问题给予了非常详细的说明，希望双方今后能继续加强务实交流，增进战略互信。此后，日本海上自卫队"涟"号驱逐舰于6月访问广东湛江军港，这是二战后日本战舰首次出现在中国港口。日本自卫队军舰访华是两国军舰互访计划的一部分，是对2007年11月中国导弹驱逐舰"深圳"号访日的回访，也将是二战后日本战舰首次现身中国港口。两国军舰互访，除了军事上的交流、培养军事互信之外，对于两国的政治交流也有积极影响。

以上交流活动是在中日关系不断改善、发展的背景下进行的，对于推进双方防务互信、扩大军事交流具有实际作用，对于消除两国的战略误解、推动中日战略互惠关系发展也将起到积极的作用。不过，中日之间的防务关系发展仍任务艰巨，路途遥远。一个原因就是，日方在此类交流中几乎都要就"军事透明度"问题质疑中国，念念不忘要求中国增强所谓的"开放性"和提高"透明度"。也就是说，在中日防务交流不断升温的同时，日本对中国国防的戒心却也不断加大，总在以"威胁论"为由对中国合理的军事发展保持防范与戒备态势。

参考文献

〔日〕防卫省编《2008年度日本的防卫》，行政株式会社，2008。

〔日〕防卫省防卫研究所编《东亚战略概观2009》。

〔日〕田村重信等编《日本的防卫政策》，芙蓉书房，2008。

〔日〕东京财团政策研究部编《日本的新安全保障战略》，2008年10月。

〔日〕和平与安全保障研究所编《亚洲的安全保障2008～2009》，2009年7月。

〔日〕"防卫战略会议"编《2007～2008年度报告书》，2008年2月。

〔日〕世界和平研究所编《日中关系的新篇章》，2008年4月。

〔日〕PHP综合研究所下属研究会编《日本对华综合战略》，2008年6月。

日本安全保障分野の動向について

呉懐中

要　旨：2008年、日本安全保障分野の動向については主に、政策調整と能力構築が着実に進み、戦略に関する議論が盛んであったなどの特徴が挙げられる。政策面においては、宇宙と海洋分野への着目と進出、防衛省改革と自衛隊の新たな編成、日印及びアジア太平洋地域安保体制の構築などが注目されるべきである。戦略構想や議論の面においては日米同盟の先行き、中国の台頭による「不確定要素」、国際安全保障への参加、日本自身の防衛努力などに焦点が当てられている。以上から見れば、日本の安保分野における「普通の国」への路線が着々と進められていると言えよう。

キーワード：安全保障　政策動向　「普通の国」化

日本自卫队与中日防务交流

摘 要：2008 年 6 月日本自卫队舰艇首次访华，引起人们对未来中日两国防务交流与合作良好前景的关心和期待。日本自卫队在战后走过了一条艰难曲折的发展道路，其防卫力量和防卫政策经历数度改变，中日防务交流与合作也在中日关系的起伏发展中经历着变化与考验。来自海上自卫队的两位将军——日本自卫队总参谋长斋藤隆海军上将和海上自卫队参谋长赤星庆治将军，都对未来中日两国的军事交流持积极态度，并主张在多国框架中谋求未来世界的海洋安全与稳定。

关键词：日本自卫队 防务交流 中日安全合作

2008 年 6 月 24 日，由三菱重工长崎造船厂生产并于 2005 年 2 月 16 日开始服役的日本第四护卫队群第八护卫队的高波级第四代最新型驱逐舰"涟"号[①]抵达中国湛江。这是日本自卫队舰艇首次访华，也是对中国海军"深圳"号导弹驱逐舰 2007 年访日的友好回访。随"涟"号来访的日本官兵共计 240 人，他们在五天的时间里与中国海军进行了交流，并且其舰艇还向湛江市民开放。

随着中日关系的深入发展，两国的军事交流与合作也超出专业领域，成为大众层面的话题，但两国民众彼此对对方武装力量的了解还远远不够，甚至可以说基本处于空白状态。为了深入了解日本的武装力量特别是日本自卫队的情况，本文拟对日本"自卫队"的性质特征、防卫力量与防卫政策的改变、中日防务交流进行阐述，并介绍笔者走访日本防务省和参观自卫队基地，与日本自卫队高层接触的情况。

---

[*] 王屏，哲学博士，中国社会科学院日本研究所研究员，政治研究室副主任，研究专业为国际政治、国际关系、东方哲学，研究方向为日本政治外交思想史、日本军事安全战略、中日关系、日本政局分析。

① JMSDF Sazanami，DD‑113，排水量 4650 吨。

一　日本"自卫队"的性质特征

对位于日本东京都新宿区市谷台的防卫省大院笔者并不陌生，2003 年 7 月来此拜访过当时的防卫厅长官石破茂。这次来所不同的是，大门口的牌子由"防卫厅"变成了"防卫省"，身为众议院议员的石破茂也由防卫厅长官变成防卫大臣。"市谷台"是一个有很多故事的地方。陆上自卫队称其为"市谷驻屯地"，海上自卫队和航空自卫队称其为"市谷基地"，防卫省则称其为"市谷地区"。实际上，从 1874 年起，这里就是有名的日本"陆军士官学校"所在地。1934 年，作为校舍建起了"市谷 1 号馆"。过了几年，学校搬到别处。从 1941 年 12 月起，这里成为陆军参谋本部所在地，即"大本营陆军部"所在地。也就是说，第二次世界大战中日本作战指挥的中枢系统就设在这里。日本战败后这里被美军接收，1946 年 5 月到 1948 年 11 月的远东军事法庭审判（即"东京审判"）就是在"市谷 1 号馆"进行的。到了 1959 年美国人才将这里还给日本自卫队，市谷成为陆上自卫队东部方面军的总监部所在地。

1970 年 11 月 25 日，日本"新右翼"代表人物三岛由纪夫，为了唤起所谓日本人的国家意识与防卫意识在"市谷 1 号馆"的总监室剖腹自杀。后来东部方面军总监部搬走，防卫厅从港区赤坂搬到这里。由于"市谷 1 号馆"年久失修，该建筑物被拆毁（其中一部分被移到旁边作为纪念设施保存），并在原地建起一栋新的大楼，也就是现在的防卫省主楼"A 栋"。在这里办公的不仅仅是防卫省的各职能局，还有自卫队的统合幕僚监部（总参谋部）、陆上幕僚监部（陆军参谋部）、海上幕僚监部（海军参谋部）、航空幕僚监部（空军参谋部）、中央指挥所和情报本部等单位。

根据第二次世界大战后日本"和平宪法"的规定，日本的军队不能叫"军队"，而叫"自卫队"。英文里则称其为"自卫军"（Self Defense Force）。陆海空三军在日本被称作"陆海空三自卫队"。但是，英文里分别称其为"日本陆军"（Japanese Army）、"日本海军"（Japanese Navy）和"日本空军"（Japanese Air Force）。1945 年 8 月 15 日，日本战败并接受波茨坦宣言投降，具有 80 年历史的陆军省与海军省作为组织寿终正寝。取而代之的是专事复员军人业务的第一复员省和第二复员省。1946 年随着复员业务的终了两省也被废止。因此，从战败到朝鲜战争爆发这段期间，日本没有武装力量，美国的目的是要使大和民族失去竞争能力。然而，冷战格局形成后美国改变了主意，他们想利用日本作为自己在亚太地区的军事基地（即所谓的"不沉的航空母舰"）。

日本陆海军解体之后，日本的治安由驻日美军的 4 个师团（即第 8 军的第 7、24、25 步兵师团和第 1 骑兵师团）维持。朝鲜战争爆发后，美军的 4 个师团先后开拔赴朝鲜半岛，只留下一些管理部队。由于当时的日本治安状况非常差，1950 年 7 月 8 日，盟军最高司令麦克阿瑟致信当时的日本首相吉田茂，命令日本政府设立一个 7.5 万人的警察预备队。8 月 10 日，根据日本政府第 260 号政令（警察预备队令）设立了"警察预备队"，并招募了合格者 7.4 万人。虽然名字叫警察预备队，但它不属于警察组织，是直属内阁府的机构并在内阁总理大臣的直接领导下行动。日本恢复独立的前两天，即 1952 年 4 月 26 日，在海上保安厅法修改的同时成立了"海上警备队"。海上警备队编制共有 6038 人，扫雷艇、杂船加一起大约 8000 吨。① 直属总理府的"警察预备队"和"海上警备队"便是自卫队的前身。单独讲和以及日美安全条约签订后，日本国内出现重整军备的呼声。1952 年 7 月 31 日，日本国会通过《保安厅法》，8 月 1 日成立了作为总理府下属局的"保安厅"来管理上述两个机构。同年 10 月 15 日，警察预备队改称"保安队"。12 月 27 日，海上警备队改称"保安厅警备队"。1953 年 3 月，警备队已有舰船 127 艘，总吨位有 3 万吨。1953 年 12 月，保安队的人员编制达到13.25 万人。在保安队成立的同时，航空学校也开始设立。另外，在警备队里也设有航空筹备室。这就是航空自卫队的前身。1954 年 3 月，《日美相互防卫援助协定》（MSA 协定）签订，《防卫厅设置法》与《自卫队法》出台。6 月 9 日，日本自卫队法开始实施，同时新设了领空警备组织。同年 7 月 1 日，日本《防卫厅设置法》开始实施，日本防卫组织机构"防卫厅"成立，日本自卫队也有了自己的军旗。至此，战后日本的武装力量陆海空三自卫队正式诞生。根据《自卫队法》的规定，自卫队的主要任务是防范外国的直接侵略。但是，总理大臣向自卫队下达出击命令时，原则上要得到国会的认可。

二　日本防卫力量与防卫政策的改变

自卫队成立之初训练所用的武器都是从美国人那里借来的，基地也是美国人

---

① 〔日〕田村重信、佐藤正久：《教科书——日本的防卫政策》，芙蓉书房，2008，第 14、18 页。

腾出一点用一点。对于日本防卫主权的缺失，执政的保守党阵营中的一部分政治家早已耿耿于怀。以鸠山一郎和岸信介为代表的具有"民族派"色彩的"非主流保守派"政治家与以吉田茂为代表的主张以经济建设为中心的"主流保守派"政治家之间展开了激烈的斗争，革新阵营中在野的左翼政党更是坚决反对重新武装。于是，几种不同的政治势力围绕修改日美安全条约，在 1960 年展开了一场大决战。日本国民由于深受战争之害，对军队早以敬而远之。而且，自卫队在宪法中的法律地位至今模糊不清。因此，军人在战后的日本一直没有地位，甚至抬不起头。自卫队的威信是通过国内的救灾活动一点一点恢复的（如 20 世纪 50 年代末的台风救灾以及 60 年代中期的地震救灾），每当国际安全形势紧张时人们就能提高一点对自卫队的认知度（如 1962 年的古巴导弹危机）。1965 年东京奥运会上航空自卫队的五环旗飞行表演使日本自卫队开始找到了一点存在感。

日本的武装力量实行"文官统治"制度，即防卫大臣必须是文官，而陆海空三军的指挥监督权属于作为文官的首相。防卫大臣通过统合幕僚长（即总参谋长）向陆海空三自卫队发布命令。陆上自卫队（编制 153220 人，实有 138422 人）下辖 5 个方面军和 1 个中央快速反应部队，分布在 21 个"驻屯地"。陆上自卫队拥有日本自己生产的"90 式"新一代主力坦克。海上自卫队（编制 45716 人，实有 44088 人）下辖 4 个舰队、2 个航空集团和 6 个地方部队，分布在 8 个基地。横须贺海军基地位于神奈川县境内，由日本海上自卫队基地和美军基地两部分构成。横须贺海军基地虽然是日本的领土，但海上自卫队基地的面积只是美军基地面积的一半。日本海上自卫队的基地偏安于横须贺海军基地的东北角。航空自卫队（编制 47313 人，实有 45594 人）下辖 1 个总队、1 个混成团、3 个集团军和 3 个方面军，分布在 7 个基地。① 航空自卫队装备有先进的 F15 战斗机。按照日本 2005～2009 年期间的《中期防卫力量装备计划》目标，日本陆上自卫队应装备有作战坦克 49 辆，装甲车 104 辆，中程地对空导弹部队 8 个中队。现在，目标完成比率分别只有 50%～60%。海上自卫队装备 23 架预警直升机（SH－60K）的完成率为 65.22%；航空自卫队改装 26 架 F15 战斗机的目标也只完成 23.08%。已经 100% 完成计划目标的有海上自卫队的宙斯盾护卫舰（3 艘）和航空自卫队的空中加油、运输机（1 架）。②

---

① 〔日〕防卫省：《2008 年版防卫白皮书》，第 382 页。
② 〔日〕朝云新闻社：《2007～2008——自卫队装备年鉴》（2007），第 586 页。

1957 年 5 月 20 日，日本内阁下设的"国防会议"（即现在的"安全保障会议"）制定了《国防基本方针》，奠定了战后日本防卫政策的基础。该基本方针的主要内容有下列四项：①支持联合国行动，参与国际合作并为实现世界和平做贡献；②稳定民生，发扬爱国精神，确立保卫国家安全所必备的基础；③在国力国情允许的范围内，逐步建设自卫所必需的高效防卫力量；④对来自外部的侵略，在联合国不能有效阻止之前，以日美安全保障体制为基础应对。① 在第二次世界大战后《日本国宪法》的框架内，日本防卫政策的特征是，贯彻"专守防卫"方针，不做对他国构成威胁的军事大国，坚持日美安保体制，确保"文官统治"，遵守"无核三原则"。第二次世界大战后日本的"专守防卫"政策一直坚持到冷战结束。这期间自卫队只是"存在"，基本不发挥什么作用。20 世纪 70 年代，防卫厅下属部局虽然有人开始暗中研究"有事立法"，但一经曝光，就立即遭到左翼政治家的批判。1988 年美国和日本才开始搞共同技术研究与开发，冷战结束后日本的防卫政策有了本质性改变，自卫队从"存在"走向"功能化"。随着国家意识和防卫意识的增强，日本人对自卫队的看法慢慢发生变化。20 世纪 90 年代中期，与自民党联合执政的社会党终于承认自卫队不"违宪"。近年来，左翼政党对自卫队的认知度有所增强，日本自卫队员的社会地位稍有提高。

冷战结束初期，日本参与国际事务的积极性很高。十几年来，日本参加过柬埔寨、莫桑比克、戈兰高地、东帝汶的联合国维和行动，并在卢旺达、阿富汗、伊拉克等地实施过救援行动。日本想通过作"国际贡献"来提高自卫队在世界范围内的威望并逐步走向"自立"。20 世纪 90 年代中期，美国调整东亚战略时对日外交安全政策也随之调整，美国希望日本能与自己共同分担"义务"。1996 年 4 月《日美安全保障联合宣言》发表，被"重新界定"的日美安全关系使战后日本的"专守防卫"政策发生了部分质变。日本的防卫范围由消极的"本土防御"扩展到"周边有事"时的积极出动，这意味着战后日本实行了几十年的防卫政策有了突破性改变。美日两国调整防御战略虽各有所图，但将中国作为"假想敌"是其共同特征。后来日本国会通过的"周边事态法"以及"有事立法"均属于这一冷战思维模式。与美国不同的是，日本想通过对美实施"后方支援"逐步突破"和平宪法"的束缚，进而逐渐走向"正常国家"并最终摆脱

---

① 〔日〕田村重信、佐藤正久：《教科书——日本的防卫政策》，芙蓉书房，2008，第 41 页。

美国的限制成为外交军事完全独立的世界政治军事大国。目前实施的《防卫计划大纲》以及《中期防卫力量装备计划》（2005～2009）是2004年12月制定的，麻生正着手组织智囊班底对其进行研究和修正，新防卫大纲出台后日本的防卫力量将得到进一步加强。

三 防务交流是中日互信的基础

中日两国在安全领域的互信是构筑和谐的中日关系以及亚洲区域安全秩序的前提条件，20世纪90年代上半期开始的中日防务交流，由于众所周知的原因时断时续。中日两国军方之间各层次的交流都很缺乏，尤其是下级军官和普通士兵之间的接触几乎是空白。近两年，由于首脑外交的恢复，特别是"迎春之旅"和"暖春之旅"的实现，为两国之间的防务交流创造了良好氛围。

中日防务交流与合作还属于中日关系中的敏感领域，其发展历程并非一帆风顺。1984年7月中国国防部长访日，1987年5月日本防卫厅长官访华。以此为标志，出现恢复邦交后中日防务高层交流的第一次高潮。20世纪90年代前半期中日防务交流陷入低谷，1998年2月时隔14年，中国国防部长第二次访日，同年5月日本防卫厅长官第二次访华。日本自卫队总参谋长首次访华是在1995年2月，2000年两国总参谋长实现互访。2001年4月小泉首相上台后中日防务高层交流被打断，原定2002年的日本防卫厅长官访华以及首次军舰互访因小泉再次参拜靖国神社而取消。安倍首相上台后积极修复中日关系并实现"破冰之旅"，以2006年9月日本防卫厅长官石破茂访华以及2007年8月中国国防部长曹刚川访日为标志，中日防务高层交流得以恢复。2008年是中日防务交流成果显著的一年，作为2007年底中国军舰访日的回访，日本军舰实现了访华。中日两国军舰互访的意义已经远远超出军事领域，将在中日关系发展史上留下浓墨重彩的一笔。在这一年里，两国海军首脑还实现了互访。

2008年6月20日，带着对未来中日两国防务交流与合作前景的关心和期待，笔者来到日本防务省"A栋"，拜访了日本自卫队总参谋长（统合幕僚长）斋藤隆海军上将以及日本海上自卫队参谋长（海上幕僚长）赤星庆治将军。谈到2月访华时，斋藤隆上将不无感慨地说，自己是第一次到中国，北京、上海的建设速度远远超出他的想象，成果令人吃惊。关于中日两国军人之间的交流，他有自己独到的见解："没见面之前，彼此都各有看法，但实地考察之后发现，双方自我定位不同是源于各自的文化特点"，"不同并不等于缺陷"。

关于未来两国防务交流，斋藤隆将军的看法是："交流应该是多层次的。首先是军界高层的互访。在我访问中国之后，也希望中国的总参谋长能尽快访问日本，两国防长之间的互访也应在适当的时候进行。其次是校官级别的交流，最后是年轻军人之间的交流。"① 他认为，政治常常波澜起伏，但军事则相对稳定，"职业军人之间往往有共同语言和共同的价值观念，交流起来比较容易"。

谈到日本舰艇此次访华的意义，赤星庆治将军认为可以从三个方面看："第一，通过舰艇互访可以增进两国之间的信赖关系；第二，两国舰艇交流可以为稳定地区安全形势发挥积极作用；第三，军舰与飞机、战车不同，它不仅是一种兵器，还是一个国家文化与生活方式的缩影，因此，在舰艇的空间范围内可以了解彼此间不同的文化与生活方式。"他强调说："海军不单是一个军种，同时还富有外交功能，这是海军的独特之处。"在即将到来的"海洋新时代"，海军将发挥重要作用。随着中日两国防务及民间交流的深入，两国关系会更加密切。虽然在两千年的交往史上有过不愉快，现实中也有各种各样的问题不能一下子解决，但两国应以"向前看"的姿态进行交往。同是来自海上自卫队的两位将军给笔者留下的印象是，他们都对未来两国的防务交流持积极态度，并都主张在多国框架中谋求未来世界的海洋安全与稳定。②

两国防务交流的进一步发展，还需两国国民的理解和舆论的支持。日本走向"正常国家"过程中的军事建设常常引起周边国家的担忧，中国军队的现代化建设也往往被曲解。尽管如此，随着国际关系格局以及亚太地区安全形势的发展变化，中日之间的防务交流与合作必将进一步展开，这也是中日之间构筑战略互惠关系的迫切需要。安全保障领域的互信是中日之间构筑战略互惠关系的基础，中日两国都应该从国家安全利益以及亚太综合发展战略的角度看待中日防务交流的作用和意义。目前，两国之间的防务交流还远远不能适应快速发展的中日关系和亚太局势的需要。当然，前进的道路不会一帆风顺，两国都会遇到来自内外的干扰和阻碍。但是，只要我们从亚洲与世界的和平与安全的角度出发，以两国关系的大局为重，求同存异，高瞻远瞩，定会推动两国防务交流的深入发展，中日两国人民世代友好相处，就是为亚洲以及世界的和平与安全做贡献。

---

① 王屏：《近距离看日本自卫队》，2008 年 6 月 24 日《环球时报》。
② 王屏：《近距离看日本自卫队》，2008 年 6 月 24 日《环球时报》。

参考文献

〔日〕田村重信、佐藤正久：《教科书——日本的防卫政策》，芙蓉书房，2008。

〔日〕防卫省：《2008 年版防卫白皮书》。

〔日〕朝云新闻社：《2007～2008——自卫队装备年鉴》，2007。

王屏：《近距离看日本自卫队》，2008 年 6 月 24 日《环球时报》。

日本自衛隊と中日防衛交流

王　屏

　要　旨：2008 年 6 月 24 日、三菱重工長崎造船所にて建造され2005 年 2 月に就役した海上自衛隊第 4 護衛隊群第 8 護衛隊たかなみ型第 4 世代最新型護衛艦「さざなみ」は、中国湛江へ初めての訪中に来られた。両国の軍事交流と協力の未来展望について関心を持って、私は艦艇が来た前の 6 月 20 日、日本の三軍統合幕僚長斎藤隆海将と海上自衛隊海上幕僚長赤星慶治海将を取材した。海上自衛隊から出身した二人の将軍は将来の両国軍事交流に対する積極的な態度を有しており、同時に、多国間的な枠組みにおける将来の世界的な海洋安全と安定を追求すべく主張する。戦後、曲折な道を辿ってきた日本自衛隊は、中日関係の起伏変化の中で、相互防衛交流を展開しているうちに、いろいろな変化を経験していた。

　キーワード：自衛隊　防衛交流　中日安全合作

2008 年日本外交调整及走向

吕耀东[*]

摘 要： 日本的外交战略的核心内容之一是开展多边安全战略对话。日本力图在开展多边安全对话方面发挥主导作用，增大自己在国际社会尤其是东亚地区的支配力和发言权。同时，适度减轻对美依赖程度，为早日成为联合国常任理事国寻找突破口。根据"战略性运用 ODA"这一理念，日本将逐步把援助重点锁定在那些对日本"具有战略性价值的发展中国家"身上，把 ODA 推展为新外交基轴。日本将把国际社会共同关心的环境、气候、能源等国际性民生问题作为其参与国际政治的切入点和制高点，以引领全球议题、顺应时代潮流的姿态增加日本的国际影响力。

关键词： 日本外交战略 战略性 ODA 发展中国家 环境 气候

---

* 吕耀东，法学博士，中国社会科学院日本研究所副研究员，外交研究室副主任，研究专业为日本外交，研究方向为当代日本外交政策与外交战略、东亚的冲突与合作。

日本蓝皮书

2008 年，日本以主办"第四届非洲开发会议"、洞爷湖八国峰会等为契机，充分表达其大国化外交战略意图，在突出"全球气候变化对策"、援助非洲发展、朝鲜半岛无核化等主要议题的同时，主动强化日美同盟关系，并通过否定八国集团峰会"扩容"来维护其亚洲成员国的"唯一性"，努力拓展日本的外交"空间"，积极推动联合国改革，争取"入常"，表现出不断扩大日本参与亚洲乃至国际事务的"主体性外交"意向。

一 "新福田主义"凸显日本亚太战略目标

（一）"新福田主义"从"点"到"面"的战略关注

日本首相福田康夫在 2008 年 5 月东京出席"亚洲的未来——国际交流会议"上发表演讲，这篇被称为"新福田主义"的演讲，在阐述日本综合亚洲外交政策的同时，也凸显了日本的亚太战略目标。

尤其是福田呼吁包括美国、中国、俄罗斯在内的环太平洋各国加强相互间的经济合作，将太平洋变成像地中海一样能够频繁进行人员及物资往来的"内海"的战略理念，更是超越其父的"福田主义"的区域局限，不仅涵盖东北亚和东南亚国家，还把印度、澳大利亚、新西兰、南北美洲纳入其中。它既回避了安倍内阁提出的"价值观外交"理念，又向国际社会充分展示了日本对外战略的新构想。

值得关注的是，福田在演讲中还提出亚洲发展的所谓"五项承诺"，即坚决支持实现东盟共同体；强化日美同盟；作为和平合作国家而竭尽全力；促进各国青少年交流；努力实现一个应对气候变化的"低碳社会"。对此，日本舆论认为"新福田主义"就是在"福田主义"的基础上发展而来的。但是，从以上"五项承诺"的内容来看，福田康夫与其父在"福田主义"中的"承诺"内容大相径庭。所谓"福田主义"，指的是时任日本首相的福田赳夫 1977 年 8 月历访东盟各国，在马尼拉提出日本对东南亚新政策的基本原则。鉴于当时东盟国家对日本的经济"进出"东南亚心存忧虑，福田赳夫提出不做军事大国、构建心心相印的信赖关系、为东南亚的和平与繁荣做贡献的主张，受到国际社会的好评，消弭了一些东南亚国家对于日本的信任危机。

然而，在全球化和区域一体化的形势下，21 世纪的日本在力求摆脱"战后体制"的过程中，福田康夫早已突破"福田主义"的一贯思维，实现了从东南亚的"点"到亚太地区"面"的战略关注。可以说，如今福田康夫的"五项承诺"，与其说是对于亚太国家的所谓"承诺"，倒不如说是日本人国化外交的战略诉求。

（二）"新福田主义"的战略诉求

1. 坚持日本关于构建"东亚共同体"的战略目标，努力发展与亚洲国家建立信赖关系

福田表示，全力支持东盟在 2015 年前组建共同体的努力。日本将在今后 30 年努力帮助消除亚洲的差距。这些"新福田主义"的主张，体现出日本一贯坚持构建"东亚共同体"战略原则及侧重点。早在 2005 年的《东亚共同体构想的现状、背景与日本国家战略》报告书中日本就强调，要在日本周边推动和平繁荣、自由与民主价值理念，并在此基础上实现"东亚共同体"的战略构想。有所不同的是，"新福田主义"关于将太平洋变成合作"内海"的战略理念表明，福田是希望以构建东亚乃至亚太 EPA 的形式消除安倍"价值观外交"对于东亚经济一体化产生的消极影响。他曾在施政演说中强调："要实现积极的亚洲外交"，需就东亚经济一体化、地区安全和国际问题与亚洲国家进行战略对话，提升日本在亚洲事务中的发言权和主导权。

2. 强调"日美同盟是亚洲和平与繁荣的基础"，并将之定位为"亚太地区的稳定装置"

日本历来把能否维护日美安保体制视为日本外交成败的关键。21 世纪初，日美同盟已经演化成为美国全球战略的需要和日本大国化战略相结合的产物。目前，日本对外战略的侧重点是在拓展日本防卫能力的同时，通过以日美同盟为主导的安全保障机制，向"改善亚太及国际安全保障环境"的方向发展。日本对美外交战略主要借助日美同盟来积蓄力量，为最终摆脱美国的控制创造条件。日本的"普通国家化"与美国全球战略调整的利益交汇点，是日美同盟强化的原动力。福田上台伊始就首访美国，提出了"日美同盟的强化与推进亚洲外交的共鸣"的对外战略理念，突出强调"实现亚洲的稳定、开放、繁荣和发展对于进一步加强日美同盟具有重要意义"。这种不同于安倍内阁时期"价值观外交"的"稳健的自由保守"路线，已经在福田内阁的外交政策中得到具体体现。

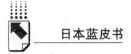

3. 倡导构建"亚洲防灾防疫网"等非传统安全合作机制，彰显日本是"和平合作国家"

有鉴于中国四川汶川发生大地震以及缅甸遭遇强热带风暴，福田倡导构建"亚洲防灾防疫网"，旨在将亚洲各国紧急救援组织连为一体，共同应对地震、海啸等大规模灾害和禽流感等突发事件。这一战略理念符合目前东亚地区性非传统安全问题频繁发生的现实。而且，现在各国在对待非传统安全问题的态度上由过去的相互指责走向全面合作。近年来，中日在非传统安全领域的合作，无疑给东亚的地区性应急机制建设和地区认同的加强注入了新的活力，并促进了亚洲"非传统安全共同体"意识的生成和发展。

4. 通过加强日本与亚太地区各国青少年的交流，增进民间友好感情

近年来，日本部分政要否认二战侵略历史的言行，严重伤害了中韩等亚洲受害国的民族感情，也遭到国际社会的抗议和谴责。为了消除这样的不利影响，早在 2006 年安倍就为改善日中关系提出了"战略性亚洲外交"方针，指出要"扩大接收来自中国和其他亚洲各国的留学生"。中日在近期签署的"第四个政治文件"中也确认，"不断增进两国人民特别是青少年之间的相互了解和友好感情，有利于巩固中日世代友好与合作的基础"。"新福田主义"将这一外交理念扩大到亚太地区青少年间的文化交流及知识界交流的广阔范围，开创了亚太地区政治关系与民间交流良性互动的新局面。

5. 以关注全球"气候变化问题"为切入点，谋求确立日本环保大国形象

近年来，日本环境外交顺应全球环境保护发展趋势，力求通过参与和倡导国际环境对话与合作确立环保主导权，为实现日本"大国化"战略再辟路径。日本主办的"亚太环境会议"作为本地区各国进行环境政策对话、交涉和调整环境相关问题的平台，是日本加强双边、区域性及全球性三个层次环境外交的中间环节，也是日本以"环保大国"形象从亚太地区走向世界的政治跳板。福田首相在 2008 年初"达沃斯论坛"的演讲中提倡，通过科学的累计温室气体的可能减排量来设定"各国总量目标"，率先提出日本对于"减排目标"的新构想。并将"气候变化问题"作为 2008 年 7 月北海道洞爷湖八国峰会的主题之一。这从政治意愿上充分表达了日本积极掌握亚太乃至全球环境外交主导权，确立日本"环保大国形象"的战略取向。

总之，面对中印等亚洲国经济的快速发展的现实，"新福田主义"主张以同样重视亚洲外交与日美同盟的"共鸣外交"体现"日本的存在"，重构因小泉连年参拜靖国神社损害的周边外交，使日本与亚洲其他国家成为"分享利益、共担问题的伙伴关系"。特别是福田倡导构建"亚洲防灾防疫网"等非传统安全合作机制，休现出福田内阁力图恢复与亚洲国家问的信赖关系的政策取向，也有利于亚太各国由竞争和对抗走向合作与共赢，符合全球化与区域一体化的时代特点。"新福田主义"涉及日本政治、经济、社会、环保及文化交流等各个对外关系领域，是福田对其综合亚洲外交政策的全面诠释，充分反映出福田处理日本周边的双边、多边及地区关系的协调性和整体性的外交理念。

二 通过举办第四届非洲开发会议拓展外交空间[①]

（一） 第四届非洲开发会议的主题及援非措施

"第四届非洲开发会议"（TICAD）于 2008 年 5 月 28～30 日在日本横滨举行。日本举办第四届非洲开发会议的主题为"希望与机会：打造充满活力的非洲"，会议有三个重点：一是促进非洲经济加速增长；二是追求非洲和平，实现非洲国家长治久安，达成联合国关于"千年发展目标"中有关"确立人类安全保障"目标；三是应对环境保护和气候变暖问题，特别是要利用国际先进技术和资金，改善非洲的环境问题和气候变化问题。

在"非洲开发会议"上日本首相福田康夫发表演讲，宣布为协助非洲建设道路、港口等交通网络，"今后五年将提供最多 40 亿美元的日元贷款"。福田还对粮价快速上涨"深表忧虑"，承诺"将把此前宣布的一亿美元紧急援助中的相当一部分提供给非洲"。他还表示将使非洲的大米产量及日本的民间投资都增加一倍，着力加强日本和非洲的关系。

福田强调："非洲借鉴战后日本及亚洲各国成功经验的时候已经到来。"为增加作为经济增长引擎的民间投资，除建设交通网络外，日本还准备提供 25 亿美元规模的金融援助，其中包括在国际协力银行新设"投资倍增基金"等措施。

---

① 非洲开发会议（TICAD），由日本倡议，联合国和世界银行共同举办。前三届分别于 1993 年、1998 年和 2003 年在日本举行。日本在前三届会议上倡导"通过经济发展削减贫困"，推动"非洲实现可持续发展"，并向非洲提供了政府开发援助（ODA），主要用于基础设施建设和扩展双边贸易。概括地说，东京会议的主要目标有两方面：一是促进日非国家领导人的高层次政策对话，确立合作伙伴关系；二是调动国际各方资源，促进非洲可持续发展。

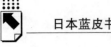

福田还表示，为应对艾滋病、疟疾等传染病，日本决定向世界基金拨款 5.6 亿美元，五年内培养 10 万名医疗卫生领域的人才。他还正式宣布"在 2012 年前使对非洲的政府开发援助（ODA）翻一番。无偿资金合作和技术合作也增加一倍"。同时为应对全球变暖，五年内向包括非洲在内的发展中国家提供 100 亿美元规模的援助，帮助非洲摆脱干旱等全球变暖带来的不利影响。除此之外的具体援助措施还包括：培养 10 万名医疗卫生领域的人才；派遣技术专家使更多的人获得水资源；增加非洲留学生；等等。①

（二）第四届非洲开发会议的意图及行动

福田首相就举办"第四届非洲开发会议"的意图明确表示，将在会谈中敦促各国参加支援发展中国家温室效应对策的国际框架"凉爽地球伙伴关系"，同时传达日本有意向各国提供基础设施建设资金的意向，并积极考虑进行投资。此外，福田还再次恳请各国支持日本"入常"之事。

1. 通过主办"非洲开发会议"，积极开展与非盟的资源外交，扩大日本全球能源开发版图的争夺

日本目前所需原油 85% 来自中东，但中东局势动荡，风险很大，日本开始实施石油来源多渠道战略。非洲是世界重要的产油区之一，石油含硫量低，适合加工成汽车燃油。由于深海勘探技术的运用和几内亚湾地区新油田发现，非洲石油探明储量不断增加，引起日本的高度重视。同时，日本还与南部非洲发展共同体就日本在勘探稀有金属方面向该组织 14 个成员国提供合作达成一致。

2. 通过举办第四届非洲开发会议，日本将在援助非洲各国经济加速发展和气候变化问题上发挥主导作用

日本外相高村 2008 年初在国会演说时表示，作为洞爷湖八国峰会的主席国和非洲开发会议的主办国，"日本将承担汇总各国外交努力的国际责任"。同时，年初日本政府在作为援助发展中国家应对气候变化问题的"资金机制"方面，以非洲为"重点支援国"，包括肯尼亚、埃塞俄比亚、加蓬、布基纳法索、加纳、马达加斯加等国。高村外相 4 月 7 日出席东京非洲问题论坛时称将把经济增长和环境问题作为援非重点。他强调："产业多样化和基础设施建设对于可持续发展来说非常重要。"并要与非洲受援国家建立应对气候问题的"凉爽地球伙伴

---

① 日本共同社 2008 年 5 月 28 日电。

关系"。

3. 为了成功举办第四届非洲开发会议, 日本政府决定增加 ODA 援非金额

日本 2007 年版《政府开发援助（ODA）白皮书》草案中指出：日本要战略性地利用 ODA, 支援受气候变动影响较大的非洲非常重要。日本外务省拟五年内使援非 ODA 翻一番。调整该政策原因是由于日本政府认为有必要在非洲开发会议和 2008 年 7 月的八国集团峰会上展示援助发展中国家的决心。对此, 日本首相官邸相关人士对增加 ODA 也表示理解, 称 "为了在非洲开发会议和八国峰会上发挥日本的主导作用, 有必要在某种程度上重新研究"①。

4. 日本政府力求让本次非洲开发会议的规模和内容超越中非合作论坛峰会

为了达到赶超中非合作论坛峰会 48 国领导人参加的预期指标, 日本政府通过外交途径动员非洲国家出席会议。近年来, 日本通过增设驻外使馆, 加大在非洲的影响力。日本媒体频繁地出现 "日本在非洲只有 24 个使馆, 而中国在非洲有 40 多个使馆" 的报道。日本 2007 年在世界新设 6 个大使馆, 其中 3 个设在非洲国家, 创二战后日本开设驻外使馆的最高纪录。因中国近年来为确保石油等资源而加入非洲市场, 日本希望借举办第四届非洲开发会议分享非洲资源市场。日本还强调要摸索与中国在非洲资源市场上的 "合作方式", 并将此作为所谓日中 "战略互惠关系" 的一环, 安倍首相曾于 2007 年 4 月与到访的温总理谈及 "构筑援非问题磋商框架" 问题。

三　主办洞爷湖八国峰会彰显日本外交战略意图

（一）日本主办洞爷湖八国峰会的目标和思路

日本北海道洞爷湖八国集团峰会于 2008 年 7 月 7~9 日举行。本次峰会讨论了气候变化、非洲发展、世界经济、能源和粮食安全以及国际安全等领域的热点问题。特别是日本作为主席国充分掌握了本次峰会的话语权, 在突出 "全球气候变化对策" 主要议题的同时, 在否定八国峰会 "扩容" 等问题上发挥主导作

---

① 经济合作与发展组织（OECD）2008 年 4 月 4 日公布的 2007 年 ODA 实际出资速报值显示, 日本的 ODA 金额为 76.91 亿美元, 比 2007 年约减少 30%, 从第三名下滑到第五名。日本政府由此加剧了对外交影响力削弱的担忧。

用，竭力维护其"富人俱乐部"亚洲成员国的"唯一性"，充分反映出日本的"大国化"战略意图。

1. 日本的总体目标是，开展大国外交，推动解决全球性问题，扩大国际影响，实现多重利益

八国集团作为当今世界上最重要的大国协调机制之一，其一年一度的八国领导人峰会及其议题受到国际社会的高度关注。在本次八国峰会上，日本既把气候变暖、能源及粮食危机等当今国际社会最紧迫的问题作为主题，也将朝鲜半岛无核化等地区安全问题作为议题。在这些领域，日本积极展示日本的理念、政策、技术资源、措施及形象示范，推动国际合作机制与框架得到进一步的完善与发展，并通过北海道洞爷湖八国峰会首脑宣言的形式，充分表达日本的对外战略理念。

2. 日本在本次峰会上的基本目标是，开展环境外交，把气候问题作为重中之重，占领全球环境问题上的战略制高点

日本一直把推动解决气候变暖问题作为重要的外交目标。为了确立环保大国的形象，日本不仅在1997年推动签署关于发达国家温室气体减排的《京都议定书》，还通过主办每年一度的"亚太环境会议"（ECO ASIA），主导推进亚太地区各国环境政策对话，积极向亚太地区推广日本的环保理念及技术资源，其成效和影响得到了亚太地区乃至国际社会的高度关注。日本还以亚太环境会议主办者的身份倡导亚太地区采取"针对全球环境课题的亚洲的对应措施"，提出了日本政府的亚太及全球环境政策建议和构想。日本《21世纪环境立国战略》报告中，提出了以亚洲国家为中心，"建设国际循环型社会"的战略方针。福田首相还在"达沃斯论坛"上倡导，通过科学的累计温室气体的可能减排量来设定"各国总量目标"，并率先提出日本的"减排目标"。

为了向洞爷湖八国峰会与会国展现日本对亚太及世界环境问题的高度重视，2008年6月9日，福田首相发表了日本有关应对气候变化及减排的"福田构想"。第一，日本将在本次八国峰会上提出"环境能源国际合作伙伴关系"构想，加速新技术的开发；第二，从2008年秋季开始试行企业温室气体排放量交易制度；第三，日本"争取到2050年比目前削减60%～80%"；第四，把实现"低碳社会"看做"新的经济发展机会"，倡导"低碳革命"。日本已酝酿推动确立"后京都议定书"时期的节能减排目标，希望借此次峰会表达日本作为环保大国实现"国际贡献"的愿望。

3. 日本的主要做法是，对主要发达国家和主要发展中大国双管齐下，积极掌握国际事务中的话语权和主导权

日本的基本做法是，以应对全球"气候变化"的全人类共同理念，统合欧美发达国家和发展中国家，充分发挥日本的环保理念、技术优势、援助外交的作用，争取获取多重外交效果。

（二）洞爷湖八国峰会的主题与日本战略意图的表达

根据主办国日本的安排，2008 年 7 月 7～9 日举行的洞爷湖八国集团首脑会议召开了四个主要会议：美国、英国、法国、德国、意大利、加拿大、俄罗斯和日本八国首脑同阿尔及利亚、埃塞俄比亚、加纳、尼日利亚、塞内加尔、南非、坦桑尼亚七个非洲国家和非洲联盟领导人举行的对话会；八国首脑独自举行的工作会议；八国首脑同中国、巴西、印度、南非、墨西哥五个发展中国家领导人对话会议以及主要经济大国能源安全和气候变化领导人会议（MEM）。其中，八国集团首脑举行的工作会议形成本次峰会系列会议的核心内容。

由日本主办的 2008 年度八国峰会面临粮食危机、原油价格高涨等诸多紧要课题，而全球变暖和气候变动仍然是本届峰会最主要的议题。在 9 日举行的"主要经济体会议"（MEM）上，与会 16 国（包括中国、印度、韩国、印度尼西亚、墨西哥、巴西、南非、澳大利亚及八国集团）表明了各自的立场，承诺为应对气候变化挑战承担领导责任，并共同致力于"全球长期减排目标"，但其中未写入各方最为关注的减排长期目标数值。[①] 也就是说，主要经济体会议未就排量减半目标达成共识。

事实上，本次峰会召开之前，印度等国就怀疑八国集团节能减排的合作意图。6 月 8 日，八国集团和中国、印度、韩国等 11 国在日本召开的能源部长会议上，就二氧化碳减排问题，各国围绕技术开发与合作及日本提出的"按行业设定减排目标机制"展开讨论，达成名为"国际节能合作伙伴关系"（IPEEC）的框架协议。该合作协议旨在通过引进日本等国的先进技术来抑制全球能源消费，达到减排二氧化碳的目的。不过，印度等发展中国家对发达国家主导的这项合作提出异议，反对节能目标完成情况受到监视。这就导致各国将面临"如何让合作有效地发挥作用"的问题。

---

① 日本共同社 2008 年 7 月 9 日电。

这样的问题在本次峰会上表现得更加突出。八国首脑在 6 月 8 日独自举行的工作会议上形成"到 2050 年实现全球排放量减半"的长期目标，并希望发展中国家也能接受这一目标。但是，"八国峰会的声明中并没有提到八国集团成员国同意'减半'的目标，而且也没有具体反映出发达国家将怎样履行自己的职责"①。因此，"主要经济体会议"与会的发展中国家坚持要求由发达国家率先采取对策，做出"减排"表率。双方未能消除分歧，最终共同宣言只能使用诸如"从公平性考虑，相信设定长期目标是有必要的"、"要求政府间气候变化专业委员会（IPCC）能认真拟订大胆方案"等模糊语气来表述。

本来，对于提议在洞爷湖八国峰会期间召开"主要经济体会议"的美国总统布什来说，在该会议上就设定长期减排目标达成一致，远比八国峰会的共识本身更为重要，但该会议的最终结果却未能如其所愿。长期以来，美国一直认为不能仅由八国集团设定"减排目标"，也不愿将长期目标的具体数值写入八国峰会声明，并坚称其他新兴国家及经济体也必须承担减排责任，反对在洞爷湖八国峰会上就任何"减排目标"达成共识。美国希望把讨论减排温室气体的主要场合定为由其牵头举行的"主要经济体会议"来完成。在美国看来，由世界主要工业国参加的"主要经济体会议"才是讨论温室气体减排议题的合适场所。美国这样做的战略意图是，既想超越八国峰会，取得更大的主导权，又想以"主要经济体会议"形成的"减排争议"，应对欧盟设定长期减排目标的攻势，避免其成为八国集团中的"减排弱势"。因为美国同意控制温室气体排放的条件是，主要新兴工业国也必须同意履行"他们所一直拒绝履行的义务"。有鉴于此，主席国日本维持一贯的"美主日从"，将美国要求的"主要经济体会议"纳入洞爷湖八国峰会议程，竭力回避八国集团内部谈判分裂，最大限度地发挥日本的国际环保主导权。

（三）日本主办洞爷湖八国集团峰会的成效

1. 日本作为主席国的环保主导权得到一定体现

对于洞爷湖八国峰会主要议题之一的温室气体减排问题，欧盟对设定长期目标持积极态度，主张加强八国集团在减排问题方面的领导作用。然而，美国布什政府对此一直采取消极态度。为此，福田首相曾与美国总统布什通电话，他希望

---

① 2008 年 7 月 9 日〔日〕《每日新闻》。

美方在洞爷湖八国峰会上协助推动"2050 年之前将全球温室气体排量减半"这一长期目标达成协议。作为主席国的日本在本次洞爷湖峰会上与与会各方积极沟通，就寻求与《联合国气候变化框架公约》其他缔约国将长期减排目标作为共同目标达成共识。福田称，"这将为推动（有关后京都议定书的）联合国谈判做出贡献"。特别是，日本同意美国的要求，在举办八国峰会期间召开主要经济体会议，这对于构建有关全球变暖对策的多层磋商机制具有重要的现实意义。可以说，日本作为洞爷湖八国峰会主席国，通过探讨国际环保对策，积极推广日本的环保理念及技术资源，在推进解决全球温室气体减排问题方面发挥了一定的作用。

2. 日本通过主办本次八国峰会拓展了对非洲外交的空间

本次八国峰会特意安排了一次八国与非洲七国之间的峰会，突出重视非洲的姿态。日本希望通过本次峰会强化与非洲的对话与合作，争取掌握国际合作主导权，扩大在非洲的影响，为"入常"拉选票。因为，拥有 53 个成员国的非洲联盟有着数量较多的表决票，赢得他们对日本"入常"问题上的统一支持非常重要。2008 年 5 月 28 日，日本政府在非洲开发会议上通过的《横滨宣言》中表示将向受气候变暖影响的非洲国家提供援助，帮助非洲解决环境问题和气候变化问题。本次被邀请参加峰会的主要是南非、尼日利亚等 1990 年以来日本大力援助过的"亲日派"国家，意在切实推进日本与非洲建立密切关系的工作。另外，日本还将推行加强多国合作的方针，预定于 2008 年秋季和中韩两国进行有关援助非洲的政策协商。

3. 扩大了日本作为"环保大国"的影响，推动环保技术开发领域的国际合作，但技术转让及成本问题仍然悬而未决

日本利用主办本次峰会召开之际，大力宣传日本"环保大国"的国际形象。首先，向国内外大力宣传环保理念。福田首相在"第二届八国集团商界峰会"上呼吁，各国商界应是"低碳革命的主角"。日本政府在其主办的 20 国环境部长级会议上，讨论了 2013 年后的全球变暖对策、节能技术共同研发及对发展中国家的资金援助问题，并将讨论结果报八国峰会参考。其次，加大对外环保领域援助的力度。日本 2007 年版《政府开发援助白皮书》草案将削减二氧化碳等温室气体排放量和保护森林等作为今后的重点支援项目。

4. 借"峰会平台"将亚洲事务进一步"国际化"

有关朝鲜核问题，福田首相在洞爷湖八国峰会后发表的主席总结报告中指

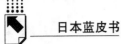

出，对朝鲜之前提交的核申报清单"仔细检查内容，建立验证机制非常重要"。他还就"有责任援助阿富汗"、"支持有关中东和平的巴以协商"、"要求缅甸军政府和平过渡到文官执政"等亚洲事务进行了总结性评述。日本充分利用本次峰会的国际平台，向国际社会表明日本有能力、有责任"主导"亚洲事务。鉴于本次八国集团峰会主席总结报告中提到支持阿富汗援助活动一事，福田会后认为日本有必要加大力度为"构建和平"做出努力。福田称："支持阿富汗的重要性是国际社会的一项共识，我再一次意识到日本国内与国际社会还有一定差距。国际社会对日本在援助阿富汗事务中表现期待很高。"官房长官町村信孝也认为："我们必须考虑，仅仅提供海上自卫队在印度洋上的供油援助是否足够，日本可以采取何种援助措施。"① 可以看出，日本力求借洞爷湖八国峰会主席总结报告的内涵解释，不断扩大日本参与亚洲乃至国际事务的力度，逐步实现其大国化战略目标。

四 "主体性外交"是未来日本对外政策的理念

对于2009年日本的对外关系及外交政策意向，日本强调将要突出"主体性外交"的策略性。日本外相中曾根弘文2009年1月28日在外交演说中就经济危机、反恐、气候变化等问题表示"应开展引领国际社会的积极的、主体的外交"。

具体外交举措有：第一，为了援助阿富汗重建，将向国际安全援助部队的地方重建队派遣文职人员。第二，在与邻国的关系上，促进和中韩两国的合作"有利于亚洲地区的发展"，将推进日中"战略互惠关系"和日韩"成熟的伙伴关系"，还将推进与俄罗斯的谈判，以"最终解决北方领土问题"。第三，把日美关系定位为"亚洲太平洋地区和平与稳定的基础"，表示将强化与奥巴马政府的关系。第四，日本在今后两年内作为联合国安理会非常任理事国将积极发挥作用，力争成为安理会常任理事国。第五，关于朝鲜问题，日本表示六方会谈应尽早就朝核计划的验证框架达成一致，推动无核化进程。日本同时将努力使对绑架问题的再调查取得成果，使受害者回国。第六，关于反恐政策方面，鉴于日本自卫队在伊拉克完成了约五年的任务，日本"将继续构筑长期的日伊友好关系"。

可见，未来一年，日本将突出重视亚洲外交的策略性运用。日本的亚洲外交

---

① 日本共同社2008年7月11日电。

战略的核心内容是开展多边安全战略对话。日本力图在开展多边安全对话方面发挥主导作用，增大自己在国际社会尤其是东亚地区的支配力和发言权。同时，日本还希望通过拓展多边安全对话，构建日美同盟与亚洲外交的平衡关系，为早日成为联合国常任理事国寻找突破口。从日本的国家利益来看，日本的对外战略还将可能借助于"价值观外交"的力量，联合具有共同价值观的相关国家，组成多国战略联盟，共同应对亚太地区大国崛起、朝鲜核问题等国际事务。

参考文献

日本共同社 2008 年 5 月 28 日电。
2008 年 7 月 9 日〔日〕《读卖新闻》。
2008 年 7 月 9 日〔日〕《每日新闻》。
2008 年 7 月 10 日〔日〕《产经新闻》。

2008 年の日本外交の調整と走向

呂耀東

要　旨：日本の外交戦略の中核は多方面と安全戦略の対話を行うことである。日本は対話に主導的役割を果すようと極力はかって、国際社会特に東アジア地域に自身の支配力と発言権に増強すると同時にアメリカ対しての依存程度を適度に軽減し、一日も早く国連常任理事国になるために突破口を探そうとしている。「戦略的 ODA を運用する」という理念によって、日本は援助の重点をあれらの日本に対して「戦略的の価値の発展途上国」にロックして、ODA を新たな外交基軸に進展させる。それと同時に、日本は国際社会の共に関心している環境、気候、エネルギー等国際的民生問題を国際政治に参与する進入点と制高点にして、グローバルな議題に引率し時代の潮流を踏むスタイルを以って日本の国際影響力と親和力を強めようする。
キーワード：日本外交戦略　戦略的 ODA　発展途上国　環境　気候

日本外交政策及其决策机制

张 勇[*]

摘 要：2008 年日本政坛再次"换相"。福田康夫和麻生太郎之间进行的权力更迭，是否能为日本外交政策带来变化？日本外交决策机制又呈现出何种特点？日本外交政策一般通过首相的施政演说和外务省的相关文件向国内外发布。本文在分析 2008 年日本外交的主要政策基础上，就 2008 年日本外交决策机制的基本特点进行初步讨论。

关键词：日本外交 外交政策 决策机制

2008 年，"日本号"这艘巨轮再次更换掌舵人[①]，送走了福田康夫[②]，迎来了麻生太郎[③]，真可谓"首相轮流做，今日到我家"。首相的更迭，是否能为日本外交带来"新风"，日本外交决策机制又呈现出怎样的特点？本报告将就上述问题进行初步探讨。

一 2008 年日本外交的主要政策

日本外交政策一般通过首相的施政演说和外务省的文件向国内外发布。2008

---

[*] 张勇，法学博士，中国社会科学院日本研究所外交研究室助理研究员，研究专业为国际关系，研究方向为战后日本外交决策。

[①] 进入 21 世纪，除小泉纯一郎执掌内阁 1980 天之外，安倍晋三任期为 366 天，福田康夫任期为 365 天。

[②] 2007 年 9 月 26 日，福田康夫当选日本第 58 位、第 91 任首相。福田在任期间积极推进中日关系的健康发展。福田在 2008 年 9 月 1 日宣布辞职（据福田称，辞职的决断是 8 月 29 日做出的），并于 24 日上午召开的内阁会议上宣布内阁集体辞职。

[③] 2008 年 9 月 24 日，众院全体会议首相提名选举的选票总数为 478 票，麻生太郎获 337 票，当选首相，其余为小泽一郎 117 票、志位和夫 9 票、福岛瑞穗 7 票、绵贯民辅 7 票、平沼赳夫 1 票。24 日，在参院全体会议的首相提名选举决选投票中，小泽一郎以 125 票比 108 票击败麻生太郎，获得参院提名。日本国会众参两院的磋商会议于 24 日下午破裂，根据宪法规定，众院提名的自民党总裁麻生太郎正式当选第 92 任首相。

年度日本外交的基本课题主要体现在以下几份重要文件中：福田康夫首相的就职演说（外交部分）①、外务省公布的《2008 年度我国的重点外交政策》、2008 年4 月发行的总结 2007 年日本外交政策的《外交蓝皮书》、福田康大在国际交流会议"亚洲的未来 2008"上的演讲《直到太平洋成为"内海"的那一天——对"共同前进"的未来亚洲的五项承诺》（下文简称《五项承诺》）、现任首相麻生太郎在第 170 届国会上发表的就职演说。

在就职演说中，福田表示，将以"自立与共生"的理念来推行未来的政策，希望在野党对待重要决策时能够以真诚的态度展开对话。在外交方面，福田将坚持日美同盟与国际合作作为日本外交的基础。日本需要承担起与其国际地位相应的责任，并为国际社会做贡献，当前的课题是延长自卫队海上补给行动及解决朝鲜问题。福田指出："本届政府对强化日美同盟和亚洲外交都十分重视，基于共同利益提出的对华战略互惠关系必将有利于亚洲的和平与稳定。"日本还将加强与韩国的互信关系，推进与东盟各国和俄罗斯的交流与合作。日本在参与联合国改革及积极申请"入常"之外，将努力为多哈回合谈判取得进展做贡献，为全球环境和贫困问题提供支援，灵活运用政府开发援助。②

在《2008 年度我国的重点外交政策》中，日本外务省 2008 年外交的基本方针是确保日本及其国民的安全与繁荣。为此，致力于确保国际社会特别是周边区域的和平、稳定和繁荣，实现区域和世界的共同利益，基于自由、民主主义、基本的人权、市场经济、法的支配等价值观，开展积极主张并发挥领导力的外交。2008 年日本外交的重要支柱是：①确保国家的和平和安全，加强同亚洲紧邻国家的合作；②担负起处理全球问题的责任；③加强实现强有力外交的外交实施体制。③

外务省出版的《外交蓝皮书》指出，"为了巩固日本的国家利益，开展强有力的外交，日本外务省提出要缔造与之相符的国际环境"。"国际社会面临的诸多问题，要机动灵活、恰如其分地予以应对。展开基于国家利益的强有力的外交，日本外交力的强化，其核心是充实外交实施体制，这是当前最紧要的课题。

---

① 首相的施政方针演说和外相的外交演说，通常由外务省起草，然后由首相和外相进行修改，最终成为演说稿。

② 福田就职演说，2007 年 10 月 1 日。

③ 〔日〕外务省：《2008 年我国的重点外交政策》，参见日本外务省网页。

对外务省而言，强化外交力，外交实施体制的基础是：①预算；②从根本上强化机构和人员；③强化情报收集和分析体制；④强化信息发布；⑤强化利用电子科技处理情报的能力。"①

在《五项承诺》中，福田表示："亚洲现在已经成为世界历史的主角。我们的这一地区是通过海洋与世界连接在一起、不断扩大并发展的一个网络。但是，这样的网络并不会自然生成。在将视野扩大到太平洋范围以后，亚洲各国为了参与网络的建设必须提高自身的实力，同时还需要完善必要的环境。"为此，福田提出五项承诺："第一，坚决支持东盟的一体化与发展；第二，进一步强化日美同盟；第三，履行作为和平合作国家的责任；第四，通过年轻人的交流，奠定承担着这一地区未来的知识、不同年龄层交流的基础；第五，为了应对经济增长与环境保护、气候变化的矛盾，各国必须共同努力。"

在麻生太郎的就职演说中，他指出强化日美同盟关系是首要任务；其二是同包括中国、韩国、俄罗斯等邻国乃至亚太各国共同缔造地区的稳定和繁荣；其三是积极应对人类当前面临的全球共同课题，如恐怖主义、全球变暖、贫困及水资源短缺等；其四是秉承无上宝贵的价值观，并竭尽全力推动其在日本茁壮成长；其五是积极应对朝鲜问题，为实现朝鲜半岛的安定化，解决绑架人质、核武器、导弹等问题，清算不幸的过去，致力于日朝关系正常化，要求朝鲜采取行动，让绑架受害者早日回到祖国的怀抱。

福田内阁及麻生内阁在保持了基本外交政策一致的同时，又具有自身的特点。共同之处主要体现在以下几个层面：第一，对国家利益的追求总是一国最基本的外交政策出发点。福田和麻生内阁外交的基本方针是维护国家利益，这是日本外交工作的灵魂。第二，为了维护国家利益，需要开展强有力的外交。第三，继续强化日美同盟关系。福田及麻生内阁都将对美关系作为日本外交的首要任务。第四，积极推进日中战略合作伙伴关系。诸如在日中关系较为敏感的参拜靖国神社问题上，8月5日，时任首相福田康夫、外相高村正彦均表示"8·15"不参拜靖国神社。为避免影响中日关系，麻生首相目前也没有参拜。第五，福田与麻生内阁均需面对"扭曲国会"② 这一困局。由于在野党在参院占据多数，

---

① 〔日〕外务省：《2008外交蓝皮书》，参见日本外务省网页。

② 直接原因是在2007年7月29日举行的第21届参议院选举中，自民党在改选64议席中仅获得37席。尽管联合执政的公明党议席没有减少，但两党议席数不足半数。在野党在参议院中实现了逆转，民主党一跃成为参议院第一大党。

福田内阁与麻生内阁均重视与民主党等在野党之间的协商。不同之处主要体现在三方面。

第一，首相本人的个性、执政理念与执政手段不同。福田多被视为立场比较温和的政治家。与小泉和安倍相比，他行事较为沉稳和理性，这是一般日本政界人士所欠缺的，如在没有触及安倍强调的修改宪法这一点上也表现出福田的特色。麻生太郎以性情急躁、直言不讳和对抗性强而闻名于政坛。麻生本人曾这样评价自己："与最近的几位首相相比，如说小泉纯一郎，我不具备像他那样的'剧场型'政治手腕，即能够将对手当做抵抗势力，并争取民意和舆论转过来支持自己。我也没有像安倍晋三那样一心一意为修改宪法和教育基本法而献身的清高。我也不是像福田康夫那样主张开展'悄悄的革命'，坚忍不拔地寻找妥协点的协调型领导人。但是，我有为取得最适合现实的结论而进行说服的经验，以及相应的智慧。"①

第二，麻生内阁较福田内阁更重视价值观。在安倍内阁时期，麻生出任外相，他曾提出"自由与繁荣之弧"②外交理念。福田上任后，外务省出版的《外交蓝皮书》中并未使用麻生太郎在担任外相时期提出的这一理念。

第三，相较福田内阁，麻生内阁在对朝关系方面更为强硬。在日朝关系上，麻生太郎将会采取强硬手段来处理绑架问题。在此问题上，麻生称"日本将一如既往地坚持在绑架问题上的立场。今后也不会改变"，他强调只要绑架问题尚未取得进展就不会向朝鲜提供援助。在麻生担任外相期间，他曾对朝鲜坚持强硬立场，而且坚信，只有施加压力才能让朝鲜最终妥协。麻生担任首相后，日本政府于 2008 年 10 月 15 日在首相官邸时隔两年再次召开了朝鲜绑架问题对策总部会议③就是较有代表性的例子。

---

① 〔日〕麻生太郎：《实现日本的强盛——我的国家重建计划》，《文艺春秋》2008 年 11 月号。

② 2006 年 11 月 30 日，时任外相麻生太郎在日本国际问题研究所研讨会上发表讲演，表达了重视价值的日本外交，要沿着欧亚大陆的外缘打造"自由与繁荣之弧"的强烈意愿。

③ 2006 年 9 月，日本政府以采取综合性措施来解决绑架问题为目的，设立了以安倍晋三首相为总部长的"绑架问题对策总部"。该总部由全体内阁成员组成，并形成了以该总部为中心致力于解决绑架问题的体制。该总部于 2006 年 10 月召开首次会议，制定了如下方针：（1）要求保证所有被绑架者的安全并立即让他们回国；（2）在考虑朝鲜反应的同时，探讨进一步的应对措施；（3）继续严格执法；（4）对资料进行研究、汇总和分析，并加强社会舆论引导工作；（5）对不能排除绑架可能性的案件进一步进行调查；（6）进一步加强国际合作。安倍卸任后，继任的福田并未召开该会议。

二 2008 年日本外交决策机制的基本特点

在日本政府的外交决策机制中，首相官邸和外务省是比较重要的行为体，日本绝大多数的外交决策重任均由它们承担。另外，外务省之外的其他省厅、执政党、国会、在野党、利益集团、智库、大众媒介、公共舆论也在其中发挥作用。在日本外交决策中，如果外交政策类型不同，那将意味着决策者和影响者迥异。例如，仅就 2008 年备受关注的食品安全一项，在日本国内就涉及厚生劳动省、农林水产省、警察厅、都道府县等诸多部门，如果发生问题，需要有一个秉持责任并迅速协调处理的组织。由此，福田内阁时期，在首相官邸设立了"消费者行政推进会议"，并任命了消费行政担当大臣。

更为重要的是，外交决策机制尽管具有较大的稳定性，但并不是一成不变的，而是在不断发展，以适应条件的变化。战后日本外交决策是围绕首相及其领导下的内阁与外交行政部门及执政党的复杂甚至混乱的政治力学展开的，这是观察日本外交决策机制的"中轴线"。近年来，外交决策体系设计的主要目标是使这条主线"实质化"，在增加首相权力的同时，扩充其直接辅助机构和人员。在 2008 年，日本外交决策机制又有着一些新的特点。由于文字所限，在本文中仅讨论福田和安倍内阁时期首相官邸、外务省在外交决策中所呈现出的一些基本特点，并在此基础上对日本外交决策机制简单地进行评价。

（一）首相官邸

首相官邸是日本首相办公的场所，坐落于东京都千代田区永田町二丁目三番地一号。它给人的印象就好像是一个巨大的"黑匣子"。之所以这么说，主要是因为其神秘性及决策过程难以为外人所知。

1. 首相

日本外交政策的最高决策者是首相，对外相和外务省进行"指挥监督"，以此行使"外交大权"。从法律上看，作为内阁的"首长"和首相官邸的"主人"，首相拥有的主要法定权力为：①国务大臣的任免权；[①] ②首相临时代理的指定

[①] 《日本国宪法》第 68 条第 1 项规定"内阁总理大臣任命国务大臣"，第 68 条第 2 项规定"内阁总理大臣可任意罢免国务大臣"。

权；① ③内阁会议的主宰；② ④国务大臣公诉的同意权；③ ⑤代表内阁向国会提出议案，就一般国务及外交关系向国会提出报告；④ ⑥指挥监督各行政部门；⑤ ⑦自卫队的最高指挥监督权；⑥ ⑧重要政策的基本方针的提议权。

首相外交决策所需的信息、建议及政策草案主要来自首相官邸及有关省厅。在首相发挥领导力的案例中，灵活组织官僚机构以外的个人或群体为智囊的现象也较为普遍。在福田执政期间，其私人咨询机构"外交政策学习会"⑦ 得到了各界的广泛关注，以至于在2007年12月13日的参议院外交防务委员会上，自民党参议员山本一太还专门就这一机构提出质询。

进入21世纪，日本外交决策机制出现了比较大的变化，最为显著的是首相官邸的主导作用日益突出，首相决策权力得以强化，在特定的外交决策中形成自上而下的外交决策模式。日本首相在发挥领导能力时，可分为不同的类型。如可简单地分为强势首相和弱势首相，强势首相会利用官邸来积极参与外交决策，而弱势首相往往会寻求与省厅和党内的妥协。前者的例子是小泉纯一郎，而福田康夫和麻生太郎（截至目前）均可归于后者之列。

2. 内阁会议

《日本国宪法》规定外交关系由内阁全权处理。内阁通常以分工负责与全体一致为运行准则。日本政府通过内阁会议来"制定重要政策"，内阁主要通过内阁会议这一合议体行使职权。围绕涉及各省厅的具体利益的决策，尽管各省厅之间矛盾重重，但往往能以与会者一致同意的方式做出决定，这主要得益于内阁会议召开之前的正式或非正式协商。内阁会议通常在每周的周二和周五分别召开一次，这是常规内阁会议。例如，日本政府在9月19日上午举行的安全保障会议

---

① 〔日〕《内阁法》第9条。
② 〔日〕《内阁法》第4条。
③ 〔日〕《日本国宪法》第75条规定："在职国务大臣，如无内阁总理大臣的同意，不受公诉。但此项规定并不妨碍公诉的权利。"
④ 〔日〕《日本国宪法》第72条。
⑤ 〔日〕《日本国宪法》第72条。
⑥ 〔日〕《自卫队法》第7条。
⑦ "外交政策学习会"以防卫大学校长五百旗头真为召集人，长期成员有前驻华大使谷野作太郎、小泉内阁首相助理冈本行夫、前国际合作银行总裁篠泽恭助、经济同友会副代表干事小岛顺彦、前日本贸易振兴机构理事长渡边修、庆应义塾大学教授小此木政夫、东京大学教授北冈伸一、东京大学教授田中明彦、政策研究大学院大学副校长白石隆和京都大学教授中西宽。

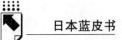
和内阁会议上通过了《反恐特别措施法》修正案，决定把即将于2009年1月15日到期的印度洋供油活动延长一年。紧急案件等场合，召开临时内阁会议和巡回式内阁会议。临时内阁会议是实际性的召集阁僚参加，而巡回式内阁会议则是由内阁官房的事务职员持决裁文书到各阁僚那里巡回征求意见，由阁僚署名的方式构成。

内阁会议尽管是日本行政的最高外交决策机构，但屡屡受人诟病，指摘其并不进行实质性的决策。究其原因，主要是向内阁会议提出的案件，需要于内阁会议前一天召开的事务次官会议上通过，这已成为惯例。① 另外，内阁会议决定的案件在原则上要同执政党进行事前说明。经过上述程序后，案件提交内阁会议，阁僚对其他省厅专属事项几乎不能发表不同意见。

3. 内阁官房

内阁官房是日本内阁所置的行政机构之一，类似于中国的国务院办公厅，官房长官（兼国务大臣）统辖内阁官房事务。它的主要职责是筹备内阁会议和事务次官会议、策划制定重要政策、综合调整内阁下属机构、收集和分析情报等。内阁官房主要由内阁官房长官、内阁官房副长官、内阁危机管理监、内阁官方副长官辅、内阁政府宣传官、内阁情报官、首相辅佐官、内阁审议官、内阁参事官等组成。2008年末，内阁官房共有工作人员716人。内阁官房长官通常被称为首相的"贤内助"，内阁的日常事务在首相指挥之下由其具体负责。内阁官房长官主持内阁会议，并负责内阁与各省之间的联系与协调。与首相心心相通、相互信赖，这是首相任命官房长官的重要前提。但由于各个时期的首相不同，而且还要考虑迎合政治环境的需要，所以有时起用自民党从事内部协调工作的官房长官，也有时起用作为政策顾问的官房长官。

由于对外关系的不断拓展，外交与内政的关系日趋紧密，很多外交事项均需要国内各部门之间的协调，这仅靠外务省显然已难以胜任，而只能靠最高首脑的政治判断和推动作用来完成。随着政治和行政改革的推行，进入21世纪，首相官邸在外交决策中的地位得到实质性增强，首相官邸主导型外交决策模式也日益成为日本外交决策机制的一个重要的支撑点。现在，官邸的机能非常之强化。用行政学的语言可谓是"官邸主导"和"首相主导"。首

---

① 实际上，由于通常将各省厅之间已经协商完毕的案件进行审议，事务次官会议也带有很强的确认而非决策的色彩。

相自身的主观能动性得以在行政的舞台上施展。问题是，"首相是否真的使用"①。田中明彦亦认为"首相本人关注的问题则以官邸为中心"②。也有观点认为尽管官邸机能强化，但仍存在很大的不足。

（二）外务省

2009 年 4 月公布的最新资料显示，外务省由大臣官房及十局三部的总部机构，以及驻外使领馆等 199 个驻外机构组成。在外务省总部中，除大臣官房和综合外交政策局之外，还设有亚洲大洋洲局、北美局、中南美局、欧洲局、中东非洲局五个地区局和经济局、国际合作局、国际法局、领事局四个职能局以及从事情报收集和分析的国际情报统括官。总部工作人员合计约 2200 人。驻外机构主要包括大使馆、总领事馆、政府代表部等，工作人员合计约 3300 人。

1. 外相

外相在外交决策中既是首相领导下的内阁成员之一，又是具体实施外交的主要部门外务省在内阁中的代表，其主要作用在于沟通首相及其领导下的内阁与外务省之间的信息交流与反馈，将外务省的信息及时汇报给首相，协助首相进行决策，然后指示并监督外务省具体实施。当然，根据外相个人对外交的熟悉程度、个人领导素质以及在执政党内的地位等各种因素的不同，外相在外交决策中发挥的作用也不尽相同，有的发挥的作用大一些，有的则小一些。但总的来说，外相处于最高决策与一般决策的中间环节，只能发挥一种非独立的上传下达的作用。福田时期的高村正彦外相，属于自民党实力派政治家。麻生内阁时期的中曾根弘文外相，相对不为外人所知，是日本前首相中曾根康弘之子。麻生任命中曾根弘文为外相，其意图较为明确，主要是借助老中曾根在政界盘根错节的人脉和影响，排除政治运营的阻力和困难，而选一个年纪轻、资历浅的人管外交，又有利于自己发挥外交主导作用。③

2. 事务次官

2008 年 1 月 17 日，日本召开临时内阁会议宣布了一系列外务省高级公务员人事任命，决定由原外务审议官（政务）薮中三十二担任事务次官，原亚洲大

---

① 〔日〕饭岛勋：《小泉官邸秘录》，日本经济新闻社，2006，第 6 页。

② 〔日〕田中明彦：《亚洲中的日本》，NTT 出版社，2007，第 310～311 页。

③ 林晓光：《从福田辞职到麻生上台》，《和平与发展》2008 年第 4 期。

洋洲局局长佐佐江贤一郎任外务审议官（政务），原驻美大使馆公使齐木昭隆担任亚洲大洋洲局局长。原事务次官谷内正太郎退休，出任外务省顾问。[①] 由此，外务省进入"薮中时代"。对于薮中三十二，国内媒体和学术界或许并不陌生。薮中自 2002 年 12 月之后的两年间，具体负责六方会谈和日朝交涉。在日朝关系上，他主张"不能一根筋"，要平衡使用"对话和压力"，坚持日朝间"必须开展有效的对话"。[②] 在小泉政权下，谷内正太郎与官房副长官安倍晋三气息相通，在日朝关系上，推行对朝强硬路线。谷内在 1 月 17 日会见记者时称"绑架问题未能取得进展"是任期内最大遗憾。[③]

3. 局

在外务省内部组织中，"局"有着重要的作用。如综合外交政策局，于 1993 年 8 月 1 日设立。该局位于其他局之上，"具有从综合性的中长期观点企划制定包括安全保障、军备管理、裁军等领域在内的全部外交政策的职能，还具有从全局的角度出发对各地区、各职能部门主管的政策进行统辖、协调的职能"。再如，在对美国和中国等重要国家的外交问题上，相关局的局长可直接到首相官邸向首相建言。

4. 课

在某些更为专业的问题上，甚至课长一级的人员也能出入首相官邸。日本外务省亚洲大洋洲局中国课下面又分为六个班，分别是：文领 C 班（文化、领事、化武）、台湾班、总务班（文秘）、政务班、庶务班（后勤）和经济班。其中经济班在 2006 年初扩大成为日中经济室，还拥有了独立的办公室。中国课还被公认是日本驻华大使的培养地，例如现任驻华大使宫本雄二，前任阿南惟茂、谷野作太郎等均出自中国课。2006 年 8 月起任中国课课长的秋叶刚男是个例外，根据日本媒体的报道，自从町村信孝担任官房长官以来，外务省就有排斥"中国通"的倾向，并认为"中国通"如果掌握对华关系部门要职的话，就会对中国俯首称臣而不能站在日本的立场上处理对华外交，所以一直主张要由非"中国通"的人来主持中国事务，现任中国课长任用了"美国通"就是具体体现。秋叶 1958 年 12 月出生于神奈川县，1981 年 10 月通过外交人员公务员高级考试，1982 年 3 月东京大学法学部毕业，进入外务省。曾任驻美大使馆一秘、综合外

---

① 〔日〕《朝日新闻》（缩印版），2008 年 1 月，第 802 页。
② 〔日〕《朝日新闻》（缩印版），2008 年 1 月，第 820 页。
③ 〔日〕《朝日新闻》（缩印版），2008 年 1 月，第 820 页。

交政策局联合国政策课课长、国际法局国际法课课长等职。从其经历看，秋叶不懂中文，甚至不大了解中国。中国课的大部分工作人员都是学中文出身，并多有在中国留学或工作的经历。在当初担任课长的时候，秋叶还因为其经历引起过一些议论。秋叶认为，现在对日本来说，最重要的外交就是对华外交；作为中国课长，无论政局怎样变化，促进日中关系发展都是自己的本职工作。在外务省内，2008 年中国课发生了较大的机构和人事变动。2008 年 6 月底中国课改名为"中国蒙古课"之后，又于 8 月 1 日宣布由垂秀夫接替秋叶刚男出任课长，垂秀夫被认为是外务省"中国通"的中坚力量。

首相官邸与外务省的关系，一直是日本外交决策机制的核心问题。麻生太郎在担任小泉内阁外相时曾认为外务大臣与外务省是置于首相及首相官邸的指导之下的，首相官邸决定国家的政府方针，而外务省是作为谈判的专家，以及制定规则的专家担任具体的任务。

与其他省厅相比，外务省干部赴首相官邸直接面见首相的机会要频繁得多。在外务省内部，有着较为强烈的担当首相左膀右臂的自我意识。甚至在许多外务省高级公务员眼中，国家有"两个外相"，首相是"第一外相"，名正言顺的外相却是"第二外相"。这大抵是由于外交问题独特的特点所致。在外务省官员中，最频繁和首相见面的是事务次官和各局长，他们基本上每周都要给首相提供外交建议和信息。在外交建议的选择上，事务次官掌握着主动权，有人甚至将此视为外务省权力的源泉。在外务事务次官的交接仪式上，谷内正太郎一语道破自己长达 39 年的外交官经历心得，强调外交政策实现的关键是"和官邸直接联系"。谷内坦言："外务省在国内权力结构上占有很高的地位。我每周都要和首相或官房长官见一次面。"

参考文献

〔日〕信田智人：《官邸外交：政治领袖的方向》，朝日新闻社，2004。

〔日〕田中明彦：《亚洲中的日本》，NTT 出版社，2007。

〔日〕首相官邸网页，http：//www. kantei. go. jp/。

〔日〕内阁府网页，http：//www. cao. go. jp/。

〔日〕外务省网页，http：//www. mofa. go. jp/mofaj/。

〔日〕《朝日新闻》（缩印版），2008 年 1 月。

日本2008年の外交政策及び
政策決定のメカニズム

张　勇

　要　旨：2008年の政権交代は、日本の外交政策にどのような変化を与え、日本外交の政策決定メカニズムにどのような特徴をもたらしたのか。通常、日本の外交政策は首相の施政演説と外務省の文書を通じて国内外に発表する。本文は2008年の日本外交の主要政策を分析する上に、日本外交の政策決定メカニズムの基本的特徴について初歩的な討論を行う。

　キーワード：日本外交　外交政策　政策決定

局部多边化的日美战略关系

刘世龙*

摘　要：冷战后日美战略关系局部多边化。从全局看，在改革联合国安理会的问题上，日美进行着零和博弈，而在其他问题上则保持着互惠关系。从局部看，在日美韩安全机制问题、日美澳安全机制问题和中国问题上，日美各得其所；在日本行使集体自卫权问题、日本向海外派兵问题、驻日美军问题和弹道导弹防御问题上，日美互相利用。

关键词：日美关系　日美战略关系　多边化

冷战后日美战略关系在政治、军事两方面逐渐局部多边化。这一趋势在 2008 年继续发展：在本文讨论的八个问题中，联合国安理会改革问题、日美韩安全机制问题、日美澳安全机制问题和日本向海外派兵问题是多边问题，占 50%。总的来说，日美战略关系的局部多边化的消极性大于积极性。从全局看，只在联合国安理会改革问题上，日美进行着零和博弈，而在其他问题上则保持着互惠关系。从局部看，在日美韩安全机制问题、日美澳安全机制问题和中国问题上，日美各得其所；在日本走向行使集体自卫权问题和日本向海外派兵问题上，日美互相利用，但更有利于日本；在驻日美军问题和弹道导弹防御问题上，日美互相利用，但更有利于美国。概括地说，作为世界多极化的结果，除中国问题外，日美间的政治战略问题集中在多边领域；由于日本不行使集体自卫权，除日本向海外派兵问题外，日美间的军事战略问题集中在双边领域。展望未来，随着世界多极化和日本走向行使集体自卫权，日美战略关系的局部多边化在近期是日美同盟的黏合剂，而长期则是腐蚀剂。

* 刘世龙，历史学硕士，中国社会科学院日本研究所外交研究室研究员，研究专业为日本外交，研究方向为日美关系。

一　政治战略关系

（一）联合国安理会改革问题

　　争当联合国安理会常任理事国，是日本政治大国化的主要标志。2008 年，日本打着"和平合作国家"的旗号继续争当联合国安理会常任理事国。是年 1 月 18 日，福田康夫首相在国会表示："为了发挥'和平合作国家'的作用，有必要拓宽我国外交活动的场所。为此，我们以加入安理会常任理事国为目标，致力于改革联合国。"① 麻生太郎首相把福田的立场具体化。9 月 25 日，他在联大表示：必须早日实现安理会改革，这要通过扩大常任席位和非常任席位实现。②

　　日本在 2008 年与四国联盟共进退。日本报纸于 2008 年 6 月 6 日披露：日本、德国等国正在研究向联大提出一项决议案，目的是早日开始关于改革安理会的政府间谈判。该决议案的要点有三：第一，扩大常任理事国和非常任理事国的数量；第二，新增的常任理事国有否决权；第三，决议通过后，三周内进入政府间谈判，以在 2008 年结束谈判。③ 2008 年 9 月 15 日，联大做出有利于四国联盟的决定：2009 年 2 月 28 日前，在大会的非正式全体会议上开始政府间谈判。

　　美国在口头上支持日本"争常"的态度未变。2008 年 10 月中旬，美国驻联合国副大使沃尔夫重申支持日本成为安理会常任理事国。④ 不过，这种支持是有条件的。在美国看来，日本一旦如愿以偿，就应与其他常任理事国一起应对难题。⑤ 这表明，美国在推动日本以"普通国家"化换取政治大国的地位。我们知道，"普通国家"化与政治大国化之于日本，既有联系也有区别。一方面，这两个概念有区别：就日本而论，"普通国家"系相对于"特殊国家"而言，其主要标志是行使集体自卫权，而政治大国则相对于经济大国而言，其主要标志是成为联合国安理会常任理事国。另一方面，这两个概念有联系：如果说"特殊国家"形象在 20 世纪 50 ~ 60 年代曾推动日本走向经济大国，那么"普通国家"化就在

---

　　①　http：//www. kantei. go. jp/.

　　②　http：//www. mofa. go. jp/.

　　③　〔日〕《京都新闻》（网络版），2008 年 6 月 7 日。

　　④　〔日〕《京都新闻》（网络版），2008 年 10 月 18 日。

　　⑤　〔日〕《京都新闻》（网络版），2008 年 6 月 13 日。

21 世纪推动日本走向政治大国。战后日本的这两个历史进程都与美国有关：战后初期，美国出于在军事上约束日本的需要，参与制定 1947 年《日本国宪法》第 9 条，缔造出"特殊国家"日本；冷战后，美国出于在军事上利用日本的需要，要求日本成为行使集体自卫权意义上的"普通国家"。由此观之，美国把日本的"普通国家"化与成为安理会常任理事国挂钩，目的是迫使日本行使集体自卫权。换言之，在美国看来，日本成为安理会常任理事国，应是其"普通国家"化的副产品。

在安理会改革问题上，日美进行着零和博弈。第一，两国都看重自己的地位和权利，因而对联合国的现状态度迥异：美国倾向于维持现状，日本则力图打破现状，与美国分享同等的地位和权利。第二，美国要求日本承担与其地位和权利相称的责任和义务，而日本则有所保留。日本"争常"的愿望得不到满足，对美国的不满与日俱增。为了打破现状，麻生首相抱怨"联合国能被少数国家的方针所左右"①。为了在安理会与美国分享权利，国际合作机构理事长绪方贞子把矛头指向美国："虽然原则上一般都同意改革（安理会），但美国持保留态度却是改革达不成协议的一大根源。安理会的现有规模和结构对美国保持其权力和影响是个保障。在美国看来，一个其地位遭到削弱的联合国毫无益处……"②

（二）日、美、韩安全机制问题

作为日美战略关系局部多边化的标志之一，日、美、韩在 2008 年协商五次。2 月 25 日诞生的李明博政府主张加强在卢武铉总统任内弱化的日、美、韩合作。日美对此表示欢迎。5 月 19 日，日、美、韩在华盛顿举行六方会谈首席代表会，日本外务省亚洲大洋洲局局长斋木昭隆、美国国务院东亚和太平洋事务助理国务卿希尔、韩国外交通商部朝鲜半岛和平交涉本部长金塾出席。在战术上，这是一次政策协调会，日方和韩方听取了美方关于朝鲜提出的核设施运行记录的说明。在战略上，会议确认加强日美韩合作，有威慑朝鲜之意。这次会议在朝鲜半岛无核化取得进展的背景下召开：会前，朝鲜从核反应堆中取出核燃料棒的工作已进行了五个月；会后，朝鲜于 6 月 26 日向六方会谈主席国提交了核申报清单并于次日炸毁反应堆的冷却塔。结果，根据"行动对行动"的原则，美国宣布将部

---

① 〔日〕《京都新闻》（网络版），2008 年 9 月 29 日。

② http：//www.mofa.go.jp/。

分解除对朝贸易制裁，并着手把朝鲜从"支持恐怖主义国家"的名单中删除。这导致 7 月相继成功地举行了六方会谈团长会和六方外长非正式会晤。

日、美、韩加强合作未能弥合日美在朝核问题上的分歧。围绕朝鲜绑架日本人问题的日美分歧有三：第一，日本主张同时解决核问题和绑架问题，美国则不把绑架问题与核问题挂钩，仅承诺与日本合作解决这两个问题。第二，美国不把绑架问题与向朝鲜提供援助问题挂钩，因而希望日本与它一起向朝鲜提供援助，日本则坚持只要绑架问题没有进展就不参加支援的立场。第三，日本要求美国把朝鲜留在"支持恐怖主义国家"的名单上，直到重新调查绑架问题取得进展为止。部分是为了缓和矛盾，日、美、韩首席代表于 9 月 5 日在北京协商时达成共识：有必要切实实施日朝在 8 月达成的一致，成立关于绑架问题的调查委员会。当然，这并不意味着把绑架问题与从"支持恐怖主义国家"的名单上删除朝鲜的问题挂钩。事态的发展与日本的愿望背道而驰。10 月 11 日，美国国务卿赖斯宣布从"支持恐怖主义国家"的名单上删除朝鲜。日韩反应不一：韩国表示欢迎，而日本财务相中川昭一则表示遗憾。

为了共同应对朝核问题，在美国的提议下，日、美、韩于 11 月 22 日在利马举行首脑会谈。三方首脑中，只有布什出席过 2006 年 11 月的上次会谈，而麻生太郎首相和李明博总统则是首次与会。会谈达成两点共识：第一，以 12 月上旬召开六方会谈为目标进行调整。第二，有必要在下次六方会谈上以文件的形式确认朝鲜核申报的验证框架。[①] 为参加 12 月 8 日的六方会谈，三方首席代表协商两次。第一次协商于 12 月 3 日在东京举行，内容主要有二：一是就朝鲜核申报的验证框架问题进一步协调立场，三方首席代表认为有必要在达成一致的文件中就从核设施中取样做出规定；二是就宁边核设施的去功能化和作为回报的能源援助事宜协商了今后的日程。第二次协商于 12 月 7 日在北京举行，除讨论第一次协商的内容外，还就澳大利亚分担日本拒不提供的相当于 20 万吨重油的能源援助进行了协商。

展望未来，日、美、韩加强合作的趋势将持续一段时期。这既不会完全化解三方的矛盾，也不能仅靠威慑来解决朝核问题。就近期而论，三方将继续在六方会谈的框架内对朝施压、对话。从长远的观点看，日、美、韩安全机制具有内在的不稳定性和外在的不确定性，随着朝核问题的解决和东北亚安全对话的发展，其地位势将下降。

---

① 〔日〕《京都新闻》（网络版），2008 年 11 月 23 日。

（三）日美澳安全机制问题

日美澳合作是日美战略关系局部多边化的另一个标志。日本积极推进这一进程。2008 年 1 月 18 日，高村正彦外相在国会宣布："继续推进日美澳战略对话等合作。"① 不仅如此，发展日美澳安全机制也是日美的共同战略目标之一。2 月 27 日，高村外相在东京与美国国务卿赖斯会谈并达成一致：继续重视日美澳战略对话。②

日美澳安全机制的稳定性较强。4 月初，三方定于同月 18 日在夏威夷就安全问题举行高级事务级会谈，内容涉及如何在国际维和使命方面加强合作。③ 及至 6 月 27 日，第三次日美澳部长级战略对话在京都举行。三方部长中，只有赖斯国务卿参加了 2006 年 11 月的上次对话，而高村正彦外相和史密斯外长则是首次与会。

日美澳安全合作正在具体化。从 6 月 27 日发表的三方战略对话联合声明的内容看，当前的合作领域主要涉及安全和防务合作、反恐、亚太地区安全合作三个方面。第一，日美澳安全和防务合作论坛的工作涉及两个领域：一是开展防扩散安全倡议的有关训练；二是在人道主义救援和救灾领域提高三国的相互适应性。关于人道主义救援和救灾，三国承诺就灾害管理和应对紧急事态加强合作，具体表现为交换情报和进行有关的训练。为此三方将制定一个指导方针。第二，日美澳反恐合作已产生若干成果，具体表现为三方交换情报并且在东南亚联合从事加强安保的项目。第三，日美澳在亚太地区的安全合作涉及两个领域：一是在东南亚的合作，目的在于促进该地区的稳定；二是日美澳战略对话大洋洲问题工作组的工作，拟通过讨论和协作来确保太平洋诸岛国的发展。④

展望未来，日美澳开展战略对话将增大该安全机制的稳定性，其战略后果有三：第一，更全面地发挥安全外交的作用，这不独表现在双边层次，亦将表现在多边层次上。第二，对日美同盟产生影响，使之发生适应性变化并且更具全球性。第三，对日本的战略发展产生影响，加快其"普通国家"化进程。就近期而论，日美澳部长级战略对话的发展趋势有三：从时间上看，向定期举行三方部长级战略对话的方向发展；从空间上看，对话将以亚太地区安全问题为中心，但

① http：//www. mofa. go. jp/.

② http：//www. mofa. go. jp/.

③ 〔日〕《日本时报》（网络版），2008 年 4 月 5 日。

④ http：//www. mofa. go. jp/.

涉及全球安全问题；从内容上看，对话将更具体，其成果将更具操作性，重点可能放在传统安全领域。

（四） 中国问题

作为中国"崛起"的结果，日美在 2008 年更加重视中国。这表现为：日美都奉行对方第一、中国第二的战略。从日方看，福田内阁谋求日美同盟与亚洲外交共鸣，有日美关系第一、日中关系第二之意。据高村正彦外相解释，"共鸣外交"的思想基础有三个支柱：一是美国继续参与亚洲的稳定和发展；二是亚洲各国必须建立建设性的面向未来的关系；三是多层、开放和分享利益的地区合作框架。[①] 不难看出，第一个支柱以日美同盟为基石，后两个支柱则与中日关系有关。从美方看，布什总统于 2008 年 7 月 2 日在白宫对日本记者说：目前美国的亚洲外交的基轴，除日美同盟外，就是美中合作。在布什看来，美中关系在某种意义上是迄今最好的，日本亦应努力使对华关系取得进展。[②]

日美共同对华软硬兼施。作为软的一手，日美期待中国在国际社会发挥负责任的作用。在美国，以日美同盟为基础来发展对华关系是其两党的共识。共和党总统候选人麦凯恩主张日美密切合作，使中国作为负责任的利益攸关的国家进入国际社会。[③] 民主党的希拉里·克林顿亦认为，日美的共同利益在于使中国和平地发挥负责任的作用。[④] 在日本，东京财团政策研究部于 2008 年 10 月完成的《新的日本安全战略》认为：应充分关注中国军事力量现代化的动向，同时与美国步调一致，从多方面做工作，使中国成为国际社会负责任的大国。[⑤] 日美对华奉行接触政策，旨在发展东亚地区安全对话乃至建立地区性多边安全机制。譬如，7 月 1 日，希尔助理国务卿在华盛顿鼓吹：把六方会谈发展为协商东北亚安全问题的稳定框架。[⑥] 作为硬的一手，两国谋求加强日美同盟。2008 年 11 月 7 日，麻生太郎首相与美国当选总统奥巴马举行电话会谈时称："加强日美同盟是日本外交的首要原则。"奥巴马表示赞同："希望加强同盟。"[⑦] 由此可知，日美

---

① http：//www.mofa.go.jp/.

② 2008 年 7 月 4 日〔日〕《读卖新闻》。

③ 2008 年 5 月 28 日〔日〕《读卖新闻》。

④ 〔日〕《朝日新闻》（网络版），2008 年 1 月 22 日。

⑤ http：//www.tkfd.or.jp/admin/files/081008.pdf.

⑥ 2008 年 7 月 4 日〔日〕《读卖新闻》。

⑦ 〔日〕《京都新闻》（网络版），2008 年 11 月 7 日。

联合应对中国的格局短期内难以改变。

日美加强同盟关系有针对中国的一面。第一，日美近年来就台湾问题协调立场，于2005年把和平解决台湾问题定为两国共同的战略目标之一。第二，对中国的国防现代化做出消极的反应。《新日本安全战略》认为："中国军事力量的现代化对日本的防卫体制和日美同盟提出了新的课题。中国增强海空军力量，有可能改变日中在东海的军事平衡局面。中国海空军的作战能力越过东海的第一岛链，扩大到西太平洋的第二岛链，其阻止美国太平洋军进入的能力得到加强时，就很可能影响美国对东北亚地区乃至东亚地区的威慑力。"①

2008年，关于中日美开展三国对话的议论增多。起初的报道涉及举行中日美副部长级对话。当时日本态度积极，而美国则顾虑较多。② 但是，从2009年2月17日《朝日新闻》主笔船桥洋一采访希拉里国务卿的内容看，美国虽然没有日本那么积极，但认为此事值得探索。在希拉里看来："美国很想建立中国、日本与我们之间的合作关系。因此，我们将询问两国，是否存在着我们或许可以期待的那种三国对话的机会。"她特别提到地球变暖问题，认为在此领域建立中日美伙伴关系会对三国有益。③ 不久，麻生太郎首相确定的方针是：2009年2月24日在华盛顿与奥巴马总统会谈时，建议就防止地球变暖的问题举行中日美三国协商。日美精心选择一个全球性问题作为与中国对话的突破口，原因有四：第一，符合循序渐进、先易后难的逻辑；第二，符合世界多极化的趋势，顺应多边外交的潮流；第三，有助于在排放温室气体方面约束中国；第四，就日本而言，中日美对话有助于抬升日本的对美地位。展望未来，中日美在非传统安全领域虽有共同利益，但在传统安全领域仍将维持日美对中国的"二对一"格局。

二 军事战略关系

（一）日本走向行使集体自卫权问题

日本走向行使集体自卫权虽是个双边问题，却是日美战略关系进一步多边化

---

① http：//www.tkfd.or.jp/admin/files/081008.pdf.
② 〔日〕《京都新闻》（网络版），2008年5月5日。
③ 〔日〕《朝日新闻》（网络版），2009年2月18日。

的前提。2008 年 6 月 24 日，重建安全保障的法律基础恳谈会向福田首相提出报告书，建议重新解释宪法：宪法第 9 条只承认单独自卫权的不妥，应解释为不禁止行使集体自卫权和参加联合国的集体安全活动。以此为前提，该报告书主张允许自卫队击落以美国为目标的弹道导弹并在公海保护美国军舰。① 由于福田康夫首相态度谨慎，有关解释修宪的建议被暂时搁置起来。尽管如此，鉴于该报告书的主张在日本政界和舆论界颇有代表性，其影响不容忽视。一个基本的趋势是，日本将谋求通过解释修宪来加强与美国的同盟。

麻生太郎于 2008 年 9 月 24 日就任首相后，在解释修宪问题上的立场前后矛盾。他在 2006 年认为，主张改变宪法解释的人是现实的。2008 年 9 月 25 日，他在纽约重申："我基本上一直说应该改变（宪法的）解释。"② 麻生首相回国后，立场后退，于 11 月 4 日宣布了不改变宪法解释的方针。③ 麻生内阁在解释修宪问题上继承福田内阁的搁置政策，意味着日本只能分步骤走向行使集体自卫权：第一步，制定能随时向海外派兵的永久法；第二步，完成修宪或解释修宪。

日本走向行使集体自卫权，既是"普通国家"化的需要，也是加强与美国的同盟的需要。第一，如果说 20 世纪中叶出现的"特殊国家"日本是个新式国家，那么它在 21 世纪"普通国家"化就意味着在一定程度上复归旧式国家，行使《联合国宪章》第 51 条给予成员国的权利。第二，冷战后的日本逐步放弃"专守防卫"的自我约束传统，走向攻势化，同时扩大与美国的双边同盟，使之多边化。这两个趋势发展到一定程度，就要求日本行使集体自卫权。

美国出于维护其霸权的需要，推动日本行使集体自卫权。譬如，美国企业研究所的米歇尔·奥斯林等人在 2008 年完成的题为《确保自由——新时期的美日同盟》的报告就认为：在弹道导弹防御、保持空中优势、海上安全和攻击作战上，随着日美谋求扩大联合的努力，禁止集体自卫就是个根本性问题。在该报告看来，禁止集体自卫意味着，即使在一次对美国本土或日本本土的导弹攻击中，日本也在很大程度上不能合法地向美国和其他安全伙伴提供支援。该报告要求日本行使集体自卫权，以保卫美国海军、空军，并且拦截以美国为目标的导弹。④ 该报告在一定程度上反映了美国的政策。2009 年 1 月 14 日，美国驻日大使希弗

---

① 〔日〕《京都新闻》（网络版），2008 年 6 月 24 日。
② 2008 年 9 月 27 日〔日〕《读卖新闻》。
③ 〔日〕《京都新闻》（网络版），2008 年 11 月 4 日。
④ 〔日〕《日本时报》（网络版），2008 年 12 月 3 日。

在离任前要求日本解释修宪。关于现行宪法解释禁止行使的集体自卫权，希弗认为，日本应重新认识这种解释。①

（二）日本向海外派兵问题

向海外派兵既是日美战略关系局部多边化的重要领域，也是日本政界的热门话题。

在立法方面，日本向海外派兵涉及延长《补给支援特别措施法》和制定永久性法律两个问题。

第一，制定一个没有期限的向海外派兵法即永久法，是日本政府的当务之急。2008 年 1 月 8 日，内阁官房长官町村信孝与高村正彦外相、石破茂防卫相在首相官邸会谈，确认了制定永久法（一般法）的方针。为此，自民党成立了关于国际和平合作的一般法的联席会议。福田内阁一度谋求在 2008 年制定该法，但因难度大而作罢。鉴于该法在日本政界争论较大，涉及放宽使用武器的标准、能否参加维持治安活动、是否需要联合国决议等问题，其制定工作在 2008 年未取得突破。

第二，2008 年，美国要求日本继续在印度洋供油。日本国会在 2008 年 1 月 11 日通过《补给支援特别措施法》后，海上自卫队于同月 24 日和 25 日相继派出"村雨"号护卫舰和"青海"号补给舰前往印度洋，恢复了 2007 年 11 月后中断的供油活动。2008 年，日本在印度洋为美国等八国无偿供油 10940 千升，约占 2001 年 12 月后供油总量的 3.9%。为避免再次中断供油，日本政府从 5 月开始准备修订将于 2009 年 1 月期满的《补给支援特别措施法》。9 月 19 日，日本政府召开安全保障会议和内阁会议，决定了旨在延长在印度洋供油一年的修正案。该修正案于 11 月 21 日在众议院通过，12 月 12 日上午被参议院否决，同日下午送回众议院，才获通过。

在实践方面，日本向海外派兵涉及出兵索马里海域、从伊拉克撤兵和酝酿出兵阿富汗三个问题。

第一，2008 年 1~9 月，索马里海域发生 63 起海盗事件，比 2007 年同期增加 27 起。海盗日趋猖獗，促使日本政府考虑向索马里海域出兵。11 月 20 日，日本政府草拟出兵索马里海域的法案，谋求在两个方面突破现行法律：军舰的活动

---

① 〔日〕《京都新闻》（网络版），2009 年 1 月 14 日。

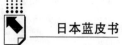

范围从日本领海扩大到索马里海域；护卫对象从与日本有关的船舶扩大到外轮。在依据现行法律出兵和另立新法两者间，日本政府不是二者择一，而是双管齐下：一边制定海盗对策法案，一边准备依据现行法律出兵。2009 年 1 月 28 日，日本政府召开安全保障会议，正式决定以自卫队法有关条款为依据出兵。3 月 13 日再次召开安全保障会议并召开内阁会议，批准依据现行法律出兵。次日，护卫舰"涟"号和"五月雨"号驶往索马里海域。

第二，从 2003 年 12 月到 2008 年 12 月，日本航空自卫队在科威特和伊拉克飞行约 821 次，运送人员约 4.65 万人，运输物资约 673 吨，耗资逾 200 亿日元。鉴于多国部队驻扎伊拉克所依据的联合国决议将在 2008 年底期满以及美国谋求削减其驻伊拉克的兵力，日本政府于 2008 年 9 月 11 日宣布在年内撤退以科威特为基地的航空自卫队 210 人和 3 架 C－130 运输机。11 月 28 日召开安全保障会议正式决定撤兵后，航空自卫队于 12 月 23 日撤退完毕。

第三，美国谋求从伊拉克撤军，在一定程度上是为了增援阿富汗。这意味着，日本将进一步介入在阿富汗的反恐战争。为此，日本努力扫除法律障碍。关于参加在阿富汗的国际安全援助部队，日本政府曾认为违宪，但在 2007 年 12 月却转而认为：只要阿富汗政府同意，自卫队就能在阿富汗的非战斗地区参加国际安全援助部队。[①] 在此问题上，美国要求日本在出兵和出钱之间二者择一。就出兵而言，美国要求日本向阿富汗派遣 CH－47 直升机、C－130 运输机、陆上自卫队的医疗队、出兵参加阿富汗的地方重建队等。展望未来，日本可能向阿富汗本土出兵。

（三）驻日美军问题

驻日美军问题虽带有双边性质，却涉及第三国：第一，驻日美军有进攻性，其使命之一是以日本为前进基地，干预亚太地区乃至中东地区事务。第二，日本为了成为"普通国家"，不惜冒战争的风险，加强与美国联合干预别国事务的机制。2006 年 3 月，驻日美军基地有 87 个，占地 312.2 平方公里。2008 年 2 月，驻日美军有 29800 人，其中海军陆战队 15000 人、空军 12300 人、陆军 2500 人。此外还有海军 17400 人、文职人员 3510 人。展望未来，今后长期内，美军仍将驻扎在日本，但数量将减少。造成这一趋势的动力有二：美国越来越力不从心，

---

① 2007 年 12 月 22 日〔日〕《读卖新闻》。

只好逐步削减其海外驻军；日本日趋独立自主，谋求减少驻日美军数量。

2008 年，日本谋求减少其所负担的驻日美军经费，同时促进冲绳的美国海军陆战队转移到关岛。

围绕日方负担驻日美军经费问题，日美讨价还价。根据日本政府 2008 年度的预算，其负担的驻日美军经费总额为 5799 亿日元。其中涉及日美地位协定和特别协定的所谓"照顾预算"为 2083 亿日元，包括水、电、煤气费、设施建设费、日籍雇员的劳务费、训练转移费四项。日方的"照顾预算"始于 1978 年，起初数额不大，仅为 62 亿日元，后来逐年增加，到 1999 年最多时达 2756 亿日元。进入 21 世纪后，日本谋求缩减"照顾预算"。这笔经费遂逐年减少，到 2007 年降至 2173 亿日元。鉴于负担驻日美军经费的特别协定将于 2008 年 3 月底期满，日本政府于 2007 年 10 月 21 日决定，拟在 2008 年度减少 100 亿日元的驻日美军经费负担。这遭到美方抵制。同年 11 月 9 日，美国国防部长盖茨公开反对日方的这一决定。① 在修改负担驻日美军经费的特别协定的谈判中，日方要求把 2007 年度负担的 253 亿日元的水、电、煤气费在此后五年中每年削减 50 亿日元。这意味着，日本将停止为驻日美军支付这笔费用。作为日方让步的结果，两国于 2007 年 12 月 13 日达成一致：从 2008 年度到 2010 年度，日本为驻日美军负担的"照顾预算"将减少 8 亿日元的水、电、煤气费。几经周折后，日美于 2008 年 5 月 1 日签署新的特别协定。这意味着，在 2011 年 3 月底前，日本负担的驻日美军经费总额仍将维持在每年大约 5800 亿日元的水平上。

围绕冲绳的美国海军陆战队转移到关岛问题，日美达成协议。2009 年 2 月 17 日，日本外相中曾根弘文与美国国务卿希拉里在东京签署关于美国驻冲绳的海军陆战队转移到关岛的协定。在该协定中，美方对如何使用日方提供的资金做出约束性承诺，日方则再次确认，将为冲绳的约 8000 名第三海军陆战队远征部队及其约 9000 名家属转移到关岛提供 60.9 亿美元，其中直接现金贡献为 28 亿美元。② 展望未来，美国计划于 2010 年在关岛开始建设基础设施，以容纳 1.9 万名军人（包括将从冲绳转移的海军陆战队在内）和大约相同数量的家属。但是，转移冲绳的海军陆战队仍有一定的不确定性：第一，从资金上看，虽然已经确定，日方将分担 60.9 亿美元，但是，把冲绳的海军陆战队转移到关岛所需费用，

---

① 2007 年 10 月 21 日、11 月 10 日〔日〕《读卖新闻》。

② http：//www.mofa.go.jp/．

有可能从日美协议所再次确认的 103 亿美元增至 150 亿美元左右；第二，从时间上看，日美虽然再次约定，冲绳的海军陆战队将在 2014 年转移到关岛，但实施起来，有可能拖到 2014 年以后。

（四）弹道导弹防御问题

日本在 2008 年进一步完善其于 2007 年初步建立的弹道导弹防御系统（分高空拦截和低空拦截两层）。在从事高空拦截的海基系统方面，搭载"标准－3 布洛克ⅠA"型（以下简称"标准－3"型）拦截导弹的"宙斯盾"军舰在 2008 年有"金刚"号和"鸟海"号两艘。预定到 2011 财年，"妙高"号和"雾岛"号亦将拥有发射"标准－3"型导弹的能力。在从事低空拦截的陆基系统方面，"爱国者－3"型拦截导弹已陆续部署在首都圈的 4 个基地：埼玉县的入间（2007 年 3 月）、千叶县的习志野（2007 年 11 月）、神奈川县的茸山（2008 年 1 月）、茨城县的霞浦（2008 年 3 月）。此外，静冈县的滨松基地亦有"爱国者－3"型导弹。预定到 2010 财年，部署"爱国者－3"型导弹的基地将达到 9 个，到 2011 财年增至 16 个。与上述反导系统配套，到 2011 财年，日本将使用 4 座"FPS－5"型预警雷达和 7 座改进后的"FPS－3"型预警雷达。

日本在 2008 年两次试验其反导系统的可靠性，一次成功，一次失败。9 月 17 日，日本首次进行"爱国者－3"型反导导弹的低空拦截试验成功。是日，航空自卫队在美国新墨西哥州的怀特桑兹导弹发射场用雷达追踪美军在大约 120 公里外发射的一枚模拟弹道导弹，约两分钟后确认其轨道并发射两枚"爱国者－3"型拦截导弹，半分钟后在空中将其击毁于十几公里外。经过这次试验，该反导系统的雷达、发射装置、控制装置等的功能得以确认。11 月 19 日，日本进行第二次"标准－3"型导弹的高空拦截试验，未获成功。这次试验与 2007 年 12 月那次试验的相异之处有二：第一，日舰事前并不知道美军何时发射导弹；第二，虽然两次都用中程弹道导弹充当模拟弹，但这次助推器与弹头分离得慢，从而给拦截导弹分辨助推器和弹头的时间更短。是日，美军在夏威夷的考爱岛的太平洋导弹发射场发射了一枚模拟导弹。3 分钟后，海上自卫队的"宙斯盾"军舰"鸟海"号捕捉到该模拟导弹，并发射"标准－3"型导弹拦截。但是，在预定撞击的数秒前，弹头因故障而失去目标，拦截失败。

日本建立的反导系统在技术上严重依赖美国。譬如，日本试射"标准－3 布洛克ⅠA"型拦截导弹失败后，主要靠美方调查和改进。预计今后长期内，美国将保持对日本开发反导系统的控制力：第一，日美联合开发的单弹头"标准－3布洛克ⅡA"型拦截导弹预定于2014年开发完毕，一旦部署，将能在1000公里的范围内拦截洲际弹道导弹。第二，2007年5月以来，日美酝酿联合开发多弹头"标准－3布洛克ⅡB"型拦截导弹。日本起初反对美方的联合开发建议，但到2008年转而表示同意。展望未来，美国为了维护其全球霸权，将谋求把日本进一步纳入其反导系统，甚至可能推动其与日本建立的反导系统多边化进程。

参考文献

2008年1～10月〔日〕《读卖新闻》。

〔日〕《京都新闻》（网络版），2008年1～12月。

〔日〕《日本时报》（网络版），2008年1～12月。

http：//www. mofa. go. jp/.

日米戦略関係の部分的多角化

劉世龍

　要　旨：冷戦後、日米戦略関係は部分的に多角化している。全局を見て、日本とアメリカの間で、国連安保理改革に関してはゼロサムゲームであるが、その他の問題は互恵関係である。局部を見て、日本とアメリカの間は、日米韓安全保障メカニズム問題、日米豪安全保障メカニズム問題と中国問題それぞれその利益を得ている。一方、日本の集団的自衛権行使問題、海外派兵問題、在日米軍問題、ミサイル防衛問題においては、お互いに利用している。

　キーワード：日米関係　日米戦略関係　多角化

日韩、日朝关系新动向

丁英顺[*]

摘　要： 2008 年日韩、日朝关系出现了新的趋势。日韩两国先是在"穿梭外交"的恢复之下，其双边关系急速升温。后来又因日韩岛屿之争再起波澜，两国关系再次跌入低谷。如何使仍然脆弱的两国关系走向成熟，对日韩两国来说都是一个艰难的课题。日朝两国是在美朝关系的缓和趋势下，进行了两次工作组会谈，其"对话"取得了一些成果。但在涉及东北亚国家切身利益的"六方会谈"中，日本抓住所谓的"绑架问题"不放，从而使日朝关系长期停滞不前。日韩、日朝关系仍面临许多不确定因素。

关键词： 日韩关系　日朝关系　穿梭外交　绑架问题

2008 年，日韩两国先是在"穿梭外交"的恢复之下，扩大了两国关系。后来又因日本将历史教科书问题的"领土争议化"，两国关系再次跌入低谷。而日朝两国是在美朝关系的缓和趋势下，进行了两次工作组会谈，取得了一些成果。这一年，围绕日朝关系的国际环境发生了很大变化，为其进一步"对话"提供了有利的氛围。

一　日韩在摩擦中加强合作

2008 年初，日韩两国恢复"穿梭外交"，开启了"日韩新时代"，但后来两国因历史、领土等问题引起的矛盾时有激化，两国之间摩擦不断，其关系始终处于波动与起伏之中。

---

* 丁英顺，历史学硕士，中国社会科学院日本研究所助理研究员，研究专业为日本外交，研究方向为日韩关系、日朝关系。

（一）日韩恢复"穿梭外交"

2008 年 2 月 25 日，福田康夫出席了韩国总统李明博的就职仪式，并与李明博举行首脑会谈。福田在访问韩国之前就表示："愿与韩国新总统共同开启'日韩新时代'。"① 以此对恢复两国首脑定期互访以强化双边关系表示了期待。2007 年 9 月，福田康夫出任日本首相时，曾提出要积极展开亚洲外交，这为恢复与韩国关系带来契机。

韩国新上任的李明博政府在外交领域实施了"面向未来"的"实用外交"政策。在竞选期间，李明博就打出了"747 承诺"，即在五年任期内，让韩国经济达到每年 7% 的增长目标，让国民收入增加一倍到 4 万美元，将韩国经济排名提升到全球第七。为实现这一目标，韩国加强同世界经济强国美日间的商贸往来，李明博在当选的当天即分别会见了日美两国的驻韩大使，承诺要加强与美国的同盟关系以及恢复韩日关系。特别是在对日关系上，将更多着眼于以为韩国带来政治及经济上的利益为核心，谋求发展和提升日韩关系。李明博认为，扩大发展两国关系将为韩国带来经济上的利益。日韩关系随即出现了转机。

2008 年 4 月 20 日，李明博访问日本。这是韩国总统近四年来首次访日。此访意味着两国恢复"穿梭外交"②。双方会谈的焦点主要集中在改善两国关系、美日韩三方关系、朝鲜半岛核问题、日韩自由贸易协定和气候变化等议题上。

在会后的联合新闻发布会上，福田康夫表示，希望开启一个日韩关系的新时期。他说："我们仍将加深相互间的理解，以便能够加强两国之间的关系。"李明博则表示，不应抓住历史问题不放，韩日两国关系应该向前发展。他说："在韩日两国关系中，我们不可以忘记历史，但我们不应让历史问题成为我们未来前进过程中的羁绊。"③

另外，双方还同意加大两国之间的人员交流，尤其是青少年的交流。双方决

---

① 中国新闻网，http://news.china.com/zh_cn/international/1000/20080224/14689309.html，2008 年 2 月 24 日。

② 所谓"穿梭外交"，指日韩两国领导人每年至少互访一次。早在 2004 年 12 月，日本首相小泉纯一郎与韩国总统卢武铉在日本鹿儿岛县指宿市的会谈中就建立"日韩穿梭外交"达成共识。翌年 6 月，小泉访问韩国。但之后因小泉参拜靖国神社，卢武铉取消了原定于当年 12 月的访日日程。日韩"穿梭外交"就此中断。

③ 环球在线，http://www.chinadaily.com.cn/hqgj/2008-04/22/content_6633303.htm，2008 年 4 月 22 日。

定，推行"日韩大学生交流事业"，并在三年内支援 1500 名大学生。特别是强
调增加日韩之间的就业观光人数，计划在 2009 年内将其就业观光人数增加到原
来的两倍，即 7200 人，2012 年将增加到 1 万人。①

在日韩两国政府的共同努力下，两国之间的矛盾和障碍曾出现被化解的趋
势，双方的战略合作意愿正在不断加深。从整体上讲，双边关系已经进入良性发
展的轨道。

（二）历史观依然阻碍日韩关系

然而，日韩关系良好的发展势头并没有持续多久。两国之间固有的矛盾再次
呈现激化态势。2008 年 7 月 14 日，日本文部科学省公布了十年一度的中学社会
课"学习指导要领说明"，其中首次提出"涉及日韩关于竹岛问题的主张有分
歧"。将于 2012 年实施的中学教科书指导手册中，将"竹岛"表述为日本领土。
虽然为了顾及韩国的感受，在主张为日本领土的同时，还写入了"提及与韩国
之间的主张存在分歧，和北方领土一样，让学生加深对我国领土、领域的理
解"。这是日本首次在中学教科书指导手册中写入这种表述。

刚刚转暖的日韩关系又出现了逆转。其主要原因如下：首先，福田本人也认
为"有必要对我国的领土有自己透彻的想法"②。其次，作为一个弱势首相，福
田屈从了政府和执政党内强硬势力的主张。韩国指责他"不守信义"，日本国内
鹰派则称其对韩软弱。而李明博亦是进退维谷。他以否定前政权政策的姿态亮
相，但其对美、朝、日、中的政策却都不同程度地面临不得不回归前政权政策轨
道的命运。

韩方认为，这是对"独岛"主权的侵害，当即采取了外交抗议、要求删除
相关内容、临时召回驻日大使、追加"独岛"开发与管理经费、在"独岛"增
设中央政府派出的机构等措施。李明博也表示："两国首脑间曾经达成一致，将
共同构筑正视历史、面向未来的韩日关系。然而对此协议，我不得不深表失望和
遗憾。"③ 韩国各界掀起了声势浩大的抗议浪潮。由李明博政府"既往不咎"营
造出的短暂"蜜月"，很快就被岛屿之争粉碎。由此看出，李明博的对日合作姿

---

① 2008 年 4 月 22 日〔韩〕《中央日报》。
② 2008 年 7 月 16 日〔韩〕《中央日报》。
③ 杭州网，http://www.hangzhou.com.cn/20080702/ca1534289.htm，2008 年 7 月 15 日。

态未能转变福田内阁的既定方针，日韩关系再次成为日本国内民族主义膨胀的牺牲品。

2008 年 9 月，韩国《中央日报》的民意调查结果表明，认为日本是"最讨厌的国家"的韩国民众从 2007 年的 38% 增至 57%①，如果再发生日本政要人物"失言"美化日本殖民侵略的历史，势必刺激韩国民间对日的反感，进而牵制李明博的对日政策。

韩国对日贸易也长期处于逆差状态，2008 年其逆差额达到了 300 亿美元。②主要原因在于韩国出口企业高度依赖从日本进口零部件。金融危机爆发后，众多韩国企业急需使用日元结算从日本进口的零部件，导致该国日元供应量严重不足，韩元对日元汇率暴跌，给韩国经济造成巨大压力。

尽管日韩两国恢复了"穿梭外交"，但两国关系在经历数年的恶化后，想要迅速恢复并非易事，历史问题和领土争端是主要障碍。为超越这些障碍，李明博就任韩国总统后使用了淡化问题的策略。但是，历史问题将来仍有可能重新凸显出来，解决岛屿问题更是难上加难。日本媒体指出，日本只是李明博政府以发展经济为中心的"实用外交"的伙伴。如果"实用外交"不能取得一定成果，李明博政府为避免国内舆论批评，很可能再次利用历史问题打日本牌。此外，在双方经济合作协定谈判问题上，韩国产业界对谈判持反对态度，因此日后的谈判很难顺利进行。如何使仍然脆弱的两国关系走向成熟，对日韩领导人来说仍是一个艰难的课题。

2008 年 9 月，麻生太郎出任日本首相。与温和理性的福田康夫相比，麻生太郎是鹰派的代表人物，他的当选使日韩关系再次面临新考验。由于麻生多次失言，例如 2003 年声称日本在朝鲜半岛推行殖民统治时强制推行日式姓名（"创氏改名"）是出于朝鲜人的要求，韩国国内普遍认为他是"右翼政治家"。麻生太郎出任日本首相，一时给日韩两国带来紧张气氛。但是，面对国际金融危机爆发、朝核问题谈判进入攻坚阶段等共同挑战，麻生太郎也开始谋求并加强与韩国的合作。他指出："外交方面，在福田首相的领导下，我们实现了比较稳定的外交。我们将防止外交等各个行政领域出现停滞，努力做到'善始善终'。"③ 这为

---

① http：//sankei. jp. msn. com/world/korea/080922/kor0809221236002 - n1. htm.

② 新华网，http：//news. xinhuanet. com/world/2009 - 01/13/content_ 10652055. htm, 2009 年 1 月13 日。

③ 2008 年 9 月 3 日《东方早报》，http：//www. sina. com. cn。

日韩关系带来一些转机。在10月的亚欧峰会、11月的亚太经合组织领导人非正式会议和12月的中日韩领导人会议上，麻生太郎和李明博连续三次会面。此外，日韩还与美国举行三边会谈，就共同应对国际金融危机和朝核问题等国际和地区问题达成一系列共识。中日韩、美日韩三边会谈为日韩关系走出僵局创造了契机。

麻生太郎于2009年1月12日访问韩国，与韩国总统李明博举行会谈，重点讨论了两国之间的经济合作事宜，包括如何共同应对经济衰退、恢复双边自由贸易协定谈判等。

经济合作成为这次访问的重中之重，随同麻生一同访韩的还有大约20名日本经济界重量级人物。日韩关系主要症结所在的"竹岛"（韩国称"独岛"）问题这次没有列入两国领导人会谈议题，表明在经济不景气的重压之下，两国领导人已暂时顾不上历史遗留争端，急于携手应对经济难题。

从2008年日韩关系的情况来看，阻碍两国关系的深层次矛盾依然没有得到根本性解决。如何克服这种困难，将是日韩关系今后发展的关键，也是对两国领导人政治智慧的考验。

二 日朝关系曲折中缓慢发展

2008年，日朝两国改善关系的客观需要和主观愿望仍没有改变，但其双边关系的正常化进程依然缓慢而曲折。如果日本不能在反省战争和替代赔偿的经济援助方面做出具体承诺，就不可能得到朝鲜的谅解与合作。而如果朝鲜不在彻底解决"绑架问题"上表现出积极姿态，就不可能打破日朝谈判的僵局。这一年，美国对朝政策的软化和韩国对朝政策的硬化，都给日朝关系带来了新的变数。

（一）日朝磋商取得进展

2008年4月11日，日本第三次延长了对朝鲜的经济制裁，延长期限为半年。其理由为，在过去半年里，朝鲜在解决"绑架问题"、核问题以及导弹问题上均未采取具体行动。今后，朝鲜如为这些问题采取具体行动，日本方面可随时部分或全部解除对朝制裁措施，① 日本方面的对朝强压政策与朝鲜方面的反弹仍然为

---

① 2008年4月12日《新京报》。

两国关系蒙上阴影。

随着美朝关系的缓和，日本加紧与朝鲜的对话。通过几个月的努力，日朝两国于 2008 年 6 月 11 日在北京举行了邦交正常化工作组会议，并达成协议。朝鲜承诺，将对生死未卜的"绑架受害者"重新展开调查，并愿意就 1970 年日航"淀"号客机劫机者的引渡问题提供合作。[①] 日本认为，朝鲜转变了"绑架人质问题已经解决"的一贯立场，并作为回报，部分解除针对朝鲜的经济制裁措施，即允许包括客货船"万景峰 92"号在内的朝鲜船舶入港装卸物资，允许拥有朝鲜国籍的人入境，恢复人员往来，允许包机降落等。[②] 日朝之所以在北京磋商中达成妥协，有两个主要的原因：一是六方会谈取得进展；二是美朝关系有所改善。

实现日朝关系正常化，是六方会谈共同文件所规定的内容。对于日本，在六方会谈其他问题取得进展的情况下，如果只有日朝关系迟迟没有进展，这就意味着日本正如朝鲜所指责的那样，是六方会谈的障碍制造者。而对于朝鲜，早日使"绑架问题"取得进展，可以促使日本参加到六方会谈框架下的对朝能源和经济援助中来。

日本最希望能在解决"绑架问题"上有所进展。在以往的六方会谈中，日本一直坚持"捆绑""绑架问题"的强硬立场。以"绑架问题"没有解决为由，日方拒绝参与对朝鲜的经济及能源合作，还要求美国在该问题未解决前，不要将朝鲜从"支恐"名单中除名。[③] 但日本也认识到，它的强硬立场除了招致朝鲜的强烈反弹外，也令其自身在这场多边谈判中陷入孤立。此外，在日朝谈判问题上，与前首相安倍倾向于施压相比，福田首相的态度更倾向于对话。还有，促使日本迈出这一步的更重要的原因是，美朝关系趋缓给它带来了压力。经过近来的

---

① 1970 年 3 月 31 日，日本赤军组织的 9 名成员搭乘羽田机场始发至福冈的航班"淀"号（"YODO"号），之后将机上乘客和机组人员共 129 人劫为人质，要求前往朝鲜平壤。这是日本发生的首次劫机事件。到达福冈机场后，23 名机上乘客被释放，之后飞机降落在被伪装成朝鲜机场的韩国金浦机场。有所察觉的疑犯在 3 天内紧闭舱门不出。当时的运输政务次官山村新治郎以自己作为人质，让绑匪释放了机长等 3 人，飞机于 4 月 3 日抵达平壤。9 名劫机分子受到国际通缉。在这些成员中，前赤军骨干田宫高麿等 3 人已死亡。另有两人回国后遭到逮捕，被判有罪。运输政务次官山村新治郎也已故去。由于之前日本没有关于劫机的处罚法律，此事后建立了《防止劫机法》。

② 2008 年 6 月 13 日〔日〕《朝日新闻》。

③ 2008 年 6 月 16 日《解放日报》。

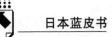

多轮直接对话与磋商，美朝关系已得到相当的缓和，美国也已经公开表态，如果朝鲜在弃核上表现好，将以解除对其"支恐"定位来奖励，这自然给日本寻求尽快在"绑架问题"上取得进展造成压力，在美朝谈判进入朝鲜申报核计划的关口，日本不希望自己成为六方会谈重启的障碍。

朝鲜的优先考虑方向是让美国将其从"支恐"名单上删去。由于日朝关系取得进展也是美国提出的条件之一，这也促其不得不面对"绑架问题"。朝鲜在自己的要求尚未满足的情况下承诺就绑架问题重新进行调查，其实是想以此试探福田政权是否会将日本对朝"压力和对话"并行政策的重心转到"对话"上来。而对于朝鲜的试探，日本也是以有限的承诺予以反试探。可以说，北京磋商实际上是日朝双方相互试探的第一回合。

日朝两国于2008年8月11～13日在沈阳举行了又一轮工作磋商，就朝鲜年内完成对"绑架问题"的重新调查和日本部分解除对朝经济制裁达成一致。朝鲜方面同意的内容包括：对"绑架"受害者下落重新实施全面调查；成立专门的调查委员会，调查尽可能在2008年秋完成；朝鲜随时向日本通报调查进展；朝鲜对日方通过与相关者面谈、分享相关资料、访问相关地等手段直接确认调查结果给予配合。日本方面同意的内容是：与朝鲜成立调查委员会的同时，日方将解除对朝人员往来和包机飞行的限制。[①] 遗憾的是，日本首相福田康夫于2008年9月1日突然宣布辞职，朝鲜提出将暂缓建立"绑架问题"调查委员会。

可见，六方会谈为日朝两国提供了对话的平台，双方借此举行了邦交正常化会谈，但未能取得任何明显的成果。日本要求朝鲜彻底解决"绑架"问题，而朝鲜则要求日本彻底"清算历史"。日朝之间"行动对行动"的原则尚未取得实质性进展。

（二）影响日朝关系的国际因素

日朝改善关系受周边环境的影响。其中，美朝关系、韩朝关系的影响最大。2008年，这些关系发生了新的变化，为日朝改善关系带来了不确定因素。

1. 美朝接触与日朝关系的复杂互动

2008年，美朝两国不断加强交流，为改善关系提供了有力的保障。美国纽约爱乐乐团于2008年2月26日在朝鲜首都平壤的剧院内成功举行了演出。这是

---

① 2008年8月14日〔韩〕《中央日报》。

自朝鲜民主主义人民共和国成立后第一支来访的美国交响乐团，也是美朝两国关系史上规格最高的一次文化交流活动。这次演出引起了世界各国的关注，一些媒休认为这是一次带有政治色彩的演出，也可能是美朝关系改善的重要"信号"。"交响外交"的目的并不在于简单地愉悦公众，更在于形成了一个新的交流平台，它为缓和美朝关系发挥了积极作用。①

之后，美朝之间的接触频繁，两国关系开始出现改善的迹象。美朝代表于2008年3月和4月分别在瑞士日内瓦和新加坡进行了会谈，最终初步达成协议。根据协议，朝鲜应完成其主要核设施去功能化，并提供有关钚储存量的详细信息。双方还同意：将以往一些争论暂时放在一边，比如朝鲜提供过去"铀浓缩"活动的信息应详细到什么地步，以及朝鲜"参与"叙利亚核设施的情况等。② 经过这些协商之后，朝鲜于6月26日正式提交了核申报清单，美国同日宣布启动将朝鲜从其"支持恐怖主义国家"名单中删除的程序，朝核计划申报问题就此告一段落。

2008年6月27日，朝鲜炸毁了其宁边地区核设施的冷却塔，这是朝鲜为了在国际舆论中摆脱不利局面而采取的措施。朝鲜曾于20世纪50年代末开始核技术研究。60年代中期，在苏联的帮助下，朝鲜创建了宁边原子能研究基地，培训了大批核技术人才。当时，朝鲜从苏联引进了第一座800千瓦核反应堆，使朝鲜核技术研究初具规模。此后，宁边成为朝鲜核工业重地。宁边5兆瓦核反应堆属于石墨反应堆，1980年动工，1987年建成。这种核反应堆的废燃料棒可被用来提取制造核武器的原料——钚。自2007年11月朝鲜开始对宁边核设施进行去功能化后，5兆瓦核反应堆停止运转，冷却塔也停止使用。这个象征性的举动表明朝鲜有意解除自己的核武器项目。

作为交换，美国同意解除对朝鲜的一部分制裁，并将朝鲜从"支持恐怖主义国家"的名单上去掉，并解除由此对朝鲜实施的经济、人员往来制裁。但是，2008年8月26日，由于美朝在核申报书验证问题上的分歧导致美国除名措施未能生效，朝鲜立即停止宁边地区核设施的去功能化作业，并启动了将宁边核设施"恢复到原来状态"的工作。这是美朝在核问题上的又一轮较量。10月1日，美国助理国务卿希尔访问朝鲜，与朝方在朝鲜核设施验证问题上达成协议。11日，

---

① 2008年2月27日《新京报》。
② 2008年4月12日《新京报》。

美国宣布将朝鲜从所谓的"支持恐怖主义国家"的名单中除名。朝鲜也恢复了宁边核设施的去功能化工作。① 美朝之间一场风波得以暂时平息。

美朝双方对关系正常化这一议题的反应是很不同的,即目标一致,而进展不一致。目前,美方在大的框架下是有所松动的,即美方提出只要朝鲜同意全面弃核,美国将按照"行动对行动"的原则,对朝鲜提供安全保障和经济补偿。不过,美方并未把改善美朝关系当做朝核问题的中心,只是把它当做朝核问题全面解决的最后阶段,因此,美方表态自然不很迫切。而朝鲜对发展美朝关系正常化非常迫切,朝方把这一问题当做朝鲜半岛核问题一揽子计划中的一部分,从而希望尽快改善美朝关系。

尽管美朝之间矛盾迭出,纷争不断,但双方坚持以对话解决矛盾的做法,也称得上是2008年美朝关系中的一个亮点。在美朝围绕核申报问题发生分歧后,美国助理国务卿希尔和朝鲜外务省副相金桂冠就此问题在北京、日内瓦、新加坡等地举行了多次会谈,商讨弥合分歧的途径和方法,使分歧得以解决。在核申报验证问题上出现矛盾时,双方又在新加坡、朝鲜等地举行了多次会谈,并且最终达成了共识。对于目前双方在验证取样问题上的矛盾,朝鲜方面没有关闭磋商大门,美国方面也表示将继续与朝鲜举行会谈。

美朝既较量又妥协的过程说明,在严重对立的美朝之间,产生分歧和矛盾是难以避免的,重要的是要继续对话,增进理解,互相注意到对方关切的问题,采取灵活务实的态度,而不是一味强硬的高压姿态。美朝会谈是六方会谈中最为重要的组成部分。美朝在此期间通过对话解决矛盾的态度也从一个侧面表明,旨在通过对话以和平方式解决朝核问题的六方会谈,是迄今最为有效的方法。

美朝关系如能取得顺利进展,一方面,将为日朝关系扫清"美国因素"的障碍。届时,日朝关系将会迎来一个新的转机。另一方面,美朝关系急剧升温的前景,也给把解决"绑架"问题视为头等课题的日本政府带来了新的忧虑。日本再三要求美国不要在解决"绑架"问题之前解除对朝鲜的制裁。目前,日本已经成为美朝关系改善进程中的一个绊脚石。但目前,美方要满足朝鲜要求的倾向越来越明显。这给日本带来寻求尽快在绑架问题上取得进展的压力。

2. 韩朝关系的变化给日朝关系增添不确定因素

2008年2月,李明博就任韩国总统。他对前任的对朝政策进行了较大调整,

---

① 新华网,http://www.news365.com.cn/gdxww/1566872.htm,2008年12月7日。

采取了强硬政策。李明博主张把半岛无核化与经济援助措施相挂钩，以解决核问题的进展为前提发展南北关系。① CEO 出身的李明博具有更明显的实用主义色彩，在对朝政策上也是如此。金大中和卢武铉的"阳光政策"实行十年，可谓援助先行，即希望通过对北方援助促其改变。李明博则表示，援朝必须是"互惠的"，要对朝保持压力，而不是韩国单方面付出。提出对南北关系进行目标管理，即如果朝鲜弃核，将对朝进行大规模经济援助，使之在未来十年内国民人均收入达到 3000 美元，如朝不弃核，则要停止合作。② 这引起了朝鲜的强烈抗议，给原本脆弱的韩朝关系增添了变数，损害了双方的互信。

2008 年 3 月 24 日，朝鲜正式要求韩国撤出朝鲜开城工业园区内的韩方政府官员，理由是对韩国统一部长官金夏中"如果朝核问题得不到解决，就不能扩大开城工业园区的事业项目"的讲话表示不满。这也是朝鲜近年来对它的富裕邻国采取的最为强硬的举措之一。27 日，不甘示弱的韩国撤出了其驻开城工业园区的 11 名政府官员，③ 而就在接下来的 28 日，朝鲜又紧锣密鼓地在西海岸试射了数枚短程导弹。④

朝鲜又于 2008 年 11 月 12 日采取了对韩强硬措施，严格限制和切断了通过朝韩军事分界线的所有陆路通道，关闭了板门店的所有南北直通电话，拒绝采集核物质样品。⑤ 韩朝关系再次出现了"寒流"。韩朝关系恶化，给日朝改善关系带来了新的变数。

综上所述，2008 年围绕朝鲜半岛的国际环境总体上趋向缓和，为日韩、日朝改善关系提供了有利条件。在日韩关系方面，尽管李明博访日取得了成果，但日韩两国关系在经历数年的恶化后，想要迅速恢复并非易事，历史问题和领土争端是主要障碍。为超越这些障碍，李明博就任韩国总统后使用了淡化问题的策略。但是，历史问题将来仍有可能重新凸显出来，解决"竹岛"（独岛）问题更是难上加难。日韩两国协调与摩擦的局面还有可能持续下去。

在日朝关系方面，两国举行的两次邦交正常化工作组会谈取得了一些进展。

① 2008 年 4 月 6 日《新京报》。

② 新华网，http：//www.ce.cn/xwzx/mil/junmore/200804/03/t20080403_ 15052108. shtml，2008 年 4 月 3 日。

③ 2008 年 3 月 28 日〔日〕《读卖新闻》。

④ 平顶山新闻网，http：//www.pdsdaily.com.cn/news/2008 – 04/01/content_ 777701. htm。

⑤ 2008 年 11 月 13 日〔韩〕《朝鲜日报》。

日本蓝皮书

但是，困扰两国关系的"绑架问题"和安全问题上的立场差异仍然很大。从长远看，日朝都不会放弃推动相互关系正常化的努力。但在短期内，日朝关系将难有突破性进展。作为国际地位更为有利的一方，日本将继续坚持"对话和压力"并举的对朝政策，努力提高自己对半岛局势的把握能力。日本虽然有可能加大对朝关系正常化的谈判力度，但若不把以往对朝政策做一番战略调整，其对朝关系发展仍将难以摆脱"一进一退"的局面。

参考文献

2008 年 4 月 12 日《新京报》。
2008 年 3 月 28 日〔日〕《读卖新闻》。
2008 年 7 月 16 日〔韩〕《中央日报》。
〔日〕田茂二郎：《基本条约资料集》，有信堂，1979。
林晓光、周彦：《战后日朝关系的发展和演变》，《日本研究》2006 年第 2 期。
http://www.news365.com.cn/gdxww/1566872.htm.

日韓、日朝関係新しい動向

丁英順

要　旨：2008 年日韓、日朝関係には新しい動きがあった。日韓両国は、始めは「シャトル首脳外交」の回復のもとで、その関係が急速に改善したが、日韓領土の争いが再度波瀾を起こし、両国関係は再び冷却した。いかに、脆い両国関係を安定させることが両国に課せられた難題である。日朝関係は、米朝関係の緩和で二回にわたる実務者会談を行なわれ、その「対話」は一定の成果をもたらした。しかし、東北アジア各国の利益に関する「六者会談」の中で、日本は所謂「拉致問題」を拘ることによって、日朝関係は長期的に停滞している状況にある。日韓、日朝関係は未だに種種の不確定な要素に直面している。

キーワード：日韓関係　日朝関係　シャトル外交　拉致問題

236

日本东亚区域合作政策新趋势

白如纯[*]

摘　要： 由于东盟轮值国泰国政局动荡，2008 年东亚系列峰会延迟。但《东盟宪章》如期生效、中国东盟关系继续推进，使得日本区域外交力度明显加大，并取得了一定进展。尽管后小泉时代重现了内阁短命、首相频繁易位的政局，但日本区域合作政策总体保持了连续性。2008 年日本东亚区域合作中的亮点与中日关系密切相关。中国与东盟关系的强化对日本产生的刺激效应，使得中日东盟三边关系继续呈现既合作又竞争的复杂局面。

关键词： 日本外交　东亚区域合作　《东盟宪章》

2008 年，东亚区域合作承袭了早前不断推进的势头，双边与多边经济合作继续得到各方的高度重视，一些高级别会议如期进行并取得积极成果。同时，由于作为东盟轮值国的泰国政局动荡带来的消极影响，也发生了诸如一系列例行峰会被迫推迟或取消等负面事态。日本虽因福田辞职造成政权更迭，但其东亚区域合作政策总体保持了连续性。日本地区合作政策的连续性一方面显示了东亚区域合作已成为不可逆转的潮流，另一方面也反映了日本朝野对于东亚区域合作的高度共识。同时，东盟一体化的推进以及中国与东盟自由贸易区的顺利进展，成为日本在区域合作政策调整与实施中不得不重点考虑的方面。2006 年安倍内阁以来中日关系持续改善，首脑外交恢复并加强频度，已经或将继续成为东亚区域合作不断迈进的促进要素。

＊ 白如纯，博士研究生，中国社会科学院日本研究所外交研究室助理研究员，研究专业为日本外交，研究方向为日本与东盟关系、东亚区域合作。

一　东盟一体化推进与各方反应

（一）《东盟宪章》生效

2008 年 12 月 15 日，东盟各国外长在印度尼西亚首都雅加达召开特别会议，庆祝一年前通过的《东盟宪章》正式生效。宪章的生效，意味着有 5.7 亿人口的东盟国家在建立共同体的道路上迈出重要一步。

《东盟宪章》是东盟各国领导人在 2007 年 11 月东盟首脑会议上决定起草的，是东盟成立 40 年来第一份具有普遍法律意义的文件。该宪章的要点如下：

（1）保持和加强本地区和平与安全，维护东盟作为没有核武器地区和没有大规模杀伤性武器地区的地位。

（2）创造一个单一市场和生产基地，它将具有高度竞争力和经济上高度融合，商品、服务和投资自由流动，促进劳工流动和更自由的资本流动。

（3）加强民主、廉政和法治，推动人权。东盟必须建立一个人权组织，其规章由东盟外长会议制定。

（4）对所有形式的威胁、跨国犯罪活动和越境挑战做出有效反应。

（5）减少贫困，缩小东盟内部的发展差距。

（6）促进可持续发展，以保护环境、自然资源和文化遗产。

（7）通过教育平等分享发展机会、社会福利和司法等方面的合作。

（8）通过加强文化意识来推进东盟身份认同。

宪章首次明确了建立东盟共同体的战略目标，对共同体发展原则、地位和框架等做出了明确规定。《东盟宪章》也同时赋予了东盟法人地位，对各成员国都具有约束力。这对于有着 5.7 亿多人口的东盟来说，具有划时代的意义。东盟全部十个成员国在 2008 年 10 月前都通过了该宪章。印度尼西亚总统苏西洛表示，《东盟宪章》生效，意味着东盟组织将进一步得到巩固，一体化进程将进一步得到推进。①

《东盟宪章》原本定于 2008 年 12 月在泰国北部城市清迈举行的峰会上正式

---

① 2008 年 12 月 15 日《大公报》综合消息，http：//www.takungpao.com/news/08/12/16/YM -
　 1005033.htm。

生效，但曼谷的政治危机使得印度尼西亚被指定举办此次外长会议。将由泰国主办的第 14 届东盟峰会也延至 2009 年 3 月举行。

（二）东盟各方反应积极

首先，东盟各国在第一时间表达了喜悦与期待。东盟秘书长素林指出："我相信东盟不会也不应慢下脚步，相反，区域合作和经济整合将随着《东盟宪章》生效而加速。"①

2008 年 12 月 16 日，即在宪章生效后的次日，文莱、柬埔寨、印度尼西亚、老挝、新加坡和马来西亚六国签署了涉及货物、投资和服务的三项贸易协定。

马来西亚贸易部长穆赫伊丁·亚辛说："这些协定是东盟经济一体化的一部分，东盟各国负责经济工作的部长同意在新加坡举行会晤签署这些协定，并将尽快实施协定内容。"这三项协定原本计划在泰国举行的东盟十国峰会上签署，但是由于泰国政局动荡，东盟峰会推迟至 2009 年 3 月举办。该六国决定提前签署上述协定。新加坡贸易和工业部长林勋强表示，东盟六国负责经济工作的部长们认为，应当在 2009 年 2 月前签署这些贸易协定。他说："我们认为我们应该举行会晤、签署和实施这些协定，因为如果再拖延到 2009 年 2 月底，我们就又失去了两个月时间。"印度尼西亚贸易部长马里·旁格图也强调，在全球经济危机之际，东盟国家应该建立更加密切的经济联系。旁格图同时表示，东盟各国将努力确保这一目标的实现。她还补充说，如果全球经济形势变得更加不确定，地区合作和一体化的努力有可能会使东盟国家应对能力更强。②

（三）中国表达重视之意

在《东盟宪章》生效后，中国外交部即宣布，中国政府将向东盟派驻大使，资深外交家和国际法专家薛捍勤成为首任大使。向东盟派驻大使，表达了中国对东盟的重视。对中国而言，这是中国 2008 年周边外交的收官之作。对东盟来讲，这无异于一粒定心丸，确保了中国引擎对本区域经济的持续提振效应。2009 年 1 月 1 日起，中国将对原产于东盟十国的部分税目商品实施中国—东盟自由贸易协

---

① 《文汇报》驻马来西亚记者 2008 年 12 月 16 日专电，http：//news.hexun.com/2008 - 12 - 17/
112473957.html。

② 2008 年 12 月 17 日《新京报》。

议税率。实施协议税率的税目数约为 6750 个，相对于最惠国税率，平均优惠幅度约 80%。2009 年，中国关税总水平仍为 9.8%，而对东盟平均关税降到 2.8%。据最新消息，中国与东盟之间的贸易，有望于 2009 年上半年率先试行人民币结算。

一连串的政治、经贸利好，使中国东盟的关系在新的一年突破性地发展，开启了中国东盟互利共赢的新局面。[①]

（四）日本方面的评价

《东盟宪章》通过后，时事通讯社以及日本各大报纸均在第一时间发布消息，报道事件，很多报纸配发社论给予积极的评价。日共机关报《赤旗报》2008 年 12 月 16 日也以《〈东盟宪章〉生效——迈向和平的共同体》为题，报道了《东盟宪章》生效的消息。[②]

早在宪章生效前的 2008 年 5 月 22 日，时任首相福田康夫在东京举办的"亚洲的未来"论坛开幕晚宴上致辞时表示，东盟的稳定是日本的利益所在。他决定在《东盟宪章》生效后，在区域内设东盟代表处和派遣大使，并将通过与东盟缔结贸易伙伴协定，促进本区域尽早实现统一市场。福田认为："东盟是区域建立合作体制的关键地区。这 30 年来，它不断呼吁中国、韩国、日本整合区域经济，而且也不断努力要消除区域内的贫富悬殊现象。日本与东盟的关系极为密切，在展望未来的时候，日本与东盟更应是一起思考、一起行动的伙伴。"[③]

日本舆论界不少人认为，福田正在尝试通过这场"外交秀"来提高其日渐低落的国内声望，尽管他的助手都否认有这样的意图。福田的讲话也被认为是继承其父、已故首相福田赳夫的遗志，因为正是在 1977 年，福田赳夫访问东南亚时发表被称为"福田主义"的演说，宣布了与东盟建立"心心相印"关系的外交政策。

东南亚地区作为战后日本地区外交的出发点，历来被其视为"重心"加以对待。日本政府及相关机构积极调整并加强与东盟各国的关系，其目的是通过拉近日本与东盟的距离，在与中国的竞争中取得优势地位。

---

① 《中国东盟"抱紧" 构筑东亚整合契机》，转引自中新网 2009 年 1 月 20 日《大公报》消息。
② 《赤旗报》网页，http://www.jcp.or.jp/akahata/aik07/2008 - 12 - 16/2008121601_ 03_ 0. html。
③ 中国经济网援引中新网消息，http://www.ce.cn/xwzx/gjss/gdxw/200805/23/t20080523_ 15587102. shtml。

二 中国东盟合作对日本的刺激效应

东亚区域合作中，中国、日本、东盟三边关系的互动成为众所瞩目的焦点。其中任何双边关系的积极或消极的转变，都对第三方带来政策与对策的适时反应。中国与东盟在自贸区建设、首脑外交与人员往来方面，已处于历史上的最好时期。

（一）东亚区域合作的现状

东亚区域内的国家或地区主要包括中国、日本、韩国、东盟十国、澳大利亚、新西兰、印度以及中国香港特区、澳门、中国台湾地区等经济体。东亚地区已成为与北美、西欧并列的全球经济中心之一，也是目前最具发展潜力和活力的地区。随着生产要素流动和贸易、投资的联系加强，区域经济一体化将是大势所趋。东亚"10＋3"协调机制、东亚峰会等官方合作机制，为区域协商和合作提供了新的平台，不仅提出了最终建设"东亚共同体"的长远目标，还详细研究和讨论了近期和中长期的具体合作渠道和措施，在整体推动东亚区域合作和扩大合作领域方面发挥了一定的积极作用。

截至2008年12月底，东亚各主要经济体均已缔结和生效两个以上双边FTA/EPA。随着自贸区谈判经验的积累和经贸合作共识的增加，东亚双边经济合作将会迎来更大的发展。但与西欧、北美的经济一体化发展水平和广泛的经贸合作程度相比较，东亚合作的整体推进还仅仅处于起步阶段，官方合作机制还比较松散。尽管东盟十国2008年在首脑峰会上通过并相继批准了《东盟宪章》，但实质性发挥作用的广域层面的经贸安排和合作组织尚缺。作为推动东亚区域一体化进程主渠道的"10＋3"机制，目前还不是区域经济一体化正式组织，仅仅是各国交换意见、促进合作的平台。区域层面的多边协调机制化和合作制度化的推进之路还很漫长，短期内东亚经济一体化取得突破性进展的可能性很小。

中国作为参与区域合作的后起之秀，一直积极支持东盟主导的"10＋3"东亚合作机制，提议建立中国—东盟自由贸易区，并率先开放市场，对经济落后的东盟国家给予特殊照顾。中国的这些举措，让东盟国家普遍认为中国的经济崛起可以给该地区带来稳定、繁荣而不是威胁。同时，中国积极参与东盟地区论坛（ARF），在南海问题上的有所克制并与东盟进行磋商，率先加入《东南亚友好

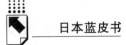

合作条约》等举措，使东盟国家对中国产生了一定的信任感，一度甚嚣尘上的"中国威胁论"在东南亚已基本没有市场。

（二）中国东盟自贸区快速推进

中国和东盟对话始于1991年，中国当年成为东盟的全面对话伙伴国。17年来，双边关系迅猛发展。在政治领域，中国秉承"与邻为善、以邻为伴"的外交方针和"睦邻、安邻、富邻"的外交政策，和东盟十国分别签订了面向未来的战略伙伴关系政治文件。在和东盟的战略合作层面上，2003年中国成为东盟外第一个加入《东南亚友好合作条约》的国家。目前，双方政治对话的机制已经非常完备，包括了领导人会议、九个部长级会议机制和五个工作层对话合作机制。

在政治关系不断密切的同时，以建设中国东盟自由贸易区为标志，双方在经贸领域的关系迅速推进。与此同时，中国在大湄公河次区域开发等领域与东盟相关国家的合作进展顺利。

2000年，当时的中国总理朱镕基首次提出中国—东盟自由贸易区的构想，在此后短短不到七年时间内，中国与东盟之间的双边贸易实现了质和量的飞跃。

中国—东盟自由贸易区的建立，最早可以追溯到1997年，在当年12月举行的首次东盟—中国领导人非正式会议上，双方领导人确定了建立睦邻互信伙伴关系的方针。为扩大双方经贸交往，时任中国国务院总理的朱镕基1999年在马尼拉召开的第三次中国—东盟领导人会议上提出，中国愿加强与东盟自由贸易区的联系，这一提议得到东盟国家的积极回应。

2000年11月，朱镕基在新加坡举行的第四次中国—东盟领导人会议上首次提出建立中国—东盟自由贸易区的构想，并建议成立中国—东盟经济合作专家组，就建立自由贸易关系的可行性进行论证。经过仔细论证，专家组认为，中国—东盟建立自由贸易区是双赢的决定，建议双方用十年时间建立自由贸易区，这一建议很快在2001年11月的第五次中国—东盟领导人会议上被采纳。

2002年11月，第六次中国—东盟领导人会议在柬埔寨首都金边举行，朱镕基和东盟十国领导人签署了《中国与东盟全面经济合作框架协议》，决定到2010年建成中国—东盟自由贸易区，这标志着中国—东盟建立自由贸易区的进程正式启动。

中国—东盟自由贸易区的建设，经历了几次重大事件。首先是在2004年11

月，中国与东盟签署了《货物贸易协议》，规定自 2005 年 7 月起，除 2004 年已实施降税的早期收获产品和少量敏感产品外，双方将对其他约 7000 个税目的产品实施降税。这也是中国同外国签署的第一个以实现产品零关税为目标的协议。

据中国商务部统计，自《货物贸易协议》2005 年 7 月实施以来，中国对东盟各国已减免了 5375 种产品的关税，平均税率从 9.9% 降到 5.8%。协议实施几年来，中国与东盟的双边贸易增长加快，经济融合加深，企业联系加强，人民生活受益，取得了积极效果。

2007 年 1 月 14 日，是中国—东盟自由贸易区建设进程中的又一历史时刻。当天，温家宝总理和东盟十国元首在菲律宾宿务见证了中国—东盟自由贸易区《服务贸易协议》的签署，协议在 2009 年 7 月 1 日起正式生效。《服务贸易协议》的签署，被视为中国—东盟经贸合作领域取得的又一重大成果，将为双方搭建一个新的合作平台，营造更加稳定和开放的贸易环境，并创造更多的贸易机会，为如期全面建成自贸区奠定了更为坚实的基础。

2009 年 1 月 15 日，中国商务部在例行新闻发布会上披露的数据显示，2008 年 1~12 月，前十位贸易伙伴国家/地区依次为：欧盟（4255.8 亿美元，占全年外贸总额的 16.6%，同比增长 19.5%）、美国（3337.4 亿美元，占比 13.0%，同比增长 10.5%）、日本（2667.9 亿美元，占比 10.4%，同比增长 13.0%）、东盟（2311.2 亿美元，占比 9.0%，同比增长 13.9%），中国与东盟已互为第四大贸易伙伴。[①]

（三）日本因应中国与东盟的接近

据《产经新闻》报道，日本政府将于 2009 年 1 月 16 日，在东京召开首届日本湄公河外长会议，将向湄公河流域五国——泰国、越南、缅甸、柬埔寨和老挝提供约 2000 万美元的无偿援助，以构建所谓的"东西走廊"物流网络。报道指出，日本援助建设"东西走廊"，是要对抗中国在东南亚日益增长的影响。日本看到中国通过援助修建南北干线道路，即所谓的"南北走廊"加深了与流域各国的联系。日本的设想是，以"东西走廊"对抗"南北走廊"。

湄公河流域的开发，主要有两个方向，其中之一就是从中国的云南省穿过缅甸一直到泰国的所谓"南北走廊"。从 20 世纪 90 年代开始，中国与亚洲开发银

---

① 中国新闻网，2009 年 1 月 15 日。

行合作，致力于湄公河流域的开发与交流。2002 年，中国与东盟签订的《全面经济合作框架协议》，就包括大湄公河流域开发及建设该流域的信息高速公路等内容。2005 年 7 月，中国又给予柬埔寨、老挝与缅甸特惠关税待遇。

中国与东盟大湄公河流域的开发获得了巨大的成果，尤其与泰国之间的经济关系发展迅速。2006 年，总长 2000 公里的昆明至曼谷的高速公路竣工通车。中国云南、广西与湄公河流域各国的经济一体化不断加强。日本显然对这种形势感到不安，急于要寻找能够制衡中国与东盟关系的新的"据点"，此时"东西走廊"就进入了日本的视野。

所谓的"东西走廊"，实际上就是从横向穿越湄公河流域的物流通道。"东西走廊"有两条：第一条"东西走廊"东起越南岘港，经老挝南部、泰国东北部，至缅甸毛淡棉港的交通线及沿线经济带，全长 1450 公里；另一条是连接泰国与柬埔寨的"第二东西走廊"，总长为 1000 公里。

这两条走廊是东盟内陆国家的经济大动脉，对在东盟中经济较为落后的柬埔寨、老挝、越南而言，尤为重要。但是"东西走廊"的建设需要巨额资金，尤其是在宽大的湄公河上建设公路铁路桥，是这些国家难以独立承担的。而日本就是看准了这一点，这次拿出 2000 亿美元的巨额资金，企图拿钱来敲开湄公河流域开发的大门。

在 2009 年 1 月 16 日的会议上，日本还将对柬埔寨、老挝、越南三国"贫困三角地带"的具体支援的对象做出决定，并确定 2008 年为"日本—湄公河交流年"，希望以此为契机，扩大日本与这些国家的合作。

据《产经新闻》透露，构建东西走廊，对日本企业吸引力很大。泰国是日本投资的重点国家，尤其是曼谷周围更是日本厂商云集，整个泰国境内已经有 1300 家日本企业。这些企业希望能够降低成本，到劳动力价格仅为泰国 1/5 的柬埔寨设厂，但是因为交通运输的不便，难以顺利进行。而构建东西走廊之后，对这些日本厂商而言，工资较为低廉的柬埔寨、老挝、越南将成为它们新的投资目的地。

2009 年 1 月 17 日，在外长会议结束后，还将召开日本企业界参加的招商洽谈会，鼓励日本企业到湄公河流域国家投资。政府开路，企业跟进，日本希望借此能掀起投资湄公河流域的"狂潮"。

日本涉足"东西走廊"，经济利益固然是出发点，但政治上的好处也不容忽视。越南、老挝、柬埔寨三国，是麻生外相时代提出的"自由与繁荣之弧"的最前线，因为这些国家都是中国的邻国。而"自由与繁荣之弧"，被认为是遏制中国之弧。东南亚一直是日本政府开发援助（ODA）的重点实施地区，但是日本经济不景气，ODA 数额逐渐减少，而中国则因经济发展而加强了与该地区的贸易关系。在以《产经新闻》为代表的右翼媒体看来，中国是"乘虚而入"，抢夺了"日本的地盘"。因此，日本这次不惜花费血本，支援"东西走廊"建设，就是为了夺回湄公河，夺回东南亚，在中国与东盟之间打入一个楔子。

日本某些人对中国与东南亚各国不断发展的经济友好关系，怀着酸溜溜的心情。《产经新闻》称，中国对东南亚的援助是"光知道撒钱"，"只知道给所在国的领导人建铜像，建中国文化会馆"，而日本的援助是"改善贫困地区的经济条件"。该报还自吹自擂，称正是靠着日本的援助，泰国才能从一个发展中国家顺利变成新兴工业国。

除了要对抗中国的"南进"，日本的另一个目的是通过强化与东盟国家之间的政治"亲密关系"，从而为"入常"等其他政治目的铺路。

三　2008 年日本地区外交的新进展

由于因泰国政局混乱导致东亚系列峰会推迟，2008 年的东亚地区外交的重头戏没能如期上演。但东亚区域合作在其他多边与双边领域继续取得进展。日本作为东亚区域合作的主要角色之一，尽管政局突变导致内阁更替，但地区外交保持了相对稳定与连贯性。值得一提的是，本年度日本地区外交的亮点基本都与中国有关。

（一）胡锦涛访日与中日第四个政治文件

2008 年 5 月 6～10 日，中国国家主席胡锦涛对日本进行了五天的"暖春之旅"。这是胡主席就任国家元首以来的首次访日，更是中国国家元首十年来的第一次日本之行。

2008 年适逢《中日友好和平条约》缔结 30 周年的值得纪念的时节，中日第四个政治文件《中日关于全面推进战略互惠关系的联合声明》也应运而生。让这份政治文件载入中日关系乃至亚洲外交史册的，是对两国"战略互惠关系"深层含义的战略诠释。这一诠释首次以双边关系最高准则的形式，将相互战略定位公之于世：中国的崛起是日本的机会而非威胁，日本战后 60 多年和平发展的

历史则为中国所承认和肯定。

在声明中有关区域合作方面，双方确认将共同致力于亚太地区的发展。中日两国作为亚太地区重要国家，将就本地区事务保持密切沟通，加强协调与合作。双方决定重点开展以下合作：

（1）共同致力于维护东北亚地区和平与稳定。共同推动六方会谈进程。双方一致认为，日朝关系正常化对东北亚地区的和平与稳定具有重要意义。中方对日朝解决有关问题，实现关系正常化表示欢迎和支持。

（2）本着开放、透明和包容的原则，促进东亚区域合作，共同推动建设和平、繁荣、稳定和开放的亚洲。①

中日两国共同面临美国经济衰退带来的诸多经济问题；气候变暖、环境保护、能源竞争、流行性疫病防控、反对恐怖主义等，日趋成为中日必须共同直面、合作解决的全球紧迫课题。无论对于中日双方，还是对于东亚、整个亚洲乃至世界，此次访问意义重大。

2006年10月，安倍晋三成功访华，随后2007年4月温家宝访日、2007年末福田康夫访华。中日恢复高层互访的势头保持良好。胡锦涛成功访日，中日关系持续回暖升温，呼应了近期东亚局势诸多积极变化：台海局势走向缓和，朝核问题在布什政府的积极妥协中继续取得进展，韩国新总统李明博也在谋求韩日同盟关系的改善和巩固。联系到更早时候中国、东盟、印度等双边和多边关系的积极发展，东亚各国在区域合作方面的作为值得期待。

（二）中日韩领导人福冈聚会应对金融危机

2008年12月13日，中日韩领导人在日本福冈会晤。本次会晤适逢国际金融危机向纵深发展之际，也是中日韩领导人首次在"东盟与中日韩""10+3"框架之外单独会晤，表明东亚合作已经进入一个更为务实的新阶段。从会议发表的联合声明和行动计划来看，如何通过加强货币合作来应对当前危机仍是最令人关注的话题，但其意义绝不止于此。根据联合声明，中日韩三国将本着公开、透明、互信、共利、尊重彼此文化差异的原则，在政府和非政府框架内，开展政治、经济、社会和文化等领域的全方位合作。

---

① 参见《中日关于全面推进战略互惠关系的联合声明》，中国外交部网站，http://www.fmprc. gov.cn/chn/pds/ziliao/1179/t450471.htm。

由于始发于美国的金融风暴日益蔓延，世界经济一片哀鸣之声。在这样的特殊背景下，中日韩三国领导人聚会，希望能共同应对危机、促进经济增长、推进东亚一体化、维护地区和国际稳定。特别是开展有效的环保、能源以及地区赈灾、减灾合作，促进区内人财物、知识、信息以及技术等交流融合，不仅有利于弥补东亚地区合作中的结构性缺陷，更有利于化解东北亚地区的内在矛盾，维护共同的发展空间。①

温家宝总理在相关场合表示，很高兴应邀到福冈出席中日韩领导人会议，在这里深切感受到了日本政府和人民的友好情谊。温家宝还指出，我们要坚定中日世代友好的信念，从战略高度和长远角度审视和把握两国关系，妥善处理敏感问题。本次中日韩首脑会议确立了三国伙伴关系，并将三国领导人单独举行会议机制化，这标志着中日韩合作进入了新的发展阶段。中日韩将从促进共同发展、维护地区稳定、建立和谐亚洲的战略高度加强合作。

总之，就中日两国而言，不仅应着眼经济领域合作，而且政治互信与国民间的感情沟通与交流方面也是必须持续加强的环节。2008 年，中日双方共同纪念《中日和平友好条约》缔结 30 周年并举办了"中日青少年友好交流年"活动，日方积极支持中国抗震救灾和北京奥运会，密切了两国人民之间的感情。尽管被认为温和、亲华的福田首相的辞职对中日关系的恢复增添变数，但麻生太郎首相上任后一再重申坚持"战略互惠"共识，没有给人曾被冠以的"鹰派人物"的印象，也没再操弄"价值观外交"及"自由与繁荣之弧"等意识形态牌，日本政界更没有出现要以炒作中国问题来迎战众议院大选的氛围，显示出通过对话和沟通继续全面推进中日战略互惠关系，是一个合理的选择。②

参考文献

2008 年 12 月 15 日《大公报》。

2008 年 12 月 17 日《文汇报》。

〔日〕《产经新闻》，2008 年相关报道。

〔日〕《朝日新闻》，2008 年相关报道。

---

① 《中日韩会议奠定东亚合作基础》，中国新闻网转载 2008 年 12 月 17 日香港《文汇报》。

② http：//www.chinareviewnews.com/2008 - 01 - 05.

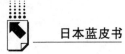
中国新闻网，http：//www. chinanews. com. cn/，2008 年相关报道。

中国外交部网站，http：//www. fmprc. gov. cn/chn/pds/ziliao/1179/t450471. htm/，2008 年相关报道。

日本外务省网站，http：//www. mofa. go. jp/mofaj/index. html/，2008 年相关报道。

日本の東アジア地域協力に関する新動向

白如純

　要　旨：2008 年、アセアン主席国に当たるタイの政局混乱によって、一連の東アジア首脳会談が延期された。しかし、アセアン憲章の発効や中国とアセアン関係の推進によって、日本が地域外交の強化を継続してきた。ポスト小泉時代には、日本政局は度重なる内閣交替による首相が替わられたが、地域協力政策の連続性が保される。今年、日本の東アジア外交は積極的な進展をし、しかも、その外交実績は中日関係と密接な関連を持っている。中国とアセアンとの関係強化は日本に対して、ある程度の刺激的効果をもたらしている。ゆえに、このトライアングル関係は協力と競争との両立であることを表している。

　キーワード：日本外交　東アジア地域力　アセアン憲章

日本与中东的关系及对中东能源外交

庞中鹏[*]

摘　要： 中东在世界上具有重要的战略地位，是世界能源的宝库。日本是缺乏能源的国家，非常重视海外能源进口安全。为了确保中东能源的稳定供应，日本积极发展与中东的关系。近年来，日本许多政界要人纷纷造访中东，不仅是要继续深化能源外交，也有扩展日本政治影响力的目的。

关键词： 日本与中东关系　能源外交　能源安全

中东①是世界上热点频发地区之一，也是各大国争相角逐的利益之地，具有十分重要的战略及商业地位。中东素有"世界石油宝库"之称，在世界已探明的石油可采储量中，中东的储量就达约 700 亿吨，约占世界总储量的 70%。中东的石油年产量约占世界总产量的 34%，销售量约占世界总销售量的 65%，是世界能源的供给中心。近年来，日本继续加深与中东各国的关系，积极拓展针对中东的能源外交，并视之为确保日本能源安全的重要一环。

一　2008 年以来日本与中东的关系

（一）日本对加沙局势的反应

2008 年 12 月 27 日，以色列发动代号"铸铅"的军事行动，大规模空袭加

---

* 庞中鹏，法学博士，中国社会科学院日本研究所外交研究室助理研究员，研究专业为日本外交，研究方向为日本与中东及南亚的关系、日本能源外交等。

① 本文所指的中东地区范围包括：阿富汗、伊朗、土耳其、叙利亚、伊拉克、黎巴嫩、巴勒斯坦、以色列、约旦、沙特阿拉伯、科威特、卡塔尔、巴林、阿曼、阿联酋、也门、塞浦路斯、埃及。

沙地带，击毁多处哈马斯机构建筑。日本对此迅速反应，外务省外务新闻官在26日发表谈话指出，日本对加沙局势不断恶化深表忧虑，日本要求哈马斯立即停止对以色列的火箭弹的袭击；另外，要求以色列保持最大限度的克制，而且，日本强烈期待以色列与哈马斯之间恢复谈判，欢迎埃及进行斡旋调停。日本还呼吁以色列与巴自治政府继续和平谈判，今后愿与国际社会一道继续支援中东和平进程。2008年12月28日，日本外相中曾根弘文针对加沙紧张局势发表谈话：日本对哈马斯发射火箭弹以及以色列空袭加沙地区造成该地形势恶化深表忧虑，对双方都有伤亡表示遗憾。日本呼吁，为了防止暴力升级，双方应立即停止行使武力，呼吁以色列最大限度保持克制，另外，也呼吁哈马斯停止袭击以色列。而且，日本强烈呼吁双方恢复停战谈判。2008年12月29日，中曾根外相与以色列外长利夫尼进行了电话会谈。中曾根对加沙地区出现人员伤亡表示遗憾，并对形势恶化表示担心，表示应当谴责哈马斯，但也呼吁以色列保持克制，即刻停止攻击，防止暴力升级，同时表示要对加沙地区居民进行必要的人道主义援助。利夫尼外长表示非常理解日本的担心，认为这是以色列不得已采取的自卫行动，以色列会区别对待哈马斯与普通百姓；中曾根外相表示将继续对中东和平进程进行支援。

日本首相麻生太郎于2008年12月31日与以色列总理奥尔默特进行了电话会谈。麻生对哈马斯表示了谴责，对以色列空袭波及平民伤亡表示遗憾，呼吁要按照联合国安理会声明即刻停止攻击，防止暴力升级，保持克制；另外，麻生强调由于出现多数平民伤亡，会影响以色列的形象，也不利于中东和平进程。麻生说，要对加沙地区尽早进行人道支援。奥尔默特表示，以色列只是为了保护以色列平民不受攻击而进行空袭的，只将哈马斯作为空袭对象，会努力避免平民死伤；以色列会对加沙地区的人道支援给予合作，会与包含日本在内的国际社会一起合作，尽快恢复和平。

麻生又于2009年1月3日与巴勒斯坦民族权力机构主席阿巴斯通了电话，麻生在通话中对加沙地带许多巴勒斯坦人在以色列空袭中死亡表示遗憾。他说，日本希望双方尽早停火并恢复和平进程，希望阿巴斯为此做出不懈努力。阿巴斯说，他将通过联合国安理会等尽快实现停火。麻生在电话中向阿巴斯表示，日本将向在以色列空袭中遭受重大人员伤亡的加沙地带提供价值1000万美元的紧急人道援助。

紧接着，日本外相中曾根弘文于1月9日在众院预算委员会上就巴勒斯坦加沙地区局势表示，正考虑派遣中东和平担当特使有马龙夫前往斡旋。中曾根表示："日本是联合国安理会非常任理事国，将同相关国家进行紧密磋商。"麻生首相称："不停战就无法开展对话、不停止火箭弹袭击就无法实现停战，这两个主张是正面冲突的。日本对此很伤脑筋。"

1月10～18日，有马龙夫特使紧急赶往中东地区，对埃及、以色列、巴勒斯坦和叙利亚进行了访问，分别会见了四国领导人，表达日本政府对于以巴局势的担忧。同时也与以巴两国协商日本人道援助物资的运送方法。

1月23日，日本召开内阁会议，决定向加沙地带提供物资援助。此次援助的物资包括2.9万床毛毯、2万张床垫及8000张塑料布，价值约9100万日元。这些物资将被提供给在加沙从事人道救援活动的联合国近东巴勒斯坦难民救济和工程处。

（二）日本提升与伊拉克的关系

2008年11月28日，日本正式决定从伊拉克撤军，现驻伊的航空自卫队主力部队于2008年底撤回日本。自此，日本自卫队在伊为期五年的活动宣告结束。由于多国部队驻伊所依据的联合国决议将在年底期满且日本政府认为伊拉克的政治、治安局势正在恢复，所以日本首相麻生太郎在召集防卫大臣滨田靖一等相关人员进行讨论后，决定撤回目前驻扎在伊拉克的210名航空自卫队员。麻生同时表示，自卫队撤回后，日本仍将继续通过贷款和输出技术的方式支持伊拉克的重建。此前日本陆上自卫队已于2006年从伊南部城市萨马沃撤退。此次撤回航空自卫队标志着始于2004年的自卫队在伊活动宣告结束。①

12月21～22日，日本副外相桥本圣子访问了伊拉克，桥本副外相此行除了与伊拉克领导人会谈外，主要是去伊南部城市萨马沃出席日本援建的火电站移交仪式，这座火电站是日本面向伊拉克提供的政府开发援助的最大基础设施项目。这座火电站的完工，也标志着日本无偿资金援助基本结束，今后日本对伊拉克的援助将转为日元贷款和技术支持等民间主导阶段。

2009年1月28日，前首相安倍晋三作为麻生太郎首相的特使访问了伊拉克

---

① 到2009年2月14日为止，最后一批驻伊人员返回日本。在伊拉克从事空运工作的日本航空自卫队派遣部队撤离后，约130人留在科威特处理善后事务。撤离业务队于2008年12月赴伊拉克，从事帐篷整理、物品废弃处理等善后工作，撤离业务部队成员自2009年1月起乘民航飞机返回日本。

首都巴格达。安倍访问巴格达，旨在加强日本与治安逐渐恢复的伊拉克之间的关系。安倍将麻生的亲笔信交给了马利基总理，还与伊拉克总统塔拉巴尼、副总统哈希米等举行了会谈。安倍此行的重头戏，是出席两国签署《日伊建立全面伙伴关系宣言》的仪式，该宣言包括加强两国在能源领域的合作及建立部长级会议机制。随着伊拉克的石油产量恢复到伊拉克战争前的水平，安倍此行意在为日本加紧获取伊拉克的油气开发利益而做准备。

为了吸引日本企业到伊拉克积极投资，以及重建电力等基础设施，伊拉克正和日本政府就向日本派遣官民联合投资招商团的事宜进行磋商。双方有意在2009 年 6 月或 7 月实现招商团访日。如果招商团能够按计划成行，便有望推动日伊之间的经济关系。招商团的成员预计可能有伊拉克石油部、电力部、国家投资委员会以及库尔德自治政府的高官。为了消除有意投资伊拉克的日本企业的疑虑，招商团成员将以熟悉具体问题的人士为主，负责介绍日本企业进驻伊拉克时的法律程序等事务。为了营造日伊合作氛围，日本外务省、经济产业省、中东合作中心等也将联合举办投资研讨会，推动日企积极赴伊拉克投资。

二 近年来日本不断加深与中东的关系

（一）伊拉克战争后日本拓展与伊拉克的关系

以 2003 年春天伊拉克战争爆发为契机，日本跃跃欲试，采取了一些重大举措，中东海湾地区成为日本展示大国实力的一个平台。

2003 年 6 月，《应对武力攻击事态法案》、《自卫队法修正案》和《安全保障会议设置法修正案》三个"有事法制"相关法案在日本国会获得通过。这些法案的通过进一步减少了日本自卫队海外行动的限制。

2003 年 7 月底，日本设立了《支援伊拉克重建特别措施法》，该法首次为日本将自卫队派到硝烟未尽的战场开了绿灯，2003 年 12 月，日本政府不顾国内外的反对，毅然决定向伊拉克派遣自卫队，此举不仅实质性地突破了二战后自卫队从未派往海外战斗地区的限制，而且以人道主义援助的名义为日本争取到更多捞取伊拉克战后重建权益的机会。

2004 年 9 月 20 日，日本首相小泉借出席联合国大会之机在纽约与当时的伊拉克临时政府总理阿拉维举行了会谈，在会谈中，小泉称在伊拉克南部萨马沃地区执行任务的日本自卫队与对伊拉克的政府开发援助（ODA）是"车之两轮"，表示将最大限度对伊拉克复兴进行支援，阿拉维则对日本的复兴支援深表感谢。2005 年 12 月 5 日，伊拉克总理贾法里访问日本，在与小泉首相会谈时，贾法里对日本派遣自卫队到伊拉克参与战后重建、仅次于美国世界第二位的对伊拉克 ODA 支援、对伊拉克削减了约 60 亿美元的债务等深表谢意，并请求日本驻伊自卫队能够延长。小泉首相则希望伊拉克的治安情况能尽快好转，如果局势安定下来的话，可以考虑让日本民间企业对伊拉克投资。①

2005 年 12 月 6 日，日本经济产业大臣二阶俊博与随伊拉克总理贾法里访日的伊拉克石油部长乌鲁姆签署了一份关于两国在石油天然气领域进行合作的文件。文件说，日本将动用 35 亿美元政府贷款中的一部分对伊拉克的炼油厂进行修复。为了进一步增进两国在能源部门的合作，日本经济产业省和伊拉克石油部还将建立一个委员会，并计划每年举行一次双边会议，日本政府也将对在伊拉克进行石油开发活动的日本企业提供援助。伊拉克方面希望，日本能将 35 亿美元贷款中的一部分投入到能源项目上，并希望日本公司向伊拉克炼油厂提供维修零配件。显而易见，日伊两国在油气领域的合作，不仅能加强日本与战后伊拉克新政府的联系，更使日本可以在战后的伊拉克油气市场上占有一席之地。

（二）小泉首相对埃及与沙特的访问

2003 年 5 月 24 ~ 25 日，日本首相小泉纯一郎对埃及和沙特阿拉伯进行了访问，这次出访的时间选在美国发动的伊拉克战争刚刚结束不久（2003 年 5 月 1 日美国总统布什宣布伊拉克战争结束），所以小泉出访中东就显得格外引人注目。小泉首相在访问埃及与沙特两国时，不断强调要保持中东地区的和平与安定，日本继续推进与阿拉伯国家间的合作，并且还提出了日本对中东政策的"三大支柱"，即对伊拉克的人道复兴支援、中东和平问题、与阿拉伯伊斯兰之间的对话。另外，小泉在访问埃及和沙特两国时，还就日本与埃及输电网计划、风力发电计划、自来水计划等项目进行合作达成了意向；日本与沙特在培养汽车修理人才、海水淡化等领域进行合作。沙特阿拉伯是中东的产油大国，长期以来，沙特一直是日本的主要石油供应国之一。小泉出访沙特进一步加深了日本与沙特的关系。

---

① 《日本伊拉克首脑会谈概要》，参见 http：//www. mofa. go. jp/mofaj/area/iraq/ji_ kaidan. html。

（三）小泉对土耳其、以色列、巴勒斯坦和约旦的访问

2006 年 1 月 9～13 日，日本首相小泉纯一郎对土耳其进行了访问。土耳其虽然不是产油国，但其地处中东、高加索地区和巴尔干半岛三块战略地区的连接点上，这些地区对于西方国家来说，在能源输送、军事安全和外交战略等方面都极其重要。土耳其与伊拉克、伊朗和叙利亚接壤，在政治上属于西方阵营，但在宗教文化上又属于伊斯兰圈国家，这种特殊地位使土耳其既能同西方又能同中东和伊斯兰国家发展友好关系。日本与土耳其有着传统的友好关系，而土耳其又与以巴双方保持着良好关系，日本与土耳其加深交往也是侧面迂回地发展了同中东地区国家的关系。在事关中东地区和平与安定问题上，日土两国有着共同的利益，小泉在与土耳其领导人会谈时，就讨论了巴以问题、伊拉克复兴合作问题等。

2006 年 7 月 11～15 日，小泉对以色列、巴勒斯坦和约旦进行了访问。这次访问日本声称要致力于独自发挥在解决中东和平问题方面的作用，日方认为，日本在中东没有历史包袱，可以在寻求通过对话实现以巴和平共处方面发挥作用，日本打算通过同时强化与以巴双方的关系来扩大在中东地区的影响力。小泉首相访问三国时，与三国领导人就有关中东和平问题坦率地交换了意见。在与巴勒斯坦民族权力机构主席阿巴斯会谈时，小泉表示支持阿巴斯主席，并向巴勒斯坦提供 3000 万美元的人道主义支援。在与以色列领导人会谈时，小泉强调日以之间今后应在政治、经济、文化等广阔领域强化关系，日以两国设立外交部副部长级政策对话机制，日以两国举办商务论坛和派遣商务代表团等。

小泉这次出访中东，最重要的一点就是提出创设"和平与繁荣的走廊"的构想，这个构想即在约旦河谷建立一个生产高附加值产品的农工产业综合园区。该构想得到了以色列、巴勒斯坦和约旦三国领导人的同意。日本方面认为，"和平与繁荣的走廊"建成后能给以色列、巴勒斯坦与约旦的民众带来实实在在的经济利益，改善其生存环境和生活状态，特别是缩小巴勒斯坦人与以色列人的贫富差距，增加巴勒斯坦人的就业机会，使该地区所有居民都能感受到合作、和平所带来的好处，树立实现和平的信心，从而在整个中东地区建立长期的和平与稳定。"和平与繁荣的走廊"构想的提出是日本中东政策的新举措，日本凭借着自己拥有的资金和技术优势，想要在中东和平进程中扮演一个独特的角色，以巩固在中东这个传统能源宝库中的地位。

（四）伊朗阿扎德甘油田的失利

伊朗是日本的第三大石油供应国，2000 年 11 月，伊朗时任总统哈塔米访问了日本，日伊关系得以拉近，日本也得到了开发阿扎德甘油田的优先谈判权，2004 年 2 月，日本国际石油开发公司同伊朗政府就联合开发阿扎德甘油田达成了初步开发协议，而日本将对阿扎德甘油田拥有充分的开发权，并预计进口该油田出产原油量的 2/3。但日本投资开发该油田的努力却是一波三折，由于伊朗被西方怀疑正在进行核武研发，美国从中阻挠日本投资伊朗油田开发，致使日本放缓了对阿扎德甘油田的开采。2006 年以来，伊朗核危机逐渐升级，但伊朗由于手握"能源大牌"，并不畏惧美国的压力，不断催促日本尽快投产开发阿扎德甘油田。2006 年 10 月 2 日伊朗政府发言人警告说，如果日本不在两天之内决定何时按双方签订的合同来开展伊朗西南部阿扎德甘油田的开发工作，伊方就将该合同交由他人来完成。这一发言无异于伊朗政府的最后通牒，尽管日伊双方进行了紧急磋商，但投资该油田的日本国际石油开发公司终究还是从先前占该油田 75% 的股份降到 10%，从而失去了对阿扎德甘油田开发的主导权。阿扎德甘油田开发主导权的丧失，对日本打击很大，显然，日本在选择与美协调还是对伊合作上选择了前者。

（五）安倍对中东的访问

2007 年 4 月 28 日至 5 月 3 日，日本首相安倍晋三率领将近 180 多人的日本经贸代表团对沙特阿拉伯、阿拉伯联合酋长国、科威特、卡塔尔和埃及中东五国展开了穿梭访问，而几乎与此同时，日本经济产业大臣甘利明也带领约 200 人的官民联合访问团访问了哈萨克斯坦与沙特阿拉伯。在这一连串令人眼花缭乱的日本内阁要员出访背后，我们可以看出其出访的重心所在地——中东地区。

从安倍出访中东五国所发表的公开声明来看，可发现透露出以下几点新信息：明确提出与中东的关系不仅是经济关系，更要构筑更广层次的牢固关系，希望在此基础上建立以信任关系为基础的"日本—中东新时代"。一再强调通过支援受访国的环境治理与文化教育，发挥日本拥有的高新技术优势，对中东国家进行技术转移，来构筑双方深层次的关系。

而就在 2007 年 2 月 28 日，日本外相麻生太郎在日本中东研究学会专门就日本的中东政策进行了题为《我思考的中东政策》的演说，麻生的这篇演讲稿虽

说不代表日本政府见解，但由于出自日本外相之口，自然也非同一般，个中内容也可为安倍此次出访中东做些许注脚。麻生在演讲中提出，日本必须高度重视中东，中东关系着日本的生死存亡，其理由：一是中东在日本原油输入中占89.2%的高比例；二是中东对日本企业投资非常有利，同时也能增进日本国家利益及发挥日本影响力；三是中东局势又处于一个重要的十字路口，日本要尽其所能帮助中东实现稳定，以期从政治上去影响中东。

麻生的演讲、安倍的出访都向国际社会发出了日本加大中东外交力度的明确信号——确保能源安全与发挥政治外交影响力二者并重，互相促进。战后日本对中东的外交政策是处在不断发展变化中的，尤其是在涉及影响中东政治形势关键的巴以问题上有时甚至是举棋不定，这一方面是由于日本一味追求能源进口的实用主义外交政策使然，另一方面也是因为日本受制于日美同盟而在对美关系与对阿拉伯国家关系上极力要保持一种平衡，这种平衡能否把握得当，直接关系着日本的外交命运。

不言而喻，安倍的中东之行提出日本新的中东外交政策自有其更深的用意。

日本与中东要建立更深层次更加稳定的地区经济合作关系。中东产油国很想摆脱经济结构单一化局面，期望能够与经济技术大国日本合作，而日本也想扩大对外投资领域范围。为彰显日本的实力，安倍在访问中强调，要通过教育文化交流以及技术转移等措施，进一步夯实日本与中东合作的内涵。此外，更为重要的是，安倍此访中东的五国中有四国是海湾合作委员会（GCC，包括沙特、科威特、阿联酋、巴林、卡塔尔和阿曼六国）成员国，安倍表示，要与海湾四国加大努力，尽快推动日本与海湾合作委员会成员国之间达成自由贸易协定（FTA）。日本想通过加强同海合会的关系来确保原油的稳定供应，减轻因中东局势不稳而造成原油供应减少的风险。如果日本与海合会的自由贸易协定谈判能够成功，不仅会更加稳固日本的能源供应体系，同时能使日本融入中东地区经济一体化进程。

日本要借中东这个政治大舞台获取更多的国际政治影响力。中东这块充溢着财富与纷争矛盾的地区，让国际社会对之既爱又怕。日本对中东的影响力虽然不能与美国相提并论，但冷战后日本就一直想在中东发挥一种其他大国无法发挥的作用。在日本看来，日本在中东没有殖民地和战争等不愉快的经历，日本本身是经济强国又掌握着高新技术的话语权，而中东许多国家都面临着人口增加、经济结构转型的难题，急需支撑各种项目发展的资金与技术，日本正好能扮演中东和平援助者的角色，周旋于美国和其他西方大国之间，起到平衡者作用。当然，日本超越石油利益全面开拓中东外交更是为了日本多年一直追求的政治大国战略。在安倍访问中东五国时，日本就表明要求中东对日本加入联合国安理会常任理事国表示支持，而五国中则有沙特、卡塔尔与埃及二国明确表明支持日本"入常"。

再就是与中国、印度、韩国等亚洲能源消费大国争夺在中东的能源主导权。在日本与中东发展多层次宽领域关系的华丽表面下，也掩盖不了日本万分焦虑的心情，石油这块能源大蛋糕是有限的，而中、日、印、韩亚洲四大能源消费大国都要从中东进口能源，在这个严峻的现实面前，日本如何更好地发挥自身实力抓牢中东这个能源宝库，是日本不得不深入思考的重大课题。

参考文献

李凡：《战后日本对中东政策研究》，天津人民出版社，2000。

〔日〕外务省：《外交蓝皮书》，1991。

赵国忠主编《海湾战争后的中东格局》，中国社会科学出版社，1995。

唐宝才：《冷战后大国与海湾》，当代世界出版社，2002。

钱学文等：《中东、里海油气与中国能源安全战略》，时事出版社，2007。

http：//www. mofa. go. jp.

日本と中東の関係およびエネルギー外交

庞中鹏

要　旨：中東は世界に重要の戦略地位を持っている、同時に世界エネルギーの宝庫でもある。日本が資源の乏しい国で、海外からエネルギー輸入の安全をとても重視している。中東からエネルギー供給を安定させるために、日本が中東との関係を積極に発展させる。近年来、たくさんな日本政界の要人が中東を次々に訪問していて、エネルギー外交をたえず深化しているばかりでなく、日本の政治影響力も拡大する目的が含まれている。

キーワード：日本と中東の関係　日本エネルギー外交　日本エネルギー安全

2008 年中日关系回顾与展望

吕耀东[*]

　　摘　要：进入 2008 年，日本一些势力和媒体在东海问题、中国输日饺子中毒事件等问题上制造舆论对中国施压，但胡锦涛主席仍于 5 月 6～10 日访日。胡主席与福田首相签署了中日之间第四个政治文件《中日关于全面推进战略互惠关系的联合声明》，"全面推进战略互惠关系"由此正式成为发展两国关系的总目标。中日关系正处于一个空前复杂的互动框架之中，未来中日关系的发展进程，势必将是政治、安全、经济、文化等各个领域相互影响的曲折、渐进的过程。理性调控中日战略互惠关系是双边互动的有效模式。

　　关键词：中日关系　中日战略互惠关系　互利合作　共同发展

　＊ 吕耀东，法学博士，中国社会科学院日本研究所副研究员，外交研究室副主任，研究专业为日本外交，研究方向为当代日本外交政策与外交战略、东亚的冲突与合作。

在纪念《中日和平友好条约》缔结 30 周年之际，中国国家元首时隔十年访日，双方签署了中日第四个政治文件。双方就增进政治互信，促进人文交流，深化互利合作，共同致力于振兴亚洲及应对全球性挑战达成广泛共识。在 2008 年中日青少年交流年活动中，两国共约 4000 名青少年实现了互访。特别是，中国汶川大地震后日方派出了救援队和医疗队，引起了积极反响。但食品安全、钓鱼岛问题等因素导致中日民间彼此的好感度持续低迷。同时，双方如何在国际事务方面落实中日战略互惠关系备受世人关注。

一 第四个政治文件：中日双方互动的成果

2008 年是《中日友好和平条约》缔结 30 周年，两国保持了高层互访势头。从安倍晋三首相的"破冰之旅"，到温家宝总理的"融冰之旅"，再到福田康夫首相的"迎春之旅"，展现出中日关系回暖的生机。应日本国政府邀请，胡锦涛主席从 2008 年 5 月 6 ~ 10 日对日本进行了国事访问。这是中国国家元首时隔十年后再次访日。通过这次为期五天的"暖春之旅"，全面推进了中日战略互惠关系。双方发表《中日关于全面推进战略互惠关系的联合声明》，这是中日第四个政治文件。它进一步巩固了两国关系的政治基础，为新时期两国关系的发展开辟了广阔前景。双方还发表了《中日两国政府关于加强交流与合作的联合新闻公报》，确定了当前落实联合声明的多项具体举措。访日期间，胡锦涛主席会见了明仁天皇，同福田康夫首相举行了富有成果的会谈，会见了日本众参两院议长、朝野主要政党领导人及老朋友，并与两国经济界领导人、友好团体主要负责人以及青少年和民众进行了广泛接触。

（一）胡锦涛主席提出扩大中日交流合作五点建议

2008 年 5 月 7 日，胡锦涛主席和福田康夫首相在东京首相官邸举行了会谈。胡锦涛就扩大中日交流合作提出了五点重要建议。这五条重要建议分别是：第一，保持高层往来。双方建立领导人定期互访机制，同时继续在国际多边场合保持会晤。第二，促进经贸、科技合作。加强和完善高层经济对话机制，加强技术贸易及创新合作，推进中小企业合作，交流在知识产权保护方面的经验，开展和平利用核能合作。第三，推动环保合作。加强水污染治理、节能减排技术方面的交流合作，扩大循环型城市合作。第四，扩大人文交流。以纪念《中日和平

友好条约》缔结30周年为契机，大力推进人文交流，建立两国青少年交流长效机制，早日互设文化中心。第五，加强防务交流。加强防卫部门高层互访，扩大多层次的防务交流合作。福田对此表示赞同。另外，两国领导人还同意继续加强合作，早日开始日本在华遗弃化学武器实质性销毁，加强在应对气候变化、实现朝鲜半岛无核化、促进东亚合作、支持非洲发展等方面的合作。

（二）中日签署了《中日关于全面推进战略互惠关系的联合声明》

中日双方就全面推进战略互惠关系达成广泛共识，签署了两国间的第四个政治文件《中日关于全面推进战略互惠关系的联合声明》。主要内容有：

（1）两国就中日关系对两国都是最重要的双边关系之一达成了共识。双方决心全面推进中日战略互惠关系，实现中日两国和平共处、世代友好、互利合作、共同发展的崇高目标。

（2）中日双方重申，1972年《中日联合声明》、1978年《中日和平友好条约》及1998年《中日联合宣言》构成中日关系稳定发展和开创未来的政治基础，确认继续恪守三个文件的各项原则，并继续坚持和全面落实2006年10月8日及2007年4月11日发表的《中日联合新闻公报》的各项共识。

（3）双方决心正视历史、面向未来，不断开创中日战略互惠关系新局面。双方将不断增进相互理解和相互信任，扩大互利合作，使中日关系的发展方向与世界发展潮流相一致，共同开创亚太地区和世界的美好未来。

（4）双方确认两国互为合作伙伴，互不构成威胁。

（5）有关台湾问题，日方重申继续坚持在《中日联合声明》中就台湾问题表明的立场。

（6）双方决定在增进政治互信、促进人文交流、加强互利合作、共同致力于亚太地区的发展和应对全球性课题五大领域构筑对话与合作框架，开展合作。

（三）中日两国政府发表了《中日两国政府关于加强交流与合作的联合新闻公报》

为了落实《中日关于全面推进战略互惠关系的联合声明》，中日双方达成如下主要共识：①日方邀请胡锦涛主席出席2008年7月在北海道洞爷湖举行的八国集团同有关国家领导人对话会议，提议2008年秋天在日本举行中日韩领导人会议；②双方积极评价中日战略对话为推动中日关系改善与发展所发挥的重要作用，将继续重视这一对话；③为加深两国防务部门之间的相互理解，将继续举行高级别防务安全磋商；④双方将探讨在联合国维和行动、灾害救援等领域合作的可能性；⑤双方积极评价中日共同历史研究发挥的作用，同意继续开展这一研究；⑥双方　致同意持之以恒地开展青少年友好交流，呼吁两国各界为促进青少年交流加强合作。

面对全球经济面临许多新的课题和困难，中日双方表示将继续合作，推动多哈谈判达成广泛和平衡的协议，加强多边贸易体制，维护世界经济的稳定和增长，实现发展目标。

（四）胡锦涛主席就共同推进中日战略互惠关系提出五点看法

5月8日，访日的胡锦涛主席在福田首相陪同下，来到具有126年历史的日本早稻田大学，并出席中日青少年友好交流年日方开幕式。胡锦涛在演讲中指出：中日是一衣带水的邻邦，两国关系正站在新的历史起点上，面临进一步发展的新机遇。中国政府和人民真诚希望，同日本政府和人民一道努力，增进互信，加强友谊，深化合作，规划未来，开创中日战略互惠关系全面发展的新局面。

胡锦涛主席还在演讲中就共同推进中日战略互惠关系提出五点看法。

第一，增进战略互信。中日两国都是亚洲和世界的重要国家，双方应该客观认识和正确对待对方发展，相互视为合作双赢的伙伴，而不是零和竞争的对手；相互支持对方和平发展，视对方发展为机遇，而不是威胁；相互尊重对方的重大关切和核心利益，坚持通过对话协商解决分歧。

第二，深化互利合作。中日互为最重要的经贸伙伴。双方应该珍视长期以来两国经贸合作形成的良好格局，充分利用两国经济互补性强、合作潜力大的优越条件，加强两国节能、环保、金融、信息、知识产权保护等重点领域的合作，不断把两国经贸合作提升到更高层次，巩固两国关系的物质基础。

第三，扩大人文交流。人员交往是增进两国人民相互了解的桥梁，文化交流是沟通两国人民感情的渠道。我们应该持之以恒地开展两国人文交流，着力建立两国青少年交流长效机制，夯实中日世代友好的社会基础。

第四，推动亚洲振兴。亚洲振兴离不开中日两国的协调和合作。我们愿同日方及亚洲各国一道努力，推进多种形式的区域、次区域合作，加强共同安全，维护东北亚和平稳定，推进东亚合作进程和东亚共同体建设，在促进亚洲振兴中实现中日共同发展。

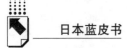
第五，应对全球挑战。中国愿同日本一道，积极参与各领域的国际合作，提高协作应对各种挑战的能力，共同推进人类和平与发展的崇高事业。

二 四川赈灾：中日救援机制的良好开端

中国四川发生"5·12"大地震后，福田康夫首相就中国四川大地震向胡锦涛主席和温家宝总理分别发慰问电表示："谨此致以深切慰问，希望受灾地区早日恢复重建。如果需要，日本将尽全力提供援助。"① 5 月 16 日，日本政府所派遣的第一批国际紧急救援队首批 31 名队员到达四川的地震重灾区之一的青川县关庄镇，随即在倒塌的房屋中开始搜救活动。该救援队是地震发生后中国接纳的第一支外国救援队。② 第一批救援队在灾区现场分成三个小组，每隔两个小时交替进行搜救工作。17 日上午，救援队在现场发现了一对母女的遗体。日本救援队专门挑选了小碎花的收容袋包裹年轻母女的遗体，并集体列队向遗体肃立默哀。随后，日本政府的国际紧急救援队第二批约 30 名队员 16 日乘坐日航包机直接飞赴成都，与先期抵达当地的第一批队员会合，于 17 日天下午出发前往震源地附近、受灾更重的北川县，共同开展援救工作。19 日，派往中国四川地震灾区的日本国际紧急救援队从北川县撤退时，救援队队员齐藤昌已表示，"大家都抱着能多救一人也好的信念非常努力地搜救"，当地居民的鼓励是坚持搜救的动力。③ 日本政府派遣救援队赴四川省青川、北川等地震灾区开展救援活动，共挖出 18 具地震遇难遗体。

5 月 20 日至 6 月 2 日日本政府派遣医疗队赴成都华西医院进行救护工作，共协助中方医治伤员 1355 人次。5 月 21 日，福田首相前往中国驻日本大使馆吊唁四川大地震遇难者，并在吊唁簿上签名。他向中国驻日大使崔天凯表示："如果中国有何需要请尽管提出，日本将尽可能地提供援助。希望双方秉着在困难时期互相帮助的精神交往下去。"崔天凯大使高度评价了日本国际紧急救援队的活动，对日本的支持表示感谢，赞赏这是两国战略互惠关系的体现。5 月 22 日，

---

① 日本共同社 2008 年 5 月 12 日电。

② 日本灾害救援队是日本政府于 1987 年 6 月建立的，任务是：快速收集国家和城市重大自然灾害和技术灾害的有用情报，经高技术处理后报给外务省日本国际合作局，并报经济合作局进行选择决策；承担合法渠道的国际灾害救援任务，做到技术装备一流、人员技术能力一流，并具有外语能力。

③ 日本共同社 2008 年 5 月 19 日电。

日本国际紧急救援队赴四川地震灾区医疗队在四川大学华西医院对地震患者进行治疗。医疗队身穿华西医院的白大褂，佩戴国际紧急救援队的臂章，在急诊科、重症监护病房、人工透析科三个科室开展活动。医疗队副队长小仓健　郎表示："尽管有困难，还是要具有挑战心，尽可能帮助受灾者。"①

中国政府部门对于日本派遣国际救援队员赴四川赈灾救援表示感谢。5 月 24 日，温家宝总理前往华西医院向日本医疗队表达了谢意。27 日，中国驻名古屋总领馆向名古屋市消防局派赴中国四川地震灾区的 3 名国际消防救援队员送上了感谢信。在当天市政府办公厅举行的赠送仪式上，中国驻名古屋总领事李天然表示："三位救援队员不顾危险，在严酷的条件下全力展开搜救工作。对此表示深深的敬意和感谢。"② 30 日，中国外交部部长杨洁篪在四川省成都市的川大附属华西医院里，向在当地参与救治地震伤员的日本国际紧急救援队医疗队致谢，感谢日本政府在派遣救援队后又派来了医疗队，并表示，日本在灾后医疗方面拥有先进经验，希望双方今后加强交流。6 月 2 日，日本医疗队完成在四川地震灾区救治工作后返回东京。中国驻日本大使崔天凯前往机场迎接。崔大使在机场迎接仪式上致辞表示，对于日本医疗队在四川地震灾区十几天的辛勤工作致以崇高敬意，并向日本政府和人民表示感谢。当天，一些中国留学生和华人华侨自发赶到机场，手持鲜花、中日两国国旗和"感谢日本医疗队"横幅，列队迎接危难之时向中国伸出援手的日本医疗队员返日。

7 月 8 日，胡锦涛主席赴日出席洞爷湖八国集团同发展中国家领导人对话会期间，特意在北海道札幌会见曾前往中国四川地震灾区参与救援工作的日本国际救援队、国际医疗队代表，并代表中国政府和人民向他们在四川大地震中给予的帮助和支援表示感谢。胡锦涛同日本国际救援队、国际医疗队代表一起观看了专门制作的电视短片《大爱无疆》，回顾了日本救援队在四川地震灾区度过的日日夜夜。胡锦涛表示，防灾减灾是人类社会面临的共同课题，也是中日两国开展战略互惠合作的重要领域。日本救援队和医疗队表现出的崇高的人道主义精神和敬业精神，得到了中国人民的高度评价。可以看出，胡锦涛主席赴日首场正式活动即会见日本国际救援队和医疗队员的举动，凸显了中国对日本向四川灾区做出友好援助的诚挚感谢，透露出中国对就有关议题与日本开展国际合作的重视与信心。

---

① 日本共同社 2008 年 5 月 21、22 日电。
② 日本共同社 2008 年 5 月 27 日电。

总之，中国四川汶川等地发生特大地震灾害后，日本天皇及首相发来慰问电，福田首相亲自到中国驻日使馆吊唁遇难者。日本救援队和医疗队率先来华协助救灾，日本各界人士以各种形式伸出援助之手。这些都体现了日本人民对中国人民的友好情谊，得到了中国人民的高度评价。

三　中日青少年友好交流年效果显著

"中日青少年友好交流年"活动是中日两国领导人 2007 年共同确定的，以推动和加深两国年轻人之间的相互理解和相互信赖。福田首相 2007 年底访华，当时中日签署了包括气候、环境、能源、青少年交流等一系列协议。中日双方决定将 2008 年定为"中日青少年友好交流年"，并签署了《关于"中日青少年友好交流年"活动的备忘录》，确认广泛开展两国青少年交流对增进两国国民的相互理解和友好感情，丰富两国战略互惠关系的内涵具有重要作用。主要内容包括：为纪念中日和平友好条约缔结 30 周年，进一步促进两国青少年的交流，加强两国青少年对对方国家的了解，根据两国领导人 2007 年 12 月 20 日在新加坡会晤时达成的共识，双方一致同意将 2008 年确定为"中日青少年友好交流年"，并根据备忘录附属《关于"中日青少年友好交流年"活动的合作计划》，在文化、学术、环保、科技、媒体、影视、旅游等领域开展一系列两国青少年交流活动，由中国中华全国青年联合会和日本外务省作为各自牵头单位承办。这是双方以纪念《中日和平友好条约》缔结 30 周年为契机，进一步推动中日关系改善与发展势头的重要举措，也是继 2007 年"中日文化体育交流年"和纪念中日邦交正常化 35 周年之后，双方着眼于进一步增进两国国民感情，在两国大力培养友好事业接班人的一项重要的交流活动。

2008 年 3 月 10～16 日，作为"中日青少年友好交流年"系列活动的第一个高潮，以新一届中日友好 21 世纪委员会日方首席委员小林阳太郎为最高顾问，以日本外务省政务官宇野治为总团长的第一批日本青少年友好使者代表团一行1000 人来华访问。代表团成员由日本年轻的国会议员、高中生、大学生、公务员、公司职员、记者等各界青年代表组成，来自日本各地和各行各业，具有广泛的代表性。代表团于 3 月 10 日抵华，分为六组分别访问了上海、重庆、广州、成都、杭州、沈阳、大连等地，并于 14 日分头抵达北京，出席了中日双方在京联合举办的"中日青少年友好交流年"开幕式活动。"中日青少年友好交流年"

活动拉近了中日青少年"心的距离"。在"中日青少年友好交流年"活动中，由全国青联等单位组成的中方组委会和日本外务省牵头的日方委员会在这一年中多次组织两国青年互访，并举办了多项丰富多彩的活动。5 月 4～10 日，为配合胡锦涛主席对日本进行的国事访问，作为"中日青少年友好交流年"中方派遣的第一个大型访日团组，以全国青联副主席张晓兰为总团长的中国青年代表团访问了日本，并参加了在早稻田大学举行的"中日青少年友好交流年"日方开幕式。5 月 8 日下午，国家主席胡锦涛和日本首相福田康夫、前首相中曾根康弘共同出席"交流年"日方开幕式，并先后发表讲话。7 月 23～30 日，作为"中日青少年友好交流年"中方派遣的第二个大型访日团组，以团中央国际联络部部长、全国青联主席助理倪健为总团长的中国青年代表团访问日本。日本首相福田康夫会见了包括四川汶川地震灾区受灾青少年在内的代表团部分成员，并向"《中日和平友好条约》缔结 30 周年纪念研讨会"发了贺电。

2008 年 11 月 10～18 日，作为"中日青少年友好交流年"中方派遣的第三个大型访日团组，以团中央书记处书记卢雍政为总团长的中国青年代表团和高中生代表团访问日本，分别访问了东京、京都、大阪、名古屋、福冈、熊本、千叶等地，进行了参观、研讨、交流等活动，并参加"中日青少年友好交流年"日方闭幕式活动。11 月 12 日，中日青少年友好交流年日方闭幕式暨中日青少年歌会在日本东京学习院大学举行。1000 多名中日青少年欢聚一堂，共庆 2008 年两国青少年交流系列活动取得圆满成功。日本首相麻生太郎出席并致辞。

2008 年 12 月 18～24 日，作为"交流年"框架下日方派遣的最后一个大型访华团组，以日本前首相福田康夫为最高顾问，以日本前外务大臣、日中友好议员联盟会长高村正彦为总团长的第二批日本青少年友好使者代表团一行 1000 人来华访问，在中国九个省区市与中国青少年展开交流活动，并出席 12 月 20 日中日双方在京联合举办的"交流年"中方闭幕式活动。"中日青少年友好交流年"活动的倡导者——温家宝总理和福田康夫前首相出席了闭幕式。

"中日青少年友好交流年"是继 2007 年"中日文化体育交流年"和纪念中日邦交正常化 35 周年之后，双方着眼于进一步增进两国国民感情，在两国大力培养友好事业接班人的一项重要交流活动。这一活动是中日两国青年交往史上覆盖面最广、互访规模最大的交流活动，两国政府将《中日和平友好条约》缔结 30 周年的特殊年份确定为"中日青少年友好交流年"，意义十分重大。据不完全统计，中方组委会各成员单位全年共举办约 115 项中日青少年双边互访交流活

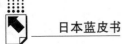

动，涉及文化、学术、环保、科技、媒体、影视、旅游等多个领域，进出境人数总计达 1.2 万多人次。日本外务省作为日方牵头单位，也组织日中友好会馆等团体开展了众多交流项目。[①] 在双边互访中，两国青少年敞开心扉，共叙友谊，加强了相互的了解。两国青少年之间的广泛交流，在两国人民之间构筑起了友谊的桥梁，也为中日两国未来关系的发展奠定了良好的基础。

四 中日战略互信仍具"不确定性"

值得关注的是，由于中日两国之间存在着历史、领土和东海海洋权益纠纷等问题，所以，在日本朝野普遍"欢迎日中发展友好关系"的情况下，日本国内一些人只看到两国的利益冲突，而无视中日两国合作共赢的成果及前景。日本执政党内仍然存在着对中日战略互惠关系的误读，不能正确处理"战略"与"互惠"的关系，常常急功近利，以后者取代前者，表现出有损中日关系的言行。对此，自民党元老伊吹文明不无忧虑地说，"如果两国不能携手合作，那恐怕将对世界和人类造成消极影响"。这在某种程度上反映出，落实和深化中日战略互惠关系绝非坦途。

（一）日本"第四届非洲开发会议"，突出援非议题，刻意弱化中非关系

2008 年 5 月下旬日本主办的"第四届非洲开发会议"高调承诺援非举措。7 月，日本作为洞爷湖八国峰会的主席国特意把八国集团和非洲七国的高峰对话安排在首日举行，福田首相在会上明确表示加强援非力度，日本"将把 2012 年以前的政府开发援助增加一倍，并将提供相应的援助，使民间的直接投资也翻一番"。为了以实际行动兑现"援非承诺"，日本政府已开始研究在南非建设 12 座核电机组的计划。日本此举旨在八国集团峰会主要议题——气候变暖对策、援助非洲等事务上寻求具体成果，并向外界宣传其领导力，从而挽回日本因中国积极推进能源外交而陷于落后的局面。[②]

可以说，日本举办"第四届非洲开发会议"，突出"援非"议题的重要性，展现出急于拉拢非盟，积极开展非洲外交的姿态。其内在动因有三：一是希望在

---

① 人民网，2008 年 12 月 18 日。

② 日本共同社 2008 年 7 月 9 日电。

日本"入常"问题上获得约 50 个非洲国家的赞成票；二是通过加强与非洲的经济关系，确保日本所需要的丰富自然资源；① 三是弱化中非关系的发展势头，化解中国从 2000 年开始定期召开的有非洲领导人参加的"中非论坛"的影响力。近年来，中国为确保石油等资源而积极挺进非洲市场，日本则通过增设驻非使馆数量，加大抗衡和压制中国的力度。日本 2007 年在世界新设六个大使馆。其中三个设在非洲国家，创第二次世界大战后日本开设驻外使馆最高纪录。日本借举办本次八国集团峰会进一步加大主席国在"援非"议题上的发言权，表现出在非洲外交方面与中国对垒的战略意图。另外，日本还将"援非合作事项"作为日中战略互惠的"一环"，强调要摸索与中国在非洲资源市场上的"合作方式"。值得注意的是，日本在削减和停止对华日元贷款的同时，不断增加对非洲 ODA 力度。日本连续六年削减对华贷款，2006 年度比 2005 年度减少约 17%。日本借所谓国内的财政困难、中国经济发展以及军费开支的增长，叫停对华 ODA 贷款。另外，日本政府和执政党有意增加对非洲的 ODA 金额，积极展开与中国的资源外交较量。日本还就所谓"达尔富尔问题"会同欧美责难中非关系。

（二）洞爷湖八国峰会的"扩容论"及对中日关系的影响

2008 年 7 月，日本在洞爷湖八国峰会上，反对八国集团"扩容"中国的态度十分明确。无论是就八国集团成员国突出的国际政治经济地位而言，还是从该集团内部政策协调可能给当前世界经济与政治带来的巨大影响来看，每年一度的八国集团峰会及其议题都会引起国际社会的高度关注。② 2005 年以来，八国集团峰会都邀请中国、印度、巴西、墨西哥和南非五国共同出席会议，表明八国集团需要中国共同参与和处理国际重大事务。法国总统萨科奇曾对日本媒体表示，八国集团应当扩容，把中印等五国吸收进来。日本对此言论表示明确反对。2008 年 7 月，福田首相针对萨科奇表明："八国集团峰会是少数发达国家首脑坦诚交换意见的场所。"③ 日本外务省也有官员表示："八国集团就是八国集团，但我们可以和中国、印度等其他国家讨论某些问题。"有的日本学者更是认为："萨科奇总统提出的 G13 构想为时尚早。"④ 可见，日本特别反对中国加入八国集团的

① 2008 年 7 月 8 日〔日〕《日本经济新闻》。
② 徐正源：《增长与责任：关注八国峰会》，《当代世界》2007 年第 6 期。
③ 日本共同社 2008 年 7 月 7 日电。
④ 〔日〕平林博：《通过首脑外交，推动洞爷湖会议的成功》，《自由民主》2008 年第 7 期。

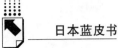

建议。日本前首相中曾根甚至认为，八国集团峰会是"国际政治奥运会"。"日本作为本次洞爷湖八国峰会主席国能否发挥领导能力，关乎国家的兴衰。"他特别提醒福田首相"要有为国家利益而献身的精神准备"。因为，"日本作为经济大国正在迅速衰落，值得警惕的是中国等'金砖四国'的崛起"。① 对于日本来说，随着中印迅速崛起，日本在亚洲乃至世界中的影响力不断下降，加之"争常"的失败，使日本十分看重在八国集团中的"亚洲唯一代表"的地位和影响力，唯恐因中国的加入被边缘化，因此反对"扩容论"的态度十分明确。日本竭力附和八国集团"峰会成员必须是共同拥有市场经济、民主、人权、价值观的主要国家"的观点，但实际上日本更担心若中国加入，日本将失去"亚洲唯一峰会成员"的地位。②

然而，近年来八国集团峰会在凸显中国等新兴发展中大国地位的同时，也尽显"制度性疲劳"。③ 由于在八国集团中居核心地位的日美两国态度消极，"扩容"在近期内几乎没有实现的可能。但是，这已经使日本倍感"扩容"的压力，使日本预感到"这将是对奉行民主和自由价值观的日本外交的一次重大考验"④。这表明日本对华保留"价值观外交"的意识形态理念。

（三）在全球温室气体减排问题上，中日两国的环保理念不同

在洞爷湖八国峰会的主席总结报告中，日本表示"将与中国、印度等新兴国家，以及八国集团其他成员国共同将此作为目标，并为能在联合国谈判中通过这一目标发挥领导力"⑤。但是，日本在未注重落实《京都议定书》关于2008～2012年期间6%的减排规定，在温室气体排放量不减反增至8.1%的情况下，不是将重点放在从根本上加强本国的减排力度上，而是极力呼吁将中印等发展中国家纳入"后京都议定书"时代的温室气体减排框架之中，无视发展中国家的发展权益。从这一点来看，日本距离成为一个负责任的、具有理性主导权的"环保大国"尚需时日。本次峰会期间，日本为了感化和配合"减排"态度消极的美国，在八国集团与发展中国家等16国参加的主要经济体会议上，敦促中印等发

---

① 2008年7月3日〔日〕《产经新闻》。
② 2008年7月7日〔日〕《东京新闻》。
③ 日本共同社2008年7月9日电。
④ 2008年7月8日〔日〕《产经新闻》。
⑤ 日本共同社2008年7月9日电。

展中国家采取"有意义的缓解行动"。在日本看来，是中国等发展中国家的经济快速发展，推动了全球气候变化，造成了能源和粮食危机。这完全无视中国自 1990 年以来碳排放量只占世界 9.2% 的事实，刻意利用全球气候变暖问题限制中国未来的发展空间，甚至以此损害中国国际形象，给中国的环保工作带来较大压力。

当然，日本积极推动实现"低碳社会"的目标，推动环境领域的全球性合作，顺应世界可持续发展的趋势的战略意向，也成为进一步深化中日战略互惠关系的"利益共同点"。中国主张要与世界各国在"环保上相互帮助、协力推进，共同呵护人类赖以生存的地球家园"，积极倡导日本等发达国家要从技术合作与转让、援助和投资等方面加强对发展中国家的支持力度，促使发达国家认识到，运用本国的环保先进技术，在促进世界各国环境技术合作，解决相关的环保技术合作与技术转让问题上，帮助发展中国家走上可持续发展的道路才是其今后环境外交的最佳选择。目前，借助日本主办的"亚太环境会议"的对话平台，中国阐述了"科学发展观"及环保政策理念，加强了与日本的环保对话力度，积极推动中日战略互惠关系的不断深化。

五　中日关系的发展走势与特点

2008 年是中日关系取得重要进展的一年。中日两国将展开政府、执政党及社会团体共同参与的大规模穿梭外交，并就一系列重大问题达成广泛共识，有力地推动了两国关系改善和发展。通过一系列对话机制的完善，中日关系进入了新的战略共识形成期。特别是应中国人民解放军海军邀请，日本海上自卫队"涟"号驱逐舰于 6 月 24 日抵达广东省湛江港，开始对中国进行为期五天的友好访问。"涟"号驱逐舰此次访问是对 2007 年 11 月 28 日到 12 月 1 日中国海军"深圳"号导弹驱逐舰访问日本的回访，加强了中日之间防务交流活动。可以说，随着两国各领域交流合作日益扩大，双方在国际和地区事务中也基本保持着良好的沟通与协调，体现出中日战略互惠关系的基本精神和内涵。

中日"战略互惠"共识成为构筑未来中日关系的新起点。日方也曾表示中国经济发展不是"威胁"而是"机遇"，强调构筑日中"互惠"关系的重要性。可见，随着中日相互依存程度的深化，"继往开来"将成为中日两国双边战略互动的总体向度。可以说，中日战略互惠关系共识是中日相互依存的必然，中日双边战略互动将不断强化两国相互依存的深度。然而，中日双边战略互动不仅受国际环境的

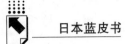

影响，更受两国历史、文化、思想、社会制度、领土主权及海洋权益等因素的制约，因而两国双边互动可能出现合作、竞争、冲突、顺应等形式。其中，合作是为达到"互惠"的共同目的，彼此相互协调、配合的最佳战略互动方式。随着中日相互依存关系的日益强化，实现"和平共处、世代友好、互利合作、共同发展"是中日战略互惠关系的理想模式。但仅有理想的目标是不够的，为了避免过去中日关系的"政冷经热"，还需要有完善中日战略互惠关系的信念与行为配合。① 所以，在未来中日双边战略互动过程中，中国将突出强调中日相互依存的"互补性"和两国合作的"战略性"，进一步向全世界表明中国"和平与发展"的战略思想，推动日本从战略高度理解中日的"互惠性"，通过中日双边战略互动，促进日本调整和修正对华战略误解，促进中日战略互惠关系的良性发展。

中日关系已经进入新的战略共识形成与完善期。不可否认，中日战略共识与战略分歧同在，未来中日关系走向具有以下几种可能性：一是保持上升态势。将遵循《中日关于全面推进战略互惠关系的联合声明》中的各项共识，相互支持、推动两国的和平发展事业，顺应世界发展潮流，共同创造亚洲和世界的未来。二是中日两国关系平稳发展。中日两国在某些治理全球性问题的方面逐步达成战略共识。在共同应对全球气候变化问题上，认同关于按国家分别制定温室气体削减目标。中国对日本提出的"按行业设定减排目标机制"表示理解，乐见日本未来继续发挥国际环保的积极作用。三是中日关系出现反复与回潮。展望未来，中日关系的结构性矛盾可能会恶化两国关系，并对亚太地区、国际社会的繁荣和稳定产生负面影响。

中日怎样解决两国"战略"与"互惠"关系的战略定位，如何从战略高度化解中日关系中出现的一些非传统安全"热点"问题，对于维护两国关系的健康发展至关重要。正如胡锦涛主席 2008 年 5 月访日时强调的那样，中日关系正站在新的历史起点上，面临进一步发展的新机遇，双方应共同努力开创中日战略互惠关系全面发展新局面。因此，在中日双边互动定向和评价基础上，坚持"以史为鉴，面向未来"，坚持"和平发展战略"，积极调控双边战略互动，使中日相互依存关系向友好合作的方向发展至关重要。目前，中日双方也一致认为，发展中日长期稳定的睦邻友好关系，符合两国和两国人民的根本利益，对亚洲和世界的和平、稳定、繁荣具有重要意义。

总之，我们相信，中日两国有足够的智慧和动力，促使双边关系实现真正意

---

① 参见张蕴岭主编《构建和谐世界：理论与实践》，社会科学文献出版社，2008。

义上的"飞跃"。中日双方均视两国关系为最重要的双边关系之一。双方只有坚持以史为鉴、面向未来；正确处理好历史、领土、台湾和日美安全条约等问题；通过对话，平等协商，处理分歧；加强双方在广泛领域的交流与合作，加强民间友好往来，才能开拓中日战略互惠的新时代。

参考文献

日本共同社 2008 年 5 月 19 日电。

人民网，2008 年 12 月 18 日。

徐正源：《增长与责任：关注八国峰会》，《当代世界》2007 年第 6 期。

张蕴岭主编《构建和谐世界：理论与实践》，社会科学文献出版社，2008。

〔日〕平林博：《通过首脑外交，推动洞爷湖会议的成功》，《自由民主》2008 年第 7 期。

2008 年 7 月 3、8 日〔日〕《产经新闻》。

2008 年 7 月 7 日〔日〕《东京新闻》。

2008 年 7 月 8 日〔日〕《日本经济新闻》。

2008 年の中日関係の回顧と展望

呂耀東

要　旨：2008 年、日本で東海問題、中国からの輸入ギョーザ中毒事件などをめぐって、一部の勢力はマスコミを利用して、中国に圧力をかけようとした。しかし胡錦涛主席は予定通りに5 月 6 ~ 10 日に日本を訪問した。胡主席は福田首相とともに中日間の第四の政治文書『全面的に戦略互恵関係を推し進める関する中日共同声明』に署名した。「全面的に戦略互恵関係を推し進める」とは、両国関係を発展する総目標である。中日関係は、いままでにない複雑な互い動きの枠組みにあって、未来の中日関係の発展のプロセスはかならず政治・安全・経済・文化などの各領域の相互に影響する曲折、漸進的に進む過程てあって、理性的に中日戦略互恵関係を調整することは両国間の対話の有効的なことである。

キーワード：中日関係　中日戦略互恵関係　互恵協力　共同発展

中日经贸关系回顾与展望

张季风[*]

摘 要： 在国际金融危机的大背景下，2008 年中日经贸合作也受到冲击。长期存在的双边贸易高位徘徊和投资低迷的状况仍在持续。但由于中日双边经济合作的基础比较扎实，而且双边的政治关系良好，尽管世界经济环境急剧恶化，但双边经贸关系依然处于小康状态。百年不遇的金融危机既是挑战，也为中日双边经贸合作提供了机遇。

关键词： 中日经贸关系 国际金融危机 贸易保护主义 直接投资

2008 年是中日经济合作关系从"ODA 时代"走向对等的经济合作时代的第一年。总体来看，在中日政治关系持续回暖的大环境下，双边经贸关系正处于健康发展之中。双边贸易额尽管增幅有所放缓，但仍再创历史新高，日本对华直接投资也出现了微弱正增长。2008 年 5 月胡锦涛主席成功访日，把中日战略互惠关系推向新的高潮，对双边经贸合作也起到了推动作用。在 2008 年 9 月之前，中日双边贸易与投资都取得了快速发展，在一定程度上弥补了对北美市场少增的部分。

然而国际金融危机后，中日经贸合作也同样受到严重冲击。在世界经济下行的大背景下，中日双边经贸合作长期存在的一些问题，例如，双边贸易高位徘徊状态仍在持续，日本对华直接投资低迷状态改观不大，而中国对日投资仍增长缓慢。中日政治关系的好转并未带来人们所期盼的"政热经热"局面，特别是在国际金融危机的影响下，"政热经凉"现象趋于明显，这一点应当引起中日双方的高度重视。

---

[*] 张季风，经济学博士，中国社会科学院日本研究所研究员，经济研究室主任，研究专业为世界经济，研究方向为日本经济、中日经济关系、区域经济。

一 中日经济合作的现状分析

（一）双边贸易

中日邦交正常化以来，中日双边贸易额一直保持较快增长势头，1972 年仅为 10 亿美元，1981 年超过 100 亿美元，2002 年超过 1000 亿美元，2006 年突破 2000 亿美元大关，2008 年又达到 2667.9 亿美元（见图 1），同比增长 13.0%。其中我国对日出口 1161.3 亿美元，同比增长 13.8%，增速提高 2.4 个百分点；我国自日进口 1506.5 亿美元，同比增长 12.5%，增速回落 3.3 个百分点。日本继续居欧盟、美国之后为中国第三大贸易伙伴。

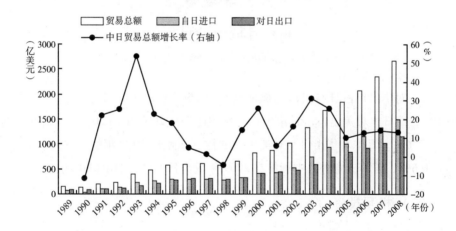

图 1　1989～2008 年中日双边贸易

资料来源：《海关统计》与商务部资料。

据日方统计，2008 年日中双边贸易额为 2663.97 亿美元，同比增长 12.5%，其中日本对华出口 1241.05 亿美元，同比增长 13.8%，自华进口 1422.92 亿美元，同比增长 11.5%。日中贸易额自 1999 年以来连续十年刷新纪录。而且日中贸易不断深化，占日本外贸的比重呈上升趋势。日中贸易在日本对外贸易中的比重由 1990 年的 3.4% 上升到 2007 年的 17.7%，但是，2008 年，由于受金融危机影响以及来自东南亚新兴市场经济国家的激烈竞争，略降至 17.3%（见图 2）。继 2007 年中国成为日本最大贸易伙伴后，2008 年中国继续保持日本最大的贸易

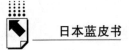

伙伴地位。由于受金融危机影响，日美贸易下降幅度更大，日美贸易占日本外贸的比重从 2007 年的 16.1% 降至 2008 年的 13.9%，与中日贸易的差距进一步拉大。

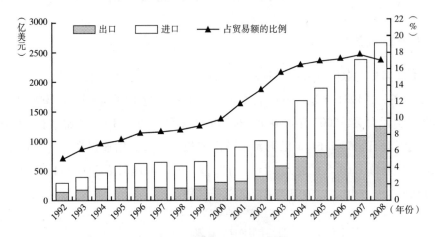

图 2　日中贸易总额变化

资料来源：日本贸易振兴机构根据日本财务省数据绘制。

日本对华出口占日本出口总额的比重从 2007 年的 15.3% 上升到 2008 年的 16.0%，而日本对美出口占日本出口总额的比重从 2007 年的 20.1% 下降至 2008 年的 17.6%。日本对华出口与对美出口的比例差距从 2007 年的 4.8% 降至 2008 年的 1.6%，若不出意外，中国将在 2009 年成为日本最大的出口市场。

（二）相互投资

2008 年日本对华直接投资项目数为 1438 个，与 2007 年同比下降 27.35%；实际到位资金为 35.89 亿美元，同比增长 1.67%。日本对华直接投资始于 1979 年，经历了三次高峰期，现处于回落期。截至 2008 年底，日本对华投资累计项目数为 41162 个，实际到位金额 653.8 亿美元。统计显示，在华日资企业大部分都获得了丰厚的投资回报，有力地支持了日本经济的复苏和增长，也对中国经济的发展做出了贡献。但是，由于受各种原因的影响，日本对华直接投资继 2006 年同比下降 29.6% 之后，2007 年又下降了 22.6%，2008 年终于摆脱了持续两年的负增长，实现了微弱正增长（见图 3）。

近年来，中国企业开始实行"走出去"战略，也开始对日本进行直接投资，改变了过去日本对华单向投资的局面。截至 2008 年底，中国对日直接投资累计

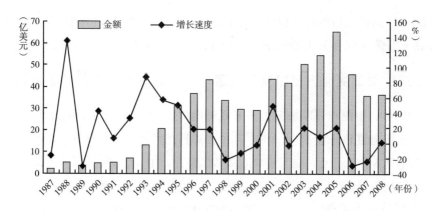

图3　日本对华直接投资变化

资料来源：根据商务部网站数据绘制。

总额达 2.7 亿美元（不含金融类）。投资涉及软件、机械、电子等领域，其中服务业和商业仍是主要领域。华为、海尔等有实力的中国企业已进入日本市场，与日本企业开展了良好的合作。2007 年，中国博奇和亚洲传媒先后在东京证券交易所成功上市，为中国企业海外融资和开展国际化经营开辟了一条新路。中国对日直接投资仍处于起步阶段，投资额也很小，但这毕竟是一个良好的开端。2008年在金融危机的大背景下，中国企业对日直接投资仍稳定发展，总额为 3000 多万美元，特别是从下半年出现增加的趋势。

二　国际金融危机对中日经贸合作的影响

国际金融危机对全球经济造成严重冲击，自然中日双边贸易也未能幸免。2008 年前三个季度，中国对日出口高达 16%，而自日进口更高达 19%。中日贸易的快速增长在一定程度上弥补了中美贸易减少的部分。然而，2008 年 9 月金融危机爆发后，中日贸易受到严重打击，具体情况如下。

（一）年末两个月中国自日进口连续出现下降，且降幅加深

继 11 月中国自日进口出现近 45 个月以来的首次负增长后，12 月，中国自日进口 105.5 亿美元，下降 15.3%，降幅较上月进一步扩大 0.5 个百分点。受此影响，11 月、12 月，中日双边贸易额连续两个月出现负增长，分别为 204.4 亿美元和 205.2 亿美元。由于进口与出口紧密相关，一方面，自日进口的连续下降

预示着下一阶段出口继续保持增长的压力增加；另一方面，对日出口减缓直接导致相关产业对原材料和机器设备进口吸纳能力的下降。

（二）加工贸易进出口双双减速，一般贸易所占比重明显提高

2008 年，中国对日以加工贸易方式进出口 1235.6 亿美元，增长 5.6%，占当年中日双边贸易总额的 46.3%。其中，对日出口 622.7 亿美元，增长 7.9%，增速回落 0.3 个百分点；自日进口 612.9 亿美元，增长 3.2%，增速回落 13 个百分点。同期，对日以一般贸易方式进出口 1124.8 亿美元，增长 21.9%，增速提高 6 个百分点，在当年中日双边贸易总额中的比重由 2007 年的 39.1% 提高至 42.2%。

（三）机电产品出口增速趋缓，农产品出口由增转降

2008 年，中国对日本出口机电产品 553.9 亿美元，增长 14%，增速回落 1.4 个百分点，占当年中国对日出口总额的 47.7%。同期，服装及衣着附件、纺织纱线织物及制品、鞋类、家具及其零件和塑料制品五类传统劳动密集型产品对日出口额均超过 15 亿美元，出口均不同程度提速，合计达 268.8 亿美元，增长 10.1%，占当年中国对日出口总额的 23.1%。此外，对日出口农产品 76.7 亿美元，由 2007 年的增长 1.6% 逆转为下降 8%。

（四）集成电路进口小幅下降，汽车及其零件进口增速高位回落

2008 年，电子产品、汽车及其零件和钢材、成品油等是中国自日本进口的主要产品。其中，集成电路进口 138.9 亿美元，下降 3.2%，占同期中国自日进口总额的 9.2%；钢材进口 93.3 亿美元，增长 25.5%，增速提高 14.2 个百分点；汽车零件和汽车分别进口 50.2 亿美元和 43.6 亿美元，分别增长 17.6% 和 45%，增速分别回落 7.5 个和 20 个百分点。[①]

日本是亚洲地区遭受金融危机打击最为严重的国家之一，其严重程度甚至超过金融危机的发源地美国。受此拖累，2008 年日本经济自第二季度起步入衰退，个人消费疲软，汽车、钢铁、半导体、化工等行业被迫减产、停产、压缩设备投

---

① 中国海关总署：《2008 年中日双边贸易总额同比增长 13%》，http：//club. autohome. com. cn/bbs/thread – c – 135 – 2276994 – 1. html。

资，直接影响对中国零部件、原材料的进口需求。

国际金融危机对日本国内企业造成巨大冲击，也间接影响了日本对华直接投资，日本企业推迟或冻结对华投资项目的现象增多。丰田汽车公司宣布冻结230亿日元规模的天津合资工厂扩产计划；著名内存厂商尔必达存储器公司（Elpida Memory）将投资规模50亿美元的合资工厂投产计划延期一年。一些日本企业拟重新规划海外投资和发展战略，特别是汽车、钢铁、化工等领域的大型工业企业将纷纷压缩产能，暂缓考虑新增投资项目，对华投资会受到一定程度的影响。

日本对华直接投资在2006年和2007年连续出现了两年大幅度下降，而在2008年第三季度之前曾经出现了回升的局面，1～9月日本对华投资实际到位资金达29亿美元，同比增长5.7%，这是自2006年以来难得的较高增长。然而，从10月开始跌入连续三个月的负增长，2008年全年也只有1.67%的微弱正增长，而同年中国引进外资的增长率为23.58%，两者形成明显反差。

三　课题与展望

（一）存在的主要问题

1. 双边贸易高位徘徊的态势未出现根本性改观

尽管中日贸易处于稳定健康发展的状态，但其增速远低于中国外贸总额的增长。如表1所示，2005～2008年四年中日贸易平均增长率只有12%左右，与同期中国外贸总额22%左右的增长，以及中美、中欧、中韩贸易增速相比，相差甚巨。2008年中日贸易增长率为13.0%，与2007年相比有所下降，高位徘徊的态势未得到改观。由于中日贸易增长率长期低于中国外贸总额的增长率，中日贸易占中国贸易总额的相对比重呈下降趋势，从1996年的21%下降为2005年的12%，2006年又降为11.8%，2008年再降为10.4%。中日贸易出现的这种高位徘徊现象，一方面意味着中日贸易关系的成熟化和稳定化，另一方面也反映出中日贸易进入了疲劳期或停滞期。这种高位徘徊的出现不能单纯用效用递减理论来解释，既存在着深层次的结构性原因，同时更重要的原因又在于缺少大项目的拉动。

2. 中方逆差持续扩大

自2002年以来，中方一直处于逆差状态，如表2所示，2007年高达318.8亿

表1　中日贸易与中国外贸增长总额等增速比较

单位：%

年份	中日贸易	中国外贸总额	中欧贸易	中美贸易	中韩贸易	中印贸易	中日贸易占中国外贸比重
2001	5.5	7.5	11.0	8.1	4.1	23.4	17.2
2002	16.1	21.8	13.2	20.8	22.8	37.6	16.4
2003	31.1	37.1	44.4	26.2	43.4	53.6	15.7
2004	25.7	35.7	33.5	34.9	42.45	79.2	14.5
2005	9.9	23.2	22.6	24.8	24.3	37.4	12.97
2006	12.5	23.8	25.3	24.2	19.99	32.9	11.8
2007	13.9	23.5	27.0	31.0	19.1	55.5	10.85
2008	13.0	17.8	19.5	10.5	16.2	34.0	10.41

资料来源：《海关统计》各年版。

表2　2002～2008年中日贸易收支变化

单位：亿美元

年份	贸易总额	对日出口额	从日进口额	贸易差额
2002	1019.1	484.4	534.7	−50.3
2003	1335.7	594.2	741.5	−147.3
2004	1678.9	735.1	943.7	−208.6
2005	1844.4	839.9	1004.5	−164.6
2006	2073.6	916.4	1157.2	−240.8
2007	2360.2	1020.7	1339.5	−318.8
2008	2667.9	1161.3	1506.5	−345.2
合计				−1475.6

资料来源：《海关统计》各年版。

美元，2008年又增至345.2亿美元，2002～2008年的六年间逆差累计达1475.6亿美元。[①] 产生逆差的主要原因在于中日之间在生产领域内的贸易所占比重较大，中国对日本高端零部件进口较大。尽管中日之间的贸易结构正在逐步从垂直分工向水平分工方向转化，但总体来看，日本在技术含量高、附加价值高的产品方面仍占优势，这是导致中方长期对日贸易赤字的结构性原因。

在对美贸易顺差巨大的时期，同时出现对日贸易高额逆差，这其中有相当部分是中国背负了日本的对美顺差，很显然这种状况长期持续下去，不利于中国贸易的健康发展，也不利于中日双边贸易的健康发展。

---

① 由于香港因素的存在，中日双方统计口径上有所不同，按日方统计，日方均为逆差。

3. 贸易摩擦增多

作为亚洲的两个经济大国，中日在产业分工与贸易结构上有很强的互补性。中日之间的经济互补性是中日经贸合作健康发展的动力之一。然而，近年来日本不断对蔬菜、禽肉、水海产品等农产品进口设置"肯定列表制度"等技术壁垒，这直接导致中国输日农产品由增转降。此外，2008年初在日本发生的"毒饺子事件"，进一步加剧了日本市场对中国食品安全的信任危机，增加了中国优势产品出口的难度。据日方统计，2008年1~11月，中国肉、鱼及其制品在日本进口市场的占有率由2007年同期的57.4%大幅下降至45.2%，食品输日金额下降13%。

在中国对日出口的产品中，农产品所占比重仅为6%左右，而肉、鱼及其食品所占比重更小，尽管对日农产品出口的下降对整个中国对日出口总额的影响并不算太大，但是由于日本按热量计算粮食自给率不足40%，因此国民对进口食品安全问题十分敏感，出口食品哪怕出现一点问题也容易引起轩然大波，如果再掺杂一些政治因素就会使事态变得越发复杂，甚至可能对整个中国出口产品造成恶劣影响。

4. 日本对华直接投资持续低迷

改革开放以来，日本一直是中国重要的外资来源地，日本对华直接投资在中日经济关系中占有十分重要的地位。然而，日本对华直接投资在2006年和2007年连续两年出现大幅度下降，2008年出现1.67%的微弱正增长，但低迷状态并未改变。出现这种情况，其原因也比较复杂。其主要原因有以下几点：第一，对前几年向汽车等领域集中投资而且增速过快的调整。第二，投资周期的作用。此前，日本对华直接投资大致形成了三个高潮。第一个高峰是1985年，十年后的1995年出现第二个高峰，时隔十年后的2005年出现第三个高峰，目前正处于低潮期。第三，中国国内投资环境发生变化。例如，实行两税合一，废除对外资的优惠税收政策，实施新的劳动合同法；沿海地区地价上涨、劳动力短缺和工资上涨以及人民币升值压力，等等。这些变化将导致外资企业的成本上升，投资预期减弱。因此，不仅日本投资下降，而且美国和中国台湾地区连续五年、韩国连续三年对中国内地投资减少。第四，日资企业出于分散投资风险的考虑，而减少对华投资。这导致日企减少对华投资，增加对印度、东盟等国的投资。第五，美国次贷危机与国际金融危机的影响。

5. 其他方面的问题

除了上述贸易、投资领域的问题外，还存在一些亟待解决的问题。例如，日本至今尚未承认中国完全市场经济地位的问题。另外，日本目前的商务环境并不利于我国企业对日投资。希望日方采取切实有效的措施，解决中国企业在对日开展投资、贸易等商务合作过程中面临的签证手续复杂、税务检查频繁等实际问题，为中国企业赴日开展商务活动创造良好环境。

总之，双边贸易的高位徘徊以及贸易摩擦的不断升级，日本对华直接投资的连续锐减，这些现象与当前热烈的双边政治关系相比形成很大反差，特别是在国际金融危机的强烈冲击之下，"政热经凉"的局面还在持续，应当引起中日双方的高度重视。

（二）今后的合作与展望

2009 年国际金融危机，对中日经贸合作来说，既是挑战又是机遇。日本对华 ODA 已在 2008 年圆满结束，中日经贸关系已进入"后 ODA 时代"，双边合作的对等性增强。特别是在国际金融危机继续蔓延的背景下，日本国内经济萧条，美国、欧洲等发达国家市场持续疲软，中国国内经济面临下行压力，同时中国企业还面临东南亚、印度等新兴市场经济国家企业的激烈竞争，可以说中日双边经贸合作将面临前所未有的巨大挑战。另外，源自美国的国际贸易保护主义抬头，对中日双边贸易的影响不可低估。众所周知，中日贸易已经远远超出了中日两国的范围。中国从日本进口技术含量高的零部件在国内进行组装，然后销往美国、欧洲等最终消费地区，这样就形成了"日本—中国（东南亚等新兴市场经济体）—欧美"三角形贸易结构，也就是说，在经济全球化的浪潮中，中日贸易已经与世界贸易和世界经济紧紧地融为一体。贸易保护主义的抬头也必然直接或间接地影响中日贸易的扩大。

但我们还应认识到，从长期着眼，机遇大于挑战的发展环境并未改变。当前和今后一个时期，经济全球化深入发展的大趋势不会改变，以科技进步和生产力全球配置为基础的经济全球化趋势不会逆转，各国经济相互联系和依赖的程度将继续加强。同时，中国还将处于重要的战略机遇期，经济长期发展的趋势不会改变，具有持续发展的巨大潜力和强劲动力。中国实施积极的财政政策和适度宽松的货币政策，对稳定出口、扩大消费都将产生积极的促进作用，特别是提高出口退税、完善加工贸易政策、调整进出口关税、支持中小企业发展等政策措施，将直接促进外贸的稳定发展。正是因为看到了这一点，丰田汽车等日本主要企业通过这场金融危机，吸取过度依赖美欧市场的教训，加大对中国、印度等亚洲市场开发的力度，将为中日贸易趋稳回升提供动力。

经过长期的合作与磨合，中日双边经贸合作已经进入市场轨道，市场这只"看不见的手"发挥了重要作用，但市场总是有失灵的时候，日前中日经贸合作中出现的一系列问题以及在金融危机中出现的新困难就足以证明这一点。在这种情况下，就需要"政策这只手"进行调节。中日两国政府应在应对国际金融危机方面采取协调对策，共度时艰，利用各种手段支撑双边经贸合作的稳定发展。

鉴于中日两国与美国的特殊关系，即两国均为美国的最大出口国；两国外汇储备最高，而且都大量购买美国国债，因此中日两国首当其冲，成为美国金融风暴最大的受害者。中日两国加强合作、共同应付美国金融风暴，是中日两国最佳的选择，也是两国的共同使命。

第一，应当采取各种政策手段增大双边的进出口贸易，这既可减小双方对美出口减少带来的损失，又可改善中日贸易长期存在的"高位徘徊"的难题。在政府间资金合作（日本对华日元贷款）结束的情况下，更应当扩大双边直接投资，这样既能保持双边资金合作的平稳发展，还能促进双边贸易的进一步增长。为此，增加一些大项目合作十分必要。

第二，中日双方加强在节能、环保等方面的合作，潜力极大。中日两国作为亚洲重要国家，同为世界能源消费大国，在能源环境领域拥有很多共同的利益和合作优势。日本在污水处理、可再生能源等领域积累了丰富的管理经验，拥有在世界上具有明显优势的先进技术，对中国有重要的借鉴意义。中国节能环保市场的巨大潜力则为两国开展合作提供了广阔空间。据有关部门预测，今后在实施节能减排过程中，中国将大量采购相关技术和设备，仅建筑节能一项就有2000多亿美元的投资潜力。到2010年，中国环保产业总产值将达到8800亿元人民币；"十一五"期间的环保投资需要1.4万亿元人民币。为了使中日双边节能、环保领域的合作得以顺利进行，需要大量的资金投入。为此，应积极推动由中日政府共同出资的"中日节能环保基金"的设立，以替代过去的日本对华ODA机制。

第三，加强金融合作，促进亚洲共同货币或共同货币单位的建立。1997年的亚洲金融危机使东亚区域各经济体走得更近，为了共同应对金融危机形成"清迈倡议"的多国货币互换机制。这次美国金融风暴也为亚洲金融的更紧密合作提供了契机。倘若亚洲也能像欧洲形成欧元区那样形成自己的"亚元区"或"亚洲共同货币单位"，则能大大减轻美元危机所造成的风险和损失。此外，中日双方在国际金融体制改革方面也存在共同利益和合作的空间。

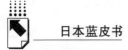

第四，以美国金融风暴为契机，尽快推动中日双边或多边的 FTA/EPA，加强区域内贸易和投资，促进东亚共同体的早日实现，共同抵御金融危机及其他各种经济风险。

第五，中日两国加强宏观经济政策方面的协调。中日两国国内经济结构面临一个同样的难题，即个人消费不足。在美国经济衰退、进口减少的情况下，中日两国应变不利因素为有利因素，借此机会调整国内经济结构，扩大和启动内需，降低外需依赖度，使个人消费真正成为经济成长的动力。

面临金融风暴这一共同的困难，如果中日双方携手并肩，则既能发挥两个外汇储备大国的国际义务，又能很好地解决双边经贸合作存在的问题，就能够实现中日的共同利益。否则，只能是不断地无偿为美国人埋单。

总体来看，2009 年中日经贸合作的总趋势将会继续健康发展。但在金融危机和全球经济疲软的影响下，中日双边贸易还可能继续下滑，彻底扭转"高位徘徊"和减少中方赤字尚需时日，贸易摩擦也很难避免。

在日本对华投资方面，近年来金融、证券和保险业以及其他商业、服务业的投资将会进一步增大，这种趋势不可逆转。非制造业投资的增加，标志着日本对华投资进入了一个新的阶段，即今后的投资方向将从现在的制造业为主转向"制造业与分制造业并进"的时代。鉴于制造业已经基本上完成了一个周期的对华投资，今后将以现有设备的扩张及销售方面的投资为主，由于金融危机的影响制造业遭到普遍打击，短期内不可能期待大幅度的投资增长。

2009 年，在制造业投资继续整合的同时，日本零售、物流、金融等非制造业对华投资则保持增长趋势。著名零售商"7－11"控股公司与台湾统一集团合作，在中国全境拓展连锁加盟便利店网络；日本通运将收购合资公司的中方股份，加紧在华构建运输网络；瑞穗实业银行与中国进出口银行等开展节能环保项目投融资业务合作，日本政策投资银行与中信集团签订合作协议，共同开拓中日间跨境并购业务。虽然批发零售业及不动产业有增加投资的倾向，但每项投资的金额较小，无法弥补制造业的投资降幅。

两国政治关系的稳定发展和高层首脑的频繁互访，有利于双边经济合作的健康发展。2009 年 6 月 7 日在东京举行第二次中日高层经济对话，中日战略互惠关系的内涵得到落实。面对百年不遇的国际金融危机，中日双方在金融领域的合作以及区域合作方面可能有所进展，中日之间的一些大型合作项目也可望启动。

参考文献

海关总署:《海关年鉴》各年版。
海关总署:《2008 年中日双边贸易总额同比增长 13%》, http://club. autohome. com. cn/。
商务部官方网站, 贸易与投资资料。
〔日〕JETRO: 国际贸易投资统计资料。
http://bbs/thread – c – 135 – 2276994 – 1. htm.

2008 年中日経済関係の現状と展望

張季風

要　旨: 国際金融危機の影響を受け、2008 年の中日経済協力事業も打撃を受けた。長期にわたって存在している中日貿易の「ハイレベルの横ばい」と日本対中直接投資の低迷は基本的に変わらなかった。しかし、中日両国の経済協力はしっかりとした基礎があり、経済関係もすでに氷河期から脱出し良好状態に転換された。世界経済環境が悪化しているにもかかわらず中日経済関係は健康状態で展開していくと思う。百年一度の金融危機は中日経済協力関係にとって挑戦ではあるがチャンスでもある。

キーワード: 中日経済関係　国際金融危機　貿易保護主義　直接投資

中日东海共同开发与国际化实践

孙伶伶[*]

摘　要：2008 年 6 月中日之间就东海共同开发达成原则共识，标志着东海油气争端取得突破性进展。共同开发作为划界前的临时安排，在国际实践中被证明是解决争端的主要替代方法，但这并不损害我国的法律主张。中日东海争议的焦点集中在"大陆架划界原则及方法"、"钓鱼岛主权之争"、"冲绳海槽在划界中的作用"等方面。本文对东海共识的内容及其法律效果进行了分析，并根据各国的划界实践提出了应对之策。

关键词：东海共识　共同开发　东海油气争端　海洋划界

2004 年 5 月，日本针对我国开发"春晓"油气田发难，致使中日东海油气争端逐步升级。随后双方开始了历时四年 11 次的艰难磋商，2008 年 6 月 18 日中日两国政府公布了《中日关于东海共同开发的谅解》（下称"东海共识"），划定了共同开发区域，并允许日本企业以合资方式参与我春晓油气田开发。毋庸置疑，"东海共识"的达成，是解决中日东海争端的重要突破和阶段性成果，与近年来两国高层为打破中日关系僵局而进行频繁接触与对话、两国关系总体转暖的大背景分不开。但"东海共识"公布后，中日两国均出现了反对声音，尤其是中国国内的舆论反响较大，致使"东海共识"的继续推进和实施出现了阻碍。

一　解读"东海共识"的内容及法律效果

在东海大陆架和专属经济区划界问题上，中日双方的立场和主张存在较大分

---

* 孙伶伶，法学博士，中国社会科学院日本研究所政治研究室助理研究员，研究专业为日本政治，研究方向为法律制度、中日关系中的法律问题。

歧，短时间内难以解决。"东海共识"是中日两国政府之间有关东海存在争议的部分海域的临时性安排，不影响双方各自有关划界的立场和主张。

（一）解读"东海共识"的基本内容

"东海共识"的基本内容包括三点：一是划定双方共同开发区块，在实现划界前的过渡期间，在不损害双方法律立场的情况下进行合作。共识不影响中方在东海的主权权利和管辖权，不影响中方在东海有关问题上的法律立场和主张。二是日方同意依照中国法律参加春晓油气田有关合作，接受中国法律的管辖，承认春晓油气田的主权权利属于中国。三是今后根据情况中日将在其他争议海域划定共同开发区。

从"东海共识"的法律效果看，一是回避了日方所谓的"中间线"，表明中方在东海划界问题上不承认日方的"中间线"主张，中日之间也不存在划定"中间线"的问题，尽管事实上共同开发区跨越了日方所谓"中间线"，包括了"中间线"以西我国享有主权权利的无争议海域，我方对日方做出了巨大让步，这显示了我方解决东海争议、推进共同开发的诚意。二是日本企业以合资方式参与我"春晓"油气田开发，承认中国对"春晓"的主权权利和法律管辖权，与双方政府以共同拥有主权权利为前提的"共同开发"完全不同。但从日本媒体在"东海共识"公布前后的炒作看，它有意地模糊"合作开发"与"共同开发"的区别，在日本国内造成日方在"春晓"油气田上也取得了突破的假象。这反映了日方力图通过未达成划界协议之前采取的临时措施，强调其单方主张"中间线"，造成既成事实，以有利于以后划界谈判时实现其主张，同时分享我已经开发的油气田的经济利益。

（二）中日两国有关东海问题的基本立场与主张

《联合国海洋法公约》（以下简称《公约》）生效后，大陆架和专属经济区制度成为公认的国际海洋法规则，成为各国扩张海域管辖范围的国际法依据。但《公约》有关大陆架和专属经济区的规定不够明确，尤其是在很多具有油气等资源潜力的海域及其海床、底土，成为国家权利主张的"重叠区域"或"争议区域"。据统计，全世界有 420 余处需要划定的海洋边界。迄今，约有 160 个海洋边界得到全部或部分的划定，其余边界尚存争议或有待划定。①

1. 中方主张的大陆架自然延伸原则及公平原则

根据《公约》有关大陆架自然延伸的基本原则，东海大陆架是我国东部陆地

---

① 肖建国：《论国际法上共同开发的概念及特征》，《外交学院学报》2003 年第 2 期。

领土的自然延伸，冲绳海槽是中日大陆架之间的天然分界线，中日不共有大陆架。更重要的是，虽然对海床和底土的权利可以来源于专属经济区制度，但按《公约》第56条的规定，专属经济区中有关海床和底土的权利应按照公约关于大陆架的规定来行使。这意味着，近海底油气活动的法律基础应主要是大陆架制度。1998年《中华人民共和国专属经济区和大陆架法》第2条规定，我国的专属经济区是从领海基线量起延至200海里的区域，大陆架是我国陆地领土的全部自然延伸，扩展到大陆边外缘的海底区域，或在某种条件下扩展到200海里的海底区域。

2. 日方主张等距离原则下的"中间线"

日本充分利用国内立法，提高其有关专属经济区及海域管辖权等海洋权利要求。日本1996年《专属经济区和大陆架法》第1条和第2条规定，日本的专属经济区和大陆架是从其领海基线量起向外延伸至200海里，如果其外部界限超过了"中间线"，"中间线"（或日本与其他国家议定的其他线）将代替该线。2007年4月日本通过了《海洋基本法》和《海洋构筑物安全海域设定法》①，提出制定200海里范围内航运安全措施，在建筑或挖掘设施周围设立半径500米的"安全区"，禁止未经日本方面许可的船舶进入。

3. 大陆架自然延伸原则优先于等距离原则

根据《公约》的规定，沿海国对其大陆架具有初始的、天然的和排他性的权利，即固有权利。这种权利既无须特别的法律程序，亦无须任何特定的法律行为。固有权利的依据在于大陆架构成沿海国陆地领土在海下和向海的自然延伸。

中国和日本的海洋立法各自主张自然延伸和200海里的大陆架区域，但当两国的这种单方面主张在东海导致权利冲突时，中国的自然延伸毋庸置疑地优越于日本的200海里距离。自然延伸标准居于首要地位，距离标准则处于从属地位。尽管《公约》第76条第1款将距离概念引入了大陆架权利基础的范畴中，但该条款仍将自然延伸放在首位，而对距离标准附加了"从测算领海宽度的基线量起到大陆边的外缘的距离不到200海里"的限制条件。

从国际实践看，利比亚—马耳他大陆架案中"自然延伸部分地为离岸距离所定义"的表述同样承认自然延伸的优先地位。1985年几内亚—几内亚比绍

---

① 〔日〕《海洋基本法》，2007年4月27日法律第33号，http：//law. e-gov. go. jp/announce/H19HO033. html；〔日〕《海洋构筑物安全海域设定法》，2007年4月27日法律第34号，http：//law. e-gov. go. jp/announce/H19HO034. html。

海洋划界案仲裁裁决认定，距离标准没有背离自然延伸标准，而只是缩小了它的范围。[1] 1972 年《澳大利亚—印度尼西亚大陆架划界协定》中，帝汶海槽的存在成为双方当事国考虑的最重要的相关情况，这一先例对衡量冲绳海槽的作用提供了极其重要的参考。

国际法理论支持这一论点，认为同自然延伸原则相比，距离标准处于从属地位。[2] 前国际海洋法法庭法官赵理海教授在详尽分析《公约》第 76 条后总结说，该条对 200 海里距离概念和自然延伸原则的规定主次分明，首先肯定了自然延伸原则，只是在特殊情况下才考虑使用所谓"距离标准"。东海大陆架在地形、地貌、沉积特征和地质上都与我国大陆有着连续性，是我国大陆领土在水下的自然延伸。冲绳海槽构成东海大陆架与日本琉球群岛岛架间的天然界线。因为该海槽东西两侧的地质构造性质截然不同，中日之间不存在共有大陆架问题。根据自然延伸原则，我国对直至冲绳海槽的东海大陆架享有不可剥夺的主权权利。

二　关于"东海共识"的争议焦点与法律分析

解决东海争端的方案之一是划定边界。通过协议划定边界是海岸相向或相邻国家间解决权利重叠区域的通常途径，它能提供明确清晰的海上管辖权界线和创造安全的资源开发投资环境，是永久性的解决争议的方法。但划界谈判往往需要耗费相当时日，不可能在短期内达到目的。这对极为复杂的东海划界来说尤其如此。因此，尽管划界是理想的办法，却无助于现实争端的及时、有效解决。方案之二是临时安排。在最终划界之前，有关国家应基于谅解和合作精神，尽一切努力做出实际性的临时安排，这也是《公约》第 74 条和第 83 条的要求。在中日东海多轮磋商中，两国的分歧主要表现在共同开发的范围和对象方面。日本方面强调要将"中间线"两侧，包括中国已经建成即将投产的春晓、天外天、断桥等四个油气田作为共同开发对象。中方则主张在东海北部的日韩共同大陆架以及东海南部的钓鱼群岛周边海域共同开发，但日方拒绝将钓鱼岛海域列为共同开发范围。2008 年 6 月的"东海共识"就是中日双方达成的临时性安排。

---

① See Guinea/Guinea-Bissau Maritime Delimitation Case, Decision of 14 Feb. 1985, paras. pp. 115 – 116.

② See G. R. Feulner, Delimitation of Continental Shelf Jurisdiction between States: the Effect of Physical Irregularities in the Natural Continental Shelf, *Virginia Journal of International Law*, 1976, vol. 17, p. 105.

（一）关于争议海域与共同开发区的划定

争议海域范围的认定，是划定共同开发区的前提。目前我国学界普遍认为，从日方所谓"中间线"向东至冲绳海槽的区域为中日争议海域。而日方则对此存在异议，认为争议海域的西侧为日方主张的 200 海里线，即包括"中间线"以及其以西的海域均属争议区。日方的这一主张明显缺乏法理依据，是根本不成立的。

1. 我方不承认日方主张的"中间线"

在存在海洋权益之争的东海海域，中日双方尚未划界，当然不存在所谓的"既定"边界线。"中间线"只是日本的单方面主张，对中国没有任何法律约束力。国家间海上分界线从来都是协议达成或由第三方解决的，而不能仅仅依照个别国家在其国内法中表现出的意志决定。无视其他国家的法律立场自行决定一条国际海洋边界是违背公认的国际法原则的。中国一贯主张，海岸相向或相邻国家应在国际法的基础上按照公平原则协议划定各自海洋管辖权界限。

2. 冲绳海槽同样也是构成不适用"中间线"的另一个重要的参考因素

国际判例法承认，如果划界区域在地质或地貌上存在一种足以割断有关国家间海床和底土本质地质连续性的、显著的、持久的断裂或间断构造（如海槽、海槽或凹陷），以至于将划界区域分为构成属于两个国家的两个不同大陆架，或两个不同自然延伸的界线时，划界就必须遵循此断裂所显示出的界线。中国对直至冲绳海槽的东海大陆架享有固有的主权权利："中间线"以东至冲绳海槽的权益归属不容否认。"春晓"油气田位于"中间线"以西约五公里的中国一侧，开发该油气田是中国行使自己的主权权利，根本不存在所谓侵犯日本海洋权益的问题。如上所述，"中间线"以东是争议海域，而且中国的权利基础优越于日本的权利基础。在 1972 年大陆架划界协定中，澳大利亚与印度尼西亚两国的边界线划在距离"中间线"更靠近帝汶海槽中轴线的地方，澳大利亚获得争议区域面积的 80%，1989 年《帝汶缺口条约》设立的合作区位于海槽中轴线以北与印度尼西亚 200 海里主张以南的海域。

3. 钓鱼岛问题是中日东海海域划界上的最大障碍之一

对于钓鱼岛，无论从发现、占有，还是从《开罗宣言》、《波茨坦公告》来看，中国对钓鱼岛的主权都是公认的和无可争辩的。日本占据钓鱼岛是其发动侵略战争的结果，不能产生对钓鱼岛的领土主权。战后，美、日之间私相授受中国领土的行为，完全违反国际法，丝毫不能改变中国对钓鱼岛的领土主权。日本对钓鱼岛的占领缺乏合法性基础，通过实际控制并不能得到主权。因此，我国主张的"主权归我、搁置争议、共同开发"是解决钓鱼岛问题的唯一出路。此外，日方还以钓鱼岛作为划界基点。《公约》第121条规定，不能维持人类居住或其本身的经济生活的岩礁，不应有专属经济区或大陆架。钓鱼岛是洋中小岛，长期无人居住，缺乏维持人类生存所需的资源，且其领土主权存在争议。国际上通行的做法是，主权有争议的岛屿在划界时忽略其效力。因此，钓鱼岛的主权无论最终归属如何，除拥有一定范围的领海外，不应享有专属经济区和大陆架。

（二）关于共同开发与合作开发的区别

尽管近年来对共同开发的理论研究和国家实践不断增多，但共同开发在法律上却没有一致的定义。日本学者三友认为，在国际上共同开发的概念不能以一致的方式理解和应用。[①] 以国际法的视角看，共同开发是针对两个国家主张重叠的海洋区域跨越一个油气矿田或矿层的开发。其定义局限于政府间的协议，排除政府与石油公司或私有公司之间的联合企业。在国际法中这是相关国家之间基于政治和经济因素做出的选择和决定，而不是基于强制性的国际法规则。

德国国际法学者雷纳·拉哥尼（Rainer Lagoni）认为共同开发是主权国家间的合作方式，"是一种以国家间建立协议为基础的国际法概念"，从而排除了合同型的合作，如特许权持有者之间对跨越合同区分界线的矿区联合经营的协议。他进一步指出共同开发的概念是指国家之间就勘探和开发跨越国家边界或处于主张重叠区域的"非生物资源"的某些矿床、矿田或矿体所进行的合作。[②] 肖建国从法律和功能性两种角度对"共同开发"进行了狭义定义，即"它是指主权国家基于协议，就跨越彼此间海洋边界线或位于争议海区的共同矿藏，以某种合作形式进行勘探或开发的活动"[③]。共同开发是两个或两个以上国家对同一海域的权属有争议，基于国家间协议而共同行使主体权利和管辖权。因此，争议海域是共同开发这一法律概念产生的客观基础条件。

---

① Miyoshi, M., "The basic concept of joint development of hydrocarbon resources on the continental shelf", *International Journal of Estuarine and Coastal Law*, 1988, 3, pp. 1 – 18.

② Rainer Lagoni, "Oil and gas deposits across national frontiers", *American Journal of International Law*, 73 (2), 1999, p. 215.

③ 肖建国：《论国际法上共同开发的概念及特征》，《外交学院学报》2003年第2期，第58页。

"共同开发"在原则上是政治概念，而"合作开发"（或称为"联合开发"）在性质上是商业性概念，多是针对已经划界、主权权利归属明确的海域。合作开发不仅限于两国，也可是多国之间。合作开发的内容有海底油气资源，也可以对生物资源采用合作开发的形式，其具体内容远比共同开发要广泛。

三 关于共同开发的国际惯例与国际化实践

共同开发有争议海域的自然资源的概念在 20 世纪 60 年代开始出现并被接受，且不断为学术界、国家实践以及国际司法判例所实践和补充。但目前对此并未形成公认的国际法原则，在具体实践中仍由各当事国根据实际情况商定。

（一）关于共同开发的国际法理依据

《公约》第 83 条第 3 款规定：在达成第 1 款规定的协议以前，有关各国应基于"谅解和合作"的精神，"尽一切努力"做出"实际性的临时安排"，并在此"过渡期间"内，不危害或阻碍最后协议的达成，这种安排不妨害"最后界线"的划定。[①] 这是公约中有关共同开发等临时安排制度的原则性表述。这种临时安排不触及划界本身或是以划界为基础的主权纷争问题，不妨害最后界线的划定，并不会取得任何权利。[②]

共同开发是当事各国在主权的部分妥协基础上做出的一种临时性安排。在已划定边界线的区域进行的共同开发并不改变已划定界线区域的归属和法律地位；在有划界争议地区进行的共同开发，也不必然对争议各方对这一地区的权利主张产生法律上的影响。因此，共同开发作为解决资源开发问题的一种临时安排，在存在划界争议时，也不影响各国原来主张的主权范围，不妨碍最后边界的划定。它可以与最后的划界问题分开进行，作为划界的替代物，也可以与划界问题同时解决，作为划界的一种辅助手段。

共同开发的实质是要求各国放弃主权争议，共同行使对争议海域中资源的主权权利，即当事国通过签订共同开发协定的方式，将原本无法确定权属的争议海

---

① Article 83, Para. 3 of the 1982 UNLOS Convention.

② Rainer Lagoni, "Interim measures pending maritime delimitation agreements", *American Journal of International Law*, 78 (2), 1984, pp. 358 – 360.

域中特定区域的资源主权权利进行共同处分。

这种"共同权利"从无到有的产生就是当事国相互承认的结果。使这一"承认"发生法律效力的途径就是共同开发协议的签订。"共同开发制度之采用与相关细节之安排,在本质上是对国家主权之挑战;因此必须由当事国以谈判方式达成协议,而非任何一方得以片面决定,也非国际法庭在没有当事国同意或授权的情形下径行裁决者。"① 这在本质上是一种国家处分权利的行为,通过签订国际协定的方式做出处分,实际上是当事国在该区域内对对方主权主张的尊重和共享资源主权权利的承认,并且允诺不以共同开发行为作为驳斥对方主权主张的依据。

具体界定共同开发海域的范围,使得这种让步又具有很强的地域性。共同开发海域划定的位置和面积直接影响到当事国在协定中的利益平衡。由于日方单方面主张的所谓"中间线"附近发现了储量丰富的油气资源,双方争议的焦点集中在争议区中靠近中国的一侧,中国处于相对不利的地位。

(二) 关于共同开发的国际化实践

最早的共同开发实践是 1958 年有关在波斯湾划界的《巴林与沙特阿拉伯协定》②,该协定同时解决了海洋划界和跨界资源的共同开发问题。

1962 年,荷兰和联邦德国签订《1962 年关于 1960 年埃姆斯—朵拉条约的补充协定》③。该补充协定保留了未解决的边界问题,而规定双方在一块明确划定的区域内共同勘探开发和"平等分享开发出的石油和天然气"④。上述协定于国际法院 1969 年"北海大陆架一案"判决中被援引,因而开辟了广泛适用共同开发的途径。

1989 年 12 月 11 日,印度尼西亚和澳大利亚签订关于在两国间多年存在争议的帝汶海域建立合作区域的"帝汶缺口条约"⑤,分 ABC 三区,在 A 区即双方共同控制区域均分所获利益。

从国际实践看,在最终划界之前采取某种临时性安排是可行的,通过搁置争议、共同开发,可以达到缓和国家间关系、促进地区稳定与安全的目的。从全球

---

① 俞宽赐:《主权争议地区共同开发之法理问题》,香港岭南亚洲太平洋研究中心,1995 年 4 月。

② Bahrain-Saudi Arabia Agreement, UN Doc. ST/LEG/SER. B/16, 409.

③ The Supplementary Agreement of 1962 to the Ems-Dollard Treaty, UN Doc. ST/LEG/SER. B/15, 755.

④ Rainer Lagoni, "Oil and gas deposits across national frontiers", *American Journal of International Law*, 73 (2), 1979, 215–243.

⑤ Timor Gap Treaty, International Legal Materials-ILM, 1990.

现有 20 余个争议海域共同开发案例看，情况有很大差异，有的是建立在整个争议海域范围内的共同开发区域，有的则把争议海域分割成若干小型共同开发区域。争议海域的存在是争议方搁置争议、共同开发的可能条件，而争议方对争议海域推进共同开发的基本共识则是实现共同开发的必要的政治条件。

四 中日在东海合作的前景与展望

在研究海洋划界原则时，可以看到并无任何单一原则可以适用于所有情况。每一具体的划定海域均有其需要考量的自身独特性。国际司法的判决案例也始终无固定的法律规则和先例可遵循。海洋划界并不是解决问题的有效手段。关于"边界"这个概念，可能逐渐被更现代化的、动态的和多面向的"联合开发区"或"联合管理区"概念所取代。[①] 共同开发区，其最大的优点在于降低当事方之冲突可能，亦可消除双方对争议区域内资源的竞争，让竞争各方在可以接受的机制下，利用争议地区的经济资源，并避开附随于划界的政治主权的棘手问题。

（一）日本的海洋战略与东海行动

日本在中日东海争端中有明确的海洋战略目标与意图。日方始终坚持寸土必争、寸海必争的原则和立场，在涉及国家主权、海上疆界、海洋资源等重大原则性问题时绝不让步，其政策是一贯和连续的，其立场是坚定明确的，即坚持"中间线"，坚持对钓鱼岛的实际控制。

日本在东海的具体行动中：

（1）采取了官产学联手、官民一体的机制，在敏感问题上经常采取民间在前主打、政府在后撑腰的方式。日本充分发挥民间的主动性，利用民间力量进行活动，尤其在一些可能引发国际争议和冲突的海洋开发、岛屿主权等问题上。如日本政府批准帝国石油公司"中间线"日方一侧开采；1996 年允许日本右翼团体"日本青年社"在钓鱼群岛的北小岛上设立灯塔，其目的是使灯塔列入海图，诱使国际社会承认钓鱼岛是日本领土；2002 年，日本政府又宣布将钓鱼岛上的灯塔收归国有；等等。

（2）先发制人，抢夺话语权，舆论媒体配合官方进行宣传造势，营造出有

---

① 姜皇池：《国际海洋法》，台北：学林出版社，2004。

利于本国的先机和氛围，强调日本的单方主张。对"中间线"不遗余力的强化，对我东海油气田数次发难，如日本对我油气田命名"白桦"（中文名"春晓"）、"樫"（中文名"天外天"）、"楠"（中文名"断桥"）、"翌桧"（中文名"龙井"）四个油气田。

（3）目的是以岛甚至岩礁为基圈海，如钓鱼岛、冲之鸟岛，并取得国际法上的效果。如对钓鱼岛强化实际控制，以达到通过时效取得的目的；对冲之鸟岛架设人工设施，宣布这一岩礁拥有200海里大陆架和专属经济区，并采取行政管理措施，以达到实效占有的目的。

可以推测，如果中日共同开发行动进展不畅，日本政府有可能通过帝国石油公司等在所谓"中间线"日方一侧进行开采，以对抗我开采油气田的行动，对此可能发生的状况中国应有预案。根据"对抗升级"原则，中方应针对日方行动、军力等情况采取对等手段。

（二）中日东海共同开发具有复杂性和敏感性

东海问题涉及钓鱼岛主权归属、中日历史遗留问题、民族感情与情绪等多种复杂因素，因此在处理中必须非常慎重。争议海域共同开发本质上是一项暂时让渡部分主权和海域管辖权的办法，因而对中日两国而言，具有政治上的敏感性。日本在钓鱼岛问题上不愿同中方"搁置争议、共同开发"的立场，也是解决东海问题屡屡受挫的症结所在。东海划界与钓鱼群岛问题，不仅是政治外交问题，还因中日历史的特殊性可能引发国内民众的对日不满情绪。"东海共识"公布之后，国内民众尤其是网民的反对声音较大，致使中日东海共同开发难以继续推进。

共同开发只是手段，而非目的，在条件和时机不成熟时，不妨"搁置争议"，但在领土主权问题上中国绝不能轻易让步。从法理上分析，确定某一区域为共同开发海域实际上是当事国对该区域内资源主权权利的一种处分。为了追求共同开发中自己利益的最大化，中日双方在该问题上存在矛盾是不可避免的，但是日本提出要将其单方面主张的所谓"中间线"两侧的油气田列为共同开发区域的主张缺乏国际海洋法的依据。

存在领土主权或主权权利和管辖权要求重叠的区域，由于存在划界争议的区域自然资源蕴藏丰富，边界争议更为复杂和难以解决，一般采用有层次的、递进的方式设立共同开发区。原则上，最先选择不具有敏感性的区域，如避免跨越日本单方主张的"中间线"等，选定其东侧双方均能接受的海域进行实验性共同

开发，更有助于下一步的顺利推进。选择其他争议海域作为共同开发区，其一就是存在主权争议的钓鱼岛海域，其二是在中方主张与日本主张重叠的靠近日方的区域，即在日本提出的所谓"中间线"与我主张的冲绳海槽之间中日争议海域或双方同意的其他海域共同开发。

（三）参考国际实践，实施东海共同开发

共同开发涉及复杂的法律手续和程序。东海共同开发的实施可参照《帝汶缺口条约》和1995年英国与阿根廷《关于在西南大西洋合作进行近海活动的联合声明》的模式。双方可将冲绳海槽中轴线与距离日本海岸200海里线之间的区域划为合作区。该区进一步分为A、B、C三个小区。中日两国"中间线"与距离中国海岸200海里线或"中间线"以东一定深度的等深线之间的区域为A区，它是真正意义的共同开发区。A区的西面是B区，位于"中间线"与日本200海里线之间。C区位于中国200海里线或"中间线"以东一定深度的等深线至冲绳海槽中轴线之间。每个小区适用不同的管理与石油勘探开发制度。在A区，石油勘探开发活动由两国共同管理，适用统一的石油开采规章、开发方式（如产品分成合同或租让合同）和税收政策，并平均分享开发收益。B区和C区分别由中国和日本管理，执行各自的石油开采、管理制度；双方应就自己管理区域有关石油合同的订立、批准、期限、中止或延长等事项通告对方，并应将其石油收益的一定比例分成给对方，如10%或20%。

争议海域的共同开发是一种特殊的经济合作方式，是争议双方协议确定争议海域，并同意在这一争议海域针对海底特定的非生物资源如石油、天然气等进行共同开发。根据国际实践，首先，争议双方要通过建立国家间条约或协定，确认争议海域，圈定共同开发区。其次，在这一协定的规范下，争议双方需要协调各自国内相关法律法规，比如共同开发区的法律适用性问题。此外还需确定一系列双方一致接受的、关于成本分摊比例和利益分享比例等方面的条款。再次，发放许可证，授权公司进入共同开发区实施油气勘探。由此可见，最终实现中日东海共同开发的道路仍然漫长而艰难。我们在主张大陆架自然延伸原则的同时，也应考虑国际法的发展，以及对方的立场和接受程度。

因此，中日双方应完善有关共同开发的立法，为共同开发创造一个良好的法律环境。共同开发行为的法律效力源自开发各方达成的共同开发协定，是以国际条约的形式确立某一特定区域作为共同开发的对象的法律地位，并规定和调整有

关当事方在共同开发活动及相关事项中的权利义务关系。在具体操作层面，共同开发是多国间的合作行为，可能涉及主权问题，因此受有关各国的法律规则规范的约束，与相关国家的国内法有着密切的联系，此外还需要熟悉有关国际法特别是国际条约法的相关内容。共同开发在双方股权和收益的界定上一定要坚持我方的权利主张和立场，不得损害我主权权益。

参考文献

余民才：《中日东海油气争端的国际法分析——兼论解决争端的可能方案》，《法商研究》2005年第1期。

肖建国：《论国际法上共同开发的概念及特征》，《外交学院学报》2003年第2期。

俞宽赐：《主权争议地区共同开发之法理问题》，香港岭南亚洲太平洋研究中心，1995年4月。

《联合国海洋法公约》，UNLOS Convention，1982。

〔日〕《海洋基本法》，2007年4月27日法律第33号。

〔日〕《海洋构筑物安全海域设定法》，2007年4月27日法律第34号。

Rainer Lagoni：Interim Measures Pending Maritime Delimitation Agreements. *American Journal of International Law*，78（2），1984.

Bahrain-Saudi Arabia Agreement，UN Doc. ST/LEG/SER. B/16.

The Supplementary Agreement of 1962 to the Ems-Dollard Treaty，UN Doc. ST/LEG/SER. B/15.

Rainer Lagoni：Oil and Gas Deposits across National Frontiers. *American Journal of International*，73（2），1979.

中日東中国海ガス田の共同
開発と国際的な慣行

孫伶伶

　要　旨：2008年6月、中日両国政府は東中国海ガス田の共同開発について原則的な合意に達した。東中国海の石油ガス開発紛争の画期的な一歩が踏み出すことになった。共同開発は、海域境界が画定されない間に暫定的な取り決めとして、国際的な慣行によって紛争解決の主要な方法であって、中国の法律上の主張が影響しないことである。中日東中国海の紛争は、「大陸棚を画定する原則と方法」、「釣魚島の主権をめぐる論争」及び「海域境界画定で沖縄トラフの役割」などに焦点を当てている。本論文では、中日東中国海共同開発合意の内容とその法的効果に分析して、各国の境界画定の慣行に従い対策を提案した。

キーワード：東中国海共同開発合意　東中国海石油ガス紛争　海域境界画

附：

中日就东海问题达成原则共识

新华社北京 6 月 18 日电　外交部发言人姜瑜 18 日宣布，中日双方通过平等协商，就东海问题达成原则共识。

一　关于中日在东海的合作

为使中日之间尚未划界的东海成为和平、合作、友好之海，中日双方根据2007 年 4 月中日两国领导人达成的共识以及 2007 年 12 月中日两国领导人达成的新共识，经过认真磋商，一致同意在实现划界前的过渡期间，在不损害双方法律立场的情况下进行合作。为此，双方迈出了第一步，今后将继续进行磋商。

二　中日关于东海共同开发的谅解

作为中日在东海共同开发的第一步，双方将推进以下步骤：

（一）由以下各坐标点顺序连线围成的区域为双方共同开发区块（附示意图）：

1. 北纬 29°31′，东经 125°53′30″

2. 北纬 29°49′，东经 125°53′30″

3. 北纬 30°04′，东经 126°03′45″

4. 北纬 30°00′，东经 126°10′23″

5. 北纬 30°00′，东经 126°20′00″

6. 北纬 29°55′，东经 126°26′00″

7. 北纬 29°31′，东经 126°26′00″

（二）双方经过联合勘探，本着互惠原则，在上述区块中选择双方一致同意的地点进行共同开发。具体事宜双方通过协商确定。

（三）双方将努力为实施上述开发履行各自的国内手续，尽快达成必要的双边协议。

（四）双方同意，为尽早实现在东海其他海域的共同开发继续磋商。

三　关于日本法人依照中国法律
参加春晓油气田开发的谅解

中国企业欢迎日本法人按照中国对外合作开采海洋石油资源的有关法律，参与对春晓现有油气田的开发。

中日两国政府对此予以确认，并努力就进行必要的换文达成一致，尽早缔结。双方为此履行必要的国内手续。

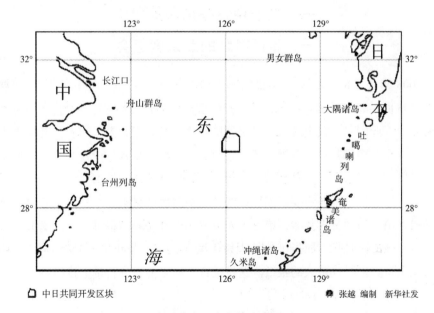

中日共同开发区块示意图

（原载 2008 年 6 月 19 日《人民日报》第 4 版）

日本新闻媒体的中国论

——以《读卖新闻》北京奥运会述评为例

金　赢[*]

摘　要： 2008年北京奥运会是21世纪以来国际社会的一个重要事件，作为邻国和迄今为止东亚最老牌也最为强盛的现代化国家，日本对奥运中国给予了极大关注。本文对日本《读卖新闻》2008年7～8月的北京奥运会述评进行了整理，并结合其他媒体及相关的奥运历史政治文脉，对当下日本社会中国论的一些主流视角、观点和情绪进行了粗略的分析。

关键词： 北京奥运会　《读卖新闻》　日本新闻媒体　日本的中国论

一　不同寻常的北京奥运会

2008年8月8～24日，第29届奥林匹克运动会（简称奥运会）在北京召开。来自世界205个国家及地区的约1.6万名运动员及工作人员参会，创历史最高纪录。与此同时，报道人员数量也达历届之首，有近3万名注册记者与非注册记者在北京及中国其他地方展开奥运报道，日本各大报社、电视台等新闻媒体也跻身其中。①

总体来看，日本各主要新闻媒体的奥运报道团队呈现三个特点：第一，准备时间长；第二，动员人数多；第三，人员范围广。先看准备时间。以读卖新闻集团为例，该集团是日本屈指可数的大媒体集团之一，旗下的《读卖新闻》是日本乃至全世界发行量最大的报纸。这份报纸之所以能在发行量上拔得头筹，很大

---

* 金赢，法学博士，中国社会科学院日本研究所社会文化研究室助理研究员，研究专业为日本社会，研究方向为媒体社会学、文化研究。

① 有关2008年北京奥运会记者人数，见新华社2008年7月29日报道，http://www.bj.xinhua.com/bjpd_ 2008/2008 - 07/30/content_ 13975282. htm。

的一个原因在于同大众商业体育运动的密切关系。① 2008 年北京奥运会，读卖新闻集团是日本奥林匹克委员会的官方合作伙伴，奥运村的日本营地有其专用展台。奥运会闭幕后，该报东京本社体育部副部长松本浩行撰文称，读卖新闻社对北京奥运会的报道准备工作整整跨时十年。据松本回忆，在摸清 1998 年申办奥运会的"真意"后，他本人就一路对此进行追踪采访。②

接下来看动员人数。为报道北京奥运会，读卖新闻社派出由体育部、国际部（包括驻中国总局）、社会部、摄影部、英文报纸部为骨干，媒体战略局编辑部（负责网络新闻）、技术员、助手为辅佐的 80 人规模的采访部队。与 2004 年雅典奥运会相比，人数整整多出一倍。此外，由于读卖新闻社是日本奥委会的官方合作伙伴，报社本部也派出奥运事务局局长以下的职员飞抵北京，组成了一支"空前绝后的大部队"。朝日新闻社的报道队伍有 50 位记者，人数为东京奥运会之外历次最多。至于其他媒体，由于相关数字不详，无法——罗列，但从日本新闻战素来白热化的业内规则推断，其他媒体的报道团队规模也应达到与上述两家相近的水平。

再看人员范围。从此次日本各新闻媒体报道团队的组织状况看，北京奥运会的报道主力不单单是或不再是体育部记者，而是代之以常驻中国记者，或干脆是各媒体东京本社的国际部、总编室等更为核心的新闻力量。以产经新闻社为例，该报社在 2008 年 3 月成立了以总编兼国际部部长鸟海美朗为组长的奥运报道准备小组。在鸟海之外，小组另有两位主力，一是该报现任中国总局局长伊藤正，另一位是现任驻华盛顿特派记者古森义久。朝日新闻社的报道团队负责人同样是东京本社的总编助理佐藤吉雄。而读卖新闻社 80 人报道团队的内部组织形态也相差不多，即由中国总局长任负责人，接下来是几位中国总局记者，至于体育部记者，则排在末席。以这种组织结构报道奥运会，按上文提到的该报体育部副部长松本浩行的话说："是从未有过的经验，感到很困惑。"③

---

① 日本久负盛名的棒球队巨人队就在读卖新闻集团旗下。读卖新闻集团总裁渡边恒雄亲任巨人队老板，被称为日本棒球界掌门人。

② 〔日〕松本浩行：《准备了十年的北京奥运采访》，《新闻研究》2008 年 11 号，第 10 页。据松本回忆，1998 年 8 月初，为配合曼谷亚运会的大型连载报道，他被派往北京，采访了时任中国国家体委主任的伍绍祖。在会见中，伍绍祖表示不管中国哪个城市有意再次申奥，国家体委都会予以支持。会见后第二天，《中国体育报》头版头条刊登伍绍祖会见日本记者的消息。松本称，据此摸清了北京的"真意"。

③ 〔日〕伊藤正：《特殊国家的特殊大会 两位编委的分析》，《新闻研究》2008 年第 11 期，二人的北京奥运分析篇目名称见附录一。

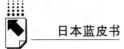

松本的困惑，恰恰体现出日本新闻媒体对 2008 年北京奥运会不同寻常的认识与反应。日本新闻媒体对北京奥运会不同寻常的认识，可主要归纳为两点：第一，北京奥运会不是一次普普通通的奥运会，所以不能按照普普通通的运动会去报道；第二，北京奥运会不是一次表里如一的奥运会，所以不能按照光鲜亮丽的表象去报道。这两点认识决定了其后各主要媒体无论左右、近乎划一的报道基调，即北京奥运会是一次在中国共产党一党体制下，靠粉饰的手段进行的一场带有明确大国意识的政治秀。在这种"政治高于体育"的编辑方针指导下，日本媒体的奥运报道、中国报道，其价值取向明显倾向于所谓的"特殊论"、"真相论"，在报道视角上出现了几个偏重，即中国重于奥运、边疆重于北京、分裂重于和谐、落后重于发展。以下以《读卖新闻》为案例，对日本新闻媒体的中国论进行分析。

二　中国论的论调：对《读卖新闻》的内容分析

作为日本奥委会官方合作伙伴，读卖新闻社对北京奥运会的报道给予了很大的版面。在 8 月 8~24 日的 17 天会期中，除早晚报均设奥运专版外，一版及社会版等版面也分别从选手话题和竞技热点等角度予以报道。这一部分的报道，应该说属于奥运赛事的常规性报道。

但本文所要着重分析的并不是这些常规内容，而是上述北京奥运会的不同寻常之处。为验证上文所总结的"政治高于体育"的编辑方针及相应的报道偏重，以下将结合 2008 年 7 月 1 日至 8 月 31 日两个月《读卖新闻》所刊登的北京奥运会述评进行分析验证。此处所谓的述评，主要指包括社论在内的评论及专题连载。因为这些内容较之一般的时事或赛事报道，倾向更为清楚，意识更为明确，便于理解其中国论中的代表性视角和论调。

在进入具体的内容分析之前，还有一个细节值得一提。根据松本浩行的描述，在"3·14"西藏骚乱事件和奥运火炬传递活动受阻之后，读卖新闻社内部形成了一种北京奥运会不可预测的判断。按原定计划，该报准备在奥运期间聘请各路名人撰写专栏，但由于这种"不知会出现什么意外"的判断，为灵活应对"突发事件"，所以取消了原定约稿，改由编辑委员和记者撰写专栏。①

在资料搜集过程中，笔者结合使用读卖新闻电子检索数据库和读卖新闻东京

---

① 〔日〕伊藤正：《特殊国家的特殊大会　两位编委的分析》，《新闻研究》2008 年第 11 期。

版报纸，以对北京奥运会的直接评述或与其他奥运会的比较述评为对象标准，整理出以下结果：评论类有相关社论三篇、编辑笔记七篇、读卖短评三篇，专题连载类有"中国疾走"五篇、"祭典之地"五篇、"北京2008：来自地方的报道"五篇、"万花筒"九篇、"见闻录"十二篇。

（一）评论类

1. 社论

三篇社论，版面为早报三版，登载时间为8月7日、8月8日和8月25日，字数分别为923字、1759字和914字。

8月7日题目为《饺子中毒事件　还是在中国掺的毒》。以一个最新信息为论据，评论"中国的强辩正在崩溃"。社论称，在7月北海道洞爷湖峰会前，中国通过外交渠道向日方透露，在日本出现中毒事件后，中国也出现了因食用同批产品的同类中毒事件。社论联系事件后蔓延日本全国的"对中国食品的不安"评论道："如果中国一开始就承认过失，认错并诚实应对，就不会出现这么强烈的不信任感吧。"最后社论称，今后事件真相将越发明了，也许日方详尽的成分鉴定数据能对中方的调查工作有所帮助。

8月8日题目为《奥运开幕　世界注视中国》。内容大体是：首先在开篇处介绍此次是继东京、汉城之后，在亚洲举办的第三次奥运会，称这次有多国选手参加的北京奥运会，对中国来说是一次赌上国家威信的国际活动，中国具有明确的意图，即向国内外展示30年改革开放成果，展示本国在国际社会中的地位。其下分三个小节进行点评：第一节小标题为《空前戒严下的盛典》。列举西藏骚乱、圣火传递、云南及新疆的恐怖事件、中国国内矛盾、动员大量治安力量等状况，称"虽说是无奈之举，但确实酝酿出异样的感觉"。第二节小标题为《请保障报道自由》。称在新闻自由、人权、食品安全、空气污染等问题的阴影下，日本国内外选手期望能在安全、和平的气氛中开完奥运会。第三节小标题为《加油日本》，主要为日本队鼓劲。最后，该社论特别提到了中国观众的礼仪。讲到日本对2004年亚洲杯足球赛中国观众的嘘声记忆犹新，称国际社会期待中国在观赛上也要秉承公平精神。

8月25日题目为《奥运后的中国　庆典结束，考验开始》。正如其题目所示，全论分为两部分：一是对北京奥运会的总结定性，二是对后奥运时代中国的担忧。总结定性部分称，奥运会平安结束，中国斩获最多金牌，爱国心和民族主

义高涨。但是这些表象之后，是对少数民族、对人权和言论的控制。奥运会开幕式的表演充满了在高层指示下的不实行为，表明了北京利用这次奥运会的政治考虑。

2. 编辑笔记①

七篇编辑笔记，版面为早报一版下方，登载时间为 7 月 13 日、7 月 20 日、8 月 4 日、8 月 9 日、8 月 11 日、8 月 17 日、8 月 25 日，每篇字数在 500 字左右。

7 月 13 日题目为《奥林匹克与五轮》。谈到日语中奥林匹克运动会的代名词"五轮"的来历，称是二战前柏林奥运会时读卖新闻体育部记者川本信正的妙思。但遗憾的是，这个巧妙的表述，在中国却没有得到广泛应用。中国使用"奥运会"作为表述方式，从"奥"字的字义看，好像大会是在"拥挤的、不容易接近的地方举行"。笔记最后称，虽有奥运会，但今夏各旅行社的中国旅行却并不火热。

7 月 20 日题目为《火炬接力最后冲刺》。谈到圣火传递的中文表述，该报道称此次奥运圣火传递几次因警备原因熄火，令人吃惊，在中国境内的传递也是戒备森严。沈阳特派员发来的消息称，普通市民被禁止在线路之外，另行组织两万名声援观众。在戒严态势下，火炬接力进入最后冲刺阶段。

8 月 4 日题目为《圣火台的点火》。这篇在北京奥运会正式开幕前三天写作的编辑手记，开篇即回忆了 1964 年东京奥运会令人心动的点火场面，称"晴朗的天空和微风是超出人类智慧的最高手笔"。北京的点火应该令人惊叹与期待，但奇巧的点火也难免有过分之嫌。最后编辑也承认自己的这种想法可能是偏心眼。

8 月 9 日题目为《北京奥运会与奇怪的"名酒"》。该文先以小酒馆里三种令人不同程度醺醉和清醒的名酒为话题，引出北京奥运会这一体育观战之"美酒"。然后笔锋一转，转到两位日本记者采访新疆袭警事件遭遇中国警察"暴行"一事上，称在开幕式的华丽下，在赛事的悲喜下，很容易想象出北京奥运会这一奇怪的名酒中所带有的味道。

8 月 11 日题目为《鸟巢与中国人心的变化》。此篇先讲北京奥运会的代表建筑鸟巢由瑞士设计师设计。有关鸟巢建设过程的纪录片眼下也正在涩谷放映。一方面，中国把最能显示国威的国家体育场交给外国人设计，另一方面瑞士的建筑

---

① 编辑手记，相对社论，话题和论调都更为生活化，接近于随笔杂谈。据 2008 年 8 月 28 日该报读者中心介绍，编辑手记出自东京本社编委竹内政明之手，竹内 1955 年出生于横滨市，在读卖新闻社经济部工作多年。

家也在汲取中国传统建筑的美感。国际上有意见说这是支持异端国家，但设计顾问之一艾未未讲，奥运会将是展示中国人怎样盼望自由与民主的最大机会。超出当局预想的人心的变化，也许就蕴涵在奥运会中。

8月17日题目为《成为中运会的北京奥运会》。此篇从奥林匹克在中文中的表记方法讲起，提到了一个并不常见但曾经有过的表记：欧林匹克。这种表记也可以理解为欧洲的运动员林立，相互竞争。过去奥运会的主角确实是欧美或前苏联圈的选手。可这一次不同，赛事过半，中国的金牌数已超过美国稳居第一，这一次奥运会可以称为"中运会"了吧。日本队虽然健斗，但奖牌数差很大距离。说不难受是撒谎，但有亚洲的国家活跃，奥运会不再是欧运会，也可以高兴吧。

8月25日题目为《北京奥运与水芹花的终景》。水芹花是日本春天的七草之一，夏末凋败，随水芹花同时预示夏天结束的，还有北京奥运会的结束。文中感叹道，北京中国国家体育场内的"过度导演"，令人感到管理社会的窒息；格鲁吉亚的枪炮声和并未停止的恐怖活动，令人感到和平的虚幻。文中最后对日本体育代表队后继乏人的现状表示了担忧。

3. 读卖短评①

三篇读卖短评，版面为晚报一版下方，登载时间为8月1日、8月6日、8月15日，每篇字数在400字左右。

8月1日题为《奥运还剩一周时间　祈祝成功》。文中讲道，北京奥运会还有一周就要开了，是继东京、汉城之后在亚洲举办的第三次奥运会。回想当年东京奥运会，那股热气还历历在目。中国对北京奥运会的期待可想而知。虽然面临"恐怖、大气污染、食品安全"，但仍然期待北京奥运会获得成功。据游泳选手北岛康介说，他住过那么多奥运村，北京的饭菜最好吃，令人感动。体育选手的这种积极乐观的想法最重要。上次雅典奥运会日本有大收获，这次可能很难超越，但即使这样，我们也用积极乐观的态度期待吧！

8月6日题目为《中国的恐怖活动与警察的粗暴》。主要话题是新疆恐怖分子袭警事件。报道称奥运会安全很令人担心，但是，中国武警也很粗暴，日本电视台和东京新闻记者被拘捕，实在是过分。《诸君》9月号的特辑《北京奥运会虚饰的祭典》提到中国警察的粗暴，期待对恐怖主义进行严重的抑制，但反对中国当局对报道的过度规制和弹压。

---

① 读卖短评，每天登载于晚报一版下方。相对早报评论，论调更为轻松。

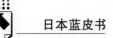

8月15日题为《奥运之思　战争与和平的历史》。当天是日本战败纪念日，文中称奥运呼唤和平，但自现代奥运会恢复以来，第一次世界大战、第二次世界大战时都因战事中止。古代雅典奥运会近400年没有中止，虽然现代奥运继承古代精神，但现实中未能实现理想。今天是日本第二次世界大战战败63周年，今年的今天，日本在收获奖牌的兴奋中度过。今天举办奥运会的中国在63年前是战场。谁能想到有今日？在绚烂的奥运的日子里更让人思考战争与和平的历史。虽然感到和平与奥运的幸福，但就在此次奥运会开幕的当天发生了俄格冲突，新疆也在之前出现了恐怖事件。同一个世界，同一个梦想，是幻想吧？

（二）专题连载类

1. 中国疾走·奥运倒计时

五篇中国疾走·奥运倒计时，版面为早报一版，登载时间为7月11日、7月12日、7月16日、7月17日和7月18日，每篇字数在2800字左右。该专题署名为北京奥运采访组，构成人员包括北京支局河田卓司、杉山佑之、牧野田亨、寺村晓人、竹内诚一郎，上海支局加藤隆则，香港支局吉田健一，洛杉矶支局饭田达人，国际部比嘉清太，社会部小岛刚、梅村雅裕，大阪社会部铃木隆弘，摄影部安川纯、田村充，大阪摄影部大久保忠司。

7月11日题目为《英雄宣传的大众游戏》。报道地震英雄与共产党的宣传。配照片一张，为7月3日北京奥运会场附近的地对空导弹发射台。照片说明为"距离开幕仅剩一个月，首都处于戒严状态"。具体内容是：在地震英雄与奥运宣传结合起来的中共宣传方针下，13亿中国人被卷入一场"中国加油"的大众游戏中。北京奥运会是中共导演的、为了国家利益的祭典，这一祭典将在8月8日达到高潮。

7月12日题目为《爱国心在网络井喷》。报道网络愤青、中国的言论管制和民族主义。配照片两张，一为7月6日甘肃兰州等待圣火到来的年轻人，一为7月7日兰州圣火传递线路两旁手持国旗、呼喊中国加油的民众，其中警察在费力抵挡人潮。另配图表一幅，为近年来中国网民数量及普及率变化。报道的前半为中国网民的"过激中华民族主义"，后半为中国为让奥运平安召开，严格控制一部分"愤青"。该文对愤青的定义是，在中国爱国主义教育下的爱国青年。讲到一个姓孙（音）的反日愤青，说在"中日关系良好的当下，孙不但受冷落，而且还被监视"。最后提到中国言论自由。文中采访了一些民主派人士。

7月16日题目为《强权统治，百姓埋单》。报道受到影响的运输业者、农民工、上诉者，中国的环境污染，强权统治。配图两张，一为7月11日北京高速公路入口接受警察检查的车辆，一为7月5日北京西站回乡民工。另配图表一幅，为中国近年来的群体事件。报道内容前半为北京绿色奥运所采取的一些管理措施，给业界和人民生活带来的不便影响，后半提到北京遣返民工和上访人员。

7月17日题目为《三个敌人　戒严庆典》。配图两张，一为7月9日在西藏拉萨巡逻的士兵，一为6月29日在北京地铁站接受行李检查的女性。报道前半是北京安全戒备措施。三个敌人是西藏、新疆还有群体事件。后半除介绍奥运安保工作的艰巨外，着重于中国的群体事件。在群体事件中又提到2005年"反日游行"及中国公安曾向日本热心取经。最后称中国与日本体制不同，西藏骚乱的处理方式引发国际对北京的批评，世界关注着北京的一举一动。

7月18日题目为《泡沫提前显现阴影》。报道中国经济泡沫的破裂和外资企业的中国风险。配图两张，一为7月10日北京市内一家倒闭的房产中介，一为7月12日北京市内为奥运赞助商腾出的广告牌。报道前半为日本旅游业中国观光业务受影响，客源巨降，称日本游客有"食品、环境、治安等方面的不安"，又讲到中国房地产市场和股市的冷清。后半讲外企在中国特殊商务环境中的风险，包括对官员的腐败、赈灾时的外企表现的批评，对火炬传递广告商的违约以及奥运赞助商决定过程中的不规范。最后称"北京奥运会使中国风险再次浮现。经济好、市场扩大时外企还可以忍受，一旦经济减速，企业就该品尝苦果了"。

2. 祭典之地

五篇祭典之地，版面为早报社会版，登载时间为7月17日、7月18日、7月19日、7月20日和7月22日，每篇字数在1500字左右。作者为东京本社社会部小岛刚、梅村雅裕及大阪社会部铃木隆弘。

7月17日主标题为《与中国打交道30年　仍然落标》，副标题为"变得一切只认钱"。报道了曾与中国体育界有密切交往的日本著名运动服厂商水野公司，参与奥运会中国队运动服竞标失败，并进驻三里屯，面向中国大众的经营战略。该报道的主人公、水野公司专务上治丈太郎说，中国有句古话：吃水不忘掘井人，但现在的中国却变得一切只认钱。

7月18日主标题为《食品安全　用自己的眼睛和舌头确认》，副标题为"引以为豪的中国产饭团子"。报道了负责在北京奥运会为日本游泳队提供饮食服务的日本料理店老板小林金二，如何在中国食品市场中精心挑选材料以及他本人在中国经营中的感受。小林说，中国员工喜欢说"差不多"，而且日本也有一种印象感觉中国等于危险，但日本也有食品作假事件，所以真正重要的是不能用那种差不多的态度去做事。

7月19日主标题为《再开发之潮　日本女性目击》，副标题为"消失的胡同　荒废的人情"。报道了喜欢北京胡同文化的原北京大学留学生，现自由记者多田麻美眼中的奥运会及中国经济开发给胡同文化带来的毁坏。

7月20日主标题为《敢说真话的卡里斯玛型日本人》，副标题为"每天百封抗议电邮　激发干劲"。报道了北京大学留学生加藤嘉一在留学生活中感受到的中国青年的民族主义以及他本人在中国从事言论活动的经验。

7月22日主标题为《人民日报第一位日本人职员》，副标题为"总能感到党的视线"。报道了《人民日报》日本版第一位日本人职员浅井裕理在工作期间感受到的中国特色。比如在食堂用新购的数码摄像机拍摄时被人密告到上司那里；每天版面上必须刊登国家主席和总理的新闻。在2001年7月北京奥运会申办成功后，浅井看到天安门广场上兴奋的人群，很羡慕中国人的一体感。在人民日报社工作期间，浅井感到有一种"看不到的压力"。其后作为自由记者，"想采访的不能采访，想写的不能写"。

3. 北京2008：来自地方的报道

五篇来自地方的报道，版面为早报国际版，登载时间为7月30日、7月31日、8月1日、8月2日和8月5日，每篇字数在1000字左右。地区选择为"几个与奥运会有渊源的地方"，分别为浙江省、河南省、青海省、湖南省和辽宁省。

浙江篇作者为北京支局杉山佑之，主题人物为中国第一位国际奥委会委员王正廷。王一直抱有体育强国、教育强国的理念，1932年曾在上海为中国第一位奥运参赛选手刘长春送行。文章最后称，王正廷一生致力于祖国强大，但具有讽刺意味的是，王的梦想却在共产党领导下得以实现。

河南篇记者为上海支局加藤隆则，主题为少林寺武功。文中谈到现任住持释永信法师的市场化经营道路及少林寺即将参加的奥运会武术表演。对于少林武功申请世界遗产受挫，文中解释为中国政府在民族问题压力下不想突出汉族文化。

青海篇记者为北京支局河田卓司，主题为奥运奖牌的玉料产地青海，着重突出青海挖玉人的愿望。

湖南篇记者为香港支局吉田健一，主题为中国的少数民族政策与奥运会。称中国政府为实现民族稳定，对少数民族运动员给予特别荣誉，如对待2000年悉尼奥运会举重冠军、土家族姑娘杨霞，就在其家乡建立杨霞体育馆。但这种照顾，对于当地一位捡废饮料瓶的妇女来说却并无肌肤感觉，奥运会是国家的事，离她很遥远。

最后一篇辽宁篇记者为北京支局牧野田亨，主题人物为中国第一位奥运会参赛选手刘长春。1932 年刘长春拒绝代表伪"满洲国"参赛，其民族志气令张学良感动，遂出钱资助刘长春从上海出发赴洛杉矶参赛。文中谈到电影《一个人的奥运》的拍摄，称中国政府指示在农村免费放映。在刘长春的家乡有纪念铜像，但其二儿子刘鸿志却表示"对只强调爱国主义者形象感到困惑"，据称刘长春在洛杉矶奥运会中体会到了友好、团结、和平的奥运精神，因此之后与少年时代不同，"对日本很友好"。1978 年《中日和平友好条约》签订，鸿志的女儿出生，刘长春为其取名樱，很疼爱。

4. 见闻录

十二篇见闻录，版面为晚报社会版，登载时间为 8 月 8 日、8 月 9 日、8 月 11 日、8 月 12 日、8 月 13 日、8 月 15 日、8 月 18 日、8 月 19 日、8 月 20 日、8 月 21 日、8 月 22 日和 8 月 23 日，每篇字数在 500 字左右。作者包括社会部梅村雅裕（两篇）、社会部小岛刚（两篇）、西村幸太郎、大阪社会部铃木隆弘（两篇）、槙野健（两篇）、谱久村真树、鬼束信安、丸山谦一。

8 月 8 日《两个祖国》，记者梅村雅裕，采访地吉林长春，话题为一位曾一度归日，后又回到中国的日本残留孤儿，报道意识为对北京奥运会能否平安召开及对中国是否会出现"反日情感"的担心。

8 月 9 日《规制解除后》，记者小岛刚，采访地北京，话题为鸟巢附近的闯红灯及其他环保超标现象，报道意识为中国人不守规则的习性。

8 月 11 日《繁华之下的阴影》，记者西村幸太郎，采访地北京，话题为北京市中心一公园内捡废品的小孩，报道意识为中国的贫富分化。

8 月 12 日《北京与四川的落差》，记者铃木隆弘，采访地四川，话题为四川什邡镇农村地区的灾民安置，报道意识为灾民不满及北京与四川的巨大差距。

8 月 13 日《不相通的兴奋》，记者槙野健，采访地新疆克什米尔，话题为此地民族、语言与北京的距离，报道意识为北京的兴奋此地人难以理解。

8 月 15 日《假钞与生活的味道》，记者槙野健，采访地四川，话题为记者本人遭遇假钞，报道意识为中国人的粗放（如不用钱包、钱币不洁）及在应对假钞等事件中反映出的丰富生活经验。

8月18日《本国本位主义》，记者谱久村真树，采访地北京，话题为奥运赛场志愿者见缝插针的自我拍照，报道意识为中国人强烈的、有失国际礼仪的自我本位倾向。

8月19日《主席观战》，记者鬼束信安，采访地北京，话题为中国国家主席胡锦涛观看乒乓球比赛，报道意识为中国领导人的威权，如进场时的观众起立与散场时的戒严。

8月20日《期待与悲剧》，记者铃木隆弘，采访地不详，话题为刘翔的弃赛，报道意识为中日都有的对选手的过度期待以及由此产生的问题。

8月21日《不能违反国家意志》，记者梅村雅裕，采访地北京，话题为日本归国华侨、中国前任女子垒球队教练李敏宽，报道意识为中国体育的政治性。

8月22日《乒乓球与"祖国"》，记者小岛刚，采访地北京，话题为前中国国手、现韩国乒乓球队队员唐娜，报道意识为中国观众的民族主义情绪和选手本人及家人不拘泥于国家的体育认识。

8月23日《中国式自由》，记者丸山谦一，话题为散漫行为体现出的中国式自由，报道意识为外国式自由更有价值，应成为中国努力的目标。

三 中国论的关键词及日本的对华情绪

虽然日本新闻媒体以"从未有过任何举办国、举办城市受到如此关注"的方式，长时间、大篇幅、多角度地报道、评论北京奥运①，但整理这些纷繁的内容，我们不难发现，2008年日本新闻媒体的中国论或中国认知，不外乎是在两个关键词上做文章。借用当今日本社会的时髦表述，这两个关键词就是"光与影"，即作为大国的中国和作为落后国家的中国。例如"影"的方面，有食品安全、大气污染、贫富差距、素质礼仪的欠缺等问题，"光"的方面，有金牌大国、共产党治理的成效、中华意识的复苏、民众的爱国行动等表现。而在"光与影"关系的处理上，对于"影"的关注要远远多于对"光"的关注。

因此，不难想象，这种"光影"比例的中国论，显然不利于日本民众从历史的角度、政治的角度，去认识举办奥运会的现代中国。所谓历史的、政治的角

---

① 《每日新闻》2008年8月10日社论。

度，简要地去理解，可归位于现代奥运的人类社会意义。其意义主要有两点：第一，通过体育赛事，运动员之间相互竞争，相互鼓励，共同追求卓越。第二，通过体育赛事，世界各国及地区之间相互交流，相互理解，共同追求和平。对于主办国来说，承办奥运会，更是其融入世界，参与到国际社会中的重要标志，1964年的东京奥运会和1988年的汉城奥运会，无不带有鲜明的"加入国际社会中"的历史意味、政治意味。无视自己也曾经历的普遍性，而着眼于所谓的中国特殊性，日本新闻媒体的中国论调，不能不说是带有情绪性的。

按照现代汉语词典的解释，"情绪"有两种含义，一是指人从事某种活动时产生的兴奋的心理状态，二是指不愉快的情感。结合上述日本新闻媒体表达出的"话语"，我们大致可以揣摩出当下日本情绪的两种含义：一是看到中国平稳举办、成功举办奥运时产生的惊奇、诧异，二是指面对具有这种能力的中国的不甚相信、不甚服气，乃至不甚愉快的情感。

2008年是中国改革开放的30周年，这一年，中国成功地举办了奥运会。而从中日关系的发展史上看，2008年也是两国在1972年恢复邦交六年后，签订和平友好条约的30周年。30年间，日本对中国及对本国的认识，经历了过去领先、现在接近、未来或被超越的结构性转变。有学者称，奥运会是中国的一个"成人礼"。[1] 在面对这样一个"成人"了的，但却并未"成熟"的新中国时，日本的情绪中既有作为亚洲最发达国家、最"西方化"国家的优越感，也有因后起之秀崛起造成的这种优越感的锐减及由此产生的失落；既有作为亚洲国家伙伴，为奥林匹克不再是欧林匹克的感叹，又有其作为侵略者，看到昔日被欺凌，远远落后于己的国家"国富民强"后的尴尬与担心。[2] 正是这种两国关系的结构性转变及中国问题特有的两面性，使日本的中国观在2008年北京奥运这一标志性的节点上，显示出了它丰富且复杂的内容和情绪特征。

这种情绪性，在日本国内也被作为一个问题为学者指出。例如有学者认为，媒体的奥运报道增大了日中之间的鸿沟。"中国媒体越是将重点放在发扬国威、拥护国益上，日本媒体就越像与此对抗一样，热心于暴露中国的阴暗面。中国媒体一有点自吹自擂的苗头，日本媒体就忙着报这问题、那问题，最后发展到一个结

---

① 王逸舟：《关于2008年中国外交六场硬仗的思考》，《社科党建》2009年1期，第60页。
② 在多次强调中国反日感情的同时，《读卖新闻》"北京2008：来自地方的报道"系列中浙江篇、辽宁篇中对近代日本在中国与奥运关系中的位置所进行的暧昧和微妙的描述，颇值得玩味。

论：中国不具备举办奥运的资格。该学者认为这种失去平衡的、带有偏见的报道，在奥运之后也会持续，并最终使报道者忽视了中国社会发展的底流。还有学者批评道：日本在举办奥运前也有很多问题，如公害问题、干涉报道自由问题、人权问题。日本作为一路走来的国家，需要做的不正是基于这种自己曾有的经验，去与中国一起建设民主与人权的亚洲吗？媒体需要做的不正是唤起人们的这种思考和议论吗？① 而在中国方面，重要且具有建设性意义的，也许就是非情绪化、去情绪化地体味日本的情绪，同时谦虚地、坦诚地面对邻国为我们指出的问题。

参考文献

〔日〕《新闻研究》2008 年第 11 期。

2008 年 7 月 1 日至 8 月 31 日〔日〕《读卖新闻》。

2008 年 8 月 10 日〔日〕《每日新闻》。

王逸舟：《关于 2008 年中国外交六场硬仗的思考》，《社科党建》2009 年第 1 期。

日本マスコミの中国論：『読売新聞』を例に

金　嬴

要　旨：2008 年に行われた北京オリンピックは、新しい世紀に入った国際社会の一つの重要な出来ごとと考えられる。隣国、そして東アジアの中で、最も早く、完成度の高い現代化国家を作り上げた日本は、オリンピックの中国に大きな注目をした。本論文は2008 年 7 月、8 月『読売新聞』の報道と論述を整理し、ほかの大新聞やオリンピックに関する歴史、政治的な文脈を見合せながら、日本社会における中国論、その主流的な視覚、論点と背後にある情緒を分析してみた。

キーワード：北京オリンピック　『読売新聞』　日本のマスコミ　中国論

---

① 高井洁司：《显眼的日中报道鸿沟》，《新闻研究》2008 年第 11 期，第 24 页。文中提到立教大学桂敬一、神田外国语大学兴梠一郎对日本新闻媒体报道的批判性看法。

中日关系中的日本与台湾问题

吴万虹*

摘　要：在 2008 年台湾政局发生重大变化并开始全面调整对外政策的同时，日本方面麻生太郎接替福田康夫出任新首相。伴随着国民党与民进党的权力更替，对马英九一直抱有"亲中反日"成见的日本各界，普遍担心台湾的亲日路线会发生变化，忧虑两岸过快接近，影响日台关系及东亚局势。再加上马英九上台伊始，即遭遇"联合"号被撞事件，日台关系一度紧张。为扭转局面，马英九积极化解日方误解，多方位强化对日工作，但仍无法完全消除日方疑虑。在短期内日本难以完全消除对"台湾当局"的不信任、台湾暂时也缺乏娴熟对日事务的工作团队的情况下，日台之间的相互磨合尚需时日。

关键词：日台关系　"联合"号被撞事件　马英九　日台特殊伙伴关系

台湾问题是中日关系中的核心问题。早在 20 世纪 60 年代，中国就提出了中日"复交三原则"，并把承认这些原则作为中日复交的前提条件。这三项原则是：中华人民共和国政府是代表中国的唯一合法政府；台湾是中华人民共和国领土不可分割的一部分；"日蒋和约"是非法的、无效的，应予废除。日本在 1972 年《中日联合声明》中，重申"充分理解"复交三原则，表示"充分理解和尊重"中国政府有关台湾问题的立场，并"坚持遵循波茨坦公告第八条的立场"。大平外相在随后召开的记者招待会上宣布：作为日中邦交正常化的结果，"日台条约"失去了存在的意义并宣告结束。

中日邦交正常化以后，日本政府对台湾问题一直持谨慎的立场，日本与台湾

---

* 吴万虹，政治学博士，中国社会科学院日本研究所外交研究室助理研究员，研究专业为日本外交，研究方向为日台关系、日本对联合国外交。

关系基本是在"一个中国"原则的框架内发展，双方仅维持非官方的民间经济往来。但是近年来，国际局势、两岸关系、岛内局势、日本国内政治形势发生了较大变化，在所谓基本理念、价值观趋同的说辞下，日本介入台湾问题的程度有所加深。本文拟就 2008 年日本与台湾关系做一回顾和分析。

2008 年，台湾在 3 月 22 日举行的领导人选举中，国民党候选人马英九以221 万张票的优势击败民进党候选人谢长廷。5 月 20 日，马英九上台，国民党重新执政，开始全面调整对外政策，台湾政局发生重大而深刻的变化。日本方面，福田康夫 2008 年 9 月 1 日在东京举行的记者会上宣布辞职，9 月 24 日，麻生太郎接替福田出任日本首相。伴随着国民党与民进党的权力更替，对马英九一直抱有"亲中反日"成见的日本各界，普遍担心台湾的亲日路线会发生变化，忧虑两岸过快接近，影响日台关系及东亚局势。再加上马英九上台伊始，即遭遇"联合"号被撞事件，日台关系一度紧张。为扭转局面，马英九积极化解日方误解，多方位强化对日工作，但还是无法完全消除日方的疑虑。在短期内日本难以完全消除对马英九的不信任，而马英九当局暂时也缺乏娴熟对日事务的工作团队的情况下，日台之间的相互磨合尚需时日。①

一　日本担心台湾倾向大陆，日台关系降温，马英九积极化解日方误解

日本各界认为，此前在李登辉和陈水扁的带领下，日台之间一直保持着良好的关系，由于马英九在历史问题、领土和领海问题上，对日本的姿态都相对严厉，因此，国民党的重新执政势必会对日台关系造成一定影响。为了消除日本官方对马英九的"仇日"疑虑，马英九在上台之前，也曾访日会见日本要人，针对自己的对日政策进行解释说明，但是并未达到预期效果。随着两岸交流的日益密切，加上马英九过去保钓的历史背景，一些日本学者担心，台湾在强化与大陆互动的同时，日台关系已经开始降温。根据统计，2008 年马英九上台后，日本议员访问台湾的人数比 2007 年同期减少 40%，引起许多人士关注，他们担心，在两岸关系不断升温的同时，台湾与日本的关系是否会受到影响。

---

① 修春萍：《2008 年台湾对外关系盘点》，《两岸关系》2009 年第 2 期。

马英九上台后，十分看重对日关系，同时也深知日本对其的疑虑与担心。因此，"台湾当局"开始全力化解日本的不信任感。一方面，密集接见日本访客，表明进一步发展台日关系的愿望；另一方面，针对日方认为两岸关系改善会使台日关系淡化的疑虑，马英九多次澄清，台湾和大陆改善关系，绝对不会影响和日本长久以来的友谊；两岸关系改善的目的是追求海峡和平繁荣，此举有助于东亚稳定，当然符合日本利益。在接见日本国会议员对台友好组织"日华议员恳谈会"会长平沼赳夫一行时，马英九表示希望通过青少年交流等进一步发展近年来逐渐加深的台日关系。撞船事件发生后，马英九又频频会见访台的日本访问团，包括由"世界和平研究所"理事长大河原良雄所率领的"台日论坛"日本代表团、"日本中华联合总会"代表团、前日本"驻台代表"池田维等，强调自己不仅是"知日派"，更会是"友日派"，"一直维护台日友好关系"，试图进一步改善其在日本社会中的"反日亲中"形象。① 面对日方的疑虑，台湾海基会董事长江丙坤也在12月的台日座谈会上强调，马英九提出"台日特别伙伴关系"，要继续和日本维持良好关系，马英九要做"和平缔造者"，希望日本放心。他还表示，从台湾的经济发展史来看，台湾有今天是靠日本的资金、技术，在台湾经济起飞的阶段，日本扮演了积极重要的角色。今天台湾要升级、转型，仍然需要日本的技术、资金，站在台湾的经济立场，台湾仍然会把日本当做最重要的经贸伙伴。

马英九在自己亲自澄清以外，还不断派人赴日进行沟通。马英九上台以来，已先后有王金平、江丙坤、吴伯雄等高层人士赴日，说明马英九对台日关系的重视，强调改善两岸关系符合日本的利益等，以减少日方的疑虑。② 例如，马英九就借吴伯雄12月访日机会，由吴代传马英九非常重视台日关系的信息。吴伯雄强调，马英九极为重视这次国民党的访日之行，连日来多次接见他，希望他代为向日方传达几件事，包括：除了台美关系外，台湾和日本的关系也是台方非常希望加强的一环，台湾和日本的关系应定位为"特别伙伴关系"。马英九还表示，他就读哈佛大学时的论文是有关钓鱼岛的问题，许多日本人因此觉得他倾向"反日"，但事实上他的论文始终主张要理性和平地解决问题，连两岸之间这么大的矛盾都可以搁置争议，更何况日本与中国大陆都可以共同开发东海油田，

① 史坤杰：《马英九多方位改善台日关系》，《台湾周刊》2009年第9期。
② 修春萍：《2008年台湾对外关系盘点》，《两岸关系》2009年第2期。

没有理由台湾和日本不能搁置争议，追求共同的利益。另外，马英九也希望日本今后能协助台湾参与国际组织活动，扩大台湾的活动空间。吴伯雄还表示，改善两岸关系和增进台日关系丝毫不矛盾，可相辅相成，希望日本与大陆也能增进关系，创造三方"三赢"机会，借此化解日本对台湾"重两岸轻台日"的疑虑。①

应该说，马英九通过不同渠道对日台关系所作的多次澄清与说明，并没有完全消除日本方面的疑虑和担忧。12月，在台湾"亚太和平研究基金会"以及日本"亚洲问题恳谈会"联合举办的座谈会上，日本交流协会台北事务所代表斋藤正树表示，日本政府了解两岸关系现在非常顺畅，大三通是两岸关系中历史性的一刻，日本方面期待日台关系也能有良好发展，希望日台关系以及两岸关系能够发展成"三赢"局面。

日本"亚洲问题恳谈会"会长高野邦彦则更干脆地表示，原本处于持续对立立场的两岸关系目前走向全新的和平与缓解，这的确是马英九当局的施政主轴，但也因此凸显日台关系的新课题。因为过去日本普遍认为，国民党是比较有偏向的，通过马英九的政策，台湾会急速拉近与大陆的距离，这让日本各界感到忧虑。高野邦彦还说，虽然马英九多次派高层访问日本，证明新的两岸关系不会影响与日本的关系，但是还有一些因素让日本无法解除忧虑。高野邦彦称，目前的问题是大陆军备扩张仍然继续，而且情况很不明朗，如果大陆军事威胁的问题能够解决，马英九的政策才能落实，日本的疑虑也才能解除；如果没有，恐怕很难打消日方对两岸发展的疑虑。

二　冷静处理"联合"号被撞事件

2008年6月10日，台湾"联合"号海钓船在钓鱼岛附近海域，被日本海上保安厅军舰故意撞沉。事后，"台湾当局"发表措辞强硬的四点声明，强调对钓鱼岛的"主权"决不动摇，并果断召回"驻日代表"，强烈要求日方赔偿、道歉。岛内反日浪潮日益高涨，"派军舰到钓鱼岛海域宣示'主权'"的声音不绝于耳，台日冲突一触即发。台湾"联合"号海钓船被撞沉后，台湾岛内群情激愤。6月16日，台湾"海巡署"出动4艘巡防舰、5艘巡防艇保护

①　史坤杰：《马英九多方位改善台日关系》，《台湾周刊》2009年第9期。

"全家福"号保钓船前往钓鱼岛，宣示"主权"。

日本媒体本来并不关注撞船事件，但在台保钓行动之后，日本各大媒体都进行了报道，并称"这是第一次有外国巡逻船进入日本'领海'"。这次保钓行动给日本人的最大的冲击是，不仅台湾民间群情激愤，台湾海警部门"海巡署"的舰艇也与日本海上保安厅的舰艇进行了"和平对抗"。李登辉在"执政"后期，在钓鱼岛问题上一退再退，甚至明言"钓鱼岛主权属于日本"，而陈水扁也推行亲日甚至媚日的立场，在钓鱼岛问题上一软再软。因此，台湾的渔民在钓鱼岛附近受到日本海上保安厅的欺负，也求告无门。而"6·16保钓"让日本对台湾乃至对马英九的对日政策有了一个新的认识。正是在这种情况下，福田提出双方要冷静以对。6月17日，日本外务省发言人谷口智彦在记者会上强调，中国台湾仍然是日本在东亚的重要伙伴，期待双方早日恢复以往的友好关系。

为求得事件的圆满解决，台湾当局从多方入手化解台日僵局。首先，呼吁台日双方应"从同时搁置'主权'开始，然后在渔权协议上达成共识"，尽快重启谈判。其次是确立冷静和平处理的方针，让台日关系不要受到影响。马英九公开表示，"只要双方高层互信，和平、理性地处理，类似问题都可圆满解决"。再次，建立高层沟通渠道，积极与日方协调处理。日方道歉赔偿后，台湾当局主动释出消息表示，日方道歉之举是台日高层通过私函的模式促成的。最后，释放善意，肯定台日关系。马英九强调只有双方的共同努力，才能使撞船事件获得圆满解决，才有利于台日关系的正面发展。日方被迫到被撞船员家里赔礼道歉，加之台湾当局一系列动作，使台日危机暂时得以缓解。

在撞船事件发生后，日方两次表达了"遗憾"。一次是6月15日，日本第11管区海上保安本部的那须秀雄本部长召开记者会表示，日方在接近"联合"号的过程中有过失，使得海钓船沉没，让船长受伤，对此表示遗憾。在日语中，这个"遗憾"确实有道歉的意思，但更多的是一种对事件未能按日方设想发展的懊悔。虽然日方的"道歉"显得非常不真诚，但是毕竟在三天内就释放了被拘押的"联合"号船长何鸿义，同时日本交流协会台北事务所总务部长伊藤康一还前往船长何鸿义家中致意，并表达日方愿意赔偿的立场。日本方面比之前的骄横跋扈已有了很大的改变。日方的另一次"遗憾"是在6月16日台湾保钓船挺进到距钓鱼岛0.4海里的时候。日本内阁官房长官町村信孝对"台湾船只侵犯日本领海表示强烈的遗憾"。也就是说，在所谓的"主权"问题上，日本并没有发生根本的退让。日本的态度只是想让"撞船"事件能低调解决，不想该事件

影响日台关系大局。

美国的态度也是日台均欲低调收场的重要原因。16 日，美国国务院呼吁台日双方克制，用和平的方式解决争执。对美国而言，如果日本与台湾出现裂痕，将会对其东亚布局产生负面影响，进而影响日美同盟的稳定性。美国在私底下对日台都施加了压力。

虽然在尽快让事件降温这点上，日台双方存在共识，但双方目的并不一致。马英九的目的是要稳定日台关系，而钓鱼岛的所谓"主权"，他现在无意去触及，但他希望借此与日方展开"渔权"谈判，为台湾争取利益。而日方虽在稳定日台关系问题上，与台方一致，但日方不仅"主权"不愿意谈判，"渔权"也不愿触及，这是日台分歧所在，也是今后日本与马英九方面展开角力的关键所在。

据共同社报道，日本与台湾围绕钓鱼岛海域渔业权等问题的民间渔业谈判于 2009 年 2 月 26～27 日在台北非公开进行，并决定设立联络窗口处理钓鱼岛海域渔业纠纷。这是 2005 年 7 月以来双方首次举行渔业谈判。日台民间渔业谈判从 1996 年开始已经进行了 15 次，因双方都主张对钓鱼岛拥有主权，谈判一度中断。台湾方面相关人士称此次将搁置主权问题，争取达成共识。①

三 精心布置对日人事

为加强对日工作，马英九精心布置对日人事。首先，派出核心智囊"驻日"。许世楷请辞"驻日代表"后，马英九任命冯寄台出任"驻日代表"。冯寄台出生于南京。曾在美国哈佛大学留学，后进入台湾外交部门工作。之后，他曾在"中央通讯社"、国民党机关报等处工作，还曾担任驻多米尼加"大使"。冯父也是一名外交官，冯寄台学生时代曾在日本生活过五年。由于冯寄台曾任马萧竞选总部国际事务部主任，是马英九最重要的"外交幕僚"，在 3 月领导人选举时曾帮助马英九负责接受海外媒体采访，深得马信任，且精通日语。马英九派其任"驻日代表"就是期待通过冯寄台的外交资历和日文水平，在日本各界构筑人脉，加强台日双边关系。冯寄台赴日履新后，广泛拜会日本各界人士，会见上

---

① 《日台将就尖阁群岛近海捕鱼等问题重启磋商》，日本共同社 2009 年 1 月 7 日电；《日本与台湾就尖阁群岛海域渔业权重启谈判》，日本共同社 2009 年 2 月 26 日电；《日台决定设立联络窗口处理尖阁群岛海域渔业纠纷》，日本共同社 2009 年 2 月 28 日电。尖阁群岛为日称，即我钓鱼岛及附属岛屿，下同。

百位国会议员、主要企业界人士、主流媒体负责人和学术界人士。冯寄台认为，台日关系极为稳定，但还存在一些算是瑕疵的问题，有待处理。冯寄台认为，日本有极少数人士担心两岸关系和解，会造成日本的不安，他均予说明，国民党并非亲中，只是接触，只谈经济。

其次，马英九2009年1月还不惜请出李登辉、陈水扁时期在日本事务中发挥重要作用的彭荣次出任“亚东关系协会”会长。“亚东关系协会”是台日半官方交流的重要窗口，彭荣次年逾七旬，苗栗客家人，曾在日立公司做过事，1966年创设台湾输送机械公司。彭荣次在日本财经界与政界均有相当关系，因彭是台湾大学经济系毕业的，他与当时来台大留学的一些日本外交官，如前日本驻华大使谷野作太郎等均有深交，与东京都知事石原慎太郎更是好友。李登辉卸任后，于2001年和2003年两度访日，彭荣次均扮演台日间穿针引线的关键角色，是李登辉长年的民间友人。台湾采用的台湾高铁的新干线机电系统、核四的原子炉，在最早与日方谈判、协调等方面，彭荣次也扮演了极为重要的角色。据透露，台湾海钓船“联合号”遭日舰撞沉事件，彭荣次也是居间穿梭，在马英九和当时日本首相福田康夫间，传达私人函件，促成日本交流协会副代表舟町仁志亲赴船长何鸿义家中道歉，并负起赔偿责任，让事件得以和平落幕。事件的转危为安，开启了台日全新的沟通互动。马英九换下被视为李系人马的陈鸿基，择定与“独派”、绿营、李登辉关系更近的彭荣次接任“亚协”，希望通过彭荣次强化对日关系、弥补“驻日代表”冯寄台与日本方面关系疏远的不足，化解日本对马当局疑虑的意图明显。①

四　成立对日工作小组　构筑日台“特别伙伴关系”

为强化对日关系，马英九下令成立跨“部会”对日工作小组，定期召开会议，讨论对日关系的具体政策，并发动各“部会”推动建立台日准FTA架构。首次会议于2008年7月31日召开，会议由“国家安全会议秘书长”苏起主持，邀请“外交部”、“农委会”、“经济部”、“教育部”等相关“部长级”官员出席，共同协商对日事务，然后向马英九提出建言。之后会议每两个月举行一次，议题主要包括松山机场和日本羽田机场之间的包机航运、早日重启台日之间的渔业谈判、为向日本建议实施工作假期签证制度而讨论充实相关的法令等。马英九

---

① 《马英九欲强化台日关系“有请三朝元老”》，中新网，2009年1月14日。

意图通过此举引起日方注意，使其意识到马对台日关系的重视和发展台日关系的诚意，摸索构建出新的对日策略。

马英九多次在公开场合表达希望构筑台日"特别伙伴关系"的愿望。2008年9月19日，马在会见日本媒体记者时指出，中国台湾与日本"因为政治因素，没有办法建立正式的'外交关系'，双方算是'特殊的伙伴关系'"。以后，马英九在"双十演讲"中特意提到构筑台日"特别伙伴关系"，在出席"台湾日本人会"及台北市日本工商会"2009年新年联谊酒会"时，再次提到让台湾和日本真正结成"特别伙伴关系"，同时将2009年定位为"台日特别伙伴关系促进年"，全面推动台日之间在经贸、文化、青少年、观光与对话等五个方面的交流，具体包括设立"驻札幌办事处"、加强羽田机场与松山机场双向运输服务、签署"度假打工"协定、推动台北故宫文物赴日展览及太阳能企业合作等议题。目前，台"外交部"已着手准备相关事宜。①

五 日本呼吁日台今后继续推动安全保障合作

马英九于2008年9月在台北会见日本媒体记者时曾表示，日美安全条约"是东亚和平的重要支柱"，强调将继续推动日台在安全保障问题上的合作。

另据台湾中央社报道，日本前海上自卫队将领、现任冈崎研究所理事金田秀昭2009年4月就日美中海上力量发表评论，并称台湾应提升足以遂行现代化作战的能力，尤其是提升海军及空军方面的能力，并同日美联手制衡中国大陆。金田秀昭在日本"大陆问题研究协会"和台湾政治大学国际关系研究中心合办的"第36届台日亚洲太平洋研究会议"上表示，中国在2020年之前想拥有三个航空母舰战斗群，中国提升海上战斗能力，将使得东亚地区的军事均衡达到一个危险的水平。金田秀昭说，对日美而言，维护海上航路的安全，不论过去、现在或未来都一样重要，日美必须加强战略三角洲海域（日本列岛、西南群岛、美国关岛）的防卫。日美有必要加强海洋同盟关系，日本应提升海上防卫能力，日美也有必要与台湾建立合作关系，让台湾本岛成为战略三角洲海域的一翼。未来，日美台还需加上值得信赖的国家譬如澳大利亚、印度尼西亚等国的合作。他强调，台湾应培养遂行现代化作战的能力，尤其是提升空军、海军的作战能

---

① 史坤杰：《马英九多方位改善台日关系》，《台湾周刊》2009年第9期。

力。今后在战略上的反潜战、广泛的情报搜集能力、弹道导弹及巡航导弹等配备方面也都应加强。①

六　日台关系的定位和未来趋势

对于台湾而言，台日关系长期定位为仅次于对美关系的重要对外关系。马英九强化台日关系，基于经济需求和政治战略两方面的考虑。经济方面是为了应对执政困境、摆脱经济危机的需要。台湾与日本一直保持着密切的经济关系，日本是台湾第二大外资来源地、最大进口市场、第三大出口市场和台湾最大贸易逆差来源地，良好的台日关系有利于台日之间的经济交往，避免岛内经济发展雪上加霜。战略上是为了在美、日和大陆三方之间保持平衡的需要。在两岸关系改善的同时，紧紧拉住美国和日本，以增加自身的政治筹码，力求台湾在三方博弈过程中的利益最大化。②

对于日本而言，日台关系也同样非常重要。特别是在两岸关系急速升温的时刻，如果因撞船事件影响到日台关系恶化，在大陆、日、台三角关系中，日本将处于绝对劣势，这是日本极力想避免的结果。日本保守主义认为，台湾当局重视两岸关系的程度，将超越日台关系，若两岸持续和解变化，恐将打破日、中、美三边的权力平衡结构，使日本影响力逐渐下降。若台湾与大陆急速融合，甚至在钓鱼岛与靖国神社等历史问题上联手对抗日本，日台关系将会陷入更加令人忧虑的困境。因此，日方急于拉住台湾，尽量将撞船与保钓事件的影响控制在最小范围，不想因该事件影响日台关系大局。

在过去的 2008 年，两岸关系的缓和给马英九的对日政策带来变化。过去民进党执政时两岸关系僵滞，台日关系是争取的重点，陈水扁为此不惜在领土主权方面妥协和让步。如今两岸关系缓和，使马英九在处理领土主权方面多了一分从容。在钓鱼台问题上宣示主权，已向日本展现出马英九对日战略思维有所转变，其"对外政策"基调将以发展两岸关系为优先，台日关系将不再像民进党时期那样被列为重点。台湾有学者认为，目前，台湾、日本与大陆的三角战略需求都已有所转变，不仅台湾急于跟大陆发展关系，日本也积极拓展与大陆的实质关系，在这样的大环境氛围下，台日关系相对趋于弱化，是可预期的方向。

---

① 《日将领促台提升军力　联手美日对付大陆航母》，2009 年 4 月 3 日《环球时报》。
② 史坤杰：《马英九多方位改善台日关系》，《台湾周刊》2009 年第 9 期。

参考文献

《马英九指示和平解决渔船沉没事故》，日本共同社 2008 年 6 月 17 日电。

《李登辉批评马英九称目前两岸关系扑朔迷离》，日本共同社 2008 年 8 月 19 日电。

《马英九亲信冯寄台出任台湾新任驻日代表》，日本共同社 2008 年 8 月 20 日电。

《马英九称台湾与日本为特殊伙伴关系》，日本共同社 2008 年 9 月 19 日电。

《日台将就尖阁群岛近海捕鱼等问题重启磋商》，日本共同社 2009 年 1 月 7 日电。

《台媒：马英九已定李登辉亲信掌"亚协"强化台日关系》，人民网，http：//tw. people. com. cn/GB/14812/14875/8672037. html，2009 年 1 月 14 日。

《日本与台湾就尖阁群岛海域渔业权重启谈判》，日本共同社 2009 年 2 月 26 日电。

《日台决定设立联络窗口处理尖阁群岛海域渔业纠纷》，日本共同社 2009 年 2 月 28 日电。

《日将领促台提升军力　联手美日对付大陆航母》，2009 年 4 月 3 日《环球时报》。

修春萍：《2008 年台湾对外关系盘点》，《两岸关系》2009 年第 2 期。

史坤杰：《马英九多方位改善台日关系》，《台湾周刊》2009 年第 9 期。

蒋丰：《李登辉八年五访日本　搅局中日关系难以如愿》，2009 年 4 月 8 日《日本新华侨报》。

中日関係における日本と台湾問題

呉万虹

　要　旨：2008 年の台湾選挙では、国民党が民進党に勝ち、8 年ぶりに国民党政権が戻ってきた。馬英九のリーダーシップにより、国民党は大陸との緊張関係が緩和され、台湾の政局は大きく変化した。馬英九に対して「親中反日」のイメージを抱く日本各界は、台湾と大陸の急速な接近が、日台関係に影響を与えるのではないのかと心配し、釣魚島で起きた台湾漁船沈没事件も加え、日台関係は一時緊張態勢に陥った。その後馬英九が、対日関係を強化し、日本側の誤解を解くことに努めたが、、短期間で日本側の心配を払拭することができなかった。当分の間、日本と台湾の軋轢が続くと思われる。

　キーワード：日台関係　台湾漁船沈没事件　馬英九　日台特殊パートナー関係

社会文化篇

2008 年日本社会发展动向

王 伟[*]

摘 要: 2008 年, 由于少子老龄化的进展, 日本人口减少, 日本政府出台了鼓励人们婚育的新举措。在就业环境恶化、失业率上升的状况下, 日本出现了肯定传统雇佣制度的苗头, 这是否意味着日本经过若干年的实践又要向原有的雇佣体系回归? 社会保障费用给日本政府财政带来了沉重的压力, 日本关于如何把税收作为社会保障财源的讨论热烈起来, 这说明日本国民也认识到, 要维系社会保障制度, 提高消费税不可避免。这不能不说是一种观念上的变化。为缓解劳动力不足给社会经济带来的影响, 日本有关引进外国人力资源的呼声日益高涨, 但日本社会具有人员构成相对单一和相对排外的特点, 不可能大量引进外国劳务和接受大批移民。

关键词: 少子老龄化 非正式员工 雇佣制度 社会保障 外国人劳务

---

* 王伟, 中国社会科学院日本研究所副研究员, 社会文化研究室主任, 研究专业为日本社会, 研究方向为日本社会保障、社会福利。

一 少子老龄化加剧，人口数量减少，
国民期待新举措

日本少子老龄化问题，是近些年来人们广为关注的社会问题。2008 年，日本少子老龄化的形势更加严峻，人口数量减少。日本总务省统计局发表的数据表明，截至 2008 年 10 月 1 日，日本总人口为 12769.2 万人，比 2007 年同期减少7.9 万人，拥有日本国籍的日本人口为 12594.7 万人，比 2007 年同期减少 13.8万人。一方面，2008 年新生儿数量为 110.8 万人，死亡人数为 114.2 万人，人口自然增长为 –3.4 万人。另一方面，0～14 岁的少儿人口为 1717.6 万人，比 2007年减少 11.7 万人，占总人口比率为 13.5%；而 65 岁以上老年人口为 2821.6 万人，比 2007 年增加了 75.2 万人，占人口比率为 22.1%，其中 75 岁以上老年人口为 1321.8 万人，比 2007 年增加了 51.5 万人，占人口比率为 10.4%，首次突破了 10% 大关。另根据日本总务省的推算，在 2008 年 1～12 月间，年龄达到 20岁的"新成人"为 133 万人，比上年减少了 2 万人，也是从 1968 年有统计以来的最低水平。这从另一个侧面说明了日本人口的减少。①

日本内阁府于 2009 年 1 月进行的"关于少子化对策的特别舆论调查"表明，有 83% 的人因少子化的进展对日本的未来感到担忧，这个数字比 2004 年的调查增加了 6.3 个百分点。人们期待政府进一步采取少子化对策措施，有 58.5% 的人认为要"支援工作和家庭的并立以及促进对工作方式的重新审视"，有 54.6%的人认为要"减轻育儿的经济负担"，有 54.6% 的人提出要"鼓励生育"。②

人们的晚婚、非婚和生育活动的减少是导致日本少子化的最大原因。由于经济不景气和非正式就业的大量产生，许多人没有稳定的工作，工资收入低，同时，工作和家务不能兼顾，教育费用增高，这些因素都影响到了人们的婚育意愿和行动。

针对这种情况，日本政府制定了一些法律法规和相关计划，采取措施提高妇女生育和哺乳期待遇，鼓励人们生育。2007 年日本决定了制定"支援儿童和家

---

① 〔日〕总务省统计局：《截至 2008 年 10 月 1 日的推算人口》，http：//www.stat.go.jp/data/jinsui/2008np/index.htm。

② 〔日〕内阁府政府宣传室：《"关于少子化对策的特别舆论调查"概要》，http：//www8.cao.go.jp/survey/tokubetu/h20/h20 – syousika.pdf。

庭的日本"重点策略的基本方针，制定了"工作与生活和谐宪章"及"推进工作与生活和谐行动指针"，并将 2008 年定位为"工作与生活和谐元年"。①

在已经采取的对策措施的基础上，2008 年日本政府在少子老龄化问题上又有了新的动作。

2008 年 2 月，日本展开"将等待入托儿童降为零的新战役"。其基本方针是：扩大保育服务，谋求提供保育手段的多样化；确保小学生放学后的活动场所，有计划地增加保育设施和课后俱乐部的数量；提供确保一定质量的保育服务。2008～2010 年是该计划的重点实施期间。

2008 年 5 月，日本社会保障审议会少子化对策特别部会提交了《为支援培育下一代而设计新的制度体系的基本构想》，提出要建立具有体系性、普遍性、连续性的制度，对工作方式进行改革，构筑支援育儿的社会基础，使人们对结婚、生产、育儿的愿望得以实现，使所有的孩子都能健康成长。

2008 年 7 月，日本政府为强化社会保障功能制定了"五个安心计划"②，具体是：①建设老年人可以拥有活力放心生活的社会；②建设任何人有健康问题都能接受医疗的社会；③建设关爱担负未来的"孩子们"的社会；④建设以派遣员工和计时工等形式工作的人们对未来抱有希望的社会；⑤恢复对厚生劳动行政的信任。其中，第四项就是应对少子化的进展。这方面的两个大的政策方向就是"完善保育服务等支撑育儿的社会基础"和"实现工作与生活的和谐"。

2008 年 8 月，日本劳动政策审议会讨论了对育儿、护理休假制度重新审视的问题，并向厚生劳动大臣提出了建议。建议指出，要对人们育儿期间的工作方式重新审视，扩大护理休假制度，新设短期休假制度，完善雇用环境，使男女在养育子女的同时都能继续工作。

2008 年 10 月，日本举行关于新经济对策的政府、执政党会议与经济对策阁僚会议的联席会议，出台了《生活对策》，提出为尽快形成人们可以放心妊娠、放心生产、放心育儿的环境，要设立"安心孩子基金"，支付"支援育儿特别补贴"，确保安心、安全的生产，促进中小企业支援育儿。

2008 年 11 月 26 日，日本参议院通过了儿童福利法修正案。该法案的修改使

① 〔日〕内阁府：《2008 年版少子化社会白皮书》，佐伯印刷，2008 年 4 月，第 78 页。

② 《为加强社会保障功能的紧急对策——五个安心计划》，日本首相官邸网站，http：// www. kantei. go. jp/jp/kakugikettei/2008/0729pr. pdf。

家庭保育事业得到了法律上的明确定位，实现了"保育妈妈"制度的法制化。家庭保育制度是一种在保育人员家中对三岁以下婴幼儿进行保育的制度，它的实施，无疑是对日本公共保育服务设施不足的一种补充。修改后的儿童福利法从 2009 年 4 月开始实施。

进入 21 世纪以来，日本先后采取了很多应对少子老龄化的政策措施，但并没有遏制少子老龄化的进展。人们期待日本政府出台新的政策。2004 年根据少子化社会对策基本法制定的《少子化社会对策大纲》已经过去了五年，2009 年要对其进行评估，制定新的大纲。为此，日本少子化对策会议决定了制定新的少子化社会对策大纲方针。根据这个方针，2009 年 1 月，在少子化对策担当大臣主持下成立了"从零开始思考少子化对策课题组"，与各个方面交换意见，对相关问题展开讨论，以制定新的对策大纲。

二　就业环境恶化，失业率上升，雇佣制度再受关注

2008 年以来，由于金融海啸引发的世界性经济衰退，日本企业不断发生倒闭和裁员。根据日本总务省统计局发表的数据，2009 年 3 月完全失业人数为 335 万人，比 2008 年同期增加了 67 万人；完全失业率为 4.8%，比 2 月增加了 0.4 个百分点，失业率连续五个月上升。① 另有统计数据表明，2008 年度日本完全失业人数为 275 万人，比上年度增加了 20 万人；完全失业率为 4.1%，比上年度增加了 0.3 个百分点。这是日本六年来失业人数和失业率的首次上升。② 在日本就业环境不断恶化的情况下，受冲击最大的就是计时工、派遣员工、合同工等非正式员工。根据日本厚生劳动省于 2009 年 3 月 31 日发表的调查数据，从 2008 年 10 月到 2009 年 6 月，有 19.2 万非正式员工因解雇和合同期满等原因已经或即将失去工作，从雇佣形态来看，派遣员工最多，为 125339 人，占总体人数的 65% 以上。③

日本于 1986 年开始实施《劳动者派遣法》。根据该法的规定，当时仅限于

---

① 〔日〕总务省统计局：《劳动力调查 2009 年 3 月基本统计结果概要》，http：//www. stat. go. jp/data/roudou/sokuhou/tsuki/index. htm。

② 〔日〕总务省统计局：《劳动力调查（速报）2008 年平均基本统计结果概要》，http：//www. stat. go. jp/data/roudou/sokuhou/nendo/pdf/nendo. pdf。

③ 〔日〕厚生劳动省：《关于停止雇佣非正式员工等情况》，http：//www - bm. mhlw. go. jp/houdou/2009/03/dl/h0331 - 2a. pdf。

秘书、翻译等 26 种专业性较高的职业可以雇佣派遣员工。1999 年，日本对《劳动者派遣法》进行了修改，在延长了原有职业雇佣派遣员工的同时，除港口运输、建筑、保安、医疗、制造等行业外，允许所有行业雇佣派遣员工。可以说，这次修改使《劳动者派遣法》发生了方向性的变化，由原来的原则上禁止雇佣派遣员工，特殊职业允许雇佣，变化为原则上允许雇佣，特殊行业禁止雇佣。这次修改强调企业可以在需要的时候得到所需要的劳动力，劳动者可以按照自己的就业条件去工作。当时的日本经济还处在泡沫经济崩溃之后"失去的十年"当中，企业经营也仍处于困难阶段，减少开支，压缩成本是企业要考虑的重要问题。《劳动者派遣法》的修改给企业提供了法律依据，许多企业调整了雇佣政策，减少雇佣正式员工，通过雇佣派遣员工等非正式员工的方式，降低人事费、福利费等开支，以达到减少成本的目的。关于日本企业终身雇佣制开始发生变化的议论，也是在日本这次修改《劳动者派遣法》的前后几年才更加热烈起来。此后，日本人才派遣行业蓬勃发展，企业雇佣正式员工减少，非正式员工越来越多。日本每五年进行一次的"就业结构基本调查"表明，2007 年日本的正式员工为 3432.4 万人，比 2002 年调查时减少了 23.3 万人，占受雇员工总数的 64.4%，计时工、临时工、合同工、派遣员工等非正式员工为 1679.8 万人，占受雇员工总数的 31.5%。[①] 可以说，目前在日本，非正式员工占到了劳动力的 1/3。日本独立行政法人劳动政策研究研修机构发表文章称，根据民间职介机构国际同盟（CIETT）的国际比较调查，1996～2006 年的十年间，日本的派遣劳动者人数增加了约四倍，在世界主要发达国家当中居首位。[②]

对于企业来说，非正式员工大军平时是使用方便的劳动力，经济不景气时就成了"雇佣的调节阀"。根据日本内阁府对 2500 余家上市企业的调查，作为调节雇佣员工的手段，有 4.7% 的企业解雇了正式员工，而解雇了非正式员工的企业却达到了 29.7%。[③] 由于工作的不稳定性和日本在这方面的社会保障制度不完善，非正式员工往往处于收入水平不高，生活水平低下的状态。进入 21 世纪以

① 〔日〕总务省统计局：《2007 年就业结构基本调查结果概要（速报）》，http：//www. stat. go. jp/data/shugyou/2007/pdf/gaiyou. pdf。

② 〔日〕独立行政法人劳动政策研究研修机构：《过去 10 年派遣劳动者增加率在发达国家当中最高》，http：//www. jil. go. jp/foreign/jihou/2009_ 3/german_ 02. htm。

③ 〔日〕内阁府经济社会综合研究所：《2008 年度关于企业行动问卷调查报告（概要）》，http：//www. esri. cao. go. jp/jp/stat/ank/h20ank/main. html。

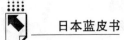

来，曾经被称为"一亿总中流"的日本，出现了人们收入差距扩大，社会日益趋于不平等的情况，其原因之一，就是非正式员工的大量增加。近几年来，日本为缓解正式员工与非正式员工之间的收入差距，保障人们多种形式的就业，出台了一系列法律法规，仅在2007年就修改和制定了计时工劳动法、雇佣保险法、雇佣对策法、最低工资法、劳动标准法、劳动合同法等，但由于金融危机的影响等原因，这些对策在2008年并没有取得明显的效果。

在金融危机加重、就业环境恶化、失业率上升的状况下，为在今后一段时间里完善就业环境，维持稳定的就业队伍，2008年以来日本又采取了一些新的举措。

2008年4月23日，厚生劳动大臣舛添要一在日本政府的经济财政咨询会议上提交了"新雇佣战略"，提出在今后三年要使100万年轻人成为企业的正式员工。这一"新雇佣战略"的内容被纳入6月27日日本政府内阁会议通过的《经济财政改革基本方针2008》当中。

11月4日，日本政府内阁会议决定向国会提交劳动派遣法修改草案，草案重点在于加强对企业在派遣员工方面的规制，使企业长期雇佣派遣员工，改善派遣员工的待遇，强化对违法派遣的处理。11月18日，目的在于提高员工加班工资的劳动标准法修正案通过了众议院的审议。11月13日，日本劳动组合总联合会向日本厚生劳动省提出书面意见，要求厚生劳动省对非正式劳动者采取紧急雇佣对策。因此，为了把握非正式员工的雇佣调整情况和对企业进行雇佣指导，支援再就业，日本厚生劳动省成立了由职业安定局次长主持的"紧急雇佣对策本部"，同时指示都道府县劳动局设置"紧急雇佣对策本部"。由于就业形式进一步恶化，12月厚生劳动省的"紧急雇佣对策本部"进行了扩大改组，由厚生劳动省副大臣为本部长，相关各职能局为成员，加强了采取措施的力度。12月25日，日本财团法人社会经济生产力本部发表题为《寻求消解雇佣不安》的紧急提案，倡议在"雇佣的稳定"、"劳资的合作协商"、"成果的公正分配"这生产力运动三原则之下，进行包括非正式员工在内的劳资对话。

2009年1月7日，日本参议院通过了《确保雇佣和居住》的紧急决议，要求政府确保失业人员的居住和生活的稳定，要求企业"不要轻易解雇员工和取消内定就业人员，全力维持雇佣的稳定"①。1月13日，日本经济团体联合会会

---

① 〔日〕参议院：《确保雇佣和居住等国民生活稳定的紧急决议》，http：//www. sangiin. go. jp/japanese/gianjoho/ketsugi/171/090107. htm。

长御手洗富士夫在会见记者时表示，2009 年春季的劳资交涉"雇佣稳定是主题，雇佣的稳定是劳资的共同课题"①。1 月 20 日，日本内阁会议通过了修改雇佣保险法的法案，3 月 19 日和 3 月 27 日，该法案分别在众议院和参议院通过。法案旨在放宽保险的加入条件，延长对难以再就业人员的失业给付天数，降低雇佣保险的保费，于 2009 年 3 月 31 日开始实行。

在扩大就业渠道，稳定雇佣形势问题上，日本在考虑应对性举措的同时，也开始对目前的雇佣制度和雇佣体系重新审视。2009 年 2 月 3 日，日本经济同友会设立了"雇佣问题研究委员会"，旨在探讨稳定雇佣的雇佣制度，完善对非正式员工的安全网，研究使非正式员工转为正式员工的方策。更能说明问题的是，2009 年 3 月 23 日，日本政府与劳资双方领导人举行会议，达成了《面向稳定和创造雇佣的政劳资协议》。协议明确指出，雇佣的稳定是社会稳定的基础，要重新认识到日本的长期雇佣体系有利于培养人才和稳定劳资关系，支撑了日本经济和日本企业的发展壮大，需要用最大的努力稳定雇佣。② 2002 年日本政劳资三方曾经就雇佣问题达成过协议，当时强调的是就业形态的多样化，提出要重新评估日本的雇佣惯例。时隔七年，这次的协议却是强调日本长期雇佣体系的重要性。这是否意味着日本经过若干年的实践又要向原有的雇佣体系回归或修正？还需要进一步的观察和研究。

三 社会保障费用负担沉重，税收制财源构想显现

日本在第二次世界大战后逐步建立和完善了社会保障制度，但在世界发达国家当中，日本的社会保障水平并不高，属于"低福利，低负担"，社会保障给付水平比较低。这是因为日本的家庭和企业一直在很大程度上发挥着社会保障的功能。随着人口的少子老龄化，家庭的规模缩小，夫妻共同工作的家庭增加，又由于经济低迷和雇佣形态的多样化、流动化，注重个人业绩的工资制度的引进和企业福利的减少，家庭的育儿功能、养老功能和企业的雇佣、住房、保健等福利功能都在缩小，它们已不可能像过去那样发挥社会保障的替代功能。结果，一方面

---

① 〔日〕经济团体联合会：《御手洗会长会见记者发言摘要》，http：//www. keidanren. or. jp/japanese/speech/kaiken/2009/0113. html。

② 《面向稳定和创造雇佣的政劳资协议》，日本首相官邸网站，http：//www. kantei. go. jp/jp/asophoto/2009/03/23seirousi. html。

用于养老金、医疗、护理等社会保障费用的急剧增加，已成为日本政府的沉重负担；另一方面，由于国民负担的加重和近几年来日本政要的"养老金丑闻"和社会保险厅丢失养老金记录事件，日本国民对社会保障制度产生了极大的不满。日本内阁府"关于社会保障制度特别舆论调查"结果表明，有75.7%的人对社会保障制度感到"不满"，每四个人就有三人对日本的社会保障制度有意见。[①]

2008年，用于养老金、医疗、护理等社会保障方面的预算费用为21.8万亿日元，占一般岁出的46.1%。而在1980年这个比率为26.7%，1990年为32.8%，1998年以后急剧上升。[②] 社会保障费用的巨额支出，给日本政府财政带来了沉重的压力，如何解决财源将是日本社会保障制度面对的最重要的问题。近年来，日本在社会保障制度改革与财源问题的讨论当中，有意见提出为消除老年人与年轻人之间的代际负担差距，应该引进税收方式。但由于涉及日本社会保障制度的理念和人们的思维观念，日本在这方面迟迟没有采取具体对策。

2008年，日本关于如何把税收作为社会保障财源的讨论热烈起来，并显现出具体的构想。

2008年1月，日本政府成立了社会保障国民会议，并下设收入保障（雇佣、年金）、服务保障（医疗、护理、福利）和构筑可持续社会（少子化、工作与生活和谐）三个分科会，对相关问题进行讨论。2008年5月收入保障（雇佣、年金）分科会，发表了基础养老金"全额税收方式"的模拟计算结果，认为如果从2009年引进税收方式根据不同情况将需要9万亿~33万亿日元，换算成消费税率为3.5%~12%。[③] 2008年11月社会保障国民会议发表最终报告，指出构筑国民所期待的社会保障制度是国家的基本责任，还提出社会保障制度有支付就有负担，"国民有利用服务的权利，同时还有支撑制度的责任"[④]。

2008年5月20日，日本经团联发表题为《构筑全体国民共同支撑的社会保障制度》的建议，提出社会保障制度"要从代际间抚养体系向全体国民支撑的

① 〔日〕内阁府政府广报室：《"关于社会保障制度特别舆论调查"概要》，http：//www8.cao.go.jp/survey/tokubetu/h20/h20-sss.pdf。
② 〔日〕厚生劳动省：《2008年版厚生劳动白皮书》，第27页，http：//www.mhlw.go.jp/wp/hakusyo/kousei/08/index.html。
③ 《社会保障国民会议为探讨而进行的关于公共养老金的定量模拟》，日本首相官邸网站，http：//www.kantei.go.jp/jp/singi/syakaihosyoukokuminkaigi/kaisai/syotoku/dai04/04siryou5.pdf。
④ 《社会保障国民会议最终报告》，日本首相官邸网站，http：//www.kantei.go.jp/jp/singi/syakaihosyoukokuminkaigi/saishu/siryou_1.pdf。

以国家负担为中心的方向转换"，认为"基础养老金的税收方式化是一种很有可能的选择"。①

2008 年 12 月 9 日日本政府经济财政咨询会议举行会议，讨论推动社会保障与税收财政一体化改革的"中期计划"。会上民间人士提出把消费税作为"用于社会保障目的税"的建议。这个建议最后被纳入日本政府经济财政咨询会议发布的《面向构筑可持续的社会保障和确保稳定财源的"中期计划"》当中。2008 年 12 月 16 日，日本政府经济财政咨询会议发布"中期计划"，提出要进行包括提高消费税在内的税制改革，明确指出税制改革"从 2011 年开始实施，2015 年前分阶段进行，确立可持续的财政结构"，并认为应该在 2010 年先履行法律方面的手续。②

2008 年 12 月 24 日，日本内阁会议通过了经济财政咨询会议提交的《面向构筑可持续的社会保障和确保稳定财源的"中期计划"》。该中期计划明确提出，从代际公平的角度出发，以消费税为社会保障的稳定财源。③

把消费税用于"社会保障目的税"，首先要较大幅度地提高消费税率。提高消费税在日本是敏感的话题，是日本国民一直反对的。现在日本政府和民间有关人士可以堂而皇之地谈论把税收作为社会保障的稳定财源，一方面说明日本财政越来越不堪社会保障费用的重负，另一方面也说明日本国民也认识到要维系社会保障制度提高消费税不可避免。这不能不说是一种观念上的变化。

尽管如此，但日本不会走北欧国家那种"高福利、高负担"的道路。《面向构筑可持续的社会保障和确保稳定财源的"中期计划"》提出的目标，是构筑可持续的"中福利、中负担"的社会保障制度。日本社会保障在今后改革的过程中，会向逐步"中福利、中负担"的方向发展。

四 为缓解长期性劳动力不足，有关引进外国人力资源的呼声日益高涨

少子老龄化的进展所带来的人口结构变化，直接影响到日本劳动力的供给。

---

① 〔日〕经济团体联合会：《构筑全体国民共同支撑的社会保障制度——关于社会保障改革的中期报告》，http://www. keidanren. or. jp/japanese/policy/2008/026/index. html。

② 〔日〕经济财政咨询会议：《面向构筑可持续的社会保障和确保稳定财源的"中期计划"》，http://www. keizai-shimon. go. jp/minutes/2008/1216/agenda. html。

③ 《面向构筑可持续的社会保障和确保稳定财源的"中期计划"》，日本首相官邸网站，http://www. kantei. go. jp/jp/kakugikettei/2008/1224tyuuki. pdf。

尽管目前由于经济不景气，失业率上升，但从长期来看，日本将面临劳动力不足的困境。根据厚生劳动省的预测，日本劳动力人口在 2005 年达到峰值的 6770 万人后逐渐下降，到 2025 年减至 6300 万人，劳动力人口年龄结构也将逐渐向头重脚轻的方向发展（15 ～ 29 岁为 17.1%，30 ～ 59 岁为 63.5%，60 岁以上为 19.7%）。① 日本内阁府发表的《2008 年版少子化社会白皮书》指出，如果不能改变少子化趋势，2050 年日本劳动力人口将减至 4228 万人，还不足 2008 年的 2/3。② 经济发展的基本要素是劳动力，劳动力人口规模和人口年龄结构的变化，势必从各个层面对社会经济发展产生直接的影响。日本经济之所以在二战后较短的时期内获得迅速发展，主要原因之一就是拥有充足、优质、廉价的劳动力。而今后由于人口结构的变化而带来的劳动力人口不足，必将影响日本经济的发展。

为缓解劳动力不足给日本社会经济带来的影响，日本在着力挖掘国内的劳动潜力的同时，还会在引进外国劳务和移民方面采取措施。日本厚生劳动省下设的外国人雇佣问题研究会的调研报告认为，日本若要在未来的国际竞争中取胜，解决人口老龄化和少子化带来的劳动力不足，必须直面引进外国劳务问题，而最需要重视的就是引进具有高学历和具有卓越技能的人才。③

2008 年日本有关引进外国人力资源的呼声日益高涨，相关建议和主张接二连三。

2008 年 5 月 9 日在经济财政咨询会议上，福田康夫首相表示，接收 30 万名留学生是使日本成为真正的开放国家所必不可少的，引进高级人才与接收留学生相互关联，要完善接收体制，并要求在官房长官的主持下设置由官产学组成的咨询会议，进行探讨。④

2008 年 7 月 29 日，由日本文部科学省和厚生劳动省等六个部门共同发表了"留学生 30 万人计划"要点，计划到 2020 年接收 30 万人留学生。⑤

---

① 〔日〕内阁府：《2004 年版少子化社会白皮书》，行政出版社，2004，第 77 页。
② 〔日〕内阁府：《2008 年版少子化社会白皮书》，第 20 ～ 21 页，http：//www8. cao. go. jp/shoushi/ whitepaper/w - 2009/21pdfhonpen/pdf/b1_ 1_ 02. pdf。
③ 〔日〕外国人雇佣问题研究会：《外国人雇佣问题研究会报告书》，2002 年 7 月，http：// www. mhlw. go. jp/topics/2002/07/tp0711 - 1. html。
④ 〔日〕经济财政咨询会议第 10 次会议，http：//www. keizai-shimon. go. jp/minutes/2008/0509/ report. html。
⑤ 〔日〕文部科学省和厚生劳动省等：《留学生 30 万人计划》要点，http：//www. kantei. go. jp/ jp/tyoukanpress/rireki/2008/07/29kossi. pdf。

2008 年 7 月，日本自民党外国人劳动者问题课题组发表了关于创立"外国人劳动者短期就业制度"的建议，主张允许外国人来日本短期就业，以劳务的身份进入日本，停留期间为三年以下，对接收团体实行许可制，不设行业、职业限制，同时废除以技能合作为目的的研修和技能实习制度。① 日本商工会议所发表了题为《关于接受外国人劳动者方式的希望》的建议，对自民党课题组提出的"外国人短期就业制度"给予了积极评价，并希望现行的外国人研修和技能实习制度在对象行业和接收人数上能更加宽松。②

2008 年 9 月，社团法人日本经济调查协议会发表了题为《接收外国人劳动者政策的课题与方向》的报告，主张把外国人劳动者分为"高级人才"和"特定技能人才"，构筑不同的接收体系，对于"高级人才"积极接收，认可定居；对于"特定技能人才"要建立一种能使其边工作边提高能力的机制，经过 1～5 年的时间转换成"高级人才"。③

2008 年 10 月，日本经团联发表了题为《应对人口减少的经济社会形势》的建议，提出为构筑可以应对人口减少的经济社会，积极引进以外国高级人才和具有一定资格和技能的人才为中心的各方面人才是迫切的课题，要认真探讨综合性的"日本型移民政策"。④

2009 年 1 月 31 日，日本内阁府发表了《目前关于支援定居外国人的对策》，指出要维持和创造定居外国人的就业，充实职业培训，要增设专门的咨询援助中心，增加翻译和咨询员。2009 年 2 月 17 日，日本经团联发表了《关于提高技术类留学生的质和量两方面的报告书》，提出要扩充奖学金，政府要通过当地的日本领使馆，企业要通过海外分公司在当地寻找优秀的外国学生。

事实上，目前在日本已经有人数众多的留学生和外国人士，这为日本引进外国劳务创造了条件。根据独立行政法人日本学生支援机构（JASSO）的调查，截止到 2008 年 5 月 1 日，在日外国留学生比 2007 年增加了 4.5%，达 12.3829 万

① 〔日〕自民党外国人劳动者问题课题组：《创立"外国人劳动者短期就业制度"的建议》（概要），http：//www. jil. go. jp/kokunai/mm/siryo/pdf/20080725. pdf。

② 〔日〕商工会议所：《关于接受外国人劳动者方式的希望》，http：//www. jcci. or. jp/nissyo/iken/080619fwrep. pdf。

③ 〔日〕社团法人日本经济调查协议会：《接收外国人劳动者政策的课题与方向》，http：//www. nikkeicho. or. jp/。

④ 〔日〕经济团体联合会：《应对人口减少的经济社会形式》，http：//www. keidanren. or. jp/japanese/policy/2008/073. pdf。

人，是历史最高水平。① 日本法务省入境管理局 2008 年 6 月发表统计表明，截止到 2007 年底，在日本进行了外国人登记的外国人为 215 万多人，创历史最高纪录。其中，中国人所占比率最高，占总体的 28.2%，超过了一直占据首位的韩国、朝鲜人。②

日本独立行政法人劳动政策研究研修机构在 2008 年 4 月发表的《关于雇佣外国留学生调查结果》表明，在过去三年的时间里有 9.6% 的企业雇佣了外国留学生，在正式雇员有 300 人以上的企业之中，每三家就有一家雇佣了外国留学生，同时有近 80% 的企业表示今后将雇佣外国留学生。③ 根据日本厚生劳动省统计，截止到 2008 年 10 月底，有 76811 家企业雇佣了外国人员工，外国人劳动者为 486398 人。④

由于少子化的进展，缺少劳动力是日本长期性的课题，对外开放劳务市场是日本必要的选择。但是，日本社会具有人员构成相对单一和相对排外的特点，不太可能大量引进外国劳务和接受大批移民，更多的是采取增加外国留学生的数量、放宽劳动就业条件等措施，吸纳外国优秀人才。

参考文献

〔日〕内阁府：《2008 年版少子化社会白皮书》，佐伯印刷，2008。

〔日〕首相官邸网站，http：//www. kantei. go. jp/jp/。

〔日〕总务省网站，http：//www. stat. go. jp/。

〔日〕厚生劳动省网站，http：//www － bm. mhlw. go. jp/。

〔日〕内阁府网站，http：//www. esri. cao. go. jp/。

〔日〕参议院网站，http：//www. sangiin. go. jp/。

〔日〕经济团体联合会网站，http：//www. keidanren. or. jp/。

〔日〕法务省网站，http：//www. jil. go. jp/。

---

① 〔日〕独立行政法人日本学生支援机构：《2008 年度外国留学生在籍状况调查结果》，http：//www. jasso. go. jp/statistics/intl_ student/data08. html。

② 〔日〕法务省入国管理局：《截至 2007 年末外国人登记统计》，http：//www. jil. go. jp/kokunai/mm/siryo/pdf/20080606. pdf。

③ 〔日〕独立行政法人劳动政策研究研修机构：《关于雇佣外国留学生调查结果》，http：//www. jil. go. jp/press/documents/20080403. pdf。

④ 〔日〕厚生劳动省：《雇佣外国人状况登记情况》，http：//www. mhlw. go. jp/houdou/2009/01/h0116 － 9. html。

2008 年における日本社会動向

王　偉

要　旨：2008 年、少子高齢化の進展により、日本人口が減少し、日本政府は結婚と出産を支援する新たな対策を講じた。雇用状況が悪化し、失業率が上昇する中、日本伝統的雇用制度を肯定的に見直す兆しが見える。これはもとの雇用システムへの回帰を意味する。社会保障費用の増加は日本財政の重い負担となり、税収を社会保障の財源にする議論が盛んになっている。これは日本国民観念の変化に関わる。労働力の長期的不足による日本経済への影響を解消するため、外国人労働者を受け入れる声が高まっているが、社会の単一性と排他性から，日本は大量に外国者労働者や移民を受け入れることはないであろう。

キーワード：少子高齢化　非正規雇用　雇用制度　社会保障　外国人労働者

从"天声人语"看
2008 年日本社会热点问题

范作申[*]

摘　要：经济危机导致日本社会发生巨大变化。从企业经营者、工薪阶层到家庭妇女、失业人员对日本社会的未来充满忧虑。经济危机下的非正式员工、多重负债者的生活状况令人担忧，批判日本现有社会制度的人越来越多。体现在社会思潮方面，无产阶级作家小林多喜二的小说《蟹工船》时隔半个世纪再次热销。同时面对右翼言论，大多数日本国民却表现出整体右倾化倾向。在多数日本人感觉孤独、失望的时候，日本宗教团体自认为可以担当起拯救日本人的使命。

关键词：天声人语　朝日新闻　社会热点问题

2008 年对日本人来说，是不寻常的一年。年底出现的国际金融危机，使本来逐渐好转的日本经济形势急转直下，出现了日本人自称的"百年一遇"的经济萧条。急剧的变化，打乱了日本人平静的生活，经济秩序的崩溃，导致日本的社会思潮和日本人的社会生活发生巨大变化，整个日本沉浸在悲观的氛围之中。

一　金融危机就在我身边——最大的
受害者"非正式工"

2008 年 11 月 13 日的《朝日新闻》"天声人语"栏目这样写道："本报生活栏

---

* 范作申，中国社会科学院日本研究所社会文化研究室研究员，研究专业为日本社会，研究方向为日本文化、社会思潮。

目曾经登载某男性流浪者的忠告'露宿街头的时候,一定把脑袋露出纸箱外'。他所要表达的是,一定要让行人知道,这个纸箱子里有人,否则将遭到脚踢。不知从什么时候开始,露宿街头也变得这样艰辛。夜晚的大城市,屋檐下露宿街头的人不断增加,从末班车里出来的蹭车人,想回家却没有家可回的打工者。昨日发生火灾的大阪单间录像店,造成15名男性房客死亡,一名房客因放火嫌疑被警方逮捕。该店共有32间不足一张席子(约2.5平方米)的单间客房,80%都被大火烧毁。由于有公共浴室,加上一晚1500日元的低价格,所以多被当做旅馆使用。流浪诗人种田山头火有诗曰'居无定所过生活'。这种遭遇,说不定什么时候落到谁的头上。曾几何时'躲避风雨 + A'的服务兴盛起来,昔日的录像店,把提供更加廉价、更加舒适的服务作为经营目标。每当遇到惨案,就强化放火、避难法规,但是仅仅简单地、满怀恶意地封杀录像店,是不是过于残酷。毕竟城市是活生生的东西,这种'屋檐加睡床'的方式,为不少穷人提供了方便。建议多提一些诸如'睡纸箱子时,把脑袋露在外面'之类的忠告,告诉住在那里的人们逃生的路线和如何保护自己。因为我们已经进入'愤怒 + 生活'的时代。"

同年12月27日的"天声人语"还写道:"北风凛冽的昨天,政府公布的新数字让人心寒。仅12月就有3.4万名非正规职工失去工作。有不少人被赶出集体宿舍,被迫露宿街头。那些第一次经历这种状况的人,甚至不知道如何御寒,不知道如何找到废弃的纸箱子和寻找饭馆、超市不要的食品,也不知道寻找房檐、墙角遮风避寒。他们是弱者当中的弱者。今年年末明年年初的连休,加上周休,是那样的长。从今天开始的连续九天的长假,使那些为失业者服务的窗口都关闭了,许多小时工、日工的机会也大大减少。当然对于那些站在街头等待工作机会的人来说,寒冷是最大的考验。'反贫困网络',从事援助生活贫困者的活动,该组织的汤浅诚说:'这期间能够依靠政府的地方,就只剩下坐救护车了。'就这样在宝贵的生命和人的尊严遭受屈辱的时候,我们迎来了新的一年。"

(一) 庞大的非正式员工队伍

根据日本厚生劳动省2008年12月26日公布的数字,据推算,从2008年10月至2009年3月,劳动合同期满不再续签合同以及劳动合同期间中途解约被解雇的非正式职工的人数,将达到8.5万人。仅仅一个月的时间,就比上一次统计(11月)推算的3万人,增加了1.8倍。不仅如此,2009年春天准备就职的大学生、高中生,被解除内定的人,就高达769人。这比前一次公布的数字331人,

增加了 1.3 倍。从今后的情况推算，这两个数字都有继续增加的可能。

据日本全国相关网络统计，截止到 2008 年 12 月 19 日，失业的非正式职工当中，派遣工 5.7 万人，占总数的 70%。此外，定期工等合同工 1.6 万人，承包工 8000 人。从行业分布看，制造业占 96%。

如今的日本社会存在大量的"非正规劳动者"。所谓的"非正规劳动者"，是指从事小时工、短工和派遣工工作的日本人。他们与企业正式员工不同，是按照合同，在规定的时间或者期间，向雇主提供劳动的人。据日本媒体介绍，20 年前"非正规劳动者"仅占总劳动人口的 20%，而如今这个数字已经上升到 30%。特别值得一提的是，日本 24 岁以下的年轻人，有一半是"非正规劳动者"。

对于"非正规劳动者"，日本人的看法不一，有人从积极的角度评价"非正规劳动者"，认为，"非正规劳动者"可以任意选择劳动场所、劳动时间，不受拘束，可以自由选择自己喜欢的各种工作。但是也有人从另外的角度看问题，认为，"非正规劳动者"工资待遇低，工作不稳定，无法进行技术积累，无法设计未来，结婚困难，不能享受带薪休假。

那么，为什么近年来日本的"非正规劳动者"人数不断上升呢？究其原因，大概有以下两种：第一，从"非正规劳动者"的角度看，他们不愿像正规员工那样，经常加班加点地工作，以及经常出差和抛弃家人，单身赴任。第二，从日本企业的角度看，经济不景气，削减成本的最好办法就是，尽量少雇佣正式员工。而大量雇佣"非正规劳动者"则可以减少企业的工资支出。根据日本总务省统计局的统计，日本正式员工的月平均工资为 31.8 万日元，而"非正规劳动者"的月平均工资则为 19.2 万日元。另外，雇佣"非正规劳动者"，能够灵活解决生产旺季人手不足、生产淡季人员闲置的问题。同时能够巧妙应付超长营业时间，解决员工倒班工作的问题。现在的日本企业越来越重视效率，所以相对于招聘大学毕业生，他们更愿意雇佣有实际工作经验、有技术的人。

根据日本总务省统计局组织的"劳动力调查"：1997 年日本有"非正规劳动者"1152 万人；10 年后则增加了 570 万人，达到 1722 万人。其中 15～24 岁的年轻人占了 50%。与此同时，同期日本企业正式员工的人数，则从 1997 年的 3812 万人，减少了 420 万人，仅为 3392 万人。①

---

① 日本总务省劳动局 2008 年资料，由于统计采取四舍五入的方法，合计数字可能稍有出入。摘自日本总务省劳动局说明。

据日本总务省统计，有 50% 多的日本企业打算今后继续扩大"非正规劳动者"的雇佣人数。以丰田汽车公司为例，其生产制造现场，除了有约 4 万名正式员工以外，还根据生产淡旺季的需要，雇佣约 1 万名"非正式劳动者"。他们的合同雇佣期限从四个月到两年零十一个月不等。汽车生产旺季，"非正规劳动者"可以解决人手不足的问题。生产量削减时，可以同时削减"非正规劳动者"的数量。由于 2008 年丰田汽车公司的销售不佳，该公司决定，冻结新"定期员工"的招聘，从 2008 年 3 月到 9 月的半年时间，"非正规劳动者"的人数减少了 20%。从某种意义上讲，订单的多少，直接决定企业的生产量，特别是汽车生产厂家，生产旺季往往限定在特定的季节、特定的日期、特定的时间，如果都使用正式员工的话，生产成本方面的压力就会很大。

（二）非正式劳动者生活堪忧

值得一提的是，过去日本的"非正规劳动者"主要是家庭主妇打工，或者学生半工半读，工资待遇低，他们也不会过多计较。与此同时，他们的工作是辅助性质的，即协助正式员工工作，所以没有必要掌握高超的技术。但是，近年来，日本的雇佣情况发生了很大变化。泡沫经济崩溃以后，日本企业内以"非正规劳动者"身份工作的年轻人越来越多。大学毕业就遭遇"就业冰河期"，想当正式员工却没有机会。经济稍稍好转后，打算转为正式员工，却处处碰钉子。这样的年轻人正在成为日本人家庭经济的顶梁柱，承担着养家糊口的重任。也就是说，一旦他们失去工作，基本的家庭生活将无法继续，有的不得不流离失所，没有饭吃，孩子则不得不离开学校，大量的失业人员流入社会，形成严重的社会问题。

《朝日新闻》2008 年 12 月 26 日以《我这一年》为题，登载了家住日本群马县高崎市、现年 58 岁的公司职员清水博的文章——《在解雇的寒潮中，全家忍耐着》。"今年二女儿也上大学了。我家有三个孩子在上大学，他们都要在外面租房子。我们夫妻两人在家尽量节约，过着十分简朴的生活。我对孩子们说过，让他们走自己想走的路。为此我加入了学资保险，为将来孩子们上大学做准备。没有想到，五年以前我被解雇了，后来进入另一家相关公司。由于经济不景气，两年后公司又面临停业。从今年 9 月开始，我成为一名合同工，工资与五年前相比，减少了 50%，仅够支付三个孩子的学费、房租和生活费。对于处于弱者立场的我们来说，这实在太不公平了。社会怎么变成这个样子……迷惑、失落使我

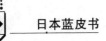

每晚都难以入睡。"

日本的清森县是全日本外出打工人数最多的县。经济危机导致大量外出打工者返回故乡。"没有工作,市政府也无能为力,曾经被我抛弃的故乡,比我想象的还无情。"一位从日本爱知县返回故乡的打工者这样说。该男子回乡后,曾经向市政府申请生活保障金,但是对方以市财政困难为由,拒绝了他的要求。12月16日、17日两天,该男子去几十路外的海边,捞海参,卖给朋友,总算把取暖用油的钱还了。剩下的钱买了苹果和点心,是给孩子的礼物,"眼看就是圣诞节了,今年能给孩子的礼物就只有这些了"。该男子打算把30年前花30万日元买的墓地,以60万日元的价格出售,而他的父母现在正长眠在那里。

名古屋市有一些被称为"屋檐"的简易住房。原来是为帮助城市流浪者自立修建的。经济危机后这里成为找不到工作的打日工者的栖息地。建筑业大萧条,使这里人满为患,要求入住的人是以往的2~3倍。另外,一家为露宿街头者修建的"宿",2008年上半年,每个月的新入宿者为十几人,10月为57人、11月为63人,该设施的负责人认为,年底申请到这里借宿的人还会增加。市级所有的设施加在一起,也无法满足需要。令人担忧的是,这些设施提供的服务都是临时性的,最长时间不超过六个月。由于"非正式工"不具备加入健康保险和雇佣保险的条件,一旦失去工作,住所没有了,也无法得到失业保险金。更为严重的是,在日本没有住所,想找工作是不可能的,而地方财政吃紧,导致"非正式工"无法及时领到生活救济,无疑把他们逼上绝路,为社会安全埋下隐患。前些年日本政府实行"放宽限制"的产业政策,虽然暂时取得一些收效,但是雇佣安全网的破损,导致经济危机出现时,企业负担转嫁社会,而日本当前的社会保障能力,还远远保护不了"非正式工"。

(三) 危机波及正式员工

随着日本经济危机的进一步恶化,解雇的阴云也渐渐笼罩在企业正式员工的头上。一些看上去经营效益不错的企业,也面临艰难的抉择。对于日本人来说,正上着班的时候,随时有可能接到解雇通知。《朝日新闻》2008年11月3日《下午3点,全体解雇》的文章题目,颇能说明问题的严重性。

"在东京都港区某不动产公司工作的河原,感觉公司可能会发生什么事情。下午3点,约200人的员工在大厅集合,破产管理公司的人宣布,公司进入破产程序,今天下午开始解雇全体员工。由于河原所在的公司,不需要连带保人,就可以缔结房屋租赁合同，同时参与房地产新商业经营，被誉为日本不动产业界很有发展前途的企业，是日本创业板上市公司，效益一直很好。然而美国金融危机对该公司的冲市是非常直接的。公司资金链断裂，倒闭时总负债 326 亿日元。约两周后，河原参加了收购公司的说明会，被告知下午 7 点之前，必须把私人物品全部搬出建筑物。时至今日，河原还没有领到 9 月、10 月的工资。只得向父母借钱，寻找再就业机会。"

此外，值得一提的是，由于大多数日本企业削减和撤销雇佣 "非正式工"，正式员工的 "过劳死" 又进一步加重。2008 年 "徒有虚名的管理职" 入选流行语大奖。所谓 "徒有虚名的管理职" 是指企业随便给员工加一个管理负责人的称号，再加班时就不用支付加班费了。因为日本相关法律规定，企业管理人员加班是不领加班费的。儿子 "过劳死" 后，一位母亲对《朝日新闻》抱怨，她的儿子是 "家庭快餐连锁店" 分店长，为了节约开支，不再雇佣临时工，人手严重短缺，全体员工不得不加班工作。儿子休息时间经常被叫到店里干活，尽管很累，但是又不敢说，她儿子不仅没有加班费，而且加班时间没有限制。如今即使不是管理人员，被强迫义务加班的情况，也十分普遍。

2009 年 "春斗" 的主题已经早早确定下来。日本行业工会要求政府惩罚无限制强迫员工加班和无故延长劳动时间的企业。此外，他们还要求从劳动法的角度明确劳动时间上限。面对经济危机，有的工会要求资方大幅度增加工资，以促进内需，从而促进日本经济转暖。还有的工会提出，把正式员工涨工资的钱，用于维持非正式工的雇佣，以维持社会安定。但是有工会干部认为，在以正式员工为核心的工会中，要想实现共识，恐怕很困难。因此有日本人认为，在当前情况下，要解决整体雇佣问题，必须对日本现有的工会组织形式进行彻底改革。

二 社会问题频发，社会思潮多样化

2008 年 12 月 29 日的《朝日新闻》"天声人语" 栏目写道："如果说只要体检通过，马上就被雇佣的好时光，是 '无病即采（用）' 的话，如今的雇佣不安导致 '家庭黯然'。以上是住友生命公司今年募集的 '创作四字常用语' 中的两句话。靠贷款消费，导致美国房贷危机以 '脆宅惨米（美）' 告终。雷曼兄弟的 '兄弟减价' 为危机火上加油。（日本）中央银行 20 日总裁缺位 '中央（银行）

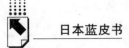

无人'，危机之中本该大显身手的政界，却因官僚失言（说错话），不断演绎'舌退多数'。因医疗、年养老金问题，不老长寿的梦想，变成'苦劳（辛苦）长寿'。在医生短缺的'穷穷（窘迫）医院'，产妇面色暗淡。面粉价格高升，'粉群愤腾（涨）'。学生涉足大麻，学校当局低头谢罪，'污药御免（道歉）'。不论政治、社会、国家都处于悬崖边缘，'四面楚歌'的 2008 年。"①

（一）社会问题频发

1. 吸食大麻成为社会问题

2008 年，日本社会与思潮发生巨大变化，整个社会沉浸在悲观的气氛中。可以说其中最有代表性的例子，就是吸食大麻。大麻是麻痹剂，不仅能够麻痹肉体，也可以麻痹感觉。

"据说因小说《夫妇善哉》而知名的织田作之助，就是卡洛因依赖者，战后不久，酒席中挽起袖子、自己注射卡洛因的样子，曾经在无赖派作家坂口安吾的随笔中，被描绘成'由于代表了当时最流行的时尚，是一件很光彩的事情'。究竟是无赖，还是时尚？大学生的大麻事件一个一个暴露出来，污染面不断扩大。大学校长们忧心忡忡，不知道自己的学生是否染指。电视播放逮捕大学生的场面。面对搜查住宅的警察，该学生几次问对方'真的犯罪了吗?'，警察回答'这就是现实'。可见他是在罪恶意识薄弱的前提下，栽种大麻的，只是所付出的代价太大了。更为严重的是，被拘捕人当中的 70% 是年龄 10~20 岁的年轻人。好奇心是年轻人最可宝贵的，但是吸大麻不是什么好事情。它能引诱年轻人使用更加危险的毒品，在吸毒的道路上，越走越远。"②

根据日本警察厅公布的数字，2008 年日本因栽种大麻和吸食大麻被指控、逮捕的人数，创历史新高，被称为创纪录之年。截至 2008 年 10 月末，被指控、逮捕的日本人达 2149 人，是 2007 年同期的 1.2 倍，是 10 年前的 2 倍。从人员构成看，有运动员、演艺人员、大学生、高中生、家庭主妇、医生等。从年龄看，呈现明显的年轻化趋势。2008 年被指控吸食大麻的人当中，30 岁以下的人达 1570 人，这个数字是 10 年前的 2.3 倍。其中 20 岁以下（少年）179 人，是 10 年前的 1.7 倍。2008 年被拘捕的大学生达 74 人。其中包括早稻田大学、庆应大

---

① 2008 年 12 月 29 日〔日〕《朝日新闻》"天声人语"。
② 2008 年 11 月 19 日〔日〕《朝日新闻》"天声人语"。

学、法政大学、东京理科大学、关西大学、同志社大学等著名大学的学生。

2. 老年人犯罪问题频发

除了大麻问题以外，2008 年日本老年人犯罪也呈增长态势。据《朝日新闻》报道，2008 年在日本刑事犯罪者当中，老年人的人数不断增加，日本 2008 年版《犯罪白皮书》显示，老年人犯罪成为日本犯罪最大焦点问题。除了交通事故以外，2008 年因刑事犯罪被拘捕的 37 万人当中，65 岁以上者达 4.86 万人，10 年间增加了 10 倍。在分析老年人犯罪为什么增加时，白皮书列举了以下因素：一是经济原因。因无钱、无住房而走上偷窃道路。为了生活，老年人打算找工作，但就业机会很少。经济危机之下，就是打短工的工作，也被年轻人垄断了。没有经济来源，租房子也很困难。二是社会原因。根据犯罪学分析，惯犯中，独居老人占相当的比例，他们与外界的联系基本中断。这些与家庭、社会断绝的老人，终日生活在孤独中，即使遇到为难的问题，也没有地方倾诉。某 67 岁犯罪的老人表示，从监狱出来，经济遇到困难，想找福利机构帮忙，但是不知道如何联系，因此又不得不重操旧业。有不少高龄的犯罪老人因过流浪生活，故意偷东西和"无钱饮食"而犯罪因为进了监狱以后，食宿问题都能够解决。

3. 日本老人孤独死

除了老年人犯罪问题以外，日本老年人"孤独死"的问题也越来越受到日本各界的关注。据《朝日新闻》报道。日本千叶县常盘平小区，开展了"你愿意楼道臭气熏天吗"的讨论。据说，该小区过去曾经发生过老人死后四个月才被发现的事例。目前该小区正在开展"孤独死零作战"。日本媒体报道，出生于 20 世纪 40 年代即战后出生的日本人已经进入老龄时代，没有朋友，与亲人没有联系，是这一代老人陷入孤独的直接原因。虽然"孤独死"问题并没有直接危害他人安全，但是它对日本人精神上特别是对老年人精神上的影响却是巨大的，可以说它是日本"社会冷漠感"的催化剂。

4. 种族歧视

2008 年外国人投诉日本人种族歧视的事例不断增加。例如巴基斯坦人男性在住宅附近，多次被警察询问"你经常干什么"。巴西人抱怨不动产公司明确表示，房子不租给外国人。带巴西朋友看病，也遭到医院拒绝。在日本生活 23 年的美国人带朋友去饭馆吃饭，女老板明确表示该饭馆不接待外国人。北海道小樽市的温泉，公开张贴"外国人不得入内"的告示。有的日本温泉则向外国人收取高于本国人数倍的入场券。据《朝日新闻》报道，日本对外国人的种族歧

视，主要体现在以下几个方面：拒绝与外国人签房屋租赁合同。坐车时发现外国人坐在自己旁边时，马上离开。投诉雇佣外国人的企业，称晚上见到下工的外国人很恐怖。外国人在日本职场很难得到提升，总是被安排干非技术性工作。外国人孩子在学校受欺负，被称为"外国人"。经常遭到警察询问，被怀疑为不法入境者。虽然日本政府采取各种措施促进国际交流。各界有识之士提出各种倡议，但是对在日外国人种族歧视的问题不仅没有解决，反而有愈演愈烈之势。

（二）社会思潮呈多样化

在经济危机和社会不稳定因素增多的情况下，2008 年日本社会思潮也呈现多样化趋势。

1. 《蟹工船》与新贫困阶层

分析 2008 年日本社会思潮，最值得一提的莫过于无产阶级作家小林多喜二的小说《蟹工船》在日本再次受到热捧，累计销售达 100 万册。2008 年是小林多喜二逝世 75 周年，他的代表作《蟹工船》发表于 1929 年。该小说描写失业工人、破产农民、贫苦学生和十四五岁童工，被骗受雇于捕蟹船"博光丸"号，长期漂泊海上，从事最原始、最落后、最繁重的捕蟹劳动。因无法忍受监工的残酷迫害，终于团结起来举行罢工，痛打船长和工头。虽然日本海军的镇压使工人们的反抗失败了，但是蟹工们并不气馁，总结教训之后，再次酝酿第二次罢工。小说揭露了渔业资本家和反动军队残酷剥削鱼工的本质行为，生动表现了日本工人阶级从自发反抗到自觉斗争的发展过程。

以撰写"年轻贫困劳动者"生活、劳动、情感方面小说而闻名的日本作家雨宫处凛和作家高桥源一郎，在《每日新闻》的对谈中认为，《蟹工船》中的场景与现代新贫困阶层所面临的问题有许多相似之处。高桥特别指出，我让许多学生读了以后，意外地获得了共鸣。《朝日新闻》以《蟹工船重现现代》为题，介绍了小林多喜二母校与白桦文学馆为纪念小林逝世 75 周年，征集《蟹工船》读后感的情况。读后感一等奖获得者东京都的 25 岁女性，在她的《2008 年的〈蟹工船〉》中写道："我的朋友因投诉性骚扰，失去了住所和工作。《蟹工船》中的工人，像奴隶一样被压迫，他们起来反抗共同的敌人。然而现在我们被肉眼根本看不到的，也说不出是谁的东西，一个一个地袭击、杀害。一个人加入工会，要求资方支付义务服务费的年轻人，他的经历见诸报端，就像'后蟹工船'的故事一样。"还有的临时工在感想中写道:"如今的派遣工生不如死,工作场所的高层大厦,就像冬天的海,掉下去不会有人帮助你。"

据日本总务省统计局的调查,日前年收入达不到 200 万日元的日本青壮年多达 2000 万人。由于日本政府规定,年收入不足 120 万日元的人可以免税,所以日本人把这批低收入群体称为"新穷人"。《蟹工船》的主要读者正是这个阶层的人士。一位年轻读者认为,顾主不愿意雇正式工人,因为需要负担医疗保险费、支付房贴。雇佣临时工,不用支付保险费和各种补贴,还可以随时解雇。比起临时工,更受欢迎的是小时工。监视你的眼睛狠狠的,反正顶不过他,小命全都捏在他的手里,跟《蟹工船》的监工一样。

"不安定"成为近年来日本社会的流行语。由于临时工占日本总劳动人口的1/3,这说明日本 1/3 的劳动力处于"不安定"状态中,他们对社会的不满情绪与日俱增。2008 年震惊日本列岛的秋叶原杀人事件,造成 7 人死亡,10 人负伤。凶手加藤就是汽车配件厂的临时工。他对工厂的许多做法心怀不满,把个人怨恨发泄到社会上,对社会进行最野蛮、最变态的报复。

日本媒体警告政府,必须高度关注"新贫困阶层"。《蟹工船》的热销,潜藏着从未有过的深刻的思想和社会危机。通过《蟹工船》,新贫困阶层找到了自己的影子。可以说,经济危机剥掉了罩在资本主义身上的华丽外衣,把残忍、无情的资本主义,展现在新贫困阶层面前,而这一切促使他们成为无产阶级思潮的主要受体和传播者。据日本共产党的统计,2008 年该党机关报《赤旗报》的销量增加了一倍。

2. 右翼思潮与田母神论文

2008 年,值得一提的还有日本航空幕僚长田母神的论文问题。《朝日新闻》"天声人语"这样评价田母神问题:"军队置于文官政治家的指挥之下,是民主国家的原则。然而在自卫队里这个原则却被忽视。航空自卫队领导的'论文问题',就是对早已定论的战前问题进行翻案。原航空幕僚长(田母神)在国会接受质询,关于过去的那场战争,他与政府对峙,丝毫不见任何反悔。针对'你认为应该堂堂正正使用武器吗',答'是,应该'。听回答质询,我们感到一个统领 5 万自卫队员的人,几乎没有一点正确认识。昭和旧军队'不受政治约束',结果走上战争的道路。虽然时代不同了,但是如果武装集团带有微妙的政治色彩,国民将感到不安。战争罪犯当中,只有文官,原首相广田弘毅被处极刑。未能有效制止军方的错误,正是缺乏文官统治造成的。"

　　可以说，田母神论文的要点，包括以下五个方面。第一，19世纪后半叶以后，日本出兵朝鲜半岛、中国大陆的行为，并非是未得到对方国家同意的行为。日本通过甲午战争、日俄战争，根据国际法合法拥有针对中国大陆的各种权益。为了保护这种状态，才根据条约，派军队进驻中国。第二，日本是被蒋介石拖进日中战争的。第三，日本是被罗斯福逼迫，无奈发动珍珠港战争的。第四，大多数亚洲国家，是正面评价日本的大东亚战争的。第五，认为日本是侵略国家，完全是自虐行为。

　　众所周知，第二次世界大战以后，日本虽然选择了和平发展的道路，但是仍然有一些人，对日本犯下的种种罪行缺乏必要的认识。特别是以日本右翼势力为代表的某些人，总是用自己的言行与和平、道德良知对抗。在这方面比较有代表性的事件有以下六桩。一是1961年某公司董事长策动自卫队干部，计划暗杀首相，因此以"旧军人预谋杀人罪"被逮捕。两名陆上自卫队干部因知情不报，接受停职处分。二是1963年日本防卫厅召开秘密幕僚联席会议，以"朝鲜有事"为假想敌，进行作战图模拟演习，并且建议制定"非常时期特别法"，对国家经济、言论进行统一管理。三是1970年日本作家三岛由纪夫与"盾之会"会员一起，强行进入东京陆上自卫队总监部，将总监监禁，策动自卫队反叛，计划失败后自杀。四是1978年日本栗栖弘臣幕僚议长发表讲话，指出"日本遭受突然袭击时，必须采取超常规的行动"。五是1986年日本陆上自卫队东部总监增冈鼎，在杂志对谈中说到"自卫队要与政府对抗"，会受警告处分。六是1992年日本陆上自卫队三干部，在《文春周刊》上发表论文，指出"阻止政治腐败，只有进行革命或者军事政变"，受免职处分。

　　从历史的角度看，20世纪60～70年代，右翼言论一出，立即遭到大多数日本国民的反对，那时占社会思潮主导地位的是和平主义。进入20世纪80、90年代，面对右翼言论，正义的声音式微，日本国民表现得比较暧昧，在社会思潮方面，折中主义占主导地位。值得特别指出的是，进入21世纪以后，每当右翼言论出现的时候，日本国民首先关注的是"它是否拥有某种合理性"，以田母神论文为例，在电视大辩论中，十几位参与者当中，仅一位女性明确表示反对田母神的防务观，除了三位过激支持者表示坚决支持田母神以外，大多数人选择赞同。看着那位女性被众人攻击的尴尬场面，的确让人感觉近年日本社会思潮发生了巨大的变化。难怪田母神明确表示，他没有错，雅虎网上调查显示，58%的人在支持他。这种多数国民右倾化的现象，的确值得进一步关注。

3. 依赖宗教求解脱

此外，2008年日本宗教界发出倡议，"越是生活在残酷、黑暗的时期，就越需要静下心来，与自己对话"，并发起了"人生再发现之旅"活动，以便通过宗教形式，拯救日本人的心灵。所谓的"人生再发现之旅"就是神社、寺院巡拜，包括四国八十八处巡礼。

参加"人生再发现之旅"的多为单个的日本人，他们当中有的人失去了与外界的联系、有的人下岗退职、有的人经营的企业和公司破产，在需要重新面对人生的关键时刻，接受宗教思想洗礼，净化自己的心灵，清除对人生的漠然和不安。组织者方面认为，通过接触自然和神灵，获得感动，并通过接触处于不同境遇的人，到达"一定要活下去"的境地，起到"起死回生"的效果。由于日本是自杀大国，每年因各种原因自杀的人持续增加，参加这项活动，从宗教角度拯救了不少日本人的生命。

由于这项活动得到积极评价，并且取得了良好效果，日本的神道界与佛教界进一步联手，推出"拜访神佛之路"，形成热潮。东大寺长老森本指出："希望体验宗教气氛之后，灵魂能够得到净化。在不断出现杀人事件的今天，希望宗教界超越不同信仰，一起做稳定日本人心的工作。"

4. 用笑声祛除不安

除了依赖宗教获得灵魂的解脱以外，还有不少日本人选择用笑声祛除不安。据《朝日新闻》报道，日本相声家绫小路的漫谈爆笑专集十分畅销，第一集销量已经突破180万张，第二集销量为75万张，第三集的销量为35万张。2008年组织专场表演150场次。为了保持体力，绫小路每天坚持跑步锻炼30分钟。有不少相声迷提前数月购票，甚至到演出会场附近等候公演。日本某CD公司的负责人指出："购买CD专集的人多种多样，有的赠送入院治疗的患者，赠送双亲或者自己欣赏等。总之，在日本它是十分贵重的存在，用笑声驱散老后的不安和对未来的不安。"

5. 禅宗语录扑克牌热销

2008年，日本花园大学国际禅学研究所向社会推出"禅宗语录扑克牌"，备受各界欢迎。根据该研究所介绍，扑克牌中的禅语是从近2000条禅语当中挑选出来的，每张禅语扑克牌的背面都加了解释。例如："灰头土面"（满面是灰土，浑身是泥的劳动样子，是最美丽的）；"把手共行"（手拉着手，才能共同渡过难关）；"行住坐卧"（人生没有大不了的困难，不过是走走、停停、坐坐、卧卧）；

"平常心是道"（拥有一颗没有任何欲望的心，才是人生的最佳活法）；"至道无难唯嫌拣择"（达到"道"的境地，就没有困难，怕只怕有意识地挑选、选择）；"天上天下，唯我独尊"（在无限的宇宙当中，我是独一无二的存在，要珍视生命）；"青山原不动，白云自去来"（用不动声色，应对万变的环境）。

　　经济危机之中，禅语扑克牌之所以大受欢迎，其主要原因，莫过于它能慰藉日本人不安的心情，治疗心理疾患，让人们保持心理平衡，指导人们坦然对待周围的变化，进而起到稳定社会秩序、缓解个人生活压力的作用。

参考文献

2008 年 1 ~ 2、10 ~ 12 月〔日〕《朝日新闻》社会版。

2008 年〔日〕《朝日新闻》"天声人语"。

〔日〕总务省统计局：《劳动力调查》，2008。

『天声人語』から見る日本の主な社会問題

範作申

　要　旨：経済危機が日本の社会の大きな変化をもたらした。企業経営者、サラリーマン、家庭主婦、失業者が各角度から、日本社会の未来に対して、大きな憂慮を持つ。経済危機下に非正式労働者、多重負債者の生活が心配されている。日本の社会制度を批判する人が多くなった。社会思潮の方に、プロレタリア作家小林多喜二の『蟹工船』ブームになった。同時に日本国民全体が右傾化した。多くの日本人が孤独、失望を感じた時、宗教団体が日本人を救うことて自負した。

　キーワード：天声人語　朝日新聞　主な社会問題

从"内部告发"看日本国民性

张建立*

摘　要：20世纪90年代以来，日本社会的"内部告发"现象骤增，很多著名企业的丑行都是因内部告发而大白于天下。内部告发不再仅仅局限于企业，甚至政府部门也出现了内部告发。"内部告发"现象的增加，势必会进一步加速长期维系日本社会的隐性结构——拟血缘制的式微、瓦解，因而导致日本国民性也随之发生根本性改变。透析"内部告发"这一社会文化现象，不仅有益于较为准确地把握日本社会结构变迁的动向，而且亦有益于我们对日本国民性的变化做出前瞻性判断。

关键词：内部告发　社会结构　拟血缘制　国民性

2008年2月27日，《朝日新闻》"人物"专栏介绍了现在仍然很活跃的百岁禅僧松原泰道的事迹。记者问他："您见证了一个世纪的日本，觉得目前日本最需要的是什么呢？"松原泰道回答说："大概是谦虚吧。现代日本人不知道敬天畏地，因为，与老天爷相比，最近，内部告发更令人害怕。"

诚如百岁禅僧所言，在日本，自20世纪90年代以来，大大小小的"内部告发"接连不断，很多著名企业的丑行都是因内部告发而大白于天下。

2008年，关于"内部告发"，有两个事件、两个判决和两个回顾，格外引人注目。所谓两个事件，一个是，2008年5月，日本料理老店"船场吉兆"倒闭事件；另一个是，9月，轰动日本列岛的"事故米"事件。所谓两个判决，一个是，2008年3月19日，札幌地方法院对北海道食用肉类加工销售公司"MEAT HOPE"公司社长田中稔做出的有罪判决；另一个是，9月30日，日本高松高等

---

* 张建立，文学博士，中国社会科学院日本研究所社会文化研究室副研究员，研究专业为日本社会，研究方向为日本国民性。

法院对爱媛县警察仙波敏郎控告爱媛县警察当局做出的胜诉判决。所谓两个回顾，一个是 2008 年 2 月 25 日至 3 月 4 日《朝日新闻》连载专栏"内部告发"；另一个是 7 月 30 日晚 NHK 综合频道播出的特别节目"单枪匹马的叛乱"。本文拟先对上述这些关于内部告发的事件、判决和回顾情况做一简介后，再对近年来内部告发频仍的原因及其对日本国民性的影响进行简析。

一 两个内部告发事件

2008 年，日本社会一如往年，发生了许许多多、大大小小的内部告发事件。其中，因内部告发使高级日本料理店"船场吉兆"欺骗消费者的行为大白于天下并终致其倒闭的事件，以及因内部告发而被揭露出来的"事故米"事件，轰动日本列岛，影响最大。

（一）"船场吉兆"倒闭事件

2008 年 5 月 28 日下午，日本高级料理店"船场吉兆"社长汤木佐知子举行新闻发布会，痛哭流涕地宣布，该公司将停止营业，并申请撤销先前已经提交的民事再生手续。这意味着"船场吉兆"从此关张歇业。

"船场吉兆"是吉兆集团下属的五家分公司中名气最大的一家，总店位于日本大阪市，在大阪市和福冈市共经营着四家分店。吉兆集团，是由日本料理界首位获得政府"文化功劳者"称号的大师汤木贞一于 1930 年创建的高级日本料理集团。

"船场吉兆"欺骗消费者的行为首次被内部人员告发，是在 2007 年 10 月。当时，几名曾在"船场吉兆"店内打工的女子举报说，"船场吉兆"负责九州地区事务的董事汤木尚治曾明确指示她们，将食品的保质期后延一个月。该事件被曝光以后，汤木尚治矢口否认。同时，他要求该店内一名负责营销的女子把所有责任都揽下来，以维护公司的信誉。在日本，"船场吉兆"的盛名，几乎家喻户晓。此事经媒体曝光后，立即在日本社会掀起轩然大波。随着媒体对其欺骗消费者行为报道的深入，人们开始了解到，以次充好一直是"船场吉兆"惯用的欺骗手法。2007 年 11 月初，日本农林水产省公布的调查结果显示，"船场吉兆"大阪总店内使用的是日本九州产的普通品牌牛肉，但在商品包装上却冒充著名的兵库县"但马牛"和"三田牛"。另外，该店还用一般的肉鸡假冒"土鸡"销售给消费者。长期以来,"船场吉兆"一直存在着"重复使用剩菜"以及"涂改食品保质期"等多种不法或者不道德行为。在事实面前,汤木正德等人不得不在整改报告中承认,"船场吉兆"大阪总店早在十年前就已经存在上述欺骗消费者的行为。

"船场吉兆"违背诚信的丑闻相继爆出后,其四家店铺全部于 2007 年 11 月停业,结果导致公司经营状况急转直下,短短三个月里累积债务达到 8 亿日元。因资金周转恶化,该公司不得不于 2008 年 1 月 16 日向大阪法院申请适用《民事再生法》,使总店及博多分店恢复了营业,以期能够尽可能减轻债务,重振经营。该公司社长汤木正德也于当天引咎辞职,由其妻子汤木佐知子接任社长一职。

"船场吉兆"推出再生计划后,得到了一些老主顾的支持,本以为能够渡过此次难关,可谁知好景不长,2008 年 5 月初,又有内部告发称,该公司包括大阪总店、福冈市博多店、天神店和大阪心斋桥店等在内的所有店铺,都曾将顾客吃剩下的菜再次出售给其他客人。其中,博多店从 1999 年开业之初,就常常将客人吃剩的生鱼片、烤鱼和天妇罗等重新加工后装盘出售给其他客人。内部告发再次爆出的丑闻,对"船场吉兆"形成了致命的打击。2008 年 5 月 28 日,社长汤木佐知子哭着说,公司彻底地背叛了顾客的信任,再经营下去已经非常困难,因此,宣布从当天起全面停业。接下来,该公司将进入破产处理程序。至此,在日本社会一次次掀起轩然大波的"船场吉兆"事件,终因屡次的内部告发被画上了句号。

(二) 事故米事件

2008 年 9 月,日本的新闻里除了愈演愈烈的自民党总裁选举之外,另外一件影响比较大的新闻就是因内部告发而大白于天下的事故米事件。

所谓事故米,也叫污染米。日本的事故米,主要有三个来源:①日本政府收购的国产米中,因储藏不善导致霉变的米;②日本政府为了完成世界贸易组织规定的最低粮食进口配额而从国外进口大米,其中,残留农药超标或因储藏不善导致霉变的米;③民间企业从日本国外进口的残留农药超标或因储藏不善导致霉变的米。通常,因为这类"事故米"中含有高致癌性黄曲霉毒素、杀虫剂甲胺磷等有害物质,所以不能作为食用原料来销售,而被规定只能销售给工业、糨糊制造业、肥料、饲料等民间企业作为生产原料。而且,在出售这种大米时必须标明

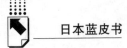

是"污染米"等明显字样。

2008 年 8 月下旬，福冈县农政局办公室接到三笠食品公司违法销售事故米的内部告发，农林水产省随即于 8 月 28 日在福冈县政府等协助下对三笠食品公司进行了现场调查，查验了库存情况、销售单据和台账等。该公司经理一开始否认有这样的事，但在后来发现的一本账簿上，明确地记录了事故米已经非法出售的事实。农林水产省表示，三笠食品公司通过记真假两本账等手段隐瞒违法事实，情节极为恶劣。在三笠食品公司非法销售的事故米中，除了一部分是从双日和住友等大型商社那里购买的事故米之外，大部分为从农林水产省直接购买的事故米，2004 年至今，三笠食品公司已经从农林水产省购买了事故米共计 1779 吨。三笠食品公司在购买到这些农药和霉素含量超过国家规定标准的事故米之后，先是保存一年至一年半的时间，然后再换包倒手，将这些低价批发来的、只能用于工业生产的事故米，伪装成可以食用的日本国产大米，非法高价卖给九州及其他许多地方的造酒厂家、食品加工企业，牟取暴利。目前，约 300 吨事故米流入市场，并且大多已经被直接吃掉或者是做成各类食品等，几乎没有回收的可能。

三笠食品公司非法倒卖事故米一事被揭发以后，各个有关部门开始了一系列的调查，越查牵连越多，受害者远远不只是九州的造酒厂家，还有食品加工厂、饲料工厂、医院和学校的食堂，甚至还有养老院和幼儿园。日本政府在农林水产省网页上公开了所有卖过以及买过事故米的工厂、米谷店、医院、幼儿园等。日本政府公开与事故米有关的单位名单，虽说初衷是为了让消费者安心而采取的紧急措施，但这一做法，反倒给很多受害者增添了更大的精神负担。比如属于末端的厂家，按照市场的一般价格买入事故米，并没有参与任何造假过程，本应属于受害者，但由于销售了含有污染米的商品，因而引起了顾客的不信任与不安，也不得不出来道歉。2008 年 9 月 16 日，日本朝日啤酒公司宣布，全面回收下属酒厂的 9 种计 65 万瓶使用了残余农药超标大米酿制的烧酒。这些残余农药超标的大米，均是购自三笠食品公司代理商奈良广陵町米谷店，该店店主因为承受不了各种重压，亦于 16 日当晚在寓所自杀身亡。这位 54 岁的店主，在给家里人留下的遗书里写道：到处去给人道歉，我太累了。

事故米事件影响之大，受害面之广，日本政府也始料不及。如此广泛的受害范围，引起了公愤。结果，曾在事故米事件被揭露之初失言"相信事故米对人体没有伤害"的农林水产省大臣太田诚一以及失言"农林省不能为企业负责"的农林水产省事务次官白须敏朗，也不得不在离福田内阁全体辞职还有最后五天的时间里，双双先行引咎辞职。

由于有害大米事件的影响扩大，日本大阪、福冈、熊本三地警方组成了联合搜查小组，对三笠食品总部及相关的公司企业进行了彻底搜查。因这些企业涉嫌违反日本《食品卫生法》和《防止不正当竞争法》，事故米事件已进入刑事案件处理程序。在群情激愤的谴责声中，2008 年 11 月 25 日，日本三笠食品向大阪地方法院申请破产，公司负债 15.5 亿日元。该公司的子公司辰之已 11 月 25 日也宣告破产。公司虽然宣布破产，但案件并没有结束。据《读卖新闻》2008 年 12 月 21 日报道，三笠食品公司社长冬木三男等五名相关责任人不久将被以诈骗罪之名起诉。

二 两个关于内部告发事件的判决

2008 年，对以前因内部告发被揭露出来的两起重大事件，法律上给出了最终的了断。一个是关于企业违背诚信经营事件的判决，一个是关于政府部门打击报复内部告发者事件的判决。

（一）对北海道"MEAT HOPE"公司社长田中稔的有罪判决

2008 年 3 月 19 日，日本 MEAT HOPE 食用肉类加工销售公司社长田中稔，因卖了 30 年掺假牛肉而被判处有期徒刑四年。

北海道苫小牧市食用肉类加工销售公司"MEAT HOPE"，从成立之初的 1976 年起，田中稔就主导公司销售掺假肉，到了 1996 年，该公司销售掺假肉的行为常态化。2007 年，由于内部员工的告发，此事得以曝光。

该公司生产的所谓牛肉糜牛肉馅，是在猪、鸡等碎肉中加入牛油搅拌，同时添加血液制剂使之产生牛肉特有的红色，再经过一系列美化加工而成。更可笑的是，如此制作出来的掺假牛肉馅，竟然还被评为业界的"品牌产品"，该公司独家开发的制造假牛肉馅的搅拌机，2006 年居然还获得了日本文部科学省授予的"创意功夫功劳者奖"！一家企业在日本卖假肉馅可以一卖 30 年，这在世界上也堪称难得一见的"奇观"。"MEAT HOPE"销售掺假肉事件的披露，对于坚信日本国产货品质最优的日本人来说，是一个非常大的打击。造假行为因内部告发被曝光后，客户纷纷要求退货和终止交易，"MEAT HOPE"公司因此被迫停产并解雇了所有员工，于 2007 年 7 月 17 日向札幌地方法院提交了自主破产申请。

在公审中，田中稔对起诉事实供认不讳。检方指出，从涉及食品的犯罪性质来看，这是长时期有组织的罕见的犯罪行为，要求法院判处田中稔有期徒刑六年。2008 年 3 月 19 日，在对该案进行第三次公审结束后，札幌地方法院以违反《防止不正当竞争法》与欺诈罪之名判处了田中稔有期徒刑四年。

（二）对爱媛县警察仙波敏郎控告爱媛县警察当局的胜诉判决

据《朝日新闻》2008 年 9 月 30 日报道，因揭露警察当局贪污而被打击报复的爱媛县警察仙波敏郎巡查部长，控告爱媛县警察当局，要求赔偿 100 万日元一案，终于有了结论。日本高松高等法院判决确认，维持 2007 年 9 月 11 日松山地方法院判决的结论，命令爱媛县警察当局全额支付仙波敏郎要求的 100 万日元赔偿金。

仙波敏郎对其所属的警察组织进行内部告发，起因于 2003 年北海道警察当局贪污事件的曝光。受该事件的影响，2004 年 5 月，爱媛县大洲警察署的原会计课长匿名告发了该警察署在搜查报酬上的舞弊行为。警察厅和爱媛县警察当局虽然表面上承认了过失，但暗地里全面动员，孤立会计课长。据《每日新闻》2005 年 1 月 20 日报道，时任巡查部长的仙波敏郎不愿同流合污，并于当日在松山市内召开记者招待会，以自己几十年的警察生涯的真实体验，对警察的组织性犯罪进行了揭露。仙波敏郎称，1973～1995 年的 23 年间，仙波敏郎曾在 11 个警察署的地域课工作，此期间在每个警察署每年都会接到两次要求其伪造三份收据的指令。当他问为什么要这样做时，会计课长都会回答说是为了组织，但他一次也没有合作。仙波敏郎还揭露说，警察从来没有对提供情报的合作者支付过报酬金，伪造出差费建立的小金库，都被警察上司用来吃喝玩乐了。结果，在记者招待会后，仙波敏郎就被县警察当局 24 小时监视起来，刚过一周，就又被从铁道警队调到了只有一张桌子的通信室，同事们也不理他了。仙波敏郎不甘忍受这样的屈辱，以"因被报复调动而遭受巨大的精神、物质痛苦"为由，向松山地方法院提出了控告。

在日本，现职警察以真名实姓对自己的组织进行内部告发，仙波敏郎事件尚属首例。这一次高松高等法院的判决，是对警察组织性犯罪的确认，也是对 2006 年起实施的《公益通报者保护法》的具体执行。爱媛县的人事委员会也已经认定取消调动，让仙波敏郎重新回到了铁道警察队。

三 关于内部告发的两个回顾

20世纪90年代以来，日本社会的内部告发骤增，甚至给人一种内部告发成风的感觉。而且，内部告发不再仅仅局限于企业，甚至政府部门也出现了内部告发，为什么日本社会突然就变成这个样子了呢？目前，对内部告发频仍现象的反省还不是很多，2008年，只有《朝日新闻》和NHK对近年来发生的重大内部告发事件进行了回顾和总结。

（一）《朝日新闻》专栏——"内部告发"

2008年2~3月，《朝日新闻》以"内部告发"为题辟专栏，分别就北海道苫小牧市食用肉类加工销售公司"MEAT HOPE"、石屋制果、"船场吉兆"被内部告发前后的情况进行了总结。

2008年2月25~27日的"内部告发"专栏，主要介绍了对食用肉类加工销售公司"MEAT HOPE"的舞弊行为进行内部告发的原常务赤羽喜六决心告发前后的心路和人生困境。十年前，曾任北海道苫小牧市一家饭店经理的赤羽喜六，被田中稔社长挖来负责企业的营销工作。在赤羽喜六的努力下，公司产品的销路扩大到了全国，销售额也大幅上升。2004年销售额约13.8亿日元，2006年超过了16亿日元。随着业绩的上升，田中社长也变得越来越专横跋扈起来，没有人敢对田中社长的话表示任何异议，否则就意味着辞职走人。与此同时，赤羽喜六从工厂肉馅制作现场得知，自己拼命销售的牛肉馅竟然是掺假的肉馅，而且在田中的主导下，掺假行为越来越过分，甚至还用低廉的价格购进已经发异臭的肉加工肉馅。田中为了搞得像牛肉馅的红色，常把家畜的心脏混进去，拼命地向里面加注添加物，根本不在乎什么超过国家标准。即使检测出内含有可引起食物中毒的细菌，田中也会说"反正会加热的"，便满不在乎地销售给为学校提供饮食的企业。一个当年靠打拼撑持起来的公司，不知何时竟变成了一个"犯罪企业"。面对这一现实，赤羽喜六经过一番思想斗争之后决定去告发。他先是带着实物到农林水产省的派驻机构以及北海道的保健所去告发，但是去了多次都没人理睬。万般无奈，最后他找到了《朝日新闻》。2007年6月20日，《朝日新闻》早报以《炸肉饼里的掺假肉糜》为题进行了报道。这则报道，迫使农林水产省在上述报道两天后对MEAT HOPE公司进行了突击检查，证实了赤羽喜六的举报属实。造假丑闻被揭露后不久，MEAT HOPE 公司就倒闭了。北海道的经济本来就不景气，失业的员工重新找份工作并不是那么简单的事。等待赤羽喜六的是同事的蔑视和骂声，甚至有些亲戚也对他说"可耻！与你断绝关系！"而且，也没有一家公司愿意再雇佣他了。为了追求正义，落得个如此结果，赤羽喜六自身也是困惑不已。

2008 年 2 月 28 ~ 29 日的"内部告发"专栏，主要总结了石屋制果公司被内部告发前后的情况。石屋制果是生产代表北海道土特产的巧克力果子"白色恋人"的公司，该公司从制造便宜的糕点起家辛苦经营至今已经 30 多年了，一直是一个口碑极好的优良企业。但是，就是这样一个企业，据说从 11 年前就已经开始篡改其产品"白色恋人"消费期限，结果由于内部人员向保健所举报，通过突击检查其造假行为得以曝光。兢兢业业构筑起来的优良品牌印象，瞬间便跌落尘埃了。

2008 年 3 月 3 ~ 4 日的"内部告发"专栏，详细记述了福冈市中央保健所如何根据 2007 年 9 月 11 日、10 月 18 日的两次内部告发，顺藤摸瓜地将"船场吉兆"欺骗消费者行为大白于天下的过程。前文已有提及，这里就不再赘述了。

（二）NHK 特别节目——"单枪匹马的叛乱"

2008 年 7 月 30 日晚，NHK 综合频道播出特别节目——"单枪匹马的叛乱"。该节目的主人公，是位于兵库县西宫市的仓储公司"西宫冷藏"的社长水谷洋一。

2002 年 1 月 23 日，正是由于水谷洋一的实名告发，历揽 52 载无限风光的日本肉食品行业"龙头老大"日本雪印食品公司，用进口牛肉冒充国产牛肉赚取昧心钱的丑事被曝光，并在 2002 年 4 月底破产倒闭。继日本雪印食品公司牛肉造假事件公布于众之后，很多食品伪装事件相继被揭露出来，而且大多是因内部告发被揭露出来的。因此，冷藏仓库公司的社长水谷洋一，曾被作为进行内部告发的英雄，受到各种媒体的关注。但是，水谷及其他相关人员为此次告发所付出的代价，也是极为惨重的。日本雪印食品公司被告发倒闭后，西宫冷藏也被国土交通省以在伪装作业时"篡改了库存证明"为由给予了停止营业的处分。接着，老客户相继解除了与西宫冷藏的业务合同，2003 年 5 月 25 日，因为滞纳电费，冷藏仓库的供电也被停止了。三代人经营了 60 多年的公司陷入了毁灭的状态。不甘受此命运的低谷，在出版社鹿砦社的帮助下，水谷洋一通过在大阪车站前的步行桥卖书等，募集重振西宫冷藏的资金，历尽了千辛万苦，终于使西宫冷藏得以重新开业。2008 年 7 月 30 日晚播放的"单枪匹马的叛乱"，就是对这一过程的回顾。节目播出后，从网络留言来看，反响是非常大的，人们对内部告发的评价也越来越高。

无论是《朝日新闻》专栏"内部告发"，还是 NHK 特别节目"单枪匹马的叛乱"，在专栏和节目内容中，对内部告发的可否，都没有表露出明确的态度，对于日本社会近些年来内部告发频仍的原因，也未能深入触及，只是根据对相关人员的采访等，将事实复述了一遍，大有一种留此存照、功罪任人评说之感。

四　内部告发频仍的原因

综观 2008 年及以前的几起内部告发事例，虽然也有关于政府部门舞弊行为的内部告发，但相对而言格外少，内部告发大多还是集中在企业方面，而且还特别集中出现在食品行业方面。如近年来先后爆出的 MEAT HOPE、白色恋人以及不二家、赤福、"船场吉兆"等品牌老店的食品造假问题等。

一般而言，虽然人们大都痛恨那些背信弃义的行为，但因为进行内部告发往往难免要为之付出巨大代价，所以一般人轻易不会做此决断。而且，从日本人格外看重义理人情及其相对闭塞的社会结构特征来看，在日本，内部告发行为本来应该是很难发生的。但是，20 世纪 90 年代以来，日本社会内部告发不但时有发生，而且近年来愈演愈烈。很多著名企业，往往就是因内部告发，才使得其背信弃义的行为昭然于天下，结果是，辛辛苦苦经营了多年的企业，却毁于一旦。在曾经视厂为家、拟血缘、拟家族制的日本企业里，究竟是什么原因，能让告发者如此痛下决心进行告发呢？概言之，可从如下两个方面来予以把握。

（一）个人思想意识的原因

从个人思想意识上讲，进行内部告发，既可能是出于维护社会正义，也可能是单纯为了泄私愤。

据《每日新闻》2005 年 1 月 20 日报道，记者问仙波敏郎决心进行内部告发的动机时，他回答说："进行内部告发是出于正义感。本来期待特别审计能弄清楚一些问题的，但结果毫无所获。上司曾对我说'如果你向记者披露此事，对

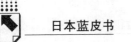

县警们打击太大，恐怕用一年的时间也无法振作起来'，但是，我总觉得不公开这个问题会后悔一辈子，所以就告发了。"

此外，无论是告发 MEAT HOPE 公司制造伪劣牛肉馅的赤羽喜六，还是告发日本雪印食品公司的水谷洋一，他们都称自己是为了正义才决心告发的。

上述这几位内部告发者，均是以实名进行告发的，从客观事实上看，他们宣称自己是为了正义，其动机的可信度还是很高的。此外，还有大量的、大大小小的匿名告发，而且就如同"船场吉兆"的案例那样，有很多是派遣工人或打零工的人进行的内部告发。不难想象，这其中，有些内部告发可能纯粹就是为了泄私愤而进行的告发。当然，即便真的是出于泄私愤而进行的内部告发，恐怕告发者也不会愿意承认的。

（二）社会环境方面的原因

虽然有些内部告发的确是为了维护正义，但是，这并不意味着近些年日本人的伦理道德水准提升了，因为有些通过内部告发揭露出来的企业违背诚信的事件，早在十几年前甚至几十年前就已经开始了，为什么举报人当时没有举报，而直到今天才决定告发呢？所以，只有进一步分析这一现象产生的社会原因，才会更有益于我们把握内部告发的本质。

内部告发的社会原因，主要有两个方面。

第一，表面上的原因，即相关政策的保护和促动。由于日本政府在完善内部告发制度上的努力，这不但使内部告发者便于告发，而且亦使告发者的权益得到了保护，这在一定程度上助长了内部告发的势头。

日本雪印食品公司牛肉造假事件被曝光后，2002 年 2 月 15 日，农林水产省设置了"食品标识 110 举报电话"，大大地方便了内部告发。近年来，有关食品企业内部告发的增加，与这个举报电话的设立还是有很大的关系的。像不二家、赤福、"船场吉兆"、事故米等重大事件，最初都是通过这个举报电话告发的。农林水产省的统计显示，自该举报电话设立以来，包括内部告发的举报电话在内，2002 年举报案件为 5358 件，到 2008 年 12 月底已经增加到了 104064 件。[1]

另外，2006 年 4 月，《公益通报保护法》正式实施，日本保护内部告发者的

---

[1] 《关于食品标识 110 举报电话的实际成绩》，http：//www.maff.go.jp/j/jas/kansi/110ban.html。

制度亦正式确立。以前，如果内部职工揭发了公司里的违规行为，这个人往往必须辞职，而且还很容易遭到物质和身心方面的双重打击报复，但从 2006 年 4 月开始，内部告发者在法律上将受到保护。日本最近揭发出来的食品伪造、伪装的事件，几乎全部来自内部告发。在过去，这些违规行为也都很普遍，但没有被揭发出来，直至近几年才相继被举报揭发出来，可见，《公益通报保护法》的正式实施，在促动人们进行内部告发方面，应该说还是起到了一定程度的积极作用。

第二，深层原因，即终身雇佣制的解体导致日本社会结构发生重大改变。终身雇佣，是由创立于 1928 年的松下公司提出的。所谓终身雇佣制，是日本企业战后的基本用人制度，即从各类学校毕业的求职者，一经企业正式录用直到退休始终在同一企业供职，除非出于劳动者自身的责任，企业主一般不会轻易解雇员工。终身雇佣制造就了企业的人际关系融洽、重情重义的氛围，员工都把企业当做家一样看待。可以说，日本的终身雇佣制是发展了的家族制度，从精神层面上对塑造日本人的团队精神产生了极大的促进作用。历史事实亦证明，终身雇佣制度，的确为二战以后的日本经济腾飞做出了巨大贡献。

但是，终身雇佣制只不过是对二战后特定时期日本企业雇工惯例的归纳和概括，并非法律或成文规定意义上的制度。因此，没有任何制度上的障碍来阻止或限制它走向瓦解。一旦终身雇佣制存在的条件发生变化，企业便不再实行这一雇工惯例。20 世纪 80 年代，日本就出现了"半生雇佣制"的概念。90 年代以来经济持续低迷，更加快了终身雇佣制的瓦解。2001 年，松下、富士通、NEC、索尼等各家电子公司相继宣布裁员计划，日本的终身雇佣制受到了冲击。大量的裁员，年功序列制、终身雇佣制的瓦解，直接导致了拟血缘家族式体制的崩溃，使得"亲亲相隐"失去了大义名分。因此，告发者出于不同动机进行内部告发时，也就可以减少很多心理上的负担了。

五 "内部告发"对日本国民性的影响

从都是在揭露社会黑暗面这点来看，日本社会近年来频发的"内部告发"，与 20 世纪初在美国发生的"黑幕揭发"运动极为相似。1903 年 1 月，林肯·斯蒂芬斯等三名记者在《麦克卢尔》杂志上发表三篇揭露性报道，标志着美国"黑幕揭发"运动的正式开始。这场运动，广泛地揭露了企业界与政界相互勾

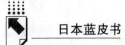

结、徇私舞弊以及下层民众恶劣的生产生活条件等社会现实。但是，后来由于"被揭露者的阴谋压制、广告制约、法律威胁以及一战的爆发和读者的冷漠等"原因①，1906 年之后，"黑幕揭发"运动势头逐渐减弱。至一战前，该运动归于沉寂。

与之相对，目前日本的内部告发现象，却呈现一种有增无减的势头，就如同本文开头介绍的百岁禅僧松原泰道所指出的那样，几乎达到了一个令舞弊者人心惶惶的程度。而且，支持内部告发的社会舆论也越来越强烈，2008 年 6 月 24 日至 7 月 2 日，日文雅虎网进行了一次关于"内部告发"的舆论调查，设问只有一个，即"当你发现了你的公司存在舞弊行为时，你能告发吗？"回答能进行内部告发的占到了回答总人数的 44%。②

20 世纪 90 年代末以来，日本社会频繁发生的内部告发事件，大多集中在企业。2008 年肇始于美国的全球性金融危机，进一步恶化了日本的就业环境，很多企业又在开始大批裁员，无论是出于正义，还是出于泄私愤，估计来自企业的内部告发，仍会有所上升。另外，诸如身为巡查部长的仙波敏郎告发自己所属的警察组织，这类来自政府部门的内部告发事件虽然还极为少见，但是，2006 年 4 月《公益通报保护法》的正式实施，则很可能进一步促动政府部门的内部告发事件的发生。

"内部告发"必将发挥震慑作用，在一定程度上调整、规范企业和政府官员的行为，这些足可预见的影响是毋庸置疑的。此外，还有一个更重要的影响是：因终身雇佣制度衰退，企业劳资结构乃至社会结构会发生根本性改变，致使"亲亲相隐"的潜规则失去存在的基础，促动"内部告发"现象的频发，而"内部告发"的增加，反过来势必又会进一步加速长期维系日本社会隐性结构——拟血缘制的式微、瓦解，因而导致日本国民性也随之发生根本性改变。长此以往，诸如一直贴在日本人头上的集体主义、集团主义、缺少个性等国民性标签，恐怕也将会一去不复返。

通过"内部告发"这一社会文化现象，准确地把握日本社会结构变迁的动向，将有益于我们对日本国民性的变化做出前瞻性判断。因此，今后，日本的内部告发现象将如何发展下去，值得我们继续关注。

① 肖华锋：《试析美国黑幕揭发运动衰落的原因》，《史学月刊》2000 年第 3 期。

② http：//polls. dailynews. yahoo. co. jp/quiz/quizresults. php？poll_ id = 2358&wv = 1&typeFlag = 1.

参考文献

肖华锋：《试析美国黑幕揭发运动衰落的原因》，《史学月刊》2000 年第 3 期。
2008 年 2 月 25～29 日、3 月 3～4 日、9 月 30 日〔日〕《朝日新闻》。
2008 年 12 月 21 日〔日〕《读卖新闻》。
http：//www. maff. go. jp/j/jas/kansi/110ban. html.

「内部告発」から見る日本の国民性

張建立

要　旨：1990 年代以来、日本社会における内部告発が急増し、多くの有名企業の不正や悪事は内部告発によって暴き出された。しかも、内部告発は、企業にとどまらず、政府部門にも現れた。「内部告発」の増加は、きっと日本社会を長年維持してきた裏構造である擬似血縁制の衰え乃至崩壊を招くことになるに違いない。それと同時に、日本の国民性にも根本的な変化をもたらすことになるであろう。内部告発という社会文化現象をしっかりと把握しておけば、日本の社会構造変動の行方をより正確に把握できるだけではなく、日本の国民性の変化に対する展望もできるであろう。

キーワード：内部告発　社会構造　擬似血縁制　国民性

福田辞职与日本人的政治意识

唐永亮[*]

　　摘　要：日本首相福田康夫"闪电辞职"，虽然引起国民对首相本人的失望与不满，但是国民对推选出此种首相的自民党的执政能力并没有完全产生质疑，从支持率上看，自民党的支持率在福田辞职之后不仅没有下降，反而增势不减。这个不解之谜的背后隐含着当代日本人的政治意识，包括：整体保守化，思变而又对变革惴惴不安；对政治不信任，无党派意识逐渐增强；"保守的平衡感"发生了变化。这种政治意识是在日本的社会风土和历史中养成的，是受到日本大众传媒的引导并受到日本政治制度的制约而形成的。

　　关键词：福田辞职　支持率　日本国民　政治意识

　　2008 年 9 月 1 日日本首相福田康夫突然发表辞职声明，日本国内外舆论一片哗然。该事件大概不仅会导致国民对福田本人的失望与不满，他与安倍晋三前首相的接连"闪电辞职"也会使日本国民对自民党执政能力产生质疑。然而，有趣的是，有关调查显示，自民党的支持率在福田辞职后不仅没有下降，反而增势不减。这反映了日本人怎样一种政治意识呢？这是本文主要回答的问题。

一　福田康夫首相辞职与支持率

　　公众舆论是民主政治的一个重要因素。冷战以后，国际政治结构发生变化，公众舆论对政治的影响更加明显。包括日本在内，所有发达国家，以前在密室中

---

　　* 唐永亮，哲学博士，中国社会科学院日本研究所社会文化研究室助理研究员，研究专业为日本社会文化，研究方向为日本社会思潮。

通过几位掌权的人讨价还价来决策的"协调政治"在大众主义的冲击下发生变化，出现了政治的大众化，有人将这种政治形态命名为"电视政治"或"剧场政治"。在日本，20世纪末由于无党派层增大、实行小选举区制和征收消费税等事件，政治与国民间的交流变得更加紧密。以在选举中获得胜利、运营政权为目的，向不隶属任何团体和组织的一般国民发布信息寻求他们的同意，这些都成为越来越必要的事情。这也是作为指标的支持率变得重要起来的原因。大约从20世纪80年代末以来，日本政治中开始出现将各次舆论调查中支持率高的"人气者"选为领袖的倾向。这种倾向进入21世纪以后依然持续，似乎成了一种惯例。对于议员来说，支持率与选举中的形势有直接联系；对于首相来说，支持率是其统率执政党的凝聚力大小的标志。对此，北京奥运会柔道金牌获得者石井慧形象地说："点数制改变了柔道，支持率上的数字改变了政治。"①

（一）福田辞职与内阁支持率

福田康夫在他就任首相不到一年之内突然辞职，其中缘由众说纷纭。有向麻生太郎禅让的密约说、为迎接大选舍生取义说、公明党造反说等等，莫衷一是。然而，有一点是肯定的，持续低迷的支持率是导致福田康夫首相下台的一个重要原因。可以说，成也萧何，败也萧何。内阁支持率上的数字成就了福田内阁，也逼垮了福田内阁。2007年9月福田康夫接替因病辞职的安倍晋三担任首相一职，当时日本各大报纸调查结果显示，福田内阁的支持率接近六成。该数字显示了国民对他以及他所领导的内阁的高度期望和信任。尽管从历史上看，几乎每次自民党更换总裁而后组阁，新自民党内阁都会获得较高的支持率，福田康夫内阁的这个支持率也不是历史上最高的，但它毕竟为福田康夫初掌政权鼓足了士气。然而好景不长，以与民主党联手建立联立政权的构想无果而终，对养老金记录漏登事件的不当处理为标志，福田内阁支持率开始下跌。日本各大报社实施的舆论调查结果显示，进入2007年12月福田康夫内阁的不支持率开始超过支持率。如共同社2007年12月15～16日调查的结果是，福田内阁的支持率为35.3%，不支持率为47.6%。因为后期老年人医疗制度等问题，福田内阁的支持率又进一步下跌。绝大部分报社的调查结果显示，从2008年4月份开始福田内阁面前亮起了两盏红灯，支持率低于30%，不支持率高于40%。如读卖新闻社调查的结果是，

---

① 2008年9月2日〔日〕《日本经济新闻》。

福田内阁4月份支持率为28%，不支持率为57.7%。一般来讲，内阁支持率低于30%，不支持率高于40%意味着该内阁已经进入晚期。也就是说，实际上从4月开始福田内阁已经面临垮台的危险。2008年第4期的《选择》杂志上就刊载出了题为《福田内阁的"倒台"以秒来计算》的文章。进入5月福田内阁的支持率继续下滑，降到了20%以下，不支持率接近70%。这种情况直到福田辞职也没有根本改善，就在福田内阁宣布辞职的前两天朝日新闻社进行了一次全国舆论调查，该调查结果显示，福田内阁的支持率为25%，不支持率为55%。由此可见，内阁支持率成了福田内阁挥之不去的梦魇。

面对持续低迷的支持率，福田曾打出内阁改造计划和综合经济对策试图改变被动的局面，结果却事与愿违。众议院大选在即，没有国民的支持他无法打赢选战，无奈下福田选择了辞职。

（二）福田辞职与自民党支持率

朝日新闻社在2008年9月2日、3日实施的全国紧急舆论调查结果显示：认为福田首相突然宣布辞职是无责任之行为的占66%，远远超过肯定者所占的比例25%。从党派层面上看，民主党支持层中有77%的人认为福田辞职是无责任的行为；无党派层中有64%的人认为福田辞职是无责任的行为。即使自民党支持层中也有超过61%的人抱有同样的态度。由此可见，对福田首相突然辞职的批评呈现了超党派的突出特征。

然而，尽管日本民众普遍批判福田无责任的突然辞职行为，但是这并没导致他们都离开自民党，自民党的势头仍然不逊于民主党。朝日新闻社上述调查的结果还显示，自民党的支持率为29%，民主党的支持率为21%。虽然发生了"首相放弃政权"的事件，自民党的支持率仍然坚挺，高出民主党8个百分点。福田政权成立之初，自民党支持率不足33%，但远远超过21%的民主党支持率。然而，福田康夫首相在汽油税问题上的含混态度以及在高龄者医疗制度上的言行引起了民众的猛烈批判。2008年4月下旬，自民党的支持率跌落至25%以下，民主党的支持率上升至25%～29%之间，超过了自民党的支持率。7月之后自民党支持率呈恢复态势。朝日新闻社在8月30日、31日所进行的舆论调查结果显示，自民党支持率为26%，民主党支持率为20%。此次福田突然放弃政权并没有改变自民党支持率的回升态势，而且仅从数据上看，自民党支持率与民主党支持率的差距被进一步拉大。

（三）福田辞职未影响自民党支持率攀升之谜

由此，出现了一个令人迷惑的问题。一般来讲，一个国家的政党领袖在担任国家领导时，无故突然放弃政权不仅会对他本人产生不良影响，而且对推选他担任领导的政党也会产生不良影响。然而，从支持率上看，日本的状况并不符合这个常识。日本著名的综艺节目主持人缇利伊藤用一个比喻形象地解析了这个谜。他将自民党比作一个餐馆，福田和安倍两届首相突然放弃政权如同自民党食堂连续两次端出了极难吃的菜。通常情况下，大家会说："别开玩笑了！我再也不来这个店了！"扭头就走，谁也不再来光顾。但是，日本人却说："那么，下一次会给我们端出什么菜啊？""下一次要给我们上可口的菜啊！"照样还来光顾自民党食堂。① 虽然政治不似饮食，人们不能随心所欲地更换"口味"，也几乎很少出现新党成立支持者蜂拥而至的现象，但是，这个比喻所揭示的现象是深刻的。它深刻地凸显了当代日本国民的政治意识的特征。

二 日本国民政治意识的特征

由福田辞职事件所反映的当代日本国民的政治意识的特征，主要表现为以下几点。

（一）整体保守化

政治意识属于社会意识，它是社会存在的反映，但它未必与社会存在同步。通常情况下，政治意识具有落后于经济基础的迟滞性。20 世纪 90 年代以来日本社会呈现的明显的保守化倾向，很大程度上是伴随 20 世纪 70~80 年代日本经济持续增长而形成的。人们满足于经济增长，不再追求政治变革。21 世纪初人们的思变意识是伴随 20 世纪 90 年代以来日本经济长期低迷而新近出现的政治意识。这种意识并不是主流，但它恰恰反映了日本人对于当今日本政治经济状况的态度。2000 年小泉纯一郎在自民党内没有很高人气的情况下能够高调当选，是因为他所宣扬的大胆的改革构想迎合了人们的思变心理。朝日新闻社 2008 年 9 月 2~3 日所进行的舆论调查结果显示，从政权形式上看，有 32% 的日本人支持

---

① 2008 年 9 月 5 日〔日〕《每日新闻》。

"以自民党为中心的政权"，有41%的人支持"以民主党为中心"的政权。可见，民众对于政权交替还是充满期待的。但是，从政党支持率上看，自民党的支持率又高于民主党的支持率，这反映了民众的不安情绪。毕竟政治不是儿戏，国民对从来没有当过执政党的民主党抱有不安，不放心把政权交给它。

（二）对政治不信任，无党派意识逐渐增强

近年来，日本国民对政治的不信任感程度很高。日本内阁府2008年2月所进行的社会意识调查结果显示，认为国民的想法和意见在国家政策上"得到反映"（"相当程度得到反映"为1.1% ＋ "某种程度得到反映"为20.6%）的占21.7%，"没有得到反映"（"没太得到反映"为56.3% ＋ "基本没得到反映"为18.9%）的占75.2%。[①] 不信任自民党，对民主党执政又抱有不安，所以无党派人士逐年增多。如何拉到这些人的选票成为各大政党争取选战胜利的关键。无党派层关心的不是政党的色彩，而是政策方针是否合适和有效。这样一来，如何向国民解释政府政策、引导舆论就成为国家领导人必须做的事情。中西宽认为，采用议院内阁制的国家首相有三大权力源泉，即"政"（执政党）、"官"（政府）、"舆"（舆论）。小泉首相最大限度地发挥了"舆论"的力量，他以"官"为基轴，攻击"政"。"政"的旧势力确实被他瓦解，但与此同时"政"变臃肿了。在这种情况下，他的后继者安倍和福田开始转移焦点，变革一直以来与旧势力的"政"携手合作的"官"，建立新体制。此时，主流的"政"毋庸置疑是首相的支持基础，但"政"的臃肿反而束缚了首相，成为首相的压力。为减轻这个压力，首相需要寻求舆论的支持。安倍提倡民族主义意识形态，福田想以协调的手法通过积累成绩获得舆论支持。但是，两人的尝试都没有成功。诉诸民族主义有来自国际关系方面的制约，而福田的协调手法又需要首相个人的语言表现力，这一能力福田并不具备。[②] 从这一点来说，福田是牺牲在舆论政治中的悲剧式人物。

（三）"保守的平衡感"发生了变化

"保守的平衡感"是朝日新闻社舆论调查室主编的《日本人的政治意识——

---

① http://www8.cao.go.jp/survey/h19/h19-shakai/2-3.html.

② 〔日〕中西宽：《福田辞职，与苏联末期相似的日本政治》，《中央公论》2008年第10期。

朝日新闻社舆论调查 30 年》一书中提出的一个假说。它指的是战后 30 年日本的保守政权虽然有几次因失去大众的支持而面临执政危机，但每次都能通过更换总裁交替政权和解散众议院等方法化险为夷。自民党支持率在 1955 年 11 月保守合流后虽然上下有所浮动，但都是在沿 45% 的平均线发展。在某种平衡被打破时，感知或察觉到它，想办法恢复平衡，这种感觉存在于选民中间，这就是"保守的平衡感"①。这一假说有一定的道理。但是冷战以后，这种所谓的"保守的平衡感"的存在基础和表现形式都发生了明显变化。首先，"保守的平衡感"的基础发生了变化。冷战后，包括日本在内，保革对立的政党体制逐渐瓦解，目前的状况是自民党与最大的在野党民主党形成了保保对立的格局。冷战前"保守的平衡感"主要包含两个方面的含义：一方面是国民在保守政党与革新政党之间的选择倾向于保守的感觉（战后 30 年日本社会党只组建过两届内阁：1947 年的片山哲内阁和 1948 年的芦田均内阁）；另一方面是国民在保守政党内部的保守派与革新派的选择中寻求平衡的感觉。冷战之后，日本人的"保守的平衡感"的第一含义逐渐消失，内涵缩小，"保守的平衡感"集中缩聚到第二含义之中。国民在自民党的保守派与革新派的选择中寻求平衡，森喜朗—小泉纯一郎—安倍晋三—福田康夫的政权交替就体现了这样一种平衡感。20 世纪 90 年代中期成立的具有保守政党性质的民主党逐渐壮大分散了国民的"保守的平衡感"。日本人的"保守的平衡感"呈现分散化的特征。这也是冷战后自民党支持率相比冷战前长期低落的原因之一。战后 30 年内自民党的平均支持率为 45% 左右，而进入 20 世纪 90 年代情况恶化，到了福田康夫执政末期自民党支持率为 29%，而民主党支持率为 21%。总之，日本国民的"保守的平衡感"正在出现第一含义缺失化，第二含义上的"保守的平衡感"在保守政党自民党和民主党间分散的现象。

概而言之，日本国民的政治意识处于转换期。这一时期人们既想变革，又怀有不安意识；既厌烦了自民党，又对民主党不放心；既在自民党内部的保守派与革新派之间徘徊，又在自民党与民主党间徘徊。但是，保守意识仍是主流，变革意识属于非主流，所以才出现了福田辞职没有影响自民党支持率攀升的现象。然而，要解开这个谜团，还有必要谈谈社会、政治意识传统以及大众媒体和政治制度对政治意识的影响。

---

① 〔日〕朝日新闻社舆论调查室主编《日本人的政治意识——朝日新闻社舆论调查 30 年》，朝日新闻社，1976，第 19 页。

三　社会、历史传统与国民政治意识

在福田辞职这件事上，许多日本媒体都集中批判日本政治的劣等化，忽视了日本国民政治意识不成熟才是其中更深刻的原因。某种意义上说，日本国民政治意识不成熟是历史原因造成的。日本国民接受近代民主、自由观念的历史并不长，也不彻底。

日本近代以来的民主化大概经历了两个过程，即战前民主化时期和战后民主化时期。在第一时期出现了三次民主化运动的高峰，即明治启蒙运动、自由民权运动和大正民主主义运动。1889年《大日本帝国宪法》颁布，它是民主化运动的"有限的"结果，同时又为民主化运动定了基调，限制了其后民主化运动的发展。就如日本近代著名的思想家中江兆民所说："看，吾人于宪法被赋予了什么？议会有何权能？内阁不是对议会无任何责任吗？上院不是与下院拥有同样的权能吗？内阁不是常常超然于政党之外吗？……"[1] 对这部宪法的颁布，日本国民的反应是欢腾雀跃。中江兆民批判他们这种态度如同"爱妻临产还未分娩，就早早料定生的是男孩而欢呼雀跃的丈夫"，民众只是对宪法充满了"希望心"，却没有仔细考究这一"恩赐"宪法之实。中江兆民认为这种"希望心"本质上就是"利己心"，主要体现在两方面：其一，经济上的富裕，直接或间接地缓解囊中的羞涩；其二，政治上的自由可以免除"心思上的几分束缚"。[2] 这部宪法为大正民主主义运动定下了基调，从某种意义上说大正民主主义运动就是围绕着护宪运动而展开的。"恩赐"的宪法、"恩赐"的民权，民主化的不彻底是导致日本走上军国主义道路的原因之一。

第二次世界大战后，日本在盟军总部的指导下揭开了民主化的新一页。然而有意思的是，这次民主化的结晶——战后宪法也是"恩赐"的，不过这次不是天皇恩赐的，而是美国"恩赐"的。从这一点上说，日本的民主化仍不彻底，是被动的，民众意识层面的民主化更是如此。为人之根本的自由、民权而奋斗，甚至不惜抛头颅洒热血的民主精神对日本民众的洗礼还没有彻底完成。中江兆民所说的"利己心"仍然在日本民众的政治意识中作祟。

---

① 〔日〕平野义太郎编《幸德秋水选集》第1卷，政界评论社，1945，第19页。
② 〔日〕中江兆民：《中江兆民全集》第15卷，东京：岩波书店，1985，第6页。

分析日本人的政治意识不能不谈日本社会文化因素的影响。日本社会具有明显的由无数个纵向系列集团构筑而成的垂直结构。每个母集团都由多个子集团组合而成，集团与集团以及同一集团的内部成员都依据其地位、身份、辈分严格确定尊卑序列关系。这种社会结构使生活于其中的日本人呈现出了与西方人的"内部取向型性格"不同的"他人取向型性格"。① "在日本既没有确立脱离集体的个人自由，更缺乏超越集团或个人的所谓'公共精神'。"② 这种性格服从有余，而主动不足；易于保守，而变革不足。

总之，从历史上看，日本人从未彻底地接受过民主精神；从社会文化结构上看，垂直的社会结构使人们养成了"他人取向型"的社会心理，影响了日本人的政治意识，使他们在政治变革上缩手缩脚。

四　大众传媒与国民政治意识

信息化时代，出现了包括政治信息在内的信息泛滥。面对五花八门的政治信息，民众陷入选择困境。媒体既提供了国民了解国情、表达政治情绪的空间，同时自身也是引导、塑造民意的极为重要的手段。关于媒体的政治影响力，主要有两个理论。20 世纪 50 年代电视成为主要媒体之前，"强化论"（reinforcement thesis）占有支配地位。"强化论"又称"最小影响"模式。该理论认为民众的政治见解根深蒂固，不会被媒体的报道所动摇，媒体保存而不是改变选民的政治态度和行为。冷战后民众的政党忠诚意识明显减弱，解释媒体影响力的"议程设定论"（agenda-setting view）得到发展。该理论认为，尽管媒体，尤其是电视，并不必然影响我们思考的内容，但媒体框定了议程可以影响我们思考的方向。大众传媒在多大程度上影响了受众，不在于它说了什么，更重要的是它没有说什么。③

下面我们从福田辞职事件之后媒体的动向，谈谈媒体在福田辞职后自民党支持率仍然持续攀升的背后所起的作用。

2008 年 9 月 1 日福田发表辞职声明后，日本媒体的报道大体分为两个阶段。

① 林晓光：《日本受众社会心理构造成因的切片分析——兼论德弗勒"媒介效果研究"操作模式的缺陷》，《新闻与传播研究》第 13 卷第 1 期。

② 〔日〕土居健郎：《日本人的心理结构》，阎小妹译，商务印书馆，2007，第 26 页。

③ 〔英〕罗德·黑格、马丁·哈罗普：《比较政府与政治导论》，张小劲等译，中国人民大学出版社，2007，第 165 页。

第一个阶段是福田辞职当天的报道，这一段时期电视的及时性传播作用被发挥得淋漓尽致，它框定的议程是福田辞职事件。从第二天开始，各大媒体就将注意力转移到探讨自民党今后的日程表上。

对于福田辞职事件几乎所有的报纸都站在批判的立场上，呈现出超党派超阶级的特点。但从各大报纸的调查和评论所反映的情况看，不同的群体对该事件评价的视角略有不同。

在政党方面，被采访对象中的许多人都把该事件与执政党的能力联系在一起。在执政党内部，对福田辞职事件有两种旗帜鲜明的对立态度。持批判态度的人认为，福田康夫的辞职影响了执政党的形象。如原自民党干事长加藤纮一就不无忧虑地指出："我很吃惊。这是对党不可估量的打击，恢复它并不是件容易的事情。"① 而持赞成或同情态度的人认为，福田康夫的辞职具有挽救自民党的自我牺牲的悲情意味。

在野党方面，对福田辞职事件基本都持批判态度，并将该事件与自民党的执政能力联系起来。例如，共产党的笠井亮众议员就说：对于福田辞职，"与其说是惊奇，毋宁说是该来的时刻到来了。福田继安倍前首相之后放弃政权，标志着自民党政治本身走到了尽头"②。

福田康夫首相突然辞职，经济界也一片哗然。自民党与经济界长期以来存在一种蜜月关系。但安倍晋三和福田康夫的先后辞职，增强了经济界对政治的不信任感。在此之前，产业界对民主党的态度是认为，民主党"政策、信条零散"，执政能力令人担忧。但是，福田辞职事件发生后，开始有人认为有必要经由一次政权更迭将改革推向前进。不过，从整体上看，这种意见并非主流，经济界对自民党政权仍有期待。

有识者方面对于该事件的分析视野宽，且更加深刻，不仅从历史、制度和个人能力方面对福田辞职的原因进行了较为深入的分析，还对福田辞职造成的影响进行了剖析。总体上看，多数有识者对福田辞职事件是持批判态度的，这种批判不限于对福田本人能力的否定，矛头亦直指自民党和日本政治的弊端。

各大报纸在福田辞职后随机采访了普通市民，并陆续收到民众的踊跃投稿，多数市民的反应是惊奇、气愤，但缺乏深刻的批判。一位名叫青木久弥的东京市

① 2008 年 9 月 2 日〔日〕《产经新闻》。
② 2008 年 9 月 2 日〔日〕《日本经济新闻》。

民对福田辞职事件认识得比较深刻，他说，政治家应该具有规划国际政治外交发展方向的政策信念，要把当上拥有最高权力实现政策信念的首相作为目标，而最近的首相往往把"首相宝座"本身作为目标。①

从 2008 年 9 月 2 日以后，各大报纸开始转变议程。尽管讨论福田辞职事件的文章仍然占有一定篇幅，但焦点毋宁说已向讨论今后日本政治日程的方向转变。从 9 月 2 日主要日本报纸上刊载的评论来看，重点探讨的是国会解散问题和自民党总裁选举问题。具体情况如表 1 所示。

表1　2008 年 9 月 2 日日本五大报纸上讨论"福田之后"的议题

报纸名称	标　题
每日新闻	政局一转,接下来的是解散国会
朝日新闻	尽早解散国会,纠正不当的政治
读卖新闻	福田的继任者,与麻生对抗的是小池氏的名字
日本经济新闻	自民党中旬要举行总裁选举
产经新闻	福田的继任者,还不确定

长期执政的自民党与媒体之间已经形成了相互理解的规则。一般来讲，在媒体报道中，政府必然具有相对于反对党的优势。首相发表的声明总是比反对派发表的声明更具新闻价值。媒体追求的是大故事、时效性。福田康夫恰恰利用了这一点，通过辞职这一强烈的信息所引发的话题性，消解了民主党代表小泽一郎出马竞选宣言的影响。接下来的自民党总裁选举和首相任命的舆论，完全使民主党失去了存在感。这种议程转换使民众从对福田辞职的抱怨中脱离出来，开始关注自民党新总裁的选举，并对即将产生的新总裁抱以期待。福田辞职事件发生后，各报社一般从 9 月 2 日、3 日才开始施行紧急舆论调查，这一时期议题转换已经完成。议题转换引发了民众对自民党新任总裁的期待感，所以从调查结果上看自民党的支持率并没有下降。

五　政治制度与国民政治意识

政治制度也是塑造日本国民的政治意识、导致福田辞职后自民党支持率仍然

---

① 2008 年 9 月 5 日〔日〕《朝日新闻》。

攀升的重要原因。

首先,日本采取的是议会内阁制政体。议会内阁制与总统制有很大的不同。总统制的特点是,总统和议会任期固定,互相均不能推翻对方以垄断全部权力。与之相对,议会内阁制突出的特点是,首相和内阁由议会产生,对议会负责,议会可以通过不信任案投票将其罢免。从政体上讲,实行议会内阁制的日本相较实行总统制的美国更易出现短命内阁。平成时期的首相,从宇野宗佑到福田康夫共有12人,除了小泉纯一郎任职五年半外,其他人平均任职一年零三个月。可以说,进入平成时代以后日本国民对短命内阁已经司空见惯。相较前几届短命内阁,福田内阁的短命并没有引起民众心理上的太大波澜。虽然它加重了国民对自民党政治的不信任感和不安情绪,但许多人仍然将选择自民党作为底线。这大概可称为一种政治意识上的惯性吧!

那么,英国也是议会内阁制政体,为什么英国很少出现类似日本那样短命内阁频繁出现的现象呢?这主要与英日两国的政党制度不同有关。在议会内阁制政体下,国会中政党与政府的组成主要有两种形式:一种是单一政党组成多数的政府,另一种是两个或多个政党组成的联合政府。英国采用的是前者。英国国内工党和保守党为争取议会中的多数席位而竞争,胜者成为执政党单独控制政府。"在英国,执政党是内阁与议会沟通的桥梁。通过政党纪律,行政部门主导着议会,控制着议事日程和时间表。内阁既是正式的国家最高委员会,但也是政党领导人的非正式会议。只要内阁中的政党资深人士对后座议员的意见保持敏感,他们就能控制下议院;即使他们做不到这一点,往往也能控制住下议院。每个政党都有监督委员会来确保后座议员即普通议员按照政党领导人的要求投票;即使没有督导员的关注,普通议员如果想成为大臣,一般也会遵守政党的路线。"① 正是因为有这种制度上的保证,英国政府才显得稳定而果断。

目前日本采用的是后者。冷战后自民党势力减弱,不得不和公明党组成联合政府。联合政府的突出特点是组成相当缓慢,但解体十分迅速。通常情况下,联合政府要长期维持下去要具备四个要件:①参政党拥有议会多数席位并有相容的意识形态;②联合政府由数量较少的政党组成;③经济发展强劲;④应届政府在

---

① 〔英〕罗德·黑格、马丁·哈罗普:《比较政府与政治导论》,张小劲等译,中国人民大学出版社,2007,第385页。

全国范围内得到肯定。① 除了前面两点外，其他两点福田内阁都不具备，这就为其埋下了短命内阁的伏笔。不仅是福田内阁，在经济不景气的情况下，任何一届自公联合内阁都暗含短命的危机。具有讽刺意味的是，自民党拉拢公明党以稳定政权，而这种联合却使其政权先天暗含短命的危机。

日英两国之所以采用上述的政党制度，与两国不同的选举制度有关。英国采用的是简单多数投票制度，得票排第一位者一轮投票当选。根据杜维尔法则，简单多数的一票制有利于两党制。这是英国采用单一政党多数制的选举制度上的原因。日本在20世纪90年代以后开始实行小选举区与比例代表制相结合的混合代表制。这一制度促使选民的选票向自民党和民主党集中的同时，也使许多小党维持下来。为在议会中控制多数，自民党被迫与公明党结盟。这是日本在选举制度上产生联合政府的原因。另外，从选民的投票行为看，20世纪中后期以后自民党的支持层正在弱化。包括日本在内，许多民主国家中的民众对政党的认同比例都在下降，出现了选民与政党之间，以及社会群体与政党之间联系纽带的弱化。越来越多的人不是从意识形态上来选择政党，而是注重政治争议问题、经济状况、政党领袖和政党形象等。

《读卖新闻》和早稻田大学在2008年10月4～5日所进行的舆论调查结果显示，现在对自民党失望的人比对民主党失望的人高出20个百分点。而当问到谁具有政权担当能力时，投自民党票的人比投民主党票的人高出约20个百分点。由此可见，选民虽然厌倦了自民党政权，但也犹豫把政权交给民主党。② 在福田执政时期，自民党和民主党争取民众支持的博弈中，两方看起来似乎势均力敌。自民党在执政能力上优于民主党，但福田因在执政期间没有太大作为、突然放弃政权而在政党领袖的形象方面输给了小泽一郎。然而，由于不习惯政权在政党间交替的政治思维惯性，以及对自民党未来的期待感，多数日本国民在福田突然辞职后仍然选择支持自民党。

总之，当代日本国民趋于保守又期望变革，政党认同意识下降，"保守的平衡感"正在出现内涵缺失和对象分散的变化的特点。这是造成福田突然辞职后自民党的支持率继续攀升的深层原因。而日本国民从未接受过真正彻底的民主精

---

① 〔英〕罗德·黑格、马丁·哈罗普：《比较政府与政治导论》，张小劲等译，中国人民大学出版社，2007，第386页。

② 〔日〕田中爱治：《众议院选举的焦点与选民的视点》，《潮》2008年第12期。

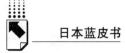
神的洗礼、"他人取向型"的社会心理、媒体和现代日本政治制度等多种因素共同塑造了上述日本国民的政治意识。

参考文献

〔日〕朝日新闻社舆论调查室编《日本人的政治意识——朝日新闻社舆论调查 30 年》，朝日新闻社，1976。

〔日〕土居健郎：《日本人的心理结构》，阎小妹译，商务印书馆，2007。

〔日〕小泽一彦：《现代日本的政治结构》，世界知识出版社，2003。

〔英〕罗德·黑格、马丁·哈罗普：《比较政府与政治导论》，张小劲等译，中国人民大学出版社，2007。

〔日〕田中爱治：《众议院选举的焦点与选民的视点》，《潮》2008 年第 12 期。

福田康夫首相辞任事件から日本
国民の政治意識を見て

唐永亮

要　旨：福田康夫首相と安倍晋三前首相ともに任期途中で政権を投げ出した。このようなことは日本国民に首相への失望や不満を起こさせるだけでなく、彼たちが所属している自民党の政権担当能力にも疑問を抱かせられる。しかし、支持率からみると、福田康夫が辞任した後自民党の支持率は下落するところか、回復し続いたという難解な謎となる。その謎を解き明かすために、その背後に隠された当代日本国民の政治意識を深く討論しなければならない。「変革したいとしても不安を抱く保守化傾向」、「政治に不信、無党派意識がだんだん強くなる」、「保守的平衡感が変わった」などは当代日本国民の政治意識の主な特徴である。そして日本の社会風土、歴史、マスメディアと政治制度は当代日本国民の政治意識を育成する重要な要素であると考える。

キーワード：福田康夫首相辞任　支持率　日本国民　政治意識

日本性别平等状况及相关政策

胡 澎[*]

摘 要： 性别平等指的是男女两性在经济、政治、文化、社会和家庭生活等方面处于同等地位，享有同等权利。当今日本，在经济发展水平、人均寿命、教育水平等方面均处于世界前列，但日本男女两性在经济机会、权利和政治发言权方面存在不平等现象。本文使用最新的统计数字，从妇女参政、妇女就业、男女两性工作与生活的冲突以及对妇女的暴力四个方面，梳理日本性别平等状况，并在此基础上，重点介绍 2008 年相关政策的出台和实施。

关键词： 性别平等 妇女参政 妇女就业 对妇女的暴力

性别平等指的是男女两性在经济、政治、文化、社会和家庭生活等方面处于同等地位，享有同等权利。作为衡量一个国家妇女社会地位的指标，它既是社会发展的重要组成部分，也是衡量社会进步的基本尺度之一。

第二次世界大战后，日本政府在发展经济、普及教育、维护社会稳定、提高国民收入等方面做出了不懈的努力，取得了卓有成效的进步。联合国开发计划署《人类发展报告》表明，日本人在人均寿命、受教育水平、生活水平方面均处于世界前列。然而，国际社会还通常使用 GEM（Gender Empowerment Measure，即性别赋权指数）这样一个指标，来衡量一个国家的性别平等状况，评价妇女是否积极参与经济和政治生活。具体体现在妇女的收入，妇女在专业、技术、管理等职位上所占的比例，以及在国会议员中所占的比例等方面。2007～2008 年的《人类发展报告》中，日本的 GEM 在 93 个国家中排名第 54 位，甚至低于一些发展中国家。这表明：在经济机会、权利和政治发言权方面，日本男女两性不平等

---

[*] 胡澎，史学博士，中国社会科学院日本研究所社会文化研究室副研究员，研究专业为日本社会文化，研究方向为日本女性、日本社会运动和民间组织。

现象比较严重，与其发达国家的地位很不相符。

20 世纪 70~80 年代以来，日本各界、各阶层要求改变性别不平等状况的呼声越来越高。在国际社会的影响以及日本国内各界特别是妇女界的推动下，日本政府逐渐开始在国家政策中增加推进两性平等、鼓励和支持妇女与男子平等地参与政治经济和社会生活的内容。这些政策、制度的出台及实施，维护了妇女的人权，提高了妇女的地位，使性别不平等状况逐步趋于改善。

一 2008 年日本性别平等状况

（一）妇女参政水平缓慢提升

20 世纪 80 年代中期以来，随着日本妇女经济、社会地位的提高，妇女的生活方式和思维方式发生了很大变化，她们的政治参与、行政参与、司法参与等状况均有了明显改善。

首先，妇女在立法机构中所占的席位逐渐增多。2008 年 4 月，众议院中女议员有 45 人，所占比例为 9.4%，参议院中女参议员 44 名，占 18.2%，均比上一届有所提高。国会议员选举中女候选人的参选自 1986 年以来一直处于缓慢增长的趋势之中。在最近一届的 2005 年 9 月的众议院选举中，候选人中妇女比例为 13%，当选者中妇女比例为 9%，创历史最高纪录。在 2007 年 7 月的参议院选举中，女候选人占全部候选人的 24.1%，当选比例为 21.5%，大大高于上届的 12.4%。地方议会中妇女的参与率长时期处于较低水平，有些地方议会甚至常年维持女议员为零的局面。近 20 年这一落后状况有了明显改变，2007 年 12 月，地方议会女议员比例已经占到 10.4%，尤其是特别区议会女议员所占比例相对较高，2007 年达到 24.7%。相比之下，都道府县议会及町、村一级议会中，妇女比例比较低。国家审议会中妇女的参与率处于较高的水平。截至 2008 年 9 月 30 日，国家审议会妇女委员的比例比 2007 年增加了 0.1%，达到 32.4%，女专门委员的比例比 2007 年增加了 1.2%，达到了 15.1%。值得一提的是，2008 年 9 月 24 日，伴随着麻生太郎内阁的诞生，34 岁的小渊优子被任命为少子化对策担当和男女共同参与担当大臣，成为第二次世界大战后最年轻的内阁成员。

其次，妇女的行政参与有了明显进步。1945~2000 年的半个多世纪中，地方自治体行政长官中女性比例一直处于极低水平。20 世纪 90 年代后半期开始有了增加的趋势，2000年日本历史上第一位女知事的诞生，结束了女知事为零的局面。截止到2008年12月，千叶县、滋贺县、山形县、北海道的知事均为女性（大阪府和熊本县女知事分别于2008年2月和4月卸任）。此外，女医生、女研究人员等女性专门人才的比例有了显著提高。但民间企业、公务员、经济团体、职能团体中女性管理人员的比例依然较低。国家公务员中女性人数虽有所增加，但管理职位的女性比例仅为1.9%（2007年1月），都道府县地方公务员中的女性管理人员占5.4%（2008年），呈现出职务越高、女性比例越低的特征。

（二）就业领域的性别不平等

2008年版《妇女劳动状况》表明，妇女在雇佣者总数中所占比例为41.9%。妇女就业模式依然呈现M型曲线，25～29岁和45～49岁是两个就业高峰期，而30～39岁期间则为低谷。这主要是晚婚、婚育以及家务劳动和养育孩子等原因造成的。近年来，妇女就业的一个明显的趋势是，30～34岁之间的妇女劳动力率有所上升。

当今日本非正规就业的妇女人数较多。究其原因，在始于20世纪90年代初期的"失去的十年"这段经济低迷期，企业为应对经济不景气，纷纷控制正规雇佣人员的数量，增加了计时工、临时工、派遣工等非正规雇佣人员。这使得日本就业形式发生了很大变化，非正规雇佣人数特别是妇女非正规就业人数有了明显增加，2008年从事非雇佣就业的妇女占全体女性雇佣者的53.6%，超过了半数。其中，妇女从事派遣工的人数增长得更为明显。2008年度从事派遣工的妇女增加了5万人，达到142万人。

近20年来，一般就业人员男女工资差距（不包括奖金和补贴）显示缓慢缩小的趋势，如果把男子平均工资作为100，1987年妇女平均工资只有57.6，到2008年已降至67.8，但性别工资不平等现象还是比较明显。其原因在于男女两性在职位上的差异，如部长、课长、股长等，另外，与工作年数的长短也有关系。在发达国家中日本性别工资差距较大，如果加上奖金和补贴，性别差距更大。性别工资差距直接关系到妇女的生活质量和心理健康，并对妇女职业发展产生很大影响。因此，如何改善性别工资差距是性别平等政策中的重要一环。

据2008年版《妇女劳动状况》，除去短时间劳动者的妇女雇佣者平均年龄为39.1岁，平均工作年数为8.6年。虽然比上年有所下降，但从长期来看，妇女平均工作年数还是处于增长趋势，特别是连续工作十年以上的妇女比例明显上升。妇女就业率提高及工作年限的延长不仅带来了双职工家庭数目的增长，也带来了另一个突出的社会问题，就是双职工家庭的男女在工作与家庭上的矛盾。

2008 年席卷全球的金融危机波及日本，导致股市下跌，中小企业破产增加，失业人数增长，就业形势恶化。由于妇女在中小企业就业的比例较高，且非正规就业人数较多，因此，在经济危机及裁员浪潮面前，首当其冲的就是非正规就业者，且非正规就业者中的妇女比男子失去工作的可能性更大。另外，不少企业主为了节约成本，往往不给这些从事非正规就业的员工购买本应购买的保险。因此，从事非正规就业的妇女一旦失业，将面临生活上的巨大压力。此外，各大公司为应对危机纷纷削减录用应届毕业生的名额，2009 年女大学毕业生的就业形势将变得更为严峻。由此可见，2008 年这场经济危机势必会加剧日本就业领域原本存在的性别不平等现象。

（三）男女两性工作与生活的冲突

工作与生活冲突是一个世界性的问题，而日本的情况尤为突出。其原因主要有以下几点：一是老龄化现象日益加剧，需要护理的老年人数逐年上升，导致家庭成员的护理负担加重。另外，家庭规模缩小也使得祖父母一代在育儿上提供的帮助减少。二是工薪人员加班多，劳动时间长，特别是 30~45 岁年龄段的男子，长时间劳动常态化。过长的劳动时间占用了自我提高和充实的时间，以及参与家务劳动和社区活动的时间。三是工作与家庭的冲突问题聚焦于双职工夫妻家庭。从统计上来看，1980 年开始双职工家庭数量增加，专职主妇家庭数量下降。从 1997 年开始，双职工的家庭户数超过了专职主妇家庭户数。2007 年双职工夫妇家庭户数比专职主妇家庭户数多 162 万户。双职工家庭过半，而日本人的工作方式、生活方式并没有发生大的改变，特别是男女性别分工意识依然存在，妇女在护理老人和养育孩子上负担沉重，心理压力很大。四是整个社会对育儿的支援体制不够完善，妇女工作与育儿很难兼顾，约 70% 的妇女以生孩子为契机离开工作岗位。

男子在家务和育儿、护理方面的参与对于实现工作与生活协调至关重要。日本总务省 2006 年《社会生活基本调查》表明，在双职工家庭中，丈夫从事家务、育儿、护理的总时间为 30 分钟，妻子则为 4 小时 15 分钟。丈夫是工薪人员、妻子是专职主妇的家庭，丈夫从事家务、育儿的时间是 39 分钟，妻子是 6 小时 21 分钟。由此可见，日本男子尽管有参与家务和育儿的愿望，但实际参与状况明显不够，与一些欧美国家相比更为落后。

目前，日本在执行带薪产假方面存在问题，育儿休假的覆盖率不高。2008年8月8日，日本厚生劳动省公布了一年一度的《雇佣均等基本调查（2007）》。结果表明，妇女取得育儿休假的比例为89.7%，男子仅为1.56%，比2005年有所上升，但依然处于较低水平。这主要是由于企业主面对市场竞争压力，顾虑产假成本而不愿采取行动。

（四）对妇女的暴力问题

近些年，日本的家庭暴力特别是来自配偶、恋人的暴力问题日益突出。暴力的受害人以妇女居多。对妇女的暴力是对妇女人权的巨大侵害，是性别不平等现象的极端体现。2008年10月日本内阁府实施的《男女间暴力调查》表明，在被调查的2435位有婚姻史的人（女性1358人，男性1077人）中，遭受过配偶（包括未婚同居、分居中的夫妇、前配偶）身体暴行、心理攻击、强行性行为三项中任何一种的妇女占10.8%，男子占2.9%。到"来自配偶的暴力咨询援助中心"的咨询件数年年增加。2007年全日本"来自配偶的暴力咨询援助中心"的咨询件数超过了6万件。从《防止来自配偶的暴力及保护受害者的法律》实施的2002年4月到2007年12月之间，针对来自配偶的暴力而对受害人发出保护命令的有10971件，找警察咨询、举报以及希望得到保护的件数也每年增加，2007年超过了2万件。

在日本，丈夫对妻子施暴，直到20世纪90年代才开始成为社会关注的一个问题。这是由于在很长一段历史时期内它是作为家庭私事予以处理和思考的，受害妇女也往往认为这是自己和家庭的耻辱，羞于向外界透露。所以，在一个相当长的时期内，妇女遭受丈夫暴力的现象潜在化。20世纪90年代以来，随着国际社会对妇女权利的重视，以及日本妇女思想意识特别是人权意识的提高，日本政府召开了一系列会议，出台了消除对妇女施暴的相关法律，对妇女的暴力问题，特别是来自配偶的暴力问题渐渐从潜在化走向显在化，并日益受到社会各界广泛关注。

二 促进性别平等的相关政策及实施

性别平等政策为男女平等的实现提供了制度性保障。日本政府于1999年制定了《男女共同参与社会基本法》，2000 年和 2005 年又分别制定了两次《男女共同参与基本计划》，在 12 个重点领域提出了 2020 年末达到的基本目标，以及 2010 年末的具体措施。以下从四方面予以阐述。

（一）男女共同参与政策的制定和实施

20 世纪 90 年代中期，日本政府提出要把 21 世纪的日本建成"男女共同参与社会"的目标，即男女两性相互尊重人权、不分性别、充分发挥个性和能力的社会。1999 年，《男女共同参与社会基本法》颁布并实施。该法是日本性别平等的基本大法，强调从社会制度和传统习惯方面改善男女机会不平等的状况，确保男女作为平等的社会成员，根据自己的意愿参与社会活动并平等地享有政治、经济和文化利益。为了显示政府对于性别平等的重视，内阁府特设以推进男女机会均等、共同参与为目的的"男女共同参与局"和"男女共同参与会议"。后者作为内阁府的四个主要政策会议之一，负责检查和讨论有关性别平等的基本政策和其他重要事项，监督性别平等落实的进程，检查政府决策对性别平等进程的影响。

为了全方位把握日本妇女的参政状况，男女共同参与局每年进行一次《妇女参与政策方针决定状况调查》，并在此基础上制定今后的具体实施计划。针对目前不尽如人意的妇女参政状况，政府采取了一项旨在提高女性成员在政府议会和委员会中比例的政策，提出到 2020 年末，各领域中处领导地位的妇女所占比例至少要达到 30% 的目标，以及审议会中女委员的比例到 2010 年末至少达到 33.3%、审议会中女性专门委员的比例 2010 年末要达到 20%、2020 年末之前达到 30% 的目标。

为应对当今日本社会少子老龄化的急速进展状况，创造最大限度发挥男女两性潜能的社会环境，日本政府 2008 年主要做了以下一些工作：

3 月，男女共同参与局实施了"诸外国在政策方针决定过程中妇女参与状况的调查"，考察了德国、法国、韩国、菲律宾四个国家的妇女参政状况，并与日本妇女参政状况进行了横向比较。

4 月 8 日，为了加快妇女在政治、行政和社会生活各领域的参与速度，制定了《加速妇女参与计划》，明确提出到 2010 年底之前改善妇女工作和任用环境，特别是对女医生、女研究人员、女公务员的工作和任用进行支持；提出 2010 年末，政府各机关部门相当于课长、室长职务以上的女性比例至少要达到 5%，显示了政府首先要在中央政府机构领导层中增加妇女比例的决心。

6月23～29日开展了"男女共同参与周"的活动,该活动由2000年12月男女共同参与推进总部决定并于次年开始实施。参与周期间,内阁府、相关中央机构、地方共同团体、妇女团体和民间团体相互配合,在全日本范围内开展多种活动促进男女共同参与社会形成。例如,6月26日在东京日比谷公会堂召开了男女共同参与推进联合会议主办的"实现男女共同参与社会全国会议"。同一天,2008年度"构建男女共同参与社会功臣奖"和"女性挑战奖、援助奖、特别部门奖"颁奖典礼在首相官邸举行。福田康夫首相及男女共同参与担当大臣出席。"构建男女共同参与社会功臣奖"是表彰那些常年在各自领域为男女共同参与社会的实现作出杰出贡献的人士。此前由内阁官房长官表彰,2008年开始改为首相表彰。2008年共有12位人士获此殊荣。"女性挑战奖、援助奖、特别部门奖"是2004年开始实施的一个表彰制度,旨在表彰那些在妇女创业、非营利组织和社区活动等方面有着卓越表现的个人、妇女团体和民间组织,由男女共同参与担当大臣进行表彰。

10月7日,日本内阁府男女共同参与局发表了《推进地方公共团体男女共同参与社会的形成及妇女相关政策实施的状况》。

10月11日和19日,京都和横滨分别召开了"男女共同参与论坛"。

10月28日,日本内阁府召开了男女共同参与会议,会上发表了《妇女参与政策方针决定状况调查》,公布了对妇女在政治、行政、司法等领域参政状况调查的结果。从整体上看,在方针政策决定过程中妇女的参与呈现缓慢增长的态势,但要达到2020年各领域处领导地位的妇女占30%的目标,还有很长的路要走。

(二) 促进妇女就业的对策

1. 推进雇佣领域男女机会均等

为促进雇佣领域的性别平等,日本政府在1985年制定了《男女雇佣机会均等法》,规定在招募、录用、安置、晋升、教育培训、福利、退休年龄、解雇等领域,禁止对妇女一切形式的歧视。该法实施了20余年,在劳动力和就业领域,妇女地位有了一定程度的提高。为了应对雇佣领域出现的新问题,2007年4月实施了修改后的均等法。

日本厚生劳动省的雇佣均等儿童家庭局和设在各都道府县劳动局的雇佣均等室,是雇佣领域性别平等的指导机构,监督企业执行各项男女平等制度和法律。

2008 年 6 月的"男女雇佣机会均等月"期间，以政府为中心展开了各种活动。包括：宣传男女在雇佣领域享有平等的机会和权利，促进企业在消除男女差别、发挥妇女潜在能力上采取积极的行动。自 2001 年开始每年一度的"推进妇女活跃协议会"，在 2008 年主要围绕支持妇女发挥能力的必要性和效果进行了宣传。

针对雇佣领域存在的性别不平等现象，政府实施了一些具体措施来改善雇佣环境。例如，为把握男女工资现状，缩小男女工资差距，2008 年出版了《男女工资差别报告（2008）》；对母子家庭的母亲就业予以援助；推进在家工作的就业形式；督促企业对孕期或产后女职工进行健康检查；采取相应的安全措施，保障从事夜间工作的女职工上下班及工作安全等。这些都在一定程度上改善了妇女的工作环境，推动了雇佣领域中的性别平等。

2. 对育儿进行全方位的支持

日本政府对育儿的全方位支持，一方面是为了减轻职业妇女的负担，促进妇女广泛就业，另一方面也是为了缓解两性工作与生活矛盾，同时，政府希望创造一个良好的有利于生育和育儿的环境，以遏制日趋恶化的少子化现象。

1990 年的"1.57 冲击"①，使日本政府意识到出生率低下、儿童数量减少的严重性。为应对日趋严峻的少子老龄化社会问题，日本政府从变革社会意识、强调儿童和家庭重要性的观点出发，相继出台了一系列支持育儿的政策和法规，其中主要有 1991 年的《育儿休假法》（1995 年改为《育儿护理休假法》）、《天使计划》（1994 年）、《新天使计划》（1999 年 12 月）、《应重点推进的少子化对策的具体实施计划》（1999 年）、《少子化对策 +1》、《少子化社会对策基本法》（2003 年）、《推进对培育下一代的支持对策法》（2003 年）、《少子化社会对策大纲》（2004 年）、《新少子化对策》（2006 年）等，2004 年 12 月，少子化社会对策会议制定了《少子化社会对策大纲为基础的重点对策的具体实施计划》。2007 年 2 月，少子化社会对策会议出台了《"支援儿童与家族的日本"重点战略》，强调工作与生活协调的实现以及对培养下一代的支持，是车之两轮，缺一不可。目前，日本对育儿的支持已扩展到整个社会综合采取措施进行推进。各地方自治体均制定并实施了行动计划，纷纷出台了一系列支持育儿的地方性措施。

日本政府为了对应妇女就业形式日益多样化，实施了支持育儿的具体举措。如增加保育所的数量，延长保育时间，推广休息日保育、临时保育、夜间保育

---

① 1990 年统计表明，妇女一生平均生育 1.57 个孩子，创日本历史最低。

等。另外，推进"家庭保育"制度①，设立"社区育儿支援中心"②和"家庭支援中心"等。为应对托儿所数量和服务无法满足社会需要、等待入托的孩子排队③的现象，2001年开展了"将等待入托儿童降为零的战役"，以强化保育服务的质量和数量。2008年2月，又开始了新一轮的"将等待入托儿童降为零的新战役"，提出到2017年的十年间，要增加100万0～5岁儿童利用保育所等设施，对不满3岁儿童的保育服务要从20%提高到38%的目标，并强调把2008年之后的三年作为重点实施期。这些措施扩充和提供了更多的儿童保育手段，对育儿家庭提供了服务，在一定程度上解决了他们的困难。

3. 促进妇女的再就业

调查表明，大多数妇女希望能够养育孩子与工作兼顾。然而，现实状况是，尽管有《育儿护理休假法》作为保障，仍有70%的妇女以生孩子为契机离开工作岗位，而妇女一旦离开岗位，再就业状况非常严峻。对此，厚生劳动省2008年8月开始重新思考育儿护理休假制度，并于12月提出了一些修改建议，如将短时间工作制度义务化、延长父母同时申请育儿休假的时间，创立短期休假制度等。政府还积极推动和督促企业执行和贯彻育儿护理休假制度，对那些在企业内部设立托儿所的中小企业创设融资制度，并在税收上给予优待。

在政府的推动和引导下，不少企业施行了缩短劳动时间，减少加班，推广灵活的工作方式（如在家工作、短时间工作、弹性工作时间）等措施；一些企业给有小孩子的职工发放保育费等补助；培养能胜任多项工作的员工；对女职工重返工作岗位提供援助。一些大企业还在企业内部设置保育所。这些举措为女职工创造了良好的工作环境。厚生劳动省每年评选那些积极采取措施发挥妇女劳动者能力、制定工作与家庭兼顾制度的企业，作为"家庭友善企业"和"推进均等兼顾企业"予以表彰。2008年10月24日，召开了"均等、兼顾推进企业表彰大会"。

针对大量从事非正规就业的劳动者，日本政府对《计时工劳动法》进行了修改（2008年4月1日实施），该法对于改善雇佣环境，促进计时工就业，发挥

---

① 家庭保育制度是推行"保育妈妈"解决劳动者白天工作、保育困难问题，由区认定的保育人员对出生后43天至2岁的孩子在自己家中进行保育。

② 一般设置在保育所内，向社区内的家庭开放保育所的庭院、设施，提供育儿家庭聚会场所，设立育儿相关的咨询，解除家长在育儿上的烦恼，进行育儿支援。

③ 2006年日本全国范围等待入托的儿童人数达2万人。

妇女能力有着积极作用。目前，政府还在积极构建将从事短时间劳动者作为正式员工的制度。

为了解决妇女的再就业困难，政府在几个大城市里设立了专门提供计时工工作岗位的职业介绍所"计时工银行"。2008 年全日本共有 56 家这样的职业介绍所。内阁府制定《支援妇女再挑战计划》，在内阁府开设咨询窗口，为再就业妇女提供各类信息。2008 年 4 月，制定了《新雇佣战略》，督促企业改善雇佣环境，对有就业愿望的妇女提供就业信息和咨询，对育儿等因素中断就业的妇女进行再就业的综合支援。

为了促进妇女再就业，一些民间教育机构和非营利组织发挥了积极作用。如"妇女与工作的未来馆"经常开办一些发挥妇女能力、支持妇女创业等内容的讲座，并为即将毕业的学生提供参观企业的机会；为妇女求职者开展职业培训，提供就业咨询和创业咨询等。

（三）缓解男女两性工作与生活的冲突

衡量两性工作与生活协调的政策与措施是否得力，主要看以下几个指标：是否有养育孩子和照顾老人的休假制度；是否制定并实施工作与家庭兼顾的制度；工作环境、社会环境、社区环境是否使制度较容易实施等。近些年，日本政府在缓解工作与家庭冲突方面做了大量工作。

1. 制定努力方向，开展舆论宣传

为缓解男女两性工作与生活的冲突，实现一个国民能够在经济上自立又有健康充裕的生活时间的社会，日本内阁府设立了"工作与生活协调专门调查会"。2007 年 7 月，成立了以内阁官房长官为议长、相关内阁成员及经济界、劳动界、地方公共团体代表等组成的"推进工作与生活协调官民高层会议"。同年 8 月，该会议讨论并制定了《改变工作方式、改变日本的行动指针》，12 月 18 日，通过了《工作与生活协调宪章》和《推进工作与生活协调行动指针》，显示了日本政府希望通过国民运动来推动和构建工作与生活协调的制度机制，并提议积极采取各项行之有效的措施，改善和构筑实施制度的环境。"宪章"和"指针"还具体设定了就业率、每周劳动时间超过 60 小时的雇佣者比例、短时间劳动可选择职场的比例、第一个孩子出生前后妇女的继续就业率等 14 个目标值，希望通过协调工作与生活的矛盾，实现一个可选择的多样化工作方式和生活方式的社会。

2008 年被称为"工作与生活协调元年"，日本内阁府在 2008 年 1 月 8 日设立了"推进工作与生活协调室",主要开展以下工作:发挥"推进工作与生活协调官民高层会议"事务局的作用,联系、整合相关机构和地方共同团体;对政府主办的活动进行企划;开展信息收集、整理和调查研究。2008 年 2～3 月,连续召开了几次工作与生活协调方面的会议。2 月 16 日召开了"工作、生活协调研讨会"。6 月 12～22 日,日本内阁府政府宣传室对全日本 20 岁以上的 2000 人进行了"工作与生活协调特别舆论调查",调查内容包括:工作与家庭协调的认知度,工作、家庭生活、地域和个人生活的现状及期望,用于家庭生活的时间,参加社区活动的时间,用于学习、研究、兴趣、娱乐、体育和休息的时间等。

为使"宪章"和"指针"能够顺利实施,企业、劳动者、都道府县市町村之间的联系与合作至关重要。2008 年,地方公共团体纷纷配合中央的政策开展了一系列活动。如高知县召开了"家族与地域的联系论坛",介绍了高知县的措施、县内企业的实际情况。石川县召开了"推进石川县工作与生活协调会议"等。

2. 地区社会、民间团体密切配合

社区居民之间、家庭成员之间交流弱化、邻里关系疏远、周围对育儿有所帮助的人减少等,是造成工作与生活冲突的原因之一。因此,为了让人们认识到家庭、社区的重要性,从 2007 年度开始,内阁府将 11 月的第三个星期日定为"家庭日",将这一天的前后一周作为"家庭周"。"家庭周"期间大力宣传作为国民养育下一代的重要性,强调家庭成员和社区的重要性,提倡家庭成员为社区做贡献。2008 年 10 月 25 日,作为"家庭周"的重要活动事项,在岐阜县召开了"支持育儿、家族地域相联系论坛"。11 月 13 日,日本内阁府召开了"支援儿童和家庭的日本"研讨会,表彰了第一届"支援儿童和家庭的日本"功臣。"分享工作、家庭和喜悦"作为 2008 年度男女共同参与周口号从 3021 件来稿中选出,足见家庭对实现男女共同参与社会的重要性。

为了解决妇女养育孩子的辛苦,地区社会、社区的重要性日益突出。日本文部科学省与厚生劳动省在 2007 年联手推行"放学后儿童计划"。利用空闲的小学教室、校园以及社区公民馆、儿童馆,在社区退休教师、大学生、民间团体、当地居民等多方协助之下,建立孩子放学后和周末安全的学习和活动场所,开展各种课外活动,政府给予必要的经费。学龄儿童在放学后能够安全健康成长,减轻了家长的后顾之忧。

工作与生活协调政策的实施需要政府部门、企业、民间组织的密切配合、积极运作。2006 年 8 月成立的"为了下一代的民间运动——推进工作、生活协调会议"，希望通过改革工作方式和生活方式来实现协调的生活，还设立了"工作与生活协调大奖"。财团法人社会经济生产力本部也提议，将每年的 11 月 23 日的勤劳感谢日同时也作为工作生活协调日，既要重视和奖赏辛勤工作，也要重新认识和重视工作以外的生活。

（四）消除对妇女的暴力，保障妇女人权

1. 建立、健全法律和法规

日本政府在消除对妇女暴力的措施中，将消除婚姻暴力放在了重要位置。2001 年 4 月 13 日出台了《防止来自配偶的暴力及保护受害者的法律》（2002 年 4 月 1 日实施），该法律适用于法律保障的婚姻关系以及订婚和同居的事实婚姻关系中的男女两性，不仅是以女性为对象，也适用于男性受害人。同时，明确规定了夫妇、恋人之间的暴力也是犯罪，规定了国家和地方公共团体在防止对配偶的暴力和对受害者予以保护方面负有责任和义务。这一法律在 2004 年和 2007 年分别做了修改，扩充了对受害人予以保护的内容，市町村"来自配偶暴力咨询援助中心"的设置、基本计划施行等内容，修改后的法律于 2008 年 1 月 11 日正式实施。

2. 全社会范围开展宣传活动

2008 年在消除对妇女的暴力方面主要有以下一些活动。日本内阁府 3 月 24 日召开了第 46 次"对妇女的暴力专门调查会"，讨论了防止来自配偶的暴力的方针及保护受害人的措施以及相关预算。9 月 26 日，召开了"防止来自配偶的暴力与支援受害人全国会议（DV 全国会议）"，会上表彰了一些地方公共团体的先进事迹。11 月 12 日至 11 月 25 日的"消除对妇女暴力的运动"[①] 期间，国家和地方共同团体、妇女团体和其他相关团体共同配合开展了大规模的宣传活动。内阁府制作了 2.6 万张海报贴在地铁车站，将 9.5 万份宣传品分发到相关机构和团体，并利用电视、广播、网络等开展宣传活动，提高人们的人权意识。11 月

---

① 1999 年联合国大会上决定将每年 11 月 25 日定为"国际消除家庭暴力日"，号召这一天全世界行动起来，为改变不合理的性别关系和对妇女施暴的陋习而努力。2001 年日本男女共同参与推进总部决定每年 11 月 12～25 日两周期间开展"消除对妇女暴力运动"。

18 日，内阁府召开了"对妇女暴力的预防及宣传调查研究报告会"，宣传杜绝对妇女的暴力，对妇女进行防范暴力的指导。11 月 21 日上午 10 时到 22 日上午 10 时，在全国范围开通了针对来自配偶的暴力的"24 小时 DV 热线"，对暴力受害人提供咨询服务。警察厅也采取了一系列举措来强化对妇女的犯罪行为的管制，并对相关营业场所加强了管理。

为了响应中央政府的号召，地方政府也积极行动起来。例如，静冈县男女共同参与中心 11 月 19 日召开了"消除对妇女的暴力的运动"演讲会，并在运动实施期间在车站等地散发了宣传资料。福冈县厅 11 月 12 日召开了防止对妇女的暴力的演讲会，并在福冈、北九州等四个场所进行宣传活动。

此外，日本政府针对对妇女的暴力现状进行调查、收集数据、汇编统计资料，研究和探讨对妇女的暴力行为的原因、性质、严重程度，及时公布统计资料和调查结果，以便提出有效的改进措施。

3. 建立消除对妇女暴力的安全网络

政府和非政府组织、社区组织密切合作，建立起包括收容所、避难所、DV 热线、医疗中心、受害救助中心、报警系统、家庭支持等在内的社会安全网络，既为妇女免遭暴力提供保护，又为各种暴力行为受害者提供有助其安全和身心康复的措施或专门援助，如康复、治疗、协助照料、抚养子女、法律援助、住房、就业、摆脱困境和社会服务等。

2002 年 4 月开始，各都道府县开始在妇女咨询所等相应设施中开设"来自配偶的暴力咨询援助中心"。2007 年修改后的《防止来自配偶的暴力及保护受害者的法律》将市町村有义务设置"来自配偶的暴力咨询援助中心"写进了法律规定。到 2008 年 4 月，全日本范围内这样的援助中心共有 180 所，对受害人进行医学和心理学等其他方面的指导；对受害者、受害者子女进行临时保护；为受害人提供就业信息、培训信息、利用保护设施的信息等。另外，全日本范围内为遭受暴力伤害的受害人设立了多所民间临时避难所。该避难所主要由民间团体运营，为遭受家庭暴力的妇女提供临时性保护，并帮助其尽快实现经济上、心理上的自立。截止到 2007 年 11 月，全日本 32 个都道府县共有 105 所这样的民间临时避难所。

综上所述，2008 年日本政府在性别平等方面做了不少事情，使性别不平等现状有了一定程度的改善。然而，性别平等目标任重道远，还需要各级政府、企业、地区社会长期努力、密切配合和积极行动。

参考文献

〔日〕独立行政法人国立女性教育会馆编著《日本的女性与男性——男女平等统计2006》，当代中国出版社，2007。

〔日〕北九州市立男女共同参与中心编著《性别白皮书》，明石书店，2006。

〔日〕横山文野：《战后日本的妇女政策》，劲草书房，2003。

http：//www. gender. go. jp/。

日本におけるジェンダー平等の状況と政策

胡　澎

要　旨：「ジェンダー平等」とは、男性も女性も性別に関らず、経済、政治、文化、社会や家庭生活などの分野において差別されない地位と権利を持つことである。現在、日本は経済、平均寿命や教育などの分野においては、世界的にもトップレベルを達しているが、働く権利や政治的発言権などの分野においては、男性と女性の間に不平等な現象が生じている。本研究は、最新の統計データを使用して、女性の政治参加、女性の就業、ワーク・ライフ・バランス、及び女性が受ける暴力という四つの角度から、日本におけるジェンダー平等の現状を整理し、さらに、2008 年に打ち出された関連政策とその実施の状況に関する説明を試みた。

キーワード：ジェンダー平等　女性の政治参加　女性の就職　女性に対する暴力

日本大众文化的新动向

崔世广[*]

摘　要：近年来日本大众文化发展迅速，漫画、动画片、游戏以及时装和日本料理等，在世界上引起广泛注目。本文主要以日本的漫画、动画、电影等媒体艺术为中心，介绍和描述日本大众文化的新动向，并在兼顾历史发展连续性的基础上，对其特征进行粗略分析。观察和思考日本大众文化的新动向，有助于人们全面了解和把握日本文化的现状和未来发展趋势，对发展我国的文化产业，也有着重要的借鉴意义。

关键词：大众文化　新动向　特征　发展趋势

近年来，日本大众文化发展迅速，漫画、动画片、游戏，以及时装和饮食文化等，在世界上受到很高关注，影响越来越大。本文主要以日本的漫画、动画、电影等媒体艺术为中心，在兼顾历史连续性的基础上，介绍和描述2008年日本大众文化的新动向，并对其进行一些分析。

一　漫画：在不断创新中发展

说起2008年日本的大众文化，首先应该提到2008年度日本政府举办的媒体艺术节。该艺术节作为日本政府的大型文化活动，由文化厅每年举办一次，到2008年已经连续举办了12次，产生了很大影响。可以说，该活动中的获奖作品，代表了日本媒体艺术领域的最高水平。

在2008年该艺术节的漫画部门中，评委们在众多的参展作品中推荐出29部

---

[*]　崔世广，历史学博士，中国社会科学院日本研究所研究员，社会文化研究室副主任，研究专业为日本社会文化，研究方向为日本社会思潮、日本文化论。

作品，并从中评选出一部大奖、四部优秀奖、一部鼓励奖，获奖作者全部是日本人。

获得大奖的作品是《钢琴的森林》（作者色诚）。作品描写了在"钢琴的森林"中成长起来的少年的故事。在远离城镇的森林中有一台钢琴。那是一台被抛弃而经受风吹雨淋的钢琴。但是，那又是一台被放置于森林深处，会在沐浴月光下闪闪发光的高级钢琴，是个只对一个少年发音的钢琴。在被称为"森林尽头"的落后地区长大的甲斐，是个自由奔放、具有音乐才能的天才少年，只有他才能弹奏这个森林的钢琴。在甲斐致力于成为钢琴家的成长过程中，周围的人也被他的自由演奏而打动，心理产生了巨大变化，因而改变了他们的人生，如心理产生剧烈变化的雨宫少年，以及拼命努力克服紧张症的"便所姬"誉子等。该漫画产生了非常动人的效果。

由于专家们推荐的候选作品都是充满多样性的杰作，从中选出大奖以及优秀奖并不是一件很容易的事。最终，经过长时间的讨论之后，以富有诗意、富有戏剧性的描写手法，将朝着钢琴家的顶点努力的少年们的成长和古典音乐美妙结合起来的《钢琴的森林》被评为大奖。同是音乐漫画的《名指挥家》也非常优秀，与《钢琴的森林》不相上下。但由于《钢琴的森林》以儿童为主人公且是易懂的，因而不仅对儿童具有特殊的魅力，而且更容易被广泛的读者群所接受，这使其最终获得大奖。但是不管怎么说，作为音乐漫画结出如此丰硕的果实，可以说是近年来少有的收获。

获得优秀奖的四部作品是：在描写西式服装界的激烈竞争与人物方面非常突出的《真我霓裳》（Real Clothes），将民俗学的传奇、传承以大胆的假说和推理来解释，充满知性和趣味性的《宗像教授异考录》可以使人们领略和享受作者独特而不可思议的世界的《书签与纸鱼子》，以及前面提到的将许多登场人物有机统合在一起，场面和构成颇为感人的《名指挥家》。这些优秀奖作品在完成度和趣味性上都能与大奖相媲美，充分显示了日本漫画文化的深厚底蕴。

日本有漫画评论家指出，由于笔记本电脑、手机、游戏等新的兴趣对象不断出现，漫画杂志和单行本一出版就卖光的泡沫时代已经结束，日本的漫画界正面临转折。但是实际上，日本漫画正是从这种笔记本电脑、手机和游戏的世界中，培育出了原来所没有的新的漫画表现形式和新的漫画人物，漫画开始有了新的生机，显示出了日本漫画界与时代共同进步的创造精神。2008 年日本媒体艺术节的漫画部门应征作品中，人们可以看到许多这样的新作品。因此，在日本漫画界的转折过程中，人们也看到了进一步展现广大丰饶世界的前景。

作为漫画领域的一个新动向，是发自网络的漫画随笔出现了相当的发展。从几年前起，描写日常生活的随笔式漫画——"漫画随笔"开始获得人气。起初大多是以结婚和育儿等为主题，用女性的眼光来描绘的作品，主要读者为 20～30 多岁的女性。最近，描写"御宅族"（指对特色领域非常熟悉、着迷的人物）日常生活的作品纷纷登场，而且，以男性眼光来撰写的作品开始增多，读者群也扩展到不论男女和年龄的广大人群。

2002 年，漫画家小栗左多里的《亲爱的是外国人》的漫画作品出版，描写了与美国丈夫的日常生活情况，获得了极大人气。自 2002 年推出第一卷之后，该系列三部曲的销售量达 190 万部，一下子成为畅销书。2008 年，与托尼·拉兹洛合著的《亲爱的是外国人》也开始发行。此外，作为三个孩子的母亲的漫画家高野优记述的育儿漫画随笔也很有人气，该漫画随笔的一部分已经在韩国出版，在海内外赢得了妊娠和育儿期女性的共鸣。

最近，漫画随笔作品所涉及的主题不断扩展，特别是描写御宅族日常生活的作品在日本大受欢迎。其代表作有《邻居 801 小姐》及《本人是御宅上班族》。《邻居 801 小姐》的作者为作家小岛味子，该作品是其将自 2006 年起在自己的博客上发表的网上漫画印制成的书籍。现在该作品已经被拍成电影、制成电视剧 CD，并决定于 2009 年拍制动画片。《本人是御宅上班族》也是网络方面的技师吉谷将网上漫画制成的书籍。该作品描写了一个有御宅族癖性的职员，讲述了他的工作及恋爱、友情。2007 年 3 月上市后人气不断攀升，到 2008 年累计销售量突破了 84 万部。吉谷于 2008 年 10 月推出的最新作品《理工科的人们》，描写了一个固执己见、强词夺理，不会讨女孩子喜欢的理工科男生的工作和生活。描写御宅族日常生活的漫画随笔获得推崇，成为漫画领域一个值得关注的现象。

日本的漫画由于其绘画功力深厚、故事性强，得到了世界许多国家和地区的以年轻人为中心的热捧。有些人为了阅读日本的漫画而学习日语，或以漫画为契机决心到日本留学。也就是说，出现了受漫画影响的人们憧憬现代日本，学习日语和日本文化的现象。

以上面的状况为背景，为了通过普及漫画文化来提高对日本的关心，日本创设了"国际漫画奖"。该奖是 2006 年 4 月由时任外务大臣的麻生太郎提出设想，后来加以具体化的漫画方面首个国际奖。它作为大众文化应用于文化外交的一环，以非日本国籍的漫画家为对象，旨在通过该奖项加强日本与世界的联系。2007 年进行的第一届国际漫画奖，有世界 26 个国家和地区的 146 件作品参加竞争。中国香港的专业漫画家李志清的《孙子攻略》，由于以著名的古典作品为原作，故事情节方面有了保证，再加上绘画功力高超，受到评审委员们的极大称赞，获得了最优秀大奖。此外，来自中国香港、马来西亚及澳大利亚的三部作品获得了鼓励奖。

2008 年举行的第二届国际漫画奖，有来自世界 46 个国家与地区的 368 件作品应征。与上届相比，国家与地区数增加约 2 倍，作品数增加约 2.5 倍。其中，来自亚洲的 156 件、欧洲 114 件、美国 66 件，以及中东 23 件、非洲 5 件、大洋洲 4 件。该次国际漫画奖的最优秀奖为刘云杰（中国香港）的《百分百感觉》。另外，来自中国、俄罗斯和法国的三部作品获得了优秀奖。

国际漫画奖的实行委员长为外务大臣，但实际上审查应征作品的是在日本漫画家协会合作下选出的漫画家和漫画杂志的主编等，是漫画的专家们。这也成为国际漫画奖的魅力之一。从此次应征的作品中，既可以看到日本漫画的影响，但同时又可以感受到各国独特的文化。今后，随着对国际漫画奖的认知度的增加，相信应征作品数量和质量还会进一步提高。

二 动画：从亚文化成为主流文化

说起动画，也要从日本文化厅主办的艺术节谈起。在 2008 年度文化厅媒体艺术节动画部门中，评委们共推选出长短篇 31 部，其中 1 部作品获大奖，4 部获优秀奖，1 部获鼓励奖，获奖者也全部是日本人。从获奖作品看，同样显示了日本制作动画阵容的坚实和庞大。

2008 年动画部门的应征作品总数达到了 346 部。但总体来说，是短篇部门好的作品多，而长篇部门则没有突出的作品。《积木之家》（作者加藤久仁生）是将艺术性和打动人心的主题很好地融合在一起的力作，在审查委员那里获得一致的评价，拿到了大奖。该作品巧妙地将地球温暖化问题纳入视野，深刻地描写了在有些可怕的安静中，独身生活的老人对过去生活的回忆和体味。在被水包围的像积木一样的家里，一个老人孤独地生活着。他把烟袋掉在了被水淹没的台阶下，为了捡回烟袋而潜入水下，因而在每个房间里与以往的家族成员的回忆相遇。由于作者以平静的笔触，描写了对过去的妻子、女儿，以及值得怀念的人们的珍贵回忆，从而使作品成为纯度很高，能深深铭刻于人心的作品。同时，该作品也潜藏着地球温暖化的主题。

这部作品已经在国内外获得很多奖项，但动画部门还是把大奖给予了这部作品。评委们认为，尽管该作品排斥纤细而乡愁的绘画世界、对话与说明，但明确传达的故事性、地球环境设定等，可以成为获奖的理由。另外，作品的表现本身虽然并不是崭新的、尖端的，作品的气氛也绝不是华丽的，但是，作者对人类的温暖视线与"愿望"，能够沁人心脾。在动画表现日益多样化的今天，创作者志向于什么，以什么为目的制作将成为重点。艺术性、实验性、娱乐性、大众性等，虽然追求的目标会因创作者而异，但本作品有着超越国境与不同年龄而迷倒观众的普遍性和丰富性。正是这种普遍性显示了日本国内认知度尚低的短篇动画片的新的可能性，进而提示了动画表现艺术的新的意义。

优秀奖和鼓励奖也是在充分讨论的基础上决定的，但还是短篇作品占多数。从长篇部门选为优秀奖的《海马》，是超现实内容和新鲜画面的OVA，说起来还是具有近似短篇作品趣味的作品。另外，获得优秀奖的还有以卓越的电脑绘画技术构筑了独创世界的《九段》，让人感受到亲手刺绣的体温的《梦想》，还有挑战哲学的视觉化的《儿童的形而上学》等。

由于数字技术的成熟，无论是专业人员还是个人爱好者，都可以以此为武器在同一个舞台上进行较量，因此动画呈现了多样性和丰富性。虽然应征作品中具有强烈、热情的诉求风格，并给人以突出感受的作品并不是那样多，但还是有很多优秀的作品，也包括一些没有获奖的作品，如将温暖的社会以高技术力描绘的《毛毛虫！道口》等。那些具有爱、执著和挑战精神的动画创作家，在评审过程中也获得了相应的评价。另外，从文化厅举办的媒体艺术节中还可以切实感到，在以个人活动为主的短篇动画作家队伍中，日本的年轻人作为后备军是在不断增加的。

日本动画领域的另一个值得关注的动向，是动画艺术正在从亚文化成为主流文化。其具体表现之一，是教授动画艺术的大学和研究生院的陆续成立。2008年春天，东京艺术大学研究生院映像研究科（横滨市）设置了动画专业，可以说是极具象征性的事件。以往，在私立大学里曾设置过冠以漫画或动画之名的学部或课程，但作为国立大学这是首次。另外，把动画设置在拥有日本第一流水平的艺术系和研究生院里具有重大的意义，因为这在一定意义上可以说，动画的学术性研究获得了学术界的认可。研究生院设置了立体动画、平面动画、企划构成、故事构成四个领域，以艺术专业大学毕业生以及实际从事动画制作工作的人为教育培养对象，要求在研究生课程的两年学习期间内，每个学生要制作两部作品。而指导教师则有曾经获得美国奥斯卡奖提名的短篇动画《头山》的制作者山村浩二等人，人才济济。他们通过实践性制作指导和培养下一代创作人才，展开有关"作为文化的动画"的探讨，必将成为培养日本动画人才的重要基地。

日本动画具有性格化的剧情、强烈的视觉效果，以及偶像性的人为设计特色，每部作品都有明确且独立的故事背景，较能够适应不同身份和性格的观众群。而且，有不少作品会借虚构故事刻画生命、轮回、死亡、战争以及人性黑暗面等等，大都将青少年和成人视为主流观众群，并非儿童专属。今天，日本动画在全世界获得大量追崇者。其迷人的故事性，以及以坚实的技术力量为后盾的表现力，长期以来不论在日本还是海外都得到了高度评价。但是，以往这些评价往往仅停留在亚文化的框架之中，几乎没有被当做真正的艺术得到正面评价。但是，近年来情况开始出现变化。在最高学府的大学以及研究生院，出现了积极从学术的角度研究和解读动画的动向，进行动画教育的高等学府也在增加。因此，30 多年前被认为是面向小孩子们的动画概念，今天正在发生巨大的变化，亚文化正在各种场合向主流文化升华。

三 电影：日益引起世人关注

近年来，日本电影在国际上的关注度逐年提高。2008 年，高质量的动画电影，细腻描写夫妻之间的爱、家庭中微妙的人情关系以及生与死的作品，又有不少被选送到各种电影节参赛，引起了众人的瞩目。

泷田洋二郎导演的《入殓师》，描写了一个为死人清洗遗体、穿寿衣、刮胡子、化妆、收棺的殡仪馆遗体入殓师的形象。入殓师和他的妻子通过与死者家属的接触，探讨生与死、爱究竟是什么，同时还以视觉形象介绍了日本山形地区的出殡仪式等日本固有的文化，是一部动人心弦的佳作。这部通过从事葬礼时安置遗体工作的入殓师的视角，重新审视人的尊严以及家人间亲情的故事，引发了人们的深切共鸣。

2008 年，该片在第 32 届蒙特利尔国际电影节上荣获金奖。在中国最大的电影节——第 17 届金鸡百花电影节上荣获作品奖、导演奖，主演的本木雅弘还荣获了男主角奖。在第 28 届夏威夷国际电影节上获观众奖。在第 33 届报知电影奖上获作品奖。在第 21 届日刊体育电影大奖中获作品奖和导演奖；在第 30 届横滨电影节中获得了作品奖和导演奖。《入殓师》赢得了很高的国际声誉。随之，来自美国、英国和法国等约 50 个国家的订单也纷纷而至，日本已预定于 2009 年角逐奥斯卡外语片奖等奖项。

在喜剧方面，李斗士男导演的《重金摇滚双面人》，应邀参加多伦多国际电影节，尽管是深夜，但等待观看的人们依然围着电影院排成长龙，说明人们对该片的热切期待。《重金摇滚双面人》是将销售总数超过 400 万部的同名青春音乐噱头漫画搬上银幕的作品，已经决定在香港和韩国等地上映，并且接到了美国、英国、法国和中国台湾等约 25 个国家和地区的询价要求放映。此外，好莱坞几家公司和中国香港方面，也已经早早提出了获得重拍版权的要求。

在威尼斯国际电影节期间，日本引以为自豪的三个导演同时选送作品去参赛。

其中，1997 年以《花火》荣获金狮奖、2003 年以《座头市》荣获银狮奖的导演北野武，推出了新作《阿基里斯与龟》；2002 年以《千与千寻》荣获柏林电影节金熊奖的导演宫崎骏带来了动画电影《悬崖上的金鱼姬》；而导演了《攻壳机动队》、《无罪》等，以强调个性意义的故事情节以及细腻的动画映象见长的导演押井守，则推出了动画电影《空中杀手》。

虽然这三人的作品最终都没有获奖，但在电影节期间，高质量的日本动画电影以及被誉为巨匠的导演们博得了追捧。在威尼斯国际电影节曾多次亮相的北野武，在此次逗留期间曾接受海外媒体采访达 85 次之多，足以说明受到的瞩目之高。另外，《悬崖上的金鱼姬》讲述小金鱼姬和 5 岁的小男孩宗介交流沟通的故事，不使用数码图形，而全靠人工描绘充满无限温情的映像，以及少女美妙的歌声给人留下深刻的印象。在由观众打分的成绩方面，该片在所有 21 部参赛作品中傲居首位。

另外，在戛纳国际电影节上，以恐怖影片知名的导演黑泽清，携带首次拍摄的家庭剧《东京奏鸣曲》参赛，获得了单元评委会大奖。还有，在柏林国际电影节上，日本电影分别获得最优秀亚洲电影奖、国际艺术电影评论联盟奖和新人导演奖。这些都说明日本电影在长足发展，并日益获得国际上的承认和评价。

谈到 2008 年日本的电影，还应介绍一下《20 世纪少年》。《20 世纪少年》原为浦泽直树创作的漫画，1999～2006 年在漫画周刊杂志上连载，除了单行本

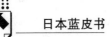

共 22 卷以外，还编辑出版了《21 世纪少年》上下集，累计发行超过了 2000 万部，并在全世界 12 个国家和地区翻译出版，除了在日本国内获得文化厅媒体艺术节优秀奖等各种奖项外，还在法国荣获了具有权威性的安古莱姆国际漫画节最优秀长篇奖。

故事发生的时间在大阪世博会的前一年，也就是人类首次登上月球的 1969 年夏天。小学四年级学生健儿与同班的落合、丸尾、皆本等人一起，在街巷里的一块空旷的草地上，用草和废材料搭建了个秘密基地。在基地里，他们把许许多多空想写进了"预言书信"里，包括邪恶组织征服世界、破坏东京的巨大机器人，以及阻止这一机器人维护正义的战士等。1997 年，各自长大成人的健儿等人因同班同学木户的死发生了巨大的变化。街巷里出现了一个"朋友"，他是神秘教团的教神。健儿同时发现在世界各地发生的异常现象，正如他们在"预言书信"中所记载的那样发展着。事件果真是那个"朋友"所为吗？那个"朋友"的真面目又是谁，难道是他们从前的伙伴中的某个人？随后，健儿他们为了阻止这一计划挺身而出。

浦泽直树创作的《20 世纪少年》系列三部曲，令全世界人气沸腾。但是，要将横跨半个世纪、宏伟壮观又错综复杂的故事压缩到一部电影中，是非常困难的。因此，他们决定采用日本电影前所未有的"系列三部曲"形式，自 2008 年起开始将漫画分成三部作品拍成电影。其中第一部已于 2008 年 8 月首映，第二部预计在 2009 年 1 月 31 日、第三部在 2009 年秋天公开上映。

该片预算投入 60 亿日元，作为一个项目来说创下了日本电影史上的最高纪录。另外，参加三部曲的主要演员全部为明星，如扮演健儿的唐泽寿明、扮演落合的丰川悦司和扮演雪次的常盘贵子等，都是日本的明星大腕，其强大阵容成为人们的话题。还有，剧组决定在纽约、伦敦、巴黎、北京和曼谷等世界各地拍摄外景，并大量使用数码图形等映象画面，又部分采用与原作不同的情节等，精彩之处不胜枚举。到 2008 年 8 月，已经有海外 34 个国家和地区的订单蜂拥而至，要求获得海外放映权，目前已经决定将在亚洲的所有国家和地区公开上映。

四　御宅族旅游与秋叶原

近年来，轰动日本全国各地的御宅族旅游，也成为日本大众文化领域的一个新事物。漫画、动画和游戏迷们实际探访自己心爱的作品中出现的景点，被称为

"御宅族旅游"。由于漫画、动画和游戏迷们太沉浸于作品之中，因此对他们来说，作品中出现的地点就是他们的圣地。他们不仅在家里欣赏作品，还要去作品中描写的城镇探访，在现场以与作品相同的角度拍摄照片，购买与作品相关的商品，享受与作品的连带感。这是御宅族旅游产生人气的一大理由。

御宅族旅游的先驱，可以说是始自喜剧故事《朝雾的巫女》。该剧描写少年主人公和保护他的巫女三姊妹之间的喜剧故事，从 2004 年开始，作为故事舞台的广岛县三次市每年夏天都举办有关步行拉力赛，巡访作品中出现的商店和神社等。

在御宅族旅游方面比较有名的，有宫城县仙台市和白石市以及埼玉县鹫宫神社。宫城县仙台市和白石市的人气源于嘉富康公司制作的武打游戏《战国金刚》系列。该游戏采用现代风格，威武豪爽地描绘了战国武将们统一天下的征战场景。在游戏登场人物中，最有人气的是战国武将伊达正宗。因此，年轻女性很喜欢访问与伊达正宗有关的仙台城址（宫城县仙台市），以及与其家臣片仓小十郎有关的白石城（宫城县白石市），据说访问人数正在迅速增加。为此，白石市在 2008 年 4 月开始运行车身画有片仓小十郎画的市民公共汽车。

而埼玉县鹫宫神社的人气来自漫画《幸运星》。在以漫画的形式描写御宅族高中生日常生活的人气漫画《幸运星》中，主人公一家居住的"鹰宫神社"，是以埼玉县鹫宫神社为原本模型的。因此，自 2007 年 4 月起在电视上播出了动画节目后，从节目结束前后开始前来朝拜鹫宫神社的漫画迷们剧增。2008 年的新年伊始，据说前去"初诣"（朝拜），祈祷一年中的幸福和安康的人比前一年增加了一倍，多达 30 万人。这样的情况当然为当地所乐见，于是，2008 年 4 月为主人公一家在鹫宫町进行了象征性"居民落户登记"。听到此消息后，全国各地的粉丝们又纷纷赶来索取他们在当地的居民户口登记复印件。这种御宅族旅游不仅增加了与当地的文化交流，对当地的商业发展也具有促进作用。

当然，御宅族旅游的圣地，应该首推在海内外颇具盛名的秋叶原。秋叶原本来交通便利，是批发业兴隆的地方。第二次世界大战后，黑市一度繁荣，其中有很多商店经营电气零部件，之后发展成为家电一条街。电脑以及音响的爱好者们聚集在这里，秋叶原成为他们可以找到无线电零件材料的好去处。因此，秋叶原本来是作为电器街而闻名世界的。但是，最近的秋叶原，比起家电来更热闹的是新出现的"女仆"类型的商店，非常繁盛。

　　"女仆"类型商店的始祖是动画女仆咖啡店。动画女仆咖啡店是指店员进行"角色扮演"，身穿女仆的服装，把客人当做"主人"伺候的咖啡店。客人在这里变成"主人"，被精心伺候着。只要支付追加费用，就可以得到自己想要的享受，如可以让中意的"女仆"给自己唱歌听，或者让她听自己唱歌，还可以只有两个人在一起说话。另外，还从这里派生出来各种服务，如有的店可以让身穿女仆服装的店员给客人掏耳朵、洗头发，或进行按摩疗法等相关服务。最近，有的店还准备了外文菜单，并出现了使用英文接待的女仆咖啡店，大受外国游客的欢迎。因此，最近以体验女仆咖啡店为目的访问秋叶原的外国游客也正在增加。动画女仆咖啡店的出现，使秋叶原面貌一新，成为御宅族文化的圣地。

　　当然，这其中也有面向女性的商店。在这样的店里，质朴的"管家"开始伺候"女主人"。这些商店都是按御宅族们爱好的动画人物来进行模仿和设定的，由此产生了形形色色的专卖店，如有的商店店员装扮成"见习魔法师"等。另外，还有店员态度强硬"蛮横不讲理"的店，有店员和客人的关系像"大哥哥或大姐姐"以及"小妹妹"的店等，以满足各种各样的顾客层的需求。

　　秋叶原是集动画、游戏、动画女仆咖啡店等"御宅族文化"的中心，被全世界广为知晓。最近，又出现了一个新词叫"秋叶原文化"，在日本很流行。"秋叶原文化"作为一个具有新的内涵的词语，展现着在秋叶原流行的日本大众文化。秋叶原在与时代一起改变着自己的面貌的同时，也让秋叶原成了一条向世界传播着各种各样御宅族文化的街巷。

　　近年来，为了配合御宅族的需求，经营同人杂志以及动画产品的商店开始增多。最近，还推出了"关东煮罐头"、"拉面罐头"和"乌冬面罐头"等罐头系列的独特商品。现在，"提起御宅族便是秋叶原"，秋叶原俨然成了御宅族的代名词，这种御宅族文化已经传播到了全世界的各个地方。确实，来到秋叶原，不仅会亲身感受到日本大众文化的当下流行状况，还会深刻感受到日本大众文化的深厚的民众基础。

　　通过观察日本大众文化的新动向，思考日本大众文化的发展，似可以得出以下几点主要结论。

　　第一，日本拥有完善的大众文化产业链，漫画、动画、游戏、电影及相关的产业，已经形成漫画创作—图书出版发行—影视动画片生产—影视播放—音像制品发行—衍生产品开发和营销的较为成熟和完善的产业链流程。而且，产业链上各个环节并不是完全独立的。

第二，日本的大众文化普及程度相当高，因为日本漫画、动画、电影等是面向整个年龄段的，因此大众文化受众群体数量庞大，且大部分观众的消费能力较强，使得日本漫画、动画、电影等能够成为时尚的主流。同时，由于漫画、动画、电影、游戏等的作者和制作者的社会地位和收入很高，主动从事这些职业的人非常多，这使大众文化产业能够及时补充新鲜血液，在创作队伍方面后继有人。

第三，大众文化作品不仅注重社会效益，更重视商业效益。相关大众文化作品不仅注意把握观众的口味，还要考虑作品在推向市场后能带来的利益回报。因此，日本大众文化作品在内容上会更多考虑趣味性和娱乐性，毕竟这更能为观众所喜爱，更容易有好的市场表现。同时，在创作上会考虑观众群的划分，哪些是给小孩子看的，哪些是给成年人看的，针对观众的不同年龄层，创作出不同题材的作品。甚至还会考虑创作小孩和大人都可以观看的作品，提高作品的商业效益。

第四，日本大众文化产业非常重视新技术的应用和新领域的创新，例如将应用于医学、航天领域的三维软件技术应用在动漫游戏中，这使作品表现形式更为丰富，给观众带来全新的视觉体验和感受，以及将人的成长与古典音乐美妙结合起来的音乐漫画形式，也会令人耳目一新。

第五，日本政府对大众文化产业的重视程度很高，不仅将文化产业作为日本经济的第四大支柱，还积极利用日本大众文化来推进文化外交，扩大日本在国际上的影响。以上这些，都是值得我们深入研究和加以借鉴的。

参考文献

李凤亮：《大众文化：概念、语境与问题》，《福建论坛》2002 年第 5 期。

颜晓峰：《论大众文化》，《中央民族大学学报（哲学社会科学版）》2003 年第 4 期。

〔日〕中野晴行：《漫画产业论》，筑摩书房，2004。

〔日〕成蹊大学文学部编《明治、大正、昭和的大众文化》，彩流社，2008。

http：//www. mofa. go. jp/mofaj/.

http：//www. bunka. go. jp/index. html.

http：//www. jpf. go. jp/cn/index. html.

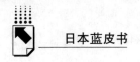
日本大衆文化の新たな動向

崔世広

　要　旨：近年、日本の大衆文化は迅速に発展し、マンガ、アニメーションをはじめ、ゲームやファッション、日本料理などが世界中から広く注目されている。本稿は日本のマンガ、アニメ、映画などのメディア芸術を中心に日本大衆文化の新しい動向を紹介し、その上、歴史的連続性を考慮しつつ、日本の大衆文化の特徴を分析したい。現代日本の大衆文化についての研究は、日本文化の現状と未来発展の趨勢を全面的に把握することに有益なだけでなく、わが国の文化産業の発展にとっても、重要な参考にもなるであろう。

　キーワード：大衆文化　主要特徴　未来動向

年度汉字和十大流行语

叶　琳*

摘　要："年度汉字"和"十大流行语"这两个反映世态的指标在日本具有相当的社会普遍性。2008 年，日本乃至整个世界在政治、经济、气候等领域都出现了令人瞩目的变化，也导致了众多社会生活细节的变化，引起了日本国民的广泛关注。可以说，"变"被选为 2008 年的"年度汉字"以及"居酒屋"、"蟹工船"等被评为"十大流行语"是当之无愧的。

关键词：年度汉字　十大流行语　变　居酒屋　蟹工船

在日本社会中，存在着一些常常被用来反映世态的指标，其中比较著名的包括日本汉字能力鉴定协会的"年度汉字"、自由国民社的"新语、流行语大奖"、第一生命的"白领的川柳"以及东洋大学的"现代学生百人一首"等。鉴于川柳和百人一首均为日本的传统文化形式，具有一定的特殊性，笔者拟仅对年度汉字和流行语这两个具有普遍意义的社会文化指标进行说明。

一　2008 年日本的年度汉字

"年度汉字"（日文为"今年の漢字"）是日本汉字能力鉴定协会发起、面向日本全国、通过投票产生的能够充分反映该年度社会世态的汉字。这种向全国征集代表性汉字的方式，在一定程度上能够比较直观地观察到日本社会对该年度中发生的重大事件的关注程度和认识水平。

---

* 叶琳，法学硕士，中国社会科学院日本研究所《日本学刊》编辑部编辑，研究专业为日本经济，研究方向为日本对外经济关系。

（一） 日本汉字能力鉴定协会与年度汉字

日本汉字能力鉴定协会，顾名思义，其成立的目的就是对日本国民的汉字能力进行鉴定，并通过各种途径增强日本国民的汉字能力。从 1995 年开始，日本汉字能力鉴定协会每年都发起评选年度汉字的活动。其初衷就是提升日本国民对汉字的关注，为日本国民创造学习并领悟汉字所蕴涵的深远意义的机会，深化日本国民对其文化的认识和了解。为了配合这一活动的进行，日本汉字能力鉴定协会还倡导将每年的 12 月 12 日定为"汉字日"，进行年度汉字的公布仪式。其惯常的做法是提前一个半月左右通过各种方式向全国征集年度汉字的选票并进行统计，根据票选结果，在"汉字日"这一天，在日本京都由清水寺的住持亲自挥洒大毫书写年度汉字。

不管是主办方所选择的地点还是所采取的方式，都是带有深刻意味的。从公元794 年到明治维新前，京都一直是日本的国都。凭借特殊的政治文化地位和悠久的历史背景，京都在日本文化历史上一直占据着重要地位。从建城之初，京都就全面向中国学习，不光是城市布局，也包括文化艺术，此后更是不遗余力地发展新的艺术、文化和传统，逐步成为日本历史和文化的中心。即使今天，作为日本的"文化摇篮"，京都风韵不减当年，依然散发着一种独特的文化艺术气息。而已有 1200 多年历史的清水寺也颇具特色，寺内的"清水之舞台"更因日本传统俗语"抱着从清水寺的舞台跳下去的决心"而为日本国民所熟知。自平安时代以来，清水寺就频繁出现于日本的文学作品中，1994 年更是身为"古都京都文化财产"的重要组成部分而名列世界文化遗产。再说书道，它不仅仅代表了一种传统文化，更是日本国民修身养性、提高文化素养的手段。从奈良时代开始兴起、平安时代繁荣发展至今，日本的书法爱好者大约有两三千万，占总人口的 1/6 左右。日本汉字能力鉴定协会选中京都清水寺这一位于千年古都的千年古刹，通过传统的书法形式进行年度汉字的发布活动，就是希望凭借这样一个具有特殊文化背景和深厚文化底蕴的地点以及传统的文化形式，充分激发日本国民对传统文化的兴趣和热爱。

（二） 历史上的年度汉字

1995 年至今，日本汉字能力鉴定协会已经组织评选了 13 次年度汉字。这些汉字都充分反映了当年度日本和世界发生的重大事件。主要包括：

1995 年的"震"，主要反映了阪神淡路大地震、奥姆真理教事件的震惊、金融机构等破产的震动等。

1996 年的"食",主要反映了食物中毒事件、疯牛病事件以及涉及税金和福利等的贪污渎职案件。

1997 年的"倒",主要反映了山一证券等大型金融机构的相继倒闭和日本足球队力克强手首次进入世界杯决赛圈的峰回路转。

1998 年的"毒",主要反映了和歌山地区的咖喱添加有害物质事件和二恶英及环境荷尔蒙等有毒物质问题。

1999 年的"末",主要反映了世纪之末、千年之末以及核临界事故和警察不幸事件等不可思议之事的相继发生。

2000 年的"金",主要反映了日本运动员在悉尼奥运会上夺金、为了实现朝鲜半岛统一的"金—金"首脑会晤以及币值为 500 日元的硬币和币值为 2000 日元的纸币等新币的闪亮登场。

2001 年的"战",主要反映了美国"9·11"恐怖袭击事件及其导致的世界形势突变,以及全球反恐作战、反炭疽作战和应对全球性经济不景气。

2002 年的"归",主要反映了被朝鲜绑架的日本人归国、日本经济回归复苏轨道以及老歌和童谣掀起复古流行风。

2003 年的"虎",主要反映了阪神虎队夺得阔别 18 年的日本职业棒球联赛总冠军以及近乎"虎口拔牙"的美国向伊拉克派兵。

2004 年的"灾",主要反映了台风、地震、暴雨、酷暑等天灾接踵而至,以及在伊拉克发生的杀害人质事件、美滨原子能发电站发生的蒸气喷发事件、厂商隐瞒汽车回收事件等人为灾害频繁发生。

2005 年的"爱",主要反映了日本"爱知世界博览会"开幕,各界以"小爱(アイちゃん)"作为昵称的女性大量增加,以及恶性少年犯罪等事件频发,日本国民深刻体会到"爱"的必要和欠缺。

2006 年的"命",主要反映了日本全国齐心祝福悠仁皇子的诞生,以及因受欺负导致的自杀、虐待、酒后驾车发生交通事故等令人痛心的事件接连发生,可谓是"痛感生命之沉重和珍贵的一年"。

2007 年的"伪",主要反映了从身边的食品到政界、体育选手等不同领域的各种各样的"造假"现象。

(三)2008 年的年度汉字评选活动

2008 年 12 月 12 日,日本汉字能力鉴定协会在京都清水寺宣布,汉字"变"

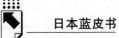

当选为 2008 年的年度汉字。当天下午，清水寺住持森清范在一张长 1.5 米、宽 1.3 米的和纸上挥毫写出此字。

2008 年日本年度汉字的评选活动持续了近一个半月的时间，日本汉字能力鉴定协会从 2008 年 11 月 1 日至 12 月 5 日向全国征集选票。除了通过全国大中小学校和私塾等 754 个团体进行选票征集外，还在清水寺、东京塔、名古屋电视塔、通天阁、京都塔、福冈塔、各大书店、各大百货店等 348 个场所设置投票箱接受公众投票，最终征集到选票 111208 份，其中明信片 5381 份、传真 16 份、电邮 4825 份、投票箱选票 42274 份、团体选票 58712 份。在这些选票中，"变"的选票有 6031 张，占了所有选票的 5.42%，居首位，当选 2008 年的"年度汉字"。其他被选出的汉字还包括"金"、"落"、"食"、"乱"等（见表 1）。

表 1　2008 年日本年度汉字的选票排行榜

单位：票，%

位次	汉字	投票数（111208）	所占比重
1	变	6031	5.42
2	金	3211	2.89
3	落	3158	2.84
4	食	2906	2.61
5	乱	2321	2.09
6	高	2100	1.89
7	股	1995	1.79
8	不	1786	1.61
9	毒	1693	1.52
10	药	1611	1.45
11	麻	1442	1.30
12	危	1440	1.29
13	混	1314	1.18
14	杀	1243	1.12
15	米	1164	1.05
16	逃	1157	1.04
17	辞	1136	1.02
18	崩	1132	1.02
19	中	1056	0.95
20	新	1052	0.95

从表 1 可以看出，当选年度汉字的"变"在其中占据了绝对优势，其选票数几乎相当于位居探花之位的"金"的选票数的两倍。而且，从其他当选的汉字来看，其当选理由的绝大部分也与"变"字脱不了干系，只是"变"的某种

表现形式。比如，"金"所体现的金融危机、股价暴跌、物价上涨以及奥运夺冠，"落"所表达的股价暴跌、雇佣和经济景气等回落，"食"所代表的食品安全和食品价格变化，"乱"所反映的金融、政界、人心等的异常混乱，"高"所说明的物价暴涨、油价高位徘徊以及诺贝尔获奖者和奥运冠军让人切实感受到日本人的高水平等。虽然说法不一，但无不透露着"变"的气息。可以说，"变"字当选为2008年日本的年度汉字是实至名归的。

（四）2008年的年度汉字——"变"

那么，"变"字为何能够当选2008年日本的年度汉字呢？"变"字又是如何反映2008年日本社会世态的呢？

查阅各种日语字典可以发现，"变"字主要有以下两个意思：变化、变更、变迁；不寻常。2008年，包括日本在内的全世界都发生了令人瞩目的变化，更有一些不寻常的事情发生，"变"字用于反映2008年的世态真可谓是恰如其分。总结"变"字当选2008年年度汉字的理由，主要包括以下几个方面（见表2）：

表2 "变"字当选年度汉字的理由

政治上的"变"	日本首相的更迭变化，奥巴马当选美国新总统的"变革"
经济上的"变"	全球性金融形势的变动，股价暴跌、日元升值美元贬值等的大幅度"变动"
生活上的"变"	关于食品卫生安全的意识的变化、因物价上涨而带来的生活的"变化"
气候上的"变"	因全球性气候异常带来的全球变暖问题更加严重，地震、突发性暴雨等"异变"
其他领域的"变"	日本人在体育、科技等领域日益活跃的"良性变化"
面向未来的"变"	2008年，不管是政治、经济还是其他领域，不管好坏，都发生了很大的变化。希望来年，不管是全球还是自己都有新变化，整个社会充满希望

从政治层面来看，2008年日本政局变化纷乱复杂。福田康夫闪电辞职，希望能够通过新总裁和新首相当选提升自民党政权的支持率、保住自民党的执政党地位。但是继任的麻生太郎似乎并不被看好。自上台伊始，麻生内阁的支持率就不高，其采取的一系列政策特别是应对全球性金融危机的措施"不被期待"，其自身所暴露的问题也让日本国民对其作为首相的"资质"产生怀疑。据日本各大媒体公布的舆论调查结果显示，麻生内阁支持率不断下滑，已跌入20%以下。[①] 而在

---

① 朝日新闻社2009年2月的民意调查显示，麻生内阁的支持率已经下降到14%，不支持率上升到73%，http://news.sina.com.cn/w/2009-02-12/154517202404.shtml。

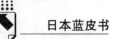

国际上，倡导将在美国进行变革的奥巴马当选美国新一届总统，美国掀起一股"改革"之风。被称为最新的美国白宫施政纲领《我们相信变革》，详细阐述了未来四年美国新政府的施政计划，包括经济政策、外交政策、教育政策、科技政策等，充分展现了奥巴马变革美国的热情和决心。不管是国内政权的交接还是他国领导人特别是与日本息息相关的美国国家领导人的更替，以及在此影响下日本的未来走向、日美关系发展等政治上的变化，都给日本国民带来了不安和猜测。

从经济层面来看，2008 年全球的目光都集中在金融领域，日本国民也不例外。以雷曼兄弟破产为导火索，2008 年下半年以来，国际经济增势急转直下，次贷危机引发的金融危机愈演愈烈，迅速从局部发展到全球，从发达国家传导到新兴市场国家和发展中国家，从金融领域扩散到实体经济，酿成了历史罕见、冲击力极强、波及范围很广的国际金融危机。金融危机导致日本经济的外部环境严峻，出口降幅加大，内需持续低迷，进口增长乏力，企业大幅减少设备投资、裁员减薪，消费者信心下降，汽车等主要产业遭受重创，日本可能滑向战后最严重的经济衰退局面。① 这一系列负面影响，对日本国民的生产生活带来了极大的冲击，他们提心吊胆地关注着形势的变化，同时也希望能尽快出现转机。

从生活层面来看，日本国民强烈地感觉到 2008 年是生活不安、不寻常的一年。以毒饺子、毒大米、有害果冻等为代表的食品问题层出不穷，虽然其国内相关负责人受到了处理，但是日本国民已经开始对食品卫生安全丧失信心，日本的食品安全国际招牌也发生了动摇。2008 年也是国际能源市场波动剧烈的一年，原油价格从 3 月开始迅速攀升，屡创历史新高，终于在 7 月 11 日达到峰值的 147美元/桶，之后由于全球经济形势的恶化而持续下跌。石油价格的大起大落极具戏剧色彩，对食品和日用品的价格造成影响，日本国民生活喜忧参半。此外，一系列不寻常的社会变动，特别是秋叶原杀人案等凶残至极的异常事件频繁发生，让日本国民对社会生活的"安全"与"安心"的怀疑日渐加深，日本的社会治安面临危机，社会稳定生活出现严重问题。

从气候层面来看，日本国民充分体验了全球性的气候异变。因全球变暖带来的全球性气候异变日益严重，日本东北地区和中国四川省发生大地震所带来的地壳变动和异常暴雨都说明全球自然环境正在发生异变，这在日本国民的日常生活

---

① 吕克俭：《国际金融危机下的中日经贸关系》，"金融大危机对中日经济的影响"国际研讨会论文集。

也有所体现。据研究显示，目前气候变暖速度空前，是 5000 年以来最剧烈的气候变化。受此影响，日本关东和关西地区 2008 年红叶的最佳观赏时期比过去十年的平均期晚大约一周，而近半个世纪以来日本秋季观赏红叶的时期已经推迟了半个月。如果全球变暖持续下去，日本各地的吉野樱（日本樱花的一个重要品种）花期也将受到不同影响，甚至可能导致 40 年后日本关东和九州的一些地区再也看不到吉野樱绽放的美景。对此，日本表现出了高度关注，2008 年 7 月在日本北海道洞爷湖召开的第 34 届八国集团峰会对环境问题进行了深刻讨论。

从社会其他领域层面来看，日本国民也看到了自己国家积极参与不同领域的活动。诸如平成年代出生的体育界新生力量在北京奥运会上的出色表现以及三名日本科学家获 2008 年度诺贝尔奖等，都使日本国民看到了民族的骄傲和希望。自 1949 年以来，已有 16 位日本籍（或日本裔）科学家获得诺贝尔奖，其中物理学奖 7 人、化学奖 5 人、生物医学奖 1 人、文学奖 2 人、和平奖 1 人。但是，2008 年四名日本人同时问鼎诺贝尔奖却格外引人注目，他们分别是诺贝尔物理学奖获得者小林诚、益川敏英、87 岁的南部阳一郎（美国籍）以及诺贝尔化学奖获得者下村修。日本国民为此感到异常振奋，日本各大报纸纷纷发表文章予以报道和评论，称连续的获奖为日本带来了活力。日本首相麻生太郎也打电话向获奖者表示祝贺，并表示"日本人可以对自己的实力更有信心；日本必须变得更强、更开朗"。

2008 年，不管是政治、经济还是其他领域，不管是好还是坏，日本和世界都发生了很大的变化，大部分的变化都来势汹汹，而且负面影响居多。在承受了 2008 年的激变之后，日本国民衷心希望来年能够出现逆转，不管是全世界、全日本还是自己，都能够有一些新变化，整个社会充满希望。冬天来了，春天还会远吗？

二 2008 年日本的十大流行语

在日本社会中，还有一个反映世态的标志，就是"十大新语、流行语"①。这些国民广泛使用的高频率词语，也可以使我们对日本社会生活有所了解。

这里所说的"新语、流行语"，实际上并不是新鲜出炉的生词，而是由于某个事件或者某个明星所说的话受到人们的关注或者是引起人们的共鸣而被人们广

---

① 以下简称"十大流行语"。

泛流传的一些词语。这些词语并没有严格的语法要求，既可能是代表了某种社会现象的名词，也可能是某种表达方式的缩略语，甚至可能只是某人的口头禅。与代表深厚文化底蕴的年度汉字相比，十大流行语这样的流行性词语往往更加贴近日本国民的现实生活，更能反映出日本社会各个阶层、各个领域的真实面貌。

（一）"十大流行语"

年度"十大流行语"的评选活动是由自由国民社主办的《现代用语基础知识》发起的，通过向读者发放问卷调查征集候选词条，由"新语、流行语大奖"遴选委员会评选出年度十大流行语和年度大奖，并于每年的 12 月 1 日向社会公布。这一活动始于 1984 年，最初，新语类和流行语类是分别进行评选的，并最终决出金奖。从 1991 年的第 8 届开始，设立年度大奖；从 1994 年的第 11 届开始，新语类和流行语类合二为一进行统一评选；到 2003 年的第 20 届时，又与日本通讯教育联盟合作并改名为"终身学习的 U－CAN 新语、流行语大奖"，2004年进一步更名为"U－CAN 新语、流行语大奖"。1984 年至今，《现代用语基础知识》已经组织了 25 届"新语、流行语大奖"评选活动，这些评选出来的新语和流行语，能够使人切身感受到日本社会世态的日新月异与沧海桑田。

（二）2008 年度的"十大流行语"

2008 年 12 月 1 日，第 25 届"新语、流行语大奖"遴选委员会公布了 2008年度的"十大流行语"，包括："我和你不一样！"［获奖者是福田康夫（但本人表示放弃）］、"Aroumd 40"（获奖者是著名女演员天海佑希）、"居酒屋计程车"（获奖者是众议院议员长妻昭）、"上野的 413 球"（获奖者是北京奥运会冠军软式棒球运动员上野由岐子）、"蟹工船潮"（获奖者是书店代表长谷川仁美）、"go……"（获奖者是著名搞笑艺人江户晴美）、"游击队式暴雨"（获奖者是日本天气预报公司）、"晚期老龄者"（获奖者是陆地竞技选手山崎英也）、"徒有虚名的管理职"（获奖者是麦当劳店员高野广志）、"埋藏金"（获奖者是众议院议员中川秀直）。其中，"Aroumd 40"和"go……"荣获年度大奖，"上野的 413 球"荣获审查委员会特别奖。

（三）十大流行语简析

十大流行语，代表了日本社会生活的方方面面，既有来自社会高端阶层的，也有代表社会底层的；既有令人开怀一笑的，也有让人忧心忡忡的。通过这些在2008年中日本国民耳熟能详的词语，我们可以察觉到日本国民对政坛动荡和经济萧条的担忧，能够感受到日本国民对异常气候和环境问题的关切，也能细细体味日本国民日常生活的真实状态。

具体来看，"蟹工船潮"入选年度"十大流行语"就反映出了日本国民尤其是年青一代对日常生活的担忧。这一词语源于日本无产阶级作家小林多喜二的代表作《蟹工船》。《蟹工船》发表于1929年，主要描写了失业工人、破产农民、贫苦学生和童工被骗受雇于蟹工船"博光丸"号，长期漂流海上，从事最原始、最落后、最繁重的捕蟹劳动。自完成创作以来的近80年里，其销售业绩平平，平均一年只能卖出5000册，但是在2008年却增印58万余册，让人跌破眼镜。这种冷门现象与当前的日本经济和社会环境有着不可分割的联系。

实际上，《蟹工船》这部小说的主旨是表现日本工人阶级从自发反抗到自觉斗争的发展过程，也因此被誉为"日本现代文学史上的无产阶级启蒙之作"①。但它在2008年真正吸引日本国民的可能并不是其顽强不屈的斗争精神，而是其所描写的社会贫困生活，即"以浅白的记事和评述在瞬间浸入普通大众的心灵，引起共鸣"。

自20世纪90年代起，受泡沫经济及其崩溃影响，日本经济长期处于萧条状态，企业经营状况不佳，国民收入增长乏力，社会消费持续低迷。而且在全球化的竞争压力下，传统的日本式企业经营方式和雇佣制度也开始发生巨变。为了降低成本，很多企业减少正式雇佣人员，代之以临时工、派遣工等非正式雇佣人员。日本内阁府统计资料表明，1997～2007年的十年间，日本正式雇佣人员的人数减少了419万，而非正式雇佣人员则增加了574万，总人数达到1736万，占所有雇佣劳动者的1/3，特别是在15岁到24岁的年轻人里，非正式雇佣人员的比率甚至已经高达45.9%。非正式雇佣人员的大量存在以及非正式雇佣人员和正式雇佣人员之间的收入差异造成了日本贫困人口的大量增加。

特别是受美国次贷危机引发的全球性经济危机的冲击，日本经济出现战后以来最严重的经济衰退，不仅新增就业者难以找到工作，就连已经就职的工薪阶层也面临着随时被裁员的危机，日本年青一代面临着"就职冰河期"，收入低下，生活异常困苦。2009年新年，一个前所未闻的名词成了日本媒体竞相报道、日

① 毛丹青：《小林多喜二的代表作〈蟹工船〉怎么又火了》，http：//www.china.com.cn/book/txt/2008-06/24/content_ 15878661. htm.

本国民纷纷议论的话题，即"过年派遣村"。受危机影响，处于非正式雇佣状态的日本派遣劳动者遭到了严重的失业威胁。据不完全统计，截止到 2008 年底，日本国内已经有 4 万余名派遣劳动者失业。他们失去了生活来源，生活异常窘迫，甚至居无定所。为了收留这些失业的派遣劳动者和无家可归的流浪者，日本各市民团体和志愿者从 2008 年 12 月 31 日起正式启动了"过年派遣村"，在东京日比谷公园内搭建了数个大帐篷和数十顶小帐篷，以便让这些需要帮助的人有饭吃、有地方住。鉴于要求登记人数的不断攀升，日本厚生劳动省甚至开放了其位于公园中央区的大讲堂作为临时居住点。由此可见，严重的经济萧条和失业问题以及引发的贫困问题已经深深触动了日本社会。

不仅仅是这些特殊群体，据有关统计表明，2005 年日本人均年收入为 287 万日元，而 2006 年已经有 1000 万人年收入在 200 万日元以下；进入 2008 年，这一类青壮年更增至 2000 万人。这些"新贫困人口"都面临着和《蟹工船》小说主人公一样贫困的生活境遇、恶劣的劳动环境以及非人的待遇，从《蟹工船》中依稀看到了自己的影子。"一个似曾相识的故事"使《蟹工船》"意外地获得了共鸣"，成为人们议论的热门话题。日本各大媒体也纷纷围绕着《蟹工船》畅销日本这一现象，制作专题节目、发表评论文章，进一步助长了其热销势头。

"居酒屋计程车"这一流行语则代表了日本社会新近出现的一种行贿受贿现象，反映了人们对经济危机和政治腐败的担忧。在日本，中央政府官员如果加班到深夜的话，可以利用公家派发的计程车票搭乘计程车回家。而计程车司机为了抢生意，为了搞好同中央政府官员的关系，往往在车上向这些官员赠送啤酒、下酒菜、提神饮料甚至是现金回扣、商品券、购物卡等。

根据众议院议员民主党代表长妻昭的调查，日本中央政府 17 个省厅中，共计 1402 名官员曾经在使用计程车票搭乘计程车时收受司机的馈赠，其中财务省涉案人数高达 600 余人，居各省厅之首。这一丑闻曝光以后，日本政府大规模采取了严厉的惩罚措施，共有 33 人受到《国家公务员法》相关条款的惩罚，包括停职、减薪等，另有 623 人受到内部严重警告处分。虽然日本中央政府采取了极为罕见的严惩措施，相关领导人也承担了部分责任，甚至还出台了禁止使用计程车票的规定，但日本国民对政府官员这些社会精英已经形成了某种程度的不信任，这在短时间内是不可能得到改善的。

其实，使用计程车票这一现象在过去的 20 余年中一直存在。起初主要是航空公司或者是大公司的职员使用，慢慢扩展至公务员这个特殊的权力集团，最终发生上面所提及的丑闻事件。探究其发生的原因时，不能忽视的一点就是以经济环境变化带来的日本国民关于生活的思想意识和行为方式的变化。泡沫经济崩溃后，日本经济陷入长期萧条，即便是进入 21 世纪并开始走上经济复苏的轨道，日本国民也并没有享受到经济增长所带来的实际成果。特别是此次全球性经济混乱和石油、原材料价格的剧烈波动，使日本国民对日常消费生活感到深深的不安，计程车司机不遗余力地为增加收入而想尽办法，即便是捧着"铁饭碗"的公务员阶层也因生活的困难而接受一些不合理行为。所以，经济衰退以及其所带来的沉重生活压力可以被认为是出现这一丑闻的原因之一吧。

除此以外，日本国民还用"游击队式暴雨"来形容夏天突降局部暴雨以及其他难以预测的异常的自然现象，表达了他们对地球气候变暖、环境恶化等问题的担忧。"埋藏金"、"Aroumd 40"、"晚期老龄者"、"徒有虚名的管理职"等如实反映了日本的社会生活现象，"上野的 413 球"反映了日本国民对日本运动员在北京奥运会上出色表现的骄傲和自豪，"我和你不一样！"、"go……"等反映了日本国民对个性的追求和自娱自乐，在此不再一一进行说明。

概观这些流行语，可以发现：虽然这些词语主要反映了日本国民日常生活的细微之处，但探究其原因时不难发现，这些现象都透露出了日本国民对 2008 年日本政局动荡不安，经济景气面临衰退，社会生活一波未平，一波又起，未来发展难以预测的担忧。

和"年度汉字"一样，2008 年度"十大流行语"也真实反映了日本社会中所发生的各种事件，字里行间都流露出了日本国民对国家、社会以及个人的种种变化和未来发展的关注，也为"变"是名副其实的"年度汉字"这一观点提供了佐证。如果说年度汉字是"雅趣"的话，那么十大流行语就是"俗风"，两者从不同层面反映了日本社会生活的林林总总。通过对这些词语的解读，我们可以更加直接、更加真实地感受日本的 2008 年。

参考文献

吕克俭：《国际金融危机下的中日经贸关系》，"金融大危机对中日经济的影响"国际研讨会论文集。

http：//www. kanken. or. jp/kanji/kanji2008/kanji. html.

http：//singo. jiyu. co. jp/.

http：//news. sina. com. cn/w/2009 - 02 - 12/154517202404. shtml.

http：//www. china. com. cn/book/txt/2008 - 06/24/content_15878661. htm.

2008 年の「今年の漢字」と「新語・流行語」

葉　琳

　要　旨：「今年の漢字」と「新語・流行語」、何れもこの年の日本の現状を端的に把握するものである。2008 年、日本および全世界は政治、経済、気候とその他の領域で大きな変化が現れ、社会生活の細い点にも変化を招いているために、日本国民の広範な関心が集まる。「変」が「今年の漢字」に選ばれることと「蟹工船」、「居酒屋タクシー」などの言葉が「新語・流行語」に選ばれることはその時勢を反映していると言える。

　キーワード：今年の漢字　新語・流行語　変　蟹工船　居酒屋タクシー

2008 年中国的日本经济研究概况

叶 琳[*]

摘 要: 本文利用中国社科期刊网络版及全国报刊索引等互联网和书刊资料,收集并整理了 2008 年中国大陆出版和发表的有关日本经济的相关论著的信息。从宏观经济、产业经济、企业经济、国际经济合作、经济理论和经济法、经济史等领域,对该年度中国的日本经济研究状况进行梳理,以期展示中国日本经济研究的最新前沿成果,总结历史研究,为未来研究提供基础资料。

关键词: 2008 年 中国日本研究 日本经济 研究概况

2008 年,由美国次贷危机引发的金融危机波及全球,对全球经济造成了巨大冲击。虽然政府采取了一系列的紧急救市措施和综合经济刺激政策,日本经济

---

[*] 叶琳,法学硕士,中国社会科学院日本研究所《日本学刊》编辑部编辑,研究专业为日本经济,研究方向为日本对外经济关系。

依然没能从这次全球性经济衰退中脱身。对此，中国的日本经济研究学者进行了颇为广泛和深入的研究。此外，对日本经济的常态研究也取得了相当的进展，学者们从不同角度出发，运用各种方法，对广领域和多层次的日本经济进行研究，产生了诸多研究成果。

对此，本文从宏观经济、产业经济、企业经济、国际经济合作、经济理论和经济法、经济史等领域，对 2008 年中国的日本经济研究状况进行梳理和论述，内容主要涉及 2008 年出版和发表的学术著作、论文等。

一 宏观经济

（一）宏观经济形势

受全球金融危机的影响，在 2007 年年末就开始出现"拐点"的日本经济，其萧条之势在 2008 年特别是下半年更趋恶化，甚至出现了自第一次石油危机以来最严重的经济衰退。对此，中国的日本研究学者给予了密切关注。

江瑞平《当前日本经济形势与中日经济关系：2007》（《日本学刊》2008 年第 1 期）、车维汉《当前日本景气恢复的特点及其成因——与"伊奘诺景气"的比较分析》（《现代日本经济》2008 年第 1 期）、程绍海《中低增长与日本经济发展新时期》（《现代日本经济》2008 年第 4 期）等论文对 2002 年以来的日本经济复苏进行了描述，认为虽然这是战后日本持续时间最长的一次经济扩张期，但是本轮经济景气增长乏力且存在着种种不确定性，特别是进入 2007 年下半年，日本经济发展已经开始出现逆转迹象。刘军红《美国次贷危机下的日本经济走向》（《亚非纵横》2008 年第 2 期）、崔岩《国际金融危机与日本经济的景气衰退》（《日本研究》2008 年第 4 期）、庞德良和洪宇《日本应对金融危机冲击对策评析》（《当代世界》2008 年第 11 期）等论文则分析了美国次贷危机以及由此引发的金融危机对日本经济的影响和日本政府所采取的应对之策。雷鸣《美国"次贷危机"与日本"泡沫危机"的比较分析》（《现代日本经济》2008 年第 1 期）、成十《美国次贷危机与日本金融泡沫危机的比较分析》（《学术界》2008 年第 5 期）等论文，通过比较研究的方法，对导致此次经济衰退的根源所在即美国次贷危机进行了说明。

（二）经济体制

刘军红《日本"经济成熟化"与"政治更年危机"》（《现代日本》2008 年第 1 期）指出支撑日本经济崛起的"政治治理模式"难以应对新局面，成为日本经济社会发展的严重障碍。为此，日本政府自 20 世纪 90 年代后期开始进行经济体制改革，具体表现在陈子雷《探析日本的三位一体改革》（《日本学刊》2008 年第 5 期）、孙丽和常海鹏《日本邮政民营化分析》（《日本研究》2008 年第 1 期）、王德迅《日本规制改革评析》（《亚非纵横》2008 年第 2 期）、赵放《日本政策性金融机构改革评析》（《现代日本经济》2008 年第 5 期）、张玉棉和张少磊《日本公共年金制度改革及面临的新课题》（《日本问题研究》2008 年第 2 期）、林家彬《日本的特殊法人改革——日本道路公团的案例解析》（《经济社会体制比较》2008 年第 3 期）、魏全平《日本个人所得税制改革及其对中国的启示》（《日本研究》2008 年第 3 期）等论文中。

（三）经济政策与宏观调控

进入新世纪后，实施"小政府"的市场经济模式一直是日本政府的改革目标，但是为了弥补市场经济的不足、应对现实经济发展的需要，日本政府依然采取了必要的经济政策，实施对经济的宏观调控。

刘昌黎《论日本新世纪初的立国战略体系》（《日本学刊》2008 年第 4 期）一文系统全面地论述了日本自新世纪以来建立的立国战略体系。而苏杭《日本的"贸易投资立国"战略探析》（《日本学刊》2008 年第 3 期）、武勤和朱光明《日本科技人才战略及其对中国的启示》（《中国科技论坛》2008 年第 1 期）、凌强《日本观光立国战略的新发展及其问题》（《现代日本经济》2008 年第 6 期）等论文则具体展示了日本政府在不同经济领域中所采取的战略。

金融财政政策是日本政府宏观调控的重要内容。侯惠英《试析金融体系大变革后日本的区域金融发展》（《现代日本经济》2008 年第 6 期）、裴桂芬《从资金流量表看日本间接金融体制的变化》（《国际金融研究》2008 年第 6 期）、刘洁等《货币政策应对流动性过剩有效性研究：日本的经验》（《国际金融研究》2008 年第 6 期）、苏桂富等《央行干预效应之日本证据：1991～2004》（《上海金融》2008 年第 2 期）等论文对日本政府的金融政策进行了理论说明和实证研究。张少杰等《日本高等教育财政支持模式研究》（《东北亚论坛》2008 年第 3 期）、

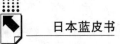
周雪若《日本家乡税政策及其启示》（《税务研究》2008 年第 11 期）等论文则
论述了日本政府的财政行为模式。

此外，江瑞平《激变中的日本经济——世纪之交的观察与思考》（世界知识
出版社 2008 年 9 月版）、刘昌黎《现代日本经济概论（第二版）》（东北财经大
学出版社 2008 年 6 月版）、丁红卫和加藤弘之《日本经济新论：日中比较的视
点》（中国市场出版社 2008 年 3 月版）等专著，也从不同角度展示了日本经济
社会发展的历史和现状。

二　产业经济

对介于宏观经济与微观经济之间的中观经济的研究，主要以"产业"为对
象，对产业结构、产业组织、产业政策、产业布局和产业发展等内容进行探讨。

（一）产业政策和产业结构

首先是充当指挥棒的产业政策。万军《经济发展不同阶段日本的产业政策
及其绩效》（《现代日本》2008 年第 2 期）、张宏武和时临云《日本的产业政策
及其借鉴》（《软科学》2008 年第 4 期）等论文对日本的产业政策进行了阶段性
分析。具体来看，王威《日本产业集聚的政策取向及启示》（《日本研究》2008
年第 2 期）、石俊华《日本产业政策与竞争政策的关系及其对中国的启示》（《日
本研究》2008 年第 3 期）、钟铭等《日本促进临港产业发展的政策与经验》（《现
代日本经济》2008 年第 4 期）、刘昌黎《日本政府推进信息化发展的政策措施》
（《日本学论坛》2008 年第 2 期）等论文分析了不同领域和层次的产业政策。

产业政策的实施和调整，导致日本的产业结构发生变化，也影响着日本产业
和经济的发展。马文秀和裴桂芬《日本的全套型产业结构与日美贸易摩擦》
（《日本学刊》2008 年第 2 期）、杨海涛《日本产业结构调整的启示》〔《绍兴文
理学院学报（哲学社会科学版）》2008 年第 1 期〕、石柱鲜等《中、日、韩潜在
产出的估计与比较分析》（《东北亚论坛》2008 年第 6 期）等论文对此进行了
说明。

（二）主要产业

根据国民经济行业分类方法和产业发展状况，本文拟将日本的产业经济划分

为农业、工业、第三产业和静脉产业等四个领域，以便更加清晰地论述中国学者对日本不同产业的研究。

1. 农业

作为一个发达的工业化国家，日本的农业在国民经济中所占比重并不大，但是因为种种因素的综合作用，农业一直是日本政府关注的重点，对该领域的研究成果在中国学者对日本经济研究中也占据一定的分量。

2008 年中央一号文件提出加快农村金融体制改革。为此，赵可利《日本农村金融发展现状及对中国的启示》（《世界农业》2008 年第 7 期）、聂峰和许文新《从日本农协发展看我国农村金融改革》（《农业经济》2008 年第 1 期）等论文对日本的农村金融体制进行了论述，以期为中国提供参考。

茅于轼《日本的农业和农村》（《农村金融研究》2008 年第 10 期）、杨东民《从日本的经验看我国农民增收的出路》（《东北亚论坛》2008 年第 4 期）分析了日本农业的整体发展。彭述林和吴宇《美日欧农业支持政策比较研究》（《日本问题研究》2008 年第 1 期）、张辉和张欣途《浅析日本的农业保护政策及其启示》（《日本问题研究》2008 年第 2 期）、陈颂东《日本农业保护的经验值得借鉴》（《财经科学》2008 年第 2 期）等论文对日本政府的农业支持政策进行了说明。

土地是农业和农村经济赖以生存和发展的重要生产资料，长期以来日本都非常关注对土地相关政策和制度的调整和完善。汪先平《当代日本农村土地制度变迁及其启示》（《中国农村经济》2008 年第 10 期）、肖绮芳《日本城市化进程中农地制度改革及相关农民社会保障制度演进与启示》（《东北亚论坛》2008 年第 2 期）、刘玉荣《美国、日本农地流转制度比较及对我国的启示》（《农村经济与科技》2008 年第 11 期）等论文分析了日本农村土地制度的发展与改革，肖绮芳和张换兆《日本城市化、农地制度与农民社会保障制度关联分析》（《亚太经济》2008 年第 3 期）、孙正林《新农村建设与工业化、城镇化关系研究——日本工业化和城镇化的发展对我国的启示》（《求是学刊》2008 年第 1 期）等论文则进一步分析了日本的农村城镇化建设，焦必方和孙彬彬《日本的市町村合并及其对现代化农村建设的影响》（《现代日本经济》2008 年第 5 期）还特别关注了被称为"平成大合并"的新一轮市町村合并浪潮。

关于日本的农产品，2008 年中国学者继续围绕着日本的"肯定列表制度"进行了深入研究，主要研究成果包括李铭和黄薇《日本"肯定列表制度"对我

国农产品出口的影响》（《亚太经济》2008 年第 5 期）、汪贵顺《日本肯定列表制度的时滞效应及其对策》（《农业经济》2008 年第 10 期）等。此外，冯昭奎《日本食物自给率变动及其对中国农业的启示》（《日本研究》2008 年第 4 期）、姚万军《日本食品自给率问题》（《现代日本》2008 年第 2 期）、廖卫东和时洪洋《日本食品公共安全规制的制度分析》（《当代财经》2008 年第 5 期）等论文对日本的食品问题进行了论述，张俊巧《日本生鲜农产品流通实施技术及其配套建设》（《世界农业》2008 年第 9 期）、张京卫《日本农产品物流发展模式分析及启示》（《农村经济》2008 年第 1 期）等论文分析了日本农产品的流通问题。

程伟《弱质农业对日本参与区域经济合作的影响》（《现代日本经济》2008 年第 3 期）、史艳玲《浅析日本农村过疏化现象的成因及其对农业发展的影响》（《农业经济》2008 年第 8 期）、李福田《日本农业问题的缩影——对广岛县庄原市的调查》（《现代日本经济》2008 年第 2 期）等论文，还从不同领域分析了日本的农业和农村经济所存在的问题。

2. 工业

日本的工业化发展已经达到了相当成熟的地步。李毅《从组织结构演进的视角看日本制造业可持续发展的经验与教训》（《现代日本经济》2008 年第 6 期）、周松兰《中日韩技术密集产品制造业竞争力比较——基于 RCA 计量下品目群分类的新视角》（《亚太经济》2008 年第 4 期）、关洪涛《21 世纪日本汽车产业政策新变化及其影响》（《现代日本经济》2008 年第 3 期）、郑宏星和马佳《资产专用性视角的产业集群竞争优势研究——日本汽车产业集群的分析与启示》（《东北亚论坛》2008 年第 5 期）、侯水平《日本公共建设工程招投标监管机制及其主要特点》（《现代日本经济》2008 年第 2 期）等论文从制造业和建筑业等领域对此进行了论述。

3. 第三产业

资料显示，日本第三产业的产值已经占到了整个国民生产总值的 70% 左右，第三产业在日本经济发展中占有举足轻重的地位。本文拟依照国民经济分类标准对中国学者围绕日本第三产业的研究逐一进行梳理。

在流通部门中，本文主要按照交通运输和电信业、批发零售业等进行归类。其中，马文秀和范幸丽《日本民航客运价格改革及其启示》（《日本问题研究》2008 年第 2 期）、陈璞和滑蓉《日本铁路客运组织与营销》（《铁道运输与经济》2008 年第 12 期）、王宪明《日本东京湾港口群的发展研究及启示》（《国家行政学院学报》2008 年第 1 期）等论文分别从陆海空不同角度对日本的运输业进行分析，刘国亮等《中日韩电信产业价值链模式对比分析》（《商业研究》2008 年第 8 期）介绍了日本的电信产业发展模式，熊国经和吴璟琨《试析日本第三方物流主力宅急便的发展战略》（《科技经济市场》2008 年第 8 期）对日本的物流配送系统进行了说明。关于日本批发零售业的研究成果主要有刘振滨和田慧《日本零售企业需求链管理的经验借鉴》（《江苏商论》2008 年第 6 期）、黄友星《经济全球化条件下日本综合商社的功能整合》（《特区经济》2008 年第 9 期）等论文及朱桦的专著《创新与魅力：现代日本零售业发展概览》（上海科学技术文献出版社 2008 年 8 月版）。

围绕日本服务部门经济的研究主要分为金融保险业、旅游业、信息服务产业和文化产业。其中，王晓雷《日本银行产业全球竞争力的演变分析》（《现代日本经济》2008 年第 3 期）、桑榕《论日本商业银行进入债券承销市场的效应》（《现代日本经济》2008 年第 3 期）、李宇嘉和陆军《贷款损失准备金与资本充足率监管——来自日本银行业的实证分析》（《国际金融研究》2008 年第 5 期）、孙龙建《日本银行市场约束制度分析》（《日本研究》2008 年第 1 期）等论文反映了日本金融保险业的发展。戴晓芙《日本的银行兼并与经营》（复旦大学出版社 2008 年 7 月版）以日本都市银行在"金融大爆炸"中的兼并与重组为切入点，对日本银行业的兼并和超巨型金融集团的诞生进行了深入分析。

随着日本积极推进"观光立国"战略，日本的旅游业得到了极大的发展。雷鸣和潘勇辉《日本乡村旅游的运行机制及其启示》（《农业经济问题》2008 年第 12 期）、凌强《日本发展入境旅游的政策措施与成效》（《日本问题研究》2008 年第 1 期）、李燕军《浅析日本旅游经济》（《现代日本经济》2008 年第 2 期）等论文对此进行了广泛的研究。

此外，吴赐联《日本高技术产业发展的启示》（《当代经济》2008 年第 8 期）、杨含斐和刘昆雄《日本信息服务业发展及建设经验评价》（《情报杂志》2008 年第 10 期）、陈博《日本动漫产业的发展历程及其特点》（《日本学论坛》2008 年第 3 期）、赵政原《日本拓展文化产业的经验及对我国的启示》（《世界经济与政治论坛》2008 年第 5 期）等论文展示了日本信息产业和文化产业的发展动态。

4. 静脉产业

"静脉产业"一词最早是由日本学者提出的，日本将这一产业视为 21 世纪具有相当潜力的产业之一，积极采取各种措施促进其发展，取得了相当的成就。

中国学者围绕着日本的静脉产业进行了诸多研究，包括杨书臣《日本节能减排的特点、举措及存在的问题》（《日本学刊》2008年第1期）、齐宇等《日本发展生态产业的动因分析》（《现代日本经济》2008年第2期）、林健和吴妍妍《日本发展静脉产业带给我国的思考》（《特区经济》2008年第4期）等论文。

发展静脉产业是日本实践循环经济的重要手段，其根本目标是实现循环经济社会。朱志萍和杨洁《日本循环经济的运作方式及启示》（《现代日本经济》2008年第3期）、李超《日本发展循环经济的背景、成效与经验分析》（《现代日本经济》2008年第4期）、尹小平和王洪会《日本循环经济的产业发展模式》（《现代日本经济》2008年第6期）、廖成忠和彭敏莉《日本循环经济立法及其对我国的启示》（《黑龙江社会科学》2008年第5期）等论文从不同视角分析了日本的循环经济。张婉茹等编著的《日本循环经济法规与实践》（人民出版社2008年3月版）则对日本实施循环经济的背景、法规、措施、成效、问题等内容进行了比较系统的介绍。

此外，对于日本发展静脉产业、推进循环经济社会的影响因素之一能源问题，朴光姬著《日本的能源》（经济科学出版社2008年7月版）和周永生《日本油气政策及其对我国的启示》（《国际石油经济》2008年第11期）、尹晓亮《日本构筑能源安全的政策选择及其取向》（《现代日本经济》2008年第2期）、伍福佐《试析日本能源战略中的中亚》（《世界经济与政治论坛》2008年第5期）、于民《日本"走入非洲"的石油能源战略》（《日本学论坛》2008年第3期）等论文中都有所分析。

三 企业经济

作为国民经济运营的主要行为体，在本轮经济复苏中，日本企业发挥了巨大的推动作用。本文拟从企业金融、企业治理、企业雇佣等三个层面来分析日本企业在日本国民经济中的发展和作用。

（一）企业金融

资金是企业进行运营活动的弹药，必须有充足的资金，企业的各种经营战略和生产项目才能得以实施。日本独特的企业金融为日本企业的发展输送着弹药。

对此，尹国俊《美、日创业资本产权配置及其绩效比较》（《现代日本经济》2008 年第 5 期）、平力群《"日本型风险投资模式"的合理性分析》（《现代日本经济》2008 年第 3 期）、李洪江《日本风险投资的新变化及对我国的启示》（《理论探讨》2008 年第 5 期）、李彬《股权集中度与公司绩效——基于日本上市公司的经验证据》（《经济与管理研究》2008 年第 6 期）等论文从不同角度进行了论述。

（二）企业治理

经营管理是企业进行运营活动的主要手段，凭借合理的组织结构和有效的治理手段，日本企业才能在复杂多变的经济环境中得以生存和发展，才能在激烈的竞争中占据有利地位。关于日本的企业治理模式，近年来中国学者也是众说纷纭，见仁见智。2008 年产生的研究成果主要有莽景石《宪政转轨与现代日本企业所有权安排的演化》（《日本学刊》2008 年第 6 期）、车维汉《从组织控制理论视角看战后日本的企业治理》（《日本学刊》2008 年第 6 期）、李彬《日本的股权结构演变及其对公司治理的影响》（《日本学刊》2008 年第 3 期）、刘消寒和吕有晨《日本企业分包制变迁及其功能分析》（《现代日本经济》2008 年第 4 期）、孙明贵和王滨《日本企业业务重组的管理策略》（《当代经济管理》2008 年第 7 期）等论文。此外，智瑞芝《区域创新视角下的大学衍生企业研究——来自日本的案例》（经济科学出版社 2008 年 7 月版）则为读者展示了一种创新性的企业模式。

此外，刘建军《美国、日本、德国企业制度比较及其经验借鉴》（《生产力研究》2008 年第 24 期）、李青《美、日公司治理模式比较研究》（《特区经济》2008 年第 2 期）、孙世强和赵岩《日本企业管理变革与经济伦理承接背景分析》（《现代日本经济》2008 年第 6 期）、薛有志和刘素《日本企业伦理与治理结构的协同演进与创新研究》（《现代日本经济》2008 年第 6 期）、王世权和细沼蔼芳《日本企业内部监督制度变革的动因、现状及启示》（《日本学刊》2008 年第 4 期）、余丙雕和胡方《日美企业改革的比较分析》（《日本学论坛》2008 年第 4 期）等论文从国际比较、企业伦理和企业改革等角度分析了日本的企业治理。

（三）企业雇佣

劳动力是企业进行运营活动的行为体，企业的生产经营离不开数量充足、质量优良的劳动力资源。2008 年，中国学者对日本企业雇佣的研究并没有像以前那样集中在终身雇佣制度上，而主要分析了日本企业的人力资源开发，主要成果包括平力群等《日本政府对企业人力资源开发支持政策变迁对我国的启示》（《东北亚论坛》2008 年第 4 期）、景勤娟等《浅谈日本内部劳动力市场对我国就业体制改革的启示》（《山西高等专科学校社会科学学报》2008 年第 3 期）、付勇《浅谈日本企业的员工培训》（《法制与社会》2008 年第 13 期）等论文。

（四）中小企业

作为日本经济发展的新源泉，中小企业受到了日本政府的重视，政府采取了一系列扶植政策以促进其发展，主要体现在辛飞和苏明山《日本政府促进中小企业参与国际竞争的政策及启示》（《亚太经济》2008 年第 6 期）、张乃丽和崔小秀《日本中小企业融资政策有效性分析——市场调节与政府干预的交叉融合》（《现代日本经济》2008 年第 5 期）等论文中。肖扬清《中小企业信用担保体系：日本的经验与启示》（《当代经济研究》2008 年第 2 期）、黄国建《借鉴日本经验——对新形势下我国中小企业国际化问题的探讨》（《江苏商论》2008 年第 4 期）、刘洁《美国、日本中小企业人力资源管理模式分析》（《商场现代化》2008 年 12 月上旬刊）等论文则分别论述了日本中小企业的金融、治理和雇佣问题。

四　国际经济合作

20 世纪 90 年代后期，日本开始主动推行对外开放政策，日本的国际经济合作获得了空前的发展。中国学者对日本国际经济合作的研究也日益深入和广泛，不仅对中日之间的经济合作进行研究，而且将分析对象的范围拓展到了日本国际经济合作本身，以便更加准确全面地了解日本的对外经济。

（一）国际贸易

自 2002 年与新加坡签订了第一个自由贸易协定（FTA）之后，日本积极推动其 FTA/EPA 战略的发展。2008 年中国学者的主要研究成果包括李俊久和陈志恒《试析日本的 FTA 战略：现状、问题与前景》[《吉林师范大学学报（人文社会科学版）》2008 年第 2 期]、马成三《日本的 FTA 战略与"中国因素"》（《国际贸易》2008 年第 5 期)、刘昌黎《日本积极推进 FTA/EPA 的政策措施》(《现代日本经济》2008 年第 3 期)、徐梅和赵江林《中日两国 FTA 战略的比较分析》(《日本学刊》2008 年第 6 期)等论文。

(二) 国际投资

王伟军《日本对印投资热的特点及影响》(《日本学刊》2008 年第 3 期)、刘光有《日本在亚洲对外直接投资的地域分布研究》(《现代日本经济》2008 年第 1 期)、邓应文《浅析东盟—日本经济关系——以东盟经济发展中日本投资因素为研究重点》(《东南亚纵横》2008 年第 5 期)等论文分别对国家、地区及全球范围的日本对外投资进行了分析。郑建成《日本对外直接投资与经济空洞化的再认识》(《日本学论坛》2008 年第 4 期)、汪素芹和姜枫《对外直接投资对母国出口贸易的影响——基于日本、美国对华投资的实证分析》(《世界经济研究》2008 年第 5 期)等论文则论述了国际投资对日本经济本身的影响。

近年来,随着日本"贸易投资立国"战略的实施,日本吸收外来投资的发展也同样进入了中国学者的研究视线。崔健《日本引进外国直接投资与提高经济获利分析》(《现代日本经济》2008 年第 3 期)认为尽管在日本外国直接投资流出量和流入量不平衡以及流入量相对较少的状况没有根本改观,但是逐渐增加的对日直接投资还是给东道国经济注入了新的活力。

(三) 国际援助

2008 年,日本停止了对华政府开发援助(ODA),中国学者对此的研究开始集中于 ODA 本身,包括冯剑《国际比较框架中的日本 ODA 全球战略分析》(《世界经济与政治》2008 年第 6 期)、张海冰《21 世纪初日本对非洲官方发展援助政策评析》(《世界经济研究》2008 年第 10 期)、徐梅《日本政府开发援助及其外交策略》(《当代世界》2008 年第 2 期)、张海森和贾保华《日本农林水产领域官方发展援助及启示》(《世界农业》2008 年第 11 期)等论文。

(四) 区域经济合作

近年来,日本努力增强本国在亚洲地区中的主导作用,周永生《21 世纪初日本对外区域经济合作战略》(《世界经济与政治》2008 年第 4 期)、李俊久《日本对东亚经济战略的调整与中国的对策》(《社会科学战线》2008 年第 4

期）、张宏武和时临云《日本推动东亚国际循环型社会建设的理论与实践》（《现代日本经济》2008 年第 4 期）、何胜和李霞《大湄公河次区域经济合作态势及面临问题》（《亚非纵横》2008 年第 3 期）等论文对此进行了说明。此外，中国学者还特别关注中日韩三国的经济关系，主要研究成果包括陈柳钦《建立中日韩FTA 的有利条件、制约因素及路径选择》（《日本问题研究》2008 年第 2 期）、孙世春《中日韩贸易自由化可行性探析》（《日本研究》2008 年第 4 期）等论文。

（五）中日经济关系

中国学者对中日经济关系的研究一直抱有高度的兴趣，相关专著包括王洛林主编《日本经济蓝皮书：日本经济与中日经贸关系发展报告（2008）》（社会科学文献出版社 2008 年 5 月版）、张季风主编《中日友好交流三十年（经济卷）》（社会科学文献出版社 2008 年 11 月版）、王爱华主编《山东与日本投资贸易合作的热点难点问题研究》（经济科学出版社 2008 年 9 月版）、程士国和后藤基编著《经济走势分析（中国、日本与东盟联合）》（中国经济出版社 2008 年 1 月版）等。论文方面，江瑞平《步入全新阶段的中国对日经济外交：动因与态势》（《外交评论》2008 年第 10 期）认为，在新形势下，中国对日经济外交步入了全新阶段。其他还有宋效中和姜铭《21 世纪中日合作的可能性及其领域》（《日本研究》2008 年第 2 期）、刘昌黎《中日合作与东亚经济发展》（《日本研究》2008 年第 1 期）等论文。

对中日贸易关系的分析主要体现在徐梅《中日贸易结构与产业竞争——兼论中国产业面临的挑战》（《日本学刊》2008 年第 4 期）、范拓源《90 年代以来的日本对华技术转移》（《日本学刊》2008 年第 3 期）、关雪凌和肖平《中日贸易的比较优势与互补性分析》（《现代日本经济》2008 年第 5 期）、裴桂芬和柳燕《中日贸易对日本经济增长贡献率的实证分析》（《日本问题研究》2008 年第 1 期）等论文中。

边恕《日本对华直接投资对中日产业结构的影响途径与效果》（《现代日本经济》2008 年第 6 期）、冯正强和李丽萍《关于日本对华直接投资贸易效应的实证分析》（《亚太经济》2008 年第 1 期）、焦必方和张存涛《中国加入 WTO 过渡期结束后的日本中小企业对华投资》（《世界经济研究》2008 年第 1 期）等论文论述了日本对华直接投资的现状和影响。

中国学者对日本对华 ODA 的关注度有所降低，2008 年产生的研究成果主要有张光《日本对华利民工程无偿援助地区分布实证分析》（《日本学刊》2008 年第 2 期）、施锦芳《日本对华政府开发援助的价值评析》（《日本研究》2008 年第 2 期）等论文。此外，罗俊翀和周聿峨《中日在东亚货币领域的博弈与竞争》（《现代日本经济》2008 年第 1 期）、张海滨《中日关系中的环境合作：减震器还是引擎》（《亚非纵横》2008 年第 2 期）还对金融和环保等领域的中日经济合作进行了分析。

五　经济理论、经济法和经济史

（一）经济理论

中国学者不仅关注日本经济的实践与动态，也对其发展所遵循和体现的经济理论等进行了研究。研究成果包括李月和古贺胜次郎《日本经济政策与新自由主义》（《现代日本经济》2008 年第 4 期）、刘伟伟《青木昌彦比较制度分析视野中的日本政治经济》（《日本研究》2008 年 4 期）、高煜《日本相互持股问题研究述评》（《现代日本经济》2008 年第 1 期）、陈子雷《关于日本经济长期停滞理论与政策的思考》（《现代日本经济》2008 年第 3 期）、李磊等《土地"尾效"、泡沫与日本经济增长》（《日本研究》2008 年第 3 期）等论文。

（二）经济法

2008 年，中国学者对日本经济法的研究更加广泛而又深入。李志刚《日本经济计划法制化简论》（《日本研究》2008 年第 1 期）论述了日本宏观经济层面的法律体制，曹锦秋和汤闳淼《中日公司司法解散制度比较研究》（《日本研究》2008 年第 1 期）、李彬《日本的公司法律制度修订与治理效率评析》（《现代日本经济》2008 年第 4 期）等论文对日本企业经济相关的法律制度进行了分析。高波和韩秀丽《关于国际反倾销法改革——日本视角》（《国际经贸探索》2008 年第 4 期）、吴志忠《日本能源安全的政策、法律及其对中国的启示》（《法学评论》2008 年第 3 期）、王胜今和李超《日本实施〈家电再生利用法〉解析》（《现代日本经济》2008 年第 2 期）、杨和义《论日本实施知识财产立国战略后知识产权法律变化的主要特征》（《宁夏社会科学》2008 年第 2 期）、蒋磊《美

国、日本反垄断法实施机构探析》(《法制与社会》2008 年第 31 期)等论文还涉及了贸易、能源、环境、知识产权等具体领域的日本经济法问题。

(三) 经济史

本文拟通过经济历史这个环节，以 1945 年为界，对中国学者关于第二次世界大战前后的日本经济研究进行梳理。

1. 1945 年以前的日本经济

王春雨和米峰《论德川中后期初级市场经济模式的成因》(《现代日本经济》2008 年第 3 期)、焦润明《论近代日本的从属资本主义改革》(《日本研究》2008 年第 2 期)、杨栋梁《日本近代产业革命的特点》[《南开学报 (哲学社会科学版)》2008 年第 1 期]、王德祥《明治维新以来日本的农业和农村政策》(《现代日本经济》2008 年第 2 期)等论文对明治维新前后的日本经济进行了论述，展示了日本经济现代化的过程。很快，日本经济就出现了反动倾向，王广军《论近代日本对阜新煤炭资源开发权的攫取》[《辽宁大学学报 (哲学社会科学版)》2008 年第 3 期]、曹振宇《二战前日本染料工业的发展对其侵略战争的影响》[《郑州大学学报 (哲学社会科学版)》2008 年第 2 期]等论文揭示了日本向海外扩张的经济侵略行径。

2. 1945 年以后的日本经济

第二次世界大战后，日本曾创造了经济奇迹，也经历了长期萧条。这一时期日本经济发展的经验和教训值得中国学者进行细致深入的研究。

其中，张季风《中日"泡沫"生成环境的非同质性探析》(《日本学刊》2008 年第 2 期)、伞锋《中国资产价格膨胀与日本泡沫经济的比较与启示》(《现代日本经济》2008 年第 1 期)、李俊久和田中景《泡沫经济前后日本宏观经济战略的调整》(《现代日本经济》2008 年第 3 期)、李宏舟《日本资产价格泡沫发生机制研究》(《现代日本经济》2008 年第 3 期)、张舒英《日本泡沫经济探源》(《求是》2008 年第 7 期)等论文重新认识了日本的泡沫经济，并借此与中国近些年来的经济较快增长进行了比较。

除了上述这种对热点问题的关注外，中国学者对二战后日本经济的研究还涉及宏观、中观、微观及国际合作等多个层面，为研究日本经济的现状、借鉴相关经验教训提供了丰富的材料。

从宏观领域来看，日本的政府干预既曾为日本经济高速发展保驾护航，也充当过日本经济可持续发展的拦路虎。对此，中国学者的研究成果主要有李玉潭和高宝安《泡沫经济破灭前后日本银企信用风险管理制度及其功效分析》（《现代日本经济》2008 年第 5 期）、张玉棉等《论日本财政政策对股市波动的影响》（《日本问题研究》2008 年第 1 期）、王鹏鸣和刘建葛《浅析 20 世纪 80 年代政府调控对日本房地产行业的影响及启示》（《日本问题研究》2008 年第 1 期）、王玉静《战后日本政府实施经济职能的成功经验及其启示》（《日本问题研究》2008 年第 1 期）、边恕《日本"失去的十年"的经济绩效及宏观政策分析》（《日本研究》2008 年第 3 期）、樊勇明《日本高速增长时期的"托底政策"及其对中国民生建设的启示》（《日本研究》2008 年第 2 期）、阎莉《日本技术引进成功经验探析》（《日本研究》2008 年第 2 期）、姜跃春《从日本经济长期萧条的历史看宏观政策的选择》（《中国金融》2008 年第 9 期）等论文。

从产业经济领域来看，任吉《日本二元经济转换时期的产业结构变化与相关政策分析》（《现代日本经济》2008 年第 6 期）、马文秀《日元升值下的日本产业结构调整政策及对中国的启示》（《日本问题研究》2008 年第 3 期）、任卫峰《战后日本农业政策的三次改革及其对中国的启示》（《生产力研究》2008 年第 4 期）、景婷婷《日本产业空心化与美国的对比分析》（《法制与社会》2008 年第 20 期）、高虹《日本"入关"后政府的产业指导政策回顾及启示》（《商业时代》2008 年第 15 期）等论文，论述了日本三大产业在发展过程中所面临的问题和积累的经验。

企业经济领域的研究成果，主要有李蕊《日本企业应对日元升值的策略研究》（《东北亚论坛》2008 年第 1 期）、詹政和王铁山《日本企业打破美国投资壁垒的经验》（《经济纵横》2008 年第 3 期）、杨斌《二战后日本企业的特质和经营模式——"信赖体系"的生成、结构、机能及其"惯性领域"》（《经济社会体制比较》2008 年第 6 期）等论文。

向前《日本应对 GATT/WTO 体制的策略探析》（《日本学刊》2008 年第 5 期）、项卫星和刘晓鑫《日美经济关系的失衡及其教训》（《现代日本经济》2008 年第 6 期）、孙叶青《试析日本缓和日欧贸易摩擦的举措》（《商场现代化》2008 年 10 月下旬刊）、王厚双和邓晓馨《日本"三位"一体联动应对国际贸易摩擦的经验及启示研究》（《东北亚论坛》2008 年第 2 期）、杨亚沙《日本对外直接投资相关问题再认识》（《国际经济合作》2008 年第 3 期）等论文，分别从贸易、投资等具体领域的角度对日本的国际经济合作进行了说明。

参考文献

中国学术文献网络出版总库，http：//www. cnki. net/index. htm。
《全国报刊索引（哲学社会科学版）》2008 年第 1 ~ 12 期、2009 年第 1 ~ 2 期。

2008 年中国における日本経済
研究状況について

葉　琳

要　旨：本文は、中国社会科学定期刊行物ネットと『全国新聞雑誌索引』などを通じて、2008 年中国大陸における出版された日本経済に関する著作と発表された論文を収集し整理したものである。日本経済をめぐって、マクロ経済、産業経済、企業経済、国際経済協力、経済理論、経済法律および経済歴史の様々な視点から行っている研究状況を分析することに通じて、最新の研究成果を発表する。研究成果を総括したうえで、これからの研究のために値がある資料を提供する。

キーワード：2008 年　中国の日本研究　日本経済　研究状況

2008 年中国的日本政治、历史研究概况

李璇夏*

摘　要：本文以全国报刊索引、中国社科期刊网为对象，对 2008 年中国大陆出版和发表的相关日本政治、历史研究的论文及著作，从日本内政、外交、军事与安全、中日关系、历史等五个方面，进行了分类和整理，以展示 2008 年度中国日本政治、历史研究的最新前沿成果，为读者提供基础资料和相关研究信息。

关键词：2008 年中国日本研究　日本政治　日本历史　研究概况

2008 年，是日本又一个动荡与不安的一年，也是中国学界对日本政治、历史进行研究的又一个丰收年。本文从五个方面，对中国的对日政治、历史研究的相关资料进行了归纳和分类。资料主要来源于全国报刊索引、中国社科期刊网站。

一　内政

（一）政治发展趋势

1. 近期动向

延续了 2006 年以来一年一相的不正常现象，2008 年 9 月，麻生内阁取代了仅维持了一年的福田内阁，日本政局再次进入了新一轮动荡。国内研究日本政局的学者，对此做了分析和展望。主要成果有：马俊威和霍建岗《"后福田

---

* 李璇夏，文学硕士，中国社会科学院日本研究所《日本学刊》编辑部编辑，研究专业为日语语言文学。

时代"的日本政局更趋动荡》(《现代国际关系》2008 年第 9 期)、高洪《福田辞职引发的政治动荡及自民党选举前景》(《当代世界》2008 年第 9 期)、张智新《麻生执政后的日本政局及其对华政策》(《国际资料信息》2008 年第 10期)等。

关于日本内阁的研究成果不少。其中,程文明《论安倍的"美丽国家"政策思想》(《日本研究》2008 年第 1 期)、高旭红《安倍晋三辞职的领导学思考》(《理论探讨》2008 年第 3 期)等文,对安倍内阁时期的政策思想以及安倍辞职的原因等做了较为详细的分析。

2. 中长期趋势

与往年一样,日本的"政治大国"、"普通国家化"等战略仍是中国学者关注的焦点之一。主要研究成果有:廉德瑰《日本的大国志向与小国外交》(《现代国际关系》2008 年第 6 期)、房广顺和李向楠《日本"普通国家化"战略及其制约因素》(《日本研究》2008 年第 1 期)、陆仁《日本内政外交评析》(《国际战略研究》2008 年第 2 期)、王新生《首相官邸主导型决策过程的形成及挫折》(《日本学刊》2008 年第 3 期)等。

关于社会思潮、社会运动的研究成果也有一些。如崔世广《战后日本社会思潮的结构解析》(《日本研究》2008 年第 1 期)、邱静《战后日本护宪运动与护宪思想——以知识分子护宪思想的演变为中心》(《国际政治研究》2008 年第1 期)、樊青青《冷战后日本新保守主义及其政治影响》(《前沿》2008 年第 2期)等文。此外,朱艳圣《冷战后的日本社会主义运动》(中央编译出版社 2008年 7 月版)一书,结合了日本政治和日本工人运动,对冷战后日本社会主义运动的新变化进行了尽可能全面、系统和深入的梳理和研究。

(二) 政党政治

政党政治的研究往往与政党选举、选举制度分不开。何晓松《当代日本两大保守政党制的流变——日本的新保守主义集权》(《日本研究》2008 年第 4期)、张宏艳《独具特色的日本政党政治》(《攀登》2008 年第 5 期)、《日本与其他发达国家政党政治之比较》(《学术交流》2008 年第 8 期)、廉德瑰《日本的议会、政党及派阀》(《当代世界》2008 年第 10 期)等文,对政党体制、政党政治做了详细的分析和论述。关于日本选举的主要研究成果有:徐万胜《参议院选举与日本政党体制转型》(《日本学刊》2008 年第 1 期)、廉德瑰

《从总裁选举看日本自民党派阀政治》（《当代世界》2008 年第 10 期）、夏冰《简析冷战后日本自民党派阀政治的复兴》（《法制与社会》2008 年第 22 期）等。

2008 年，关于日本在野党的研究，仍然受到中国学者的很多关注。其中，以对日本共产党的研究成果最多。如王伟英《"55 年体制"结束后的日本共产党》（《新视野》2008 年第 3 期）、徐万胜《冷战后的日本共产党》（《日本学论坛》2008 年第 2 期）、尹文清《日本共产党廉政建设初探》（《中国特色社会主义研究》2008 年第 3 期）等文，对日本共产党理论路线的调整、地位作用、选举业绩的波动状况及原因、廉政建设等做了详细的分析。

（三）行政体制及其改革

1. 行政体制研究

关于行政体制研究的主要成果有：赵铭《当代日本政治中的官僚：以国家发展模式转换为视角》（《日本问题研究》2008 年第 2 期）、平力群《日本多元化官僚体制简论》（《日本研究》2008 年第 1 期）、魏加宁和李桂林《对日本政府间事权划分的考察》（《财经问题研究》2008 年第 5 期）等。

2. 行政管理研究

关于日本行政管理研究的主要成果有：张向东《日本公务员制度选择模式的特征及其问题》（《中国行政管理》2008 年第 4 期）、王彦荣《日本行政资产管理体系概述》（《国有资产管理》2008 年第 10 期）、夏莉萍《日本领事保护机制的发展及对中国的启示：基于日本外交蓝皮书的分析》（《日本问题研究》2008 年第 2 期）等。

3. 行政职能研究

关于行政改革的研究成果有：杜创国《日本行政改革及其启示》（《兰州学刊》2008 年第 2 期）、王德迅《日本规制改革评析》（《亚非纵横》2008 年第 2 期）、孙丽和常海鹏《日本邮政民营化分析》（《日本研究》2008 年第 1 期）、赵放《对日本邮政民营化改革的是非评析》（《东北亚论坛》2008 年第 1 期）、朱向东和朱峻《日本的大部制改革》（《党政论坛》2008 年第 3 期）、陈子雷《探析日本的三位一体改革》（《日本学刊》2008 年第 5 期）等。

关于日本社会保障制度研究成果有：刘锋《日本的社会保障制度——以国民养老金为中心》（《国外理论动态》2008 年第 1 期）、杨黔云《政治·经济·

文化与现代社会保障制度的发展：日本现代社会保障制度发展探析》（《思想战线》2008 年第 5 期）等。杨刚《日本地域福利的现状及其走向：以东京都调布市"生活支援照看网络"为例》（《经济社会体制比较》2008 年第 4 期）、周娟《日本社会福利事业民营化变革及其对我国的启示——以日本老年看护服务民营化为例》（《湖北社会科学》2008 年第 4 期）、张文彬《日本老龄化应对措施及其对中国的启示》（《东南亚纵横》2008 年第 7 期）等文，对日本的福利制度的体制、现状以及改革做了分析。

4. 行政法制研究

关于日本行政法制研究的主要成果有：李长勇《日本劳动审判制度及其对我国相关制度的启示》（《齐鲁学刊》2008 年第 4 期）、郭树理《日本体育仲裁制度初探》（《浙江体育科学》2008 年第 1 期）、王天华《日本的"公法上的当事人诉讼"——脱离传统行政诉讼模式的一个路径》（《比较法研究》2008 年第 3 期）、孙志毅《日本独立行政法人制度与企业制度比较研究》（《亚太经济》2008 年第 5 期）等。

（四）宪法和司法改革

关于日本宪法的主要研究成果有：陈卓武《战后日本修宪的态势及其背后的美国因素》（《东南亚研究》2008 年第 6 期）、牟宪魁等《日本国宪法的 60 年与宪法修改问题》（《政法论丛》2008 年第 3 期）、徐万胜《冷战后日本改宪政治的动向与影响》（《当代亚太》2008 年第 6 期）、隋淑英《麦克阿瑟与日本"和平宪法"的制定》（《齐鲁学刊》2008 年第 4 期）、吴坚和赵杨《日本教育基本法的修改与其"教育宪法"地位探讨》（《高等教育研究》2008 年第 12 期）等。另外，赵立新《日本违宪审查制度》（中国法制出版社 2008 年 6 月版）一书，就日本法在世界法律文化中的重要地位，以及在其发展过程中对外来法律文化采取兼容并蓄的态度，并最终建立起高度发达的现代法律制度，成为法德移植的成功范例等做了一系列的论述。

关于日本司法的研究，主要成果有：何东《日本司法改革的最前沿：日本新司法考试制度及法科大学院评述》（《浙江社会科学》2008 年第 8 期）、曹锦秋和汤闳淼《中日公司司法解散制度比较研究》（《日本研究》2008 年第 1 期）、刘薇《现代日本司法职能的转变》（《法制与社会》2008 年第 34 期）等。

二 外交

（一）外交战略

1. 外交战略

2008 年，无论从日本政府首脑的执政方针和政治家的外交思想出发，还是从宏观战略角度出发，中国学者对日本的外交战略都给予了很多关注。如张彦丽《迈向"日本式人工国家"——中曾根康弘国家战略思想评析》（《国际论坛》2008 年第 1 期）、苑崇利《对石桥湛山"功利"外交思想的考察》（《日本学刊》2008 年第 4 期）、孙承《从"价值观外交"到"积极的亚洲外交"——日本安倍、福田内阁亚洲外交的比较分析》（《国际问题研究》2008 年第 2 期）、胡令远《日本对当前世界形势的看法及其外交战略》（《当代世界》2008 年第 4 期）、吕耀东《洞爷湖八国峰会与日本外交战略意图》（《日本学刊》2008 年第 6 期）、金熙德《21 世纪日本外交的抉择》（《国际政治研究》2008 年第 1 期）、杨仁火《日本在国际社会身份认同上的困境》（《和平与发展》2008 年第 3 期）等。

2. 环境外交

近年来，为了顺应全球环境保护发展趋势，以及在争取"入常"问题上能得到东亚各国的支持，日本力求通过参与和倡导国际环境对话与合作确立外交主导权，提升其国际地位。因此，2008 年，日本环境外交也就成了中国学者研究的重点之一。相关研究成果有：吕耀东《试析日本的环境外交理念及取向——以亚太环境会议机制为中心》（《日本学刊》2008 年第 2 期）、沈海涛和赵毅博《日本对华环境外交：构建战略互惠关系的新支柱》（《东北亚论坛》2008 年第 5 期）、张玉来《试析日本的环保外交》（《国际问题研究》2008 年第 3 期）、蔡亮《日本环境外交的战略意图及其特点》（《当代世界》2008 年第 6 期）等。

3. 其他外交战略

此外，张智新《麻生太郎的"价值观外交"迷误》（《学习月刊》2008 年第 21 期）、黄大慧《冷战后日本的联合国外交》（《教学与研究》2008 年第 3 期）、吴咏梅《浅谈日本的文化外交》（《日本学刊》2008 年第 5 期）、李广民和李进浩《国际非传统安全领域中的日本公共外交》（《东北亚论坛》2008 年第 5 期）、

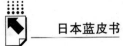

高兰《21 世纪日本自由主义外交战略思想解读——以"地球贡献国家"论为中心》(《日本学刊》2008 年第 5 期)、唐彦林和郭鹏程《东北亚能源外交：困境与对策》(《日本研究》2008 年第 1 期) 等文，从"价值观外交"、"联合国外交"、"文化外交"、"公共外交"、"自由主义外交"、"能源外交"的角度出发，对日本的外交战略进行了探讨。

从特定角度对日本外交战略进行研究的相关成果有：吴寄南《浅析智库在日本外交决策中的作用》(《日本学刊》2008 年第 3 期)、张景全《日本对外结盟原因的民族观念分析》(《世界民族》2008 年第 2 期)、归泳涛《试析日本在人道主义干涉问题上的立场》(《国际政治研究》2008 年第 1 期) 等。

(二) 地区外交

2008 年，中国日本外交研究的特点之一就是学者们对日本对非外交战略的研究。主要成果有：倪国良和张茂春《"争常"失败后日本对非战略新态势》(《东北亚论坛》2008 年第 4 期)、罗建波《日本对非洲外交及其发展趋向》(《西亚非洲》2008 年第 11 期)、曾强《日本对非战略的调整》(《亚非纵横》2008 年第 3 期)、李安山《东京非洲发展国际会议与日本援助非洲政策》(《西亚非洲》2008 年第 5 期)、王丽娟和刘杰《新世纪日本对非政策及其战略意图》(《国际论坛》2008 年第 5 期)、白如纯和昌耀东《日本对非洲政策的演变与发展——以"非洲发展国际会议"为视点》(《日本学刊》2008 年第 5 期)等。

(三) 双边、多边关系

1. 日美关系

2008 年，中国学者对日美关系的研究仍以日美同盟为中心，主要成果有：杨扬《日美同盟的调整与中国外交的战略选择》(《国际关系学院学报》2008 年第 4 期)、徐万胜《日美同盟与冷战后日本的军备扩张》(《国际政治研究》2008 年第 1 期)、李广民和王连文《三维棱镜下的日美同盟》(《日本学刊》2008 年第 2 期)、陈奉林《战后初期的美日关系与台湾问题》(《历史教学》2008 年第 10 期)、任丽芳和靳翠萍《战后日美同盟关系的转型与日本角色的嬗变》(《理论月刊》2008 年第 6 期) 等。

2. 日澳关系和日印关系

王海滨《从日澳"安保关系"透析日本安全战略新动向》（《日本学刊》2008 年第 2 期）、张景全《从同盟角度看日澳结盟趋向的原因及影响》（《东北亚论坛》2008 年第 3 期）等文，就日澳"安保关系"的发展及其体现的日本安全战略的新动向、日澳走向结盟趋向的原因与影响做了分析。

关于日印关系的研究，相关成果有：伍福佐《新世纪日印关系中的中国因素》（《和平与发展》2008 年第 2 期）、金熙德《日印安全宣言与"价值观外交"》（《当代世界》2008 年第 12 期）、孙瑜《印度对日媾和政策探微》（《日本学》2008 年第 4 期）等。

3. 日本与朝韩两国的关系

关于日本与朝鲜关系的研究，主要成果有：姜龙范《"朝核问题"与日朝邦交正常化》（《国际观察》2008 年第 5 期）、吕秀一和张晓刚《朝日"绑架问题"上的日本外交方针分析》（《东北亚论坛》2008 年第 6 期）、鲁义《绑架问题与日朝关系》（《东北亚论坛》2008 年第 1 期）等。

关于日本与韩国关系的研究，主要成果有：张晓刚和韩英《近代韩国开港缘起考——以韩日交涉为中心》（《历史教学》2008 年第 5 期）、金祥波《试析日韩合并后东北亚局势的深刻变化》（《社科纵横》2008 年第 4 期）等。

4. 其他双边关系

此外，2008 年，中国学者对日本与英国、德国、越南、苏俄等国家关系的研究也有一些。如朱海燕《日英同盟解体的原因及其对日本的影响》（《日本学论坛》2008 年第 1 期）、孙瑜和丁志强《浅析英国对日媾和政策的转变》（《东北亚学刊》2008 年第 2 期）、武向平《"日德防共协定"扩张与远东国际关系》（《日本研究》2008 年第 1 期）、高福顺和李明娟《日俄对库页岛的争夺》（《东北史地》2008 年第 1 期）等。

5. 多边外交

2008 年，关于中美日三边关系的研究成果有不少。如王嵎生《中美日三角关系及其前景》（《亚非纵横》2008 年第 4 期）、肖刚《中美日三角关系的不对称性与应对之策》（《现代国际关系》2008 年第 8 期）、王缉思《从中日美力量对比看三边关系的发展趋势》（《国际政治研究》2008 年第 3 期）、刘丽《浅析中途岛海战中的美日情报战》（《情报探索》2008 年第 4 期）、仇海燕《美国日裔移民问题与 20 世纪初美日中三角关系》（《江海学刊》2008 年

第 2 期）等。

陈刚华《韩日独岛（竹岛）之争与美国的关系》（《学术探索》2008 年第 4 期）、束必铨《美国因素与日韩领土之争（1945～1954）》（《东北亚研究》2008 年第 2 期）等文，就日本与韩国的领土争夺以及与美国的关系等进行了探讨。

三　中日关系

（一）关于日本对华政策的分析

与日本首相更迭频繁相关的对华政策研究的主要成果有：高洪《徜徉在中日关系的春光里：福田首相访华后发展中日关系的几点思考》（《当代世界》2008 年第 2 期）、孙承《试析安倍内阁以来中日关系回暖的原因》（《日本学刊》2008 年第 2 期）、金熙德《森派执政时期日本政治与中日关系》（《和平与发展》2008 年第 3 期）、胡令远《试论中日关系的新向度——以前首相福田康夫对中外交遗产为中心》（《东北亚论坛》2008 年第 6 期）、张智新《麻生上台后的日本政局及其对华政策》（《当代世界》2008 年第 11 期）、钟放《福田康夫执政以来中日关系的发展与前景》（《日本学论坛》2008 年第 1 期）、翟新《战后日本的政经分离对华政策：以岸信介内阁为例》（《史学集刊》2008 年第 2 期）、马雪梅《日本首相决策能力的强化及其对中日关系的影响》（《科学决策》2008 年第 3 期）等。

（二）对中日关系全局的分析和评论

中国学者在研究中日关系时，往往会与东亚联系在一起。如杨保筠《发展中日关系，促进东亚合作》（《新视野》2008 年第 3 期）、刘昌黎《中日两国和平发展，共同推动东亚和谐》（《东北亚论坛》2008 年第 3 期）、《东亚和谐与中日两国的作用》（《日本问题研究》2008 年第 2 期）、蒋德意和易佑斌《中日和谐与东亚区域合作》（《东南亚纵横》2008 年第 8 期）等文，对中日关系及对东亚区域合作的影响做了详细的分析。

刘江永《聚焦 2008 年的中日关系》（《当代世界》2008 年第 4 期）、金熙德《中日关系的新特点与新趋势》（《亚非纵横》2008 年第 2 期）、杨伯江《中日关

系："暖春"时节的形势与任务》（《现代国际关系》2008 年第 6 期）、王缉思
《从国际大局看中日关系的过去、现在和未来》（《中国党政干部论坛》2008 年
第 11 期）、郭梅峥《浅析中日关系》（《福建论坛》2008 年第 S1 期）、张沱生
《站在新的历史起点上的中日关系》（《外交评论》2008 年第 6 期）、左廷《浅论
中日友好关系》（《法制与社会》2008 年第 14 期）、金熙德《中日关系：破冰、
融冰到新的转机》（《中国党政干部论坛》2008 年第 2 期）、《2007～2008 中日关
系回顾与展望》（《日本研究》2008 年第 1 期）、钟放《胡锦涛主席访日与当代
中日关系》（《日本学论坛》2008 年第 3 期）等文，从中日关系全局进行了全面
的论述。

（三）基于特定视角的研究

此外，2008 年中国学者从特定的视角对中日关系进行的研究也很多。主
要研究成果有：何兰《从地缘政治角度看中日关系及其前景》（《现代国际关
系》2008 年第 5 期）、肖晞《地缘政治视角下的中日关系分析》（《理论探索》
2008 年第 6 期）、杨延冰《日本正常国家化战略下的中日关系初探》（《法制
与社会》2008 年第 3 期）、张伟东《论日本的国民性对中日关系的影响》
（《大连干部学刊》2008 年第 2 期）、陈海燕《中日扩大安全合作的可能性》
（《知识经济》2008 年第 4 期）、石冬明《中日安全困境与东北亚安全机制》
（《理论观察》2008 年第 6 期）、翟新《松村谦三集团和中日邦交正常化》
（《日本学刊》2008 年第 2 期）、胡鸣《对中日邦交正常化中竹入义胜身份与
作用的考辨》（《中共党史研究》2008 年第 5 期）、林明星《关于中日刑事司
法合作存在的问题与建议》（《当代世界》2008 年第 7 期）、周新政《浅析中
日防务交流》（《和平与发展》2008 年第 1 期）、张颖和吴晓光《日本新保守
主义对中日关系的影响》（《和平与发展》2008 年第 4 期）、尹斌《中日民间
相互认知与中日关系重构》（《日本研究》2008 年第 4 期）、陈言《中日关系
转暖的民间推动力量》（《经济》2008 年第 8 期）、廉晓梅《日本区域一体化
战略排斥中国的地缘政治动机与对策》（《东北亚论坛》2008 年第 6 期）、施
锦芳《日本对华政府开发援助的价值评析》（《日本研究》2008 年第 2 期）、
田庆立和程永明《日本外交中的机会主义与对华行动选择》（《东北亚论坛》
2008 年第 6 期）、许瑛《中日环保合作的新契机》（《日本研究》2008 年第 4
期）、韩瑞和乔旋《建构主义视角下的中日关系：现状及其路径分析》（《理论

导刊》2008 年第 3 期）、赵磊《中日第四份政治文件对两岸关系的积极意义》（《两岸关系》2008 年第 6 期）、高洪《解读中日关系的第四个政治文件》（《日本研究》2008 年第 2 期）、冯昭奎《中国的改革开放与日本因素》（《世界经济与政治》2008 年第 10 期）等。

研究中日关系的主要著作有：新华月报编《暖春之旅——胡锦涛主席访问日本》（人民出版社 2008 年 5 月版）、任国明和于明山《坚持与妥协：近距离看中日关系》（广东人民出版社 2008 年 11 月版）、黄大慧《日本大国化趋势与中日关系》（社会科学文献出版社 2008 年 5 月版）、金熙德《日本外交 30 年——从福田赳夫到福田康夫》（青岛出版社 2008 年 9 月版）等。

（四）针对现有问题的研究

关于战争遗留问题，包括化学武器处理、对日索赔、历史认识、教科书等问题的主要研究成果有：鲁义《日本遗弃化学武器问题的现状与对策》（《日本学刊》2008 年第 3 期）、董立延《对日民间索赔：国际法与历史认识》（《福建论坛》2008 年第 7 期）、张新军《外交保护的实体权利和程序问题——以中国民间对日索赔诉讼中的战争遗留问题为素材》（《中外法学》2008 年第 1 期）、刘佳《解析中日关系中的历史问题》（《法制与社会》2008 年第 9 期）等。

关于东海划界问题以及钓鱼岛问题的研究，其主要成果有：蔡鹏鸿《中日东海争议现状与共同开发前景》（《现代国际关系》2008 年第 3 期）、谢晓光《从国际政治视角看中日东海划界问题的解决》（《学理论》2008 年第 6 期）、孙翠萍《中日钓鱼岛问题的缘起》（《理论界》2008 年第 11 期）等。

关于台湾问题的研究，历来都是学者关注的重点。2008 年，相关研究成果有：丁兆中《中日复交后日本政界激进亲台势力的嬗变》（《国际论坛》2008 年第 4 期）、李秀石《中日关系中的台湾问题——稳定性、复杂性、不确定性及潜在危机》（《日本学刊》2008 年第 4 期）等。

（五）为改善中日关系建言献策

2008 年，是《中日和平友好条约》缔结 30 周年。这一年，中日关系的研究自然得到了国内学者更多的青睐。相关研究成果有：刘德有《中日和平友好条约的缔结与中日关系的新发展》（《日本学刊》2008 年第 4 期）、刘江永《实现

战略互惠 增进民间友好——纪念〈中日和平友好条约〉缔结30周年》（《日本学刊》2008年第5期）、林晓光《〈中日和平友好条约〉的签订》（《当代中国史研究》2008年第6期）、金熙德《缔约30年来中日关系的演变轨迹》（《日本学刊》2008年第6期）、徐敦信《中日缔约30周年和当前中日关系》（《国际战略研究》2008年第3期）等。另外，王新生主编《中日友好交流三十年（1978～2008）政治卷》（社会科学文献出版社2008年11月版）一书，总结了《中日和平友好条约》缔结30年来中日两国关系的历史，为推动两国关系进一步顺利发展具有较强的现实意义。

林晓光《中日关系可望进一步改善》（《和平与发展》2008年第2期）、周永生《中日关系的新挑战与新机遇》（《和平与发展》2008年第3期）等文，对中日关系进行了展望，对两国关系发展面临的新挑战做了分析。

2008年，学界关于战略互惠关系的研究成果颇丰。如徐海燕《中日"战略互惠关系"与日本的国家战略选择》（《当代世界》2008年第7期）、《"战略互惠关系"与日本的国家战略选择》（《和平与发展》2008年第3期）、蒋立峰《战略互惠，合作共赢：中日关系发展新阶段》（《日本学刊》2008年第4期）、高海宽《推进中日战略互惠关系的持续发展》（《亚非纵横》2008年第6期）、高洪《略论中日全面推进战略互惠关系》（《亚非纵横》2008年第3期）、《在中日战略互惠时空下思想》（《当代世界》2008年第6期）、陈都明《发展中日战略互惠关系的若干思考》（《当代世界》2008年第3期）、姜跃春《论中日"战略互惠"关系》（《国际问题研究》2008年第3期）、《中日"战略互惠"关系及其趋势》（《对外传播》2008年第5期）、邱美荣《"构建中日战略互惠关系与促进民间相互理解"国际学术研讨会综述》（《国外社会科学》2008年第3期）等文，从各个角度对中日战略互惠关系进行了全面、详细的分析和探讨。

四 军事与安全

（一）安全政策与安全战略

2008年，中国学界对日本安全战略的主要研究成果有：吴怀中《从〈防卫白皮书〉看日本防卫政策》（《日本学刊》2008年第5期）、孔晨旭《战后初期

日本政府的国家安全战略与"媾和后美军驻日"问题》（《兰州学刊》2008 年第
2 期）、吕文彦和盛欣《2007 年日本军事安全战略分析》（《亚非纵横》2008 年
第 1 期）、仲秋和张玉国《战后日本安全观的延续与发展》（《日本学论坛》2008
年第 4 期）、耿丽华《日本防卫政策及其对东亚安全的影响》（《日本研究》2008
年第 4 期）、张晓霞《日本的亚洲地区安全策略：多层安全合作》（《理论导刊》
2008 年第 1 期）等。

（二）关于核政策

徐万胜和付征南《日本核政策动向》（《现代国际关系》2008 年第 4 期）、
夏立平《论日本核政策的走向与影响》（《国际观察》2008 年第 4 期）等文，较
详细、具体地分析了日本的核政策动向及产生的影响。

（三）军事

高峻《冷战期间日本自卫队海外派遣的起源与演变》（《国际政治研究》
2008 年第 1 期）、杜朝平《蓄势待发：海上自卫队大整编及其对亚太安全的影
响》（《舰载武器》2008 年第 5 期）等文，以日本海上自卫队派遣问题的起源、
演变过程、自卫队整编及对亚太安全的影响等内容为中心进行了探讨。相关研究
成果还有：何萍《2007 年度日本海上自卫队武器装备发展新动向》（《现代军
事》2008 年第 3 期）、查长松和伏海斌《2008 日本海上自卫队的主力战舰》
（《现代军事》2008 年第 3 期）、刘亮显和李婷婷《日本的海上新战略》（《现代
军事》2008 年第 7 期）、吴勤《日美反导合作快步前进》（《现代军事》2008 年
第 3 期）等文，以及徐辉和邱岱《出鞘的倭刀：日本军力全接触》（新华出版社
2008 年 10 月版）等著作。

五　历史

本文仅限于对日本历史中的军国主义史、政治史、外交史、中日关系史四个
方面的有关研究进行归纳和阐述。

（一）军国主义史

2008 年，中国学界对日本军国主义史的研究成果仍然很多。主要有：袁成

亮《试论明治维新后日本国家发展理论与军国主义的兴起》(《理论月刊》2008
年第 8 期)、罗卫萍《从珍珠港到中途岛：太平洋战争前期日本情报失误研究》
(《军事历史研究》2008 年第 2 期)、江新凤《武士道：变异的日本战略文化基
因》(《中国军事科学》2008 年第 2 期)、孙伶伶《美国解密日本二战档案考
察》(《日本学刊》2008 年第 1 期)等论文。另外，相关研究著作有：冯玮《日
本通史》(上海社会科学院出版社 2008 年 3 月版)、刘怡和阎京生《菊花与
锚——旧日本帝国海军发展史》(武汉大学出版社 2008 年 11 月版)、蔡凤林
《日俄四次密约——近代日本"满蒙"政策研究之一》(中央民族大学 2008 年 6
月版)等。

关于日本侵华战争、在华殖民统治的研究一向都是中国学者研究日本军国主
义史的重点。此类研究成果数量很多，有焦润明《从伪满〈历史教科书〉看日
本殖民当局对历史的篡改》(《史学理论研究》2008 年第 3 期)、丁晓杰《论日
本在伪蒙疆政权时期实行的贸易统治政策研究》(《史林》2008 年第 3 期)、袁
成亮《试论九一八事变时日本军部与"不扩大方针"》(《湖北社会科学》2008
年第 7 期)、曾景忠《九一八事变过程中日本侵华的军事外交二重唱》(《史学月
刊》2008 年第 2 期)、严海建《侵华日军军风纪的体系内认识——以〈冈村宁次
回忆录〉为考察对象》(《广西社会科学》2008 年第 2 期)、经盛鸿《侵华日军
"以华制华"政策的标本——评伪"南京市自治委员会"》(《南京社会科学》
2008 年第 4 期)、《战时日本当局在国内时如何封锁南京大屠杀真相的?》(《江
苏社会科学》2008 年第 3 期)、郭铁桩《大连日本右翼社团组织与"九一八事
变"》(《日本研究》2008 年第 3 期)、徐康英和夏蓓《南京大屠杀期间侵华日军
在南京下关地区罪行研究》(《民国档案》2008 年第 2 期)、程兆奇《〈日本现存
南京大屠杀史料研究〉后记》(《史林》2008 年第 2 期)等。王士花《日伪统治
时期的华北农村出版社》(社会科学文献出版社 2008 年 9 月版)、郭铁桩和关捷
主编《日本殖民统治大连四十年史》(社会科学文献出版社 2008 年 5 月版)等
书，从多层次、多角度分别论述了日伪在华北沦陷区农村、日本殖民者在大连的
统治。

此外，徐振伟《日据时期日本在台湾的鸦片政策》(《日本学论坛》2008
年第 4 期)、白纯《"皇民奉公会"在台湾的殖民角色 (1941～1945)》(《江
海学刊》2008 年第 4 期)等文，就日据中国台湾的有关问题进行了分析和探
讨。

（二）政治史

2008 年，中国学者关于日本政治制度史的研究成果也有不少。如卓爱平《近代天皇制下日本政党与军队关系的历史考察及启示》（《军事历史研究》2008 年第 2 期）、焦润明《论近代日本的从属资本主义改革》（《日本研究》2008 年第 2 期）、陈伟《试论日本早期国家管制的形成与发展》（《古代文明》2008 年第 2 期）、祝曙光《末代将军德川庆喜对明治维新的贡献：纠正历史教科书的一个错误》（《探索与争鸣》2008 年第 2 期）、张值荣和张启雄《明治时期日本官书对"尖阁列岛"地位的认识》（《中国边疆史地研究》2008 年第 1 期）、王铁军《战前日本政治结构变迁中的文官官僚》（《日本研究》2008 年第 3 期）、郭冬梅《论明知宪法中议会预算审议权的形成》（《日本学论坛》2008 年第 4 期）、刘国翰《日本明治中期的基层选举——以埼玉县秩父郡县议会议员选举为例》（《日本学论坛》2008 年第 1 期）、张庆彩《晚清中国和明治日本走向立宪政治的比较》（《兰州学刊》2008 年第 9 期）、陈秀武《论日本明治时代的私拟宪法》（《日本学刊》2008 年第 6 期）、陈景彦《日本近代地方自治研究的中国视点》（《日本学论坛》2008 年第 1 期）等文。

胡平《情报日本》（东方出版中心 2008 年 5 月版）、刘文英《日本官吏与公务员制度史（1868～2005）》（北京图书馆出版社 2008 年 1 月版）、王仲涛和汤重南《日本史》（人民出版社 2008 年 1 月版）、郭冬梅《日本近代地方自治制度的形成》（商务印书馆 2008 年 4 月版）等书，也涉及了日本政治制度史的研究。

关于政治思想史研究的主要成果有：唐永亮《试论中江兆民中期的国际政治思想》（《日本学刊》2008 年第 6 期）、田庆立《田中角荣的中国观》（《日本问题研究》2008 年第 2 期）、尚侠《近代日本国家意识的历史思考》（《日本学论坛》2008 年第 1 期）、陈秀武《论胜海舟的国家思想》（《日本学论坛》2008 年第 2 期）、许佳和吴玲《"脱亚论"与"兴亚论"——福泽谕吉与冈仓天心亚细亚主义思想的比较》（《日本学论坛》2008 年第 2 期）、吴玲《西田几多郎的政治伦理解构》（《日本研究》2008 年第 2 期）、戚其章《近代日本的兴亚主义思潮与兴亚会》（《抗日战争研究》2008 年第 2 期）等文，以及陈秀武《近代日本国家意识的形成》（商务印书馆 2008 年 4 月版）、张宝三和徐兴庆《德川时代日本儒学史论集》（华东师范大学出版社 2008 年 1 月版）等著作。

（三）外交史与中日关系史

2008 年，关于日本外交史研究的主要成果也有一些。如陆伟《宫中集团及其在昭和前期日本外交决策过程中的作用与影响》（《历史教学》2008 年第 1、2 期）、曲静《近代以来日本外交战略的三次转变及其原因》（《日本学论坛》2008 年第 4 期）、原野《十九世纪晚期日本的"脱亚入欧论"与"亚洲一体论"》（《工会论坛》2008 年第 1 期）等文，对日本外交政策、外交战略方面有很详细的论述。

刘焕明《日俄之战与"大陆政策"——日俄战争历史地位的再认识》（《江海学刊》2008 年第 4 期）、李玫娟《日苏主张缔结互不侵犯条约的转换：1931 ~ 1941 年》（《历史教学》2008 年第 2 期）、崔丕《〈美日返还冲绳协定〉形成史论》（《历史研究》2008 年第 2 期）、李存朴《近代以前的日本与朝鲜——以"西蕃观"与"朝贡"为中心》（《历史教学》2008 年第 6 期）等文，对日本与苏俄、朝鲜、韩国、美国之间的外交关系史进行了探讨。

中国学者通常会从中国角度和日本角度对中日关系史进行研究。从中国角度进行中日关系史研究的成果主要有：臧运祜《西安事变与日本的对华政策》（《近代史研究》2008 年第 2 期）、鹿锡俊《中国问题与日本 1941 年的开战决策——以日方档案为依据的再确认》（《近代史研究》2008 年第 3 期）等论文，以及冯青《中国近代海军与日本》（吉林大学出版社 2008 年 12 月版）等著作。

从日本角度进行中日关系史研究的主要成果有：朱庆葆《日本"治台经验"在中国大陆的运用及其危害——以鸦片政策为中心》（《江海学刊》2008 年第 4 期）、曹大臣《近代日本在华领事裁判权述论》（《抗日战争研究》2008 年第 1 期）、刘建强《日本古代对华外交中的遣隋（唐）使》（《唐都学刊》2008 年第 4 期）、罗福惠《"黄祸论"与日中两国的民族主义》（《学术月刊》2008 年第 5 期）、杨栋梁等《近代社会转型期日本对华观的变迁》（《日本研究》2008 年第 1 期）等。

参考文献

中国学术文献网络出版总库，http：//www.cnki.net/index.htm。

《全国报刊索引（哲学社会科学版）》2008 年第 1 ~ 12 期、2009 年第 1 ~ 2 期。

2008 年中国における日本政治と
歴史研究状況について

李璇夏

　要　旨：本文は、「全国新聞雑誌索引」、中国社会科学定期刊行物ネットなどを通じて、2008 年における中国本土で出版された日本政治、日本歴史に関する著作と発表された論文に基づき、日本内政、外交、軍事と安全、中日関係、歴史を分野別にして、その資料を分類し整理している。日本政治、日本歴史の最新の研究成果を展示し、基礎資料と関連の研究情報を読者に提供する。

　キーワード：2008 年中国の日本研究　日本政治　日本歴史　研究状況

2008 年中国的日本社会文化研究概况

林 昶*

摘 要：本文以中国国家图书馆联机公共目录和社科期刊网络版等互联网资料为主要对象，收集整理了 2008 年中国大陆出版和发表的有关日本社会文化研究的著述信息。通过对日本文化论、思想史、传统文化、外来文化、社会思潮、社会生活、社会保障与福利、社会问题、教育、文学、中日文化交流与比较等领域该年度中国日本社会文化研究的成果的分析梳理，以期检阅中国日本研究的学术近况，关注研究热点，提供检索方便。

关键词：2008 年 中国日本研究 日本社会文化 研究概况

2008 年，伴随着我国社会经济发展进程中的这一重要年份，中国的日本社会文化研究取得了新的进展，基础理论和现实对策研究成果丰硕，并且在质量和数量方面有所提高。日本社会文化研究丛书出版热度不减，"看东方：日本社会与文化"译丛的加盟，则给中国的日本社会文化研究带来厚重的气息。

本文采用资料以 2008 年度中国国家图书馆联机公共目录图书和中国日本研究杂志论文为主，同时吸纳中国社科期刊（网络版）及《全国报刊索引（哲学社会科学版）》等数据库和报刊资料。资料截止时间为 2008 年 12 月初。

一 文化研究

2008 年中国的日本文化研究成果，集中于日本文化论、思想史、传统文化与外来文化等方面，出现了颇多值得关注的观点新颖、资料丰富的著述。

---

* 林昶，中国社会科学院日本研究所《日本学刊》副主编，副编审，编辑部主任，研究方向为日本文化。

（一）日本文化论

当今世界，文化和文化研究，越来越引起人们的重视。"日本文化论"这一命题探讨的经久不衰，说明对于日本文化进行深层次研究，始终是中国日本研究的一个基础性问题。2008 年，诸多从历史过程和精神要素方面论述"日本文化论"著述的出版，反映了我国日本文化研究者的新思考。

杨伟《日本文化论》（重庆出版社 2008 年 6 月版）一书，从风土、宗教、神话、"间人主义"、"世间"、卡瓦伊文化和社会发展等方面，客观评价了日本人和日本文化。而顾伟坤《日本文化史教程》（上海外语教育出版社 2008 年 12 月版），则论述了自绳纹时代至近代上下两千余年的日本文化历史。

韩立红《日本文化概论》（南开大学出版社 2008 年 5 月版），从精神文化入手，提纲挈领地概括了日本文化的特质，而且以点带面论及日本的哲学、宗教、文学艺术、教育等。此外，还有韩维柱等《日本文化教程》（南开大学出版社 2008 年 5 月版）。

译著方面，尤为引人注目的是南京大学中日文化研究中心基金项目、张一兵主编、南京大学出版社 2008 年出版的"看东方：日本社会与文化"丛书。这套译丛由诸多日本文化研究界重量级人物、著名学者构成庞大阵容的日本文化论、日本人论著作共七本，分别是：筑岛谦三《"日本人论"中的日本人》、加藤周一《何谓日本人?》、会田雄次《日本人的意识构造：风土 历史 社会》、堺屋太一《何谓日本?》、多田道太郎《身边的日本文化》、宫家准《日本的民俗宗教》、佐藤俊树《不平等的日本——告别"全民中产"社会》。此外，还有铃木贞美《日本的文化民族主义》（武汉大学出版社 2008 年 4 月版）。

论文方面，如崔世广《日本现代文化过程中建设的主要力量及其作用机制》（《日本学刊》2008 年第 6 期）、胡令远《文化交流、价值向度与历史认识——简论战后中日关系的精神要素》（《日本学刊》2008 年第 6 期）、唐向红《日本文化的发展与变迁》（《黑龙江科技信息》2008 年第 32 期）、杨劲松《试论战后初期日本文化反省思潮的走向》（《日本学刊》2008 年第 3 期）、施宇《从日本文学的发展历程来看日本文化的独特特征》（《科教文汇》2008 年第 10 期）等文，从第二次世界大战后日本文化发展的历史过程入手，分析了日本文化的基本走向。

（二）文化概况

卞崇道《融合与共生：东亚视域中的日本哲学》（人民出版社 2008 年 4 月

版）一书，通过对日本思想文化史中的一些重要问题的探讨，提出明治时代以前为日本哲学思想酿生、展开与成熟时期，其后为现代日本哲学诞生、成长与结果的时期。

刁榴《三木清的哲学研究——以昭和思潮为线索》（社会科学文献出版社2008 年 10 月版），系"中国社会科学院研究生院日本研究博士文丛"之一，该书紧扣三木哲学的现实性和时代性特质，以昭和前半期的主要思潮为主线，剖析了三木清的哲学形成和发展。

相关论文有刘嘉《"生存"哲学与自然映像的结晶——从风土之源看日本文化的特性》（《湘南学院学报》2008 年第 3 期）、项松《经济全球化背景下的日本文化诸关系研究》（《军事经济学院学报》2008 年第 1 期）、王丹和崔岩《日本文化的政治思考》（《法制与社会》2008 年第 33 期）等。

（三）文化史、思想史

探讨日本文化思想史的著述，有叶渭渠主编《日本文明》（福建教育出版社2008 年 4 月版），包括风土·语言·民族性与文明、本土文明的产生、演变与特征、与大陆文明的最早接触等内容。该书系世界文明大系之一。还有胡金良编著《日本之道——日本对文明的嫁接》（新华出版社 2008 年 7 月版）和张宝三、徐兴庆编《德川时代日本儒学史论集》（华东师范大学出版社 2008 年 1 月版），以及森川昌和译著《鸟滨贝冢：日本绳纹文化寻根》（上海古籍出版社 2008 年 10 月版）、蒋春红《日本近世国学思想——以本居宣长研究为中心》（学苑出版社2008 年 10 月版）、龚颖《"似而非"的日本朱子学：林罗山思想研究》（学苑出版社 2008 年 8 月版）、唐凯麟和高桥强主编《多元文化与世界和谐：池田大作思想研究》（人民出版社 2008 年 10 月版），还有王金林《程朱理学传入日本与林罗山的儒家神道观》（《日本研究》2008 年第 1 期）、周晓杰《日本人的"忠义"观与武士道精神》（《苏州科技学院学报（社会科学版）》2008 年第 2 期）、周颂伦《武士道与"士道"的分歧和对立》（《日本研究》2008 年第 4 期）等文。

（四）传统文化与外来文化

日本传统文化与外来文化的关系问题，始终是中国日本研究学者热衷的课题。

王铁桥《关于日本文化的世界定位问题——新文化进化论评介》（《日语学

习与研究》2008年增刊）认为，日本文明不是独立于其他文明的独立文明，而是近代以前中华文明的卫星文明、近代以来的欧洲文明的卫星文明。相关论文有武心波《"不变"与"嬗变"——日本文化"二元分属"的双重结构分析》（《日语学习与研究》2008年第3期）。

还有林璐《日本传统文化对山本耀司的服装色彩的影响》（《广西轻工业》2008年第12期）、张楠《生存需要与日本吸收外来文化的动力》[《贵州大学学报（社会科学版）》2008年第6期]、齐海娟《外来文化本土化的一个结晶——日本茶道精神分析》（东北师范大学硕士论文，2008年10月）、李陆《论日本儒学对日本文化的影响》（《消费导刊》2008年第5期）、陈月娥《从原敬的"减少汉字论"看近代日本东西方文明的撞击》（《日本研究》2008年第3期）等论文。

在近年的对外交往中，日本加强了文化外交的力度，颇有成效。吴咏梅《浅谈日本的文化外交》（《日本学刊》2008年第5期）、吴朝美《试论20世纪80年代后日本的文化输出及其对我国的影响》（贵州师范大学硕士论文，2008年）、丁兆中《日本对东盟的文化外交战略》（《东南亚纵横》2008年第10期）等论文对此进行了阐述。

二 社会研究

作为中国日本研究的热点，日本社会研究特别是当代日本社会发展、社会思潮、社会保障制度以及社会生活的变化，一直是中国日本社会研究学者密切关注的课题。

（一）社会概况

比较而言，2008年中国日本社会研究的一个显著特点，是宏观把握与专业研究并举。如连业良编著《日本社会文化全掌握》（大连理工大学出版社2008年4月版）一书，从社会生活、社会运动、经济法律、文化传统、自然、语言文字等方面论述了日本的社会文化。而江新兴《近代日本家族制度研究》（旅游教育出版社2008年8月版），则将目光锁定在日本近代的家族制度，论述了近代以前、明治、大正和昭和前半期日本家族制度的变迁。

还有一批反映当代日本的风土人情、生活习惯、生活常识、思维方式、行为模式、社会发展变化以及近年来的重大社会事件等著述出版。如姜建强《山樱花与岛国魂——日本人情绪省思》（上海人民出版社 2008 年 11 月版）、欧阳蔚怡《感受日本》（湖北教育出版社 2008 年 11 月版）、毛丹青《感悟日本》（华东理工大学出版社 2008 年 3 月版）、李炯才《日本：神话与现实》（中国电影出版社 2008 年 6 月版）及潘钧《日本辞书研究》（上海人民出版社 2008 年 1 月版）等。

（二）社会意识和社会思潮

关于日本的社会思潮，崔世广《战后日本社会思潮的结构解析》（《日本研究》2008 年第 1 期）认为，和平主义、民族主义和保守主义三种思潮此消彼长，并对战后日本的发展路线产生了深刻影响。还有李泽元《战后以来日本的社会思潮对靖国问题的影响》（东北师范大学硕士论文，2008 年）、林晓光和葛慧芬《日本的东西地缘对立意识及城市文化形象刍议》（《日本学刊》2008 年第 3 期）、刘利华《二元性民族心理特征对日本社会的影响》（《韶关学院学报》2008 年第 7 期）、渡边雅男和韩冬雪《现代日本社会结构的阶级分析》（《政治学研究》2008 年第 1 期）、雷蕾《从汉字日本化看日本文化的特征》［《重庆科技学院学报（社会科学版）》2008 年第 7 期］等。

有关武士思想、宗教、信仰等方面的研究，也引起了中国学者的关注。论文诸如邵宏伟《浅析日本新宗教中的民族主义倾向》（《日本学刊》2008 年第 6 期）、王秋鸿《南蛮文化中步枪和基督教对日本社会的影响》［《科技信息（学术研究）》2008 年第 3 期］、孙文《走近阿伊努：一个曾经被歧视的民族的学术史》（《日本学刊》2008 年第 1 期）、郑匡民《社会主义讲习会与日本思想的关系》（《社会科学研究》2008 年第 3 期）、孙晓柳《论日本人的无常观》（《安阳工学院学报》2008 年第 1 期）、王家国《宗教与日本人性格的养成》（《黑龙江教育学院学报》2008 年第 5 期）等。还有王炜《日本武士名誉观》（社会科学文献出版社 2008 年 11 月版）一书。

（三）社会保障与福利

日本的社会保障制度经历 60 年的建设和发展，已经形成了一套完备的体系。对此进行研究的论著，有赵立新《德国日本社会保障法研究》（知识产权出版社 2008 年 5 月版）、罗元文和梁宏艺《中日韩医疗保险制度比较及对中国的启示》（《日本研究》2008 年第 4 期）、周娟《日本社会福利事业民营化变革及其对我国的启示》(《湖北社会科学》2008年第4期)、李森《日本年金制度的内涵、特征及主要问题》(《日本学刊》2008年第4期)等。

这方面的论文尚有田香兰《日本老年社会保障模式的解析》(《日本研究》2008年第3期)、周俊山和尹银《老龄化社会的日本老年住宅发展及借鉴》(《日本问题研究》2008年第3期)、陈竞《邻里互助网络与当代日本社会的养老关怀》(《中南民族大学学报》2008年第3期)、李巧莎和贾美枝《日本农村社会保障制度的演变及其启示》(《日本问题研究》2008年第2期)、张玉棉和张少磊《日本公共年金制度改革及面临的新课题》(《日本问题研究》2008年第2期)等。

（四）社会生活与社会问题

日本社会研究中，一个重要侧面是与人们息息相关的社会生活。不少学者着眼于日本社会运动和社会变化。如胡澎《日本社会变革中的"生活者运动"》(《日本学刊》2008年第4期)、刘柠《日本社会的"下流"化》(《21世纪经济报道》2008年4月7日)、师艳荣《关于日本妇女遭受家庭暴力的思考》(《日本问题研究》2008年第3期)、周星和周超《日本文化遗产保护的举国体制》(《文化遗产》2008年第1期)、施晖和栾竹民《从"性向词汇"重新审视日本人与日本社会》(《国外社会科学》2008年第3期)等论文。

在微观方面，有宁晶《日本庭园文化》(中国建筑工业出版社2008年6月版)、徐静波《试论日本饮食文化的诸特征》(《日本学刊》2008年第5期)等著述。

三 教育研究

中国学者对日本教育的关注，主要是在教育改革、高等教育、研究生培养以及中日比较方面。

（一）教育概况与改革

日本《教育基本法》是理念法，具有"教育宪法"的地位。吴坚和赵杨《日本教育基本法的修改与其"教育宪法"地位探讨》(《高等教育研究》2008年第12期)认为，新教育基本法脱离了旧法"教育中立"的基本精神，失去了旧法的"宪法"地位，成为单纯的政府教育方针。杜忠芳的硕士论文《日本新旧〈教育基本法〉的比较与研究》（华东师范大学，2008 年）等。

日本教育改革是一个持续性的长期过程，这方面的论文也层出不穷。如戴林《新世纪日本的教育改革》（湖南大学硕士论文，2008 年）、邓圆《浅析战后日本的教育改革》[《今日南国（理论创新版）》2008 年第 11 期]、广田照幸和张晓鹏《现代日本教育改革的政治学分析》（《复旦教育论坛》2008 年第 2 期）、门胁厚司《日本的教育改革与教师的职能成长》[《安庆师范学院学报（社会科学版）》2008 年第 3 期]、李文英《日本和谐教育发展的曲折之路》（《比较教育研究》2008 年第 4 期）以及徐征《寻求超越：战后日本学力论争》（上海社会科学院出版社 2008 年 8 月版）一书。

关于近代教育，王孝云和马金生《日本明治时期留学政策述论》（《日本学刊》2008 年第 3 期）、王芳《森有礼及其〈师范学校令〉对日本教育近代化的影响》（《文史博览》2008 年第 6 期）、尹秀芝和徐亚萍《近代日本教育发达原因探析》（《黑龙江社会科学》2008 年第 5 期）认为，近代日本教育事业之所以发达，是其特殊历史环境中各种因素相互影响、共同作用的结果。还有朴今海《二十世纪初日本对东北朝鲜族地区的教育侵略》（《延边大学学报》2008 年第 3 期）、翟广顺《梁启超与福泽谕吉：中日教育近代化的启明星》（《滨州学院学报》2008 年第 1 期）二文。

关于国际比较，于洪波《日本和美国教育问题研究》（山东教育出版社 2008 年 9 月版），论述了日本前近代的闭关锁国与教育近代化、美国的军事占领与日本现代教育体制的确立、美国社区学院发展的政策因素研究等。还有关松林《交流与融合：杜威与日本教育》（教育科学出版社 2008 年 9 月版）一书。

（二）基础教育

有关日本基础教育的论文，有崔文香《韩国与日本小学健康教育比较研究》（《外国中小学教育》2008 年第 5 期）、孟红艳《中日学前教育师资的比较研究》（《日本问题研究》2008 年第 2 期）、陈焕章《日本中学开展的职场体验活动观略》（《外国中小学教育》2008 年第 8 期）、闻竞《日本农村义务教育及对中国的启示》（《日本问题研究》2008 年第 2 期）。

关于基础教育实践研究，有耳冢宽明和王杰《日本基础教育中的学业成就制约因素分析》（《教育与经济》2008 年第 2 期）、赵彦俊和胡振京《疗治教育痼疾的探索：日本"宽松教育"述评》（《教育科学》2008 年第 5 期）、汪培

《战后日本社会科课程的沿革》（《黄冈师范学院学报》2008年第2期）、毕红星《日本现代学校体育的演变》（《四川体育科学》2008年第4期）等论文。

（三）高等教育

日本高等教育的发展取得了很大的成功，也留下了许多教训。角野雅彦《日本近代高等教育与专门学校发展研究》（河北大学出版社2008年2月版）译书，通过考察被称为"专门学校"的这一日本独特的高等教育机构的起源及其发展，阐述日本近代高等教育制度的基本结构与变化及其社会关系。还有吴光辉《近代日本高等教育的现代性反思》（《教育与考试》2008年第2期）、解艳华《日本私立高等教育改革新探》（《教育发展研究》2008年第10期）等。

关于日本高等教育质量保障和评价体系的研究，有徐国兴《日本高等教育评价制度发展15年述评》（《高教探索》2008年第1期）、张玉琴和周林薇《日本大学质量保障体系转换的重要举措》（《日本学刊》2008年第3期）、林师敏《日本高等教育评估机制的嬗变及特征》（《黑龙江教育（高教研究与评估）》2008年第3期）、张玉琴和李锦《日本高等教育认证评估模式》（《高校教育管理》2008年第1期）、马彦《日本高等教育"双重结构"评估机制的实施与启示》（《煤炭高等教育》2008年第1期）、卞崇道《关于日本大学教育国际化的反思》[《浙江海洋学院学报（人文科学版）》2008年第3期]等。

还有杨小玉和于小艳《浅谈当代日本高等教育目的与功能思想》[《当代教育论坛（宏观教育研究）》2008年第1期]、吴琦来和魏薇《日本高等教育交叉学科建设的范例及其启示》（《比较教育研究》2008年第3期）、臧俐《日本的教师教育改革》（《当代教师教育》2008年第2期）、郭丽《治理理论与日本国立大学法人化》（《日本学论坛》2008年第1期）、杨会良和任双利《日本高校贷学金资助模式与运作及其启示》（《日本问题研究》2008年第3期）等文。此外，史鸿武和杨耀录《日本高等教育大众化给我们的启示》（《中国成人教育》2008年第7期）指出，日本在日本高等教育大众化的过程中，政府宏观调控和市场调节，精英、大众兼顾，公、私立并举，产官学结合，校企联合等办学模式，有借鉴价值。

关于研究生教育。面对21世纪知识经济的挑战和国家创新能力的不足，日本从20世纪80年代起，大力发展研究生教育，并对研究生教育进行了一系列改革，其改革的核心是研究生创新能力培养。王文利和林巍《创新能力的培养——21 世纪日本研究生教育改革与发展的主题》（《日本问题研究》2008 年第 2 期）对此进行了分析。还有李在荣《日本教育技术学硕士研究生课程设置研究》（东北师范大学硕士论文，2008 年）、梶田叡一和李永春《日本教育硕士设立的背景——提升实力、成为社会所信赖的教师》[《浙江师范大学学报（社会科学版）》2008 年第 6 期]、大冢丰《日本"教育硕士研究生院"的成立和前瞻》（《日本研究》2008 年第 2 期）。

（四）社会教育

日本发展社会教育，对其社会进步、经济发展、文化及科技教育的进步具有积极的作用。

夏鹏翔《日本战后社会教育政策》（社会科学文献出版社 2008 年 9 月版）一书，为中国社会科学院研究生院日本研究博士文丛之一。该书利用史料、调查等方法，对日本战后社会教育的理念、政策和活动进行了深入探讨。

关于职业教育研究，胡国勇《日本高等职业教育研究》（上海教育出版社 2008 年 11 月版）、王纪安和井上雅弘主编《首届中日高职高专教育论坛文集》（天津大学出版社 2008 年版）、李雪花和张燕燕《日本中等职业教育与高等教育衔接模式的启示》[《河南职业技术师范学院学报（职业教育版）》2008 年第 5 期] 对此做了阐述。还有夏鹏翔《日本终身教育政策实施现状分析》（《日本学刊》2008 年第 2 期）、马丽华和杨国军《公民馆与其他机构的合作形态研究》（《日本问题研究》2008 年第 2 期）等。

四　文学研究

2008 年的中国日本文学研究成果集中于文学史、文学理论、作品评析和中日文学比较等研究领域。

（一）文学史

日本文学史著作的集中出版，是 2008 年的一个亮点。如张龙妹和曲莉《日本文学》（高等教育出版社 2008 年 9 月版），系"日本学基础精选丛书"之一。相关书籍还有肖霞编著《日本文学史》（山东大学出版社 2008 年 5 月版）、李先瑞编著《日本文学简史》（南开大学出版社 2008 年 4 月版）、刘利国和何志勇编

著《插图本日本文学史》（北京大学出版社 2008 年 9 月版）、叶琳等《现代日本文学批评史》（上海外语教育出版社 2008 年 9 月版）、曹志明编著《日本近现代文学评论》（黑龙江大学出版社 2008 年 7 月版）、关冰冰《日本近代文学的性质及建立》（东北师范大学出版社 2008 年 1 月版）。还有李强《厨川白村文艺思想研究》（昆仑出版社 2008 年 3 月版，"东方文化集成·日本文化编"之一）、伍斌《和风禅味——日本艺术的文化特征》（北京理工大学出版社 2008 年 9 月版）。

关于日本艺术，有克里斯汀·古斯《日本江户时代的艺术》（中国建筑工业出版社 2008 年 4 月版）、郑民钦《和歌美学》（宁夏人民出版社 2008 年 3 月版）、唐月梅《日本戏剧史》（昆仑出版社 2008 年 1 月版）。

论文方面，大江健三郎和王新新《世界文学能成为日本文学吗?》[《渤海大学学报（哲学社会科学版）》2008 年第 2 期]、袁利宁《浅析樱花精神——从日本文学看日本人的审美观》[《成功（教育）》2008 年第 12 期]、闫润英《论日本文学中的季节感和景物观》[《太原师范学院学报（社会科学版）》2008 年第 5 期]。

有关古代和近世文学，如勾艳军《简论日本近世"浮世草子"的另类性格》（《日本研究》2008 年第 4 期）、赵晓柏《日本古代随笔的语言风格议》（《日本学论坛》2008 年第 1 期）、孙佩霞《中日古代神话女性形象比较》（《日本研究》2008 年第 4 期）等。相关论文还有肖开益等《儒家思想与日本文学》（《时代文学》2008 年第 1 期）、聂姗《中国现代浪漫主义与道家思想及日本文化之比较初探》（《南方论刊》2008 年第 5 期）、刘春英《日本女性文学源头发微》（《日本学论坛》2008 年第 2 期）、李丹《论白薇早期创作与日本文学》（湖南大学硕士论文，2008 年）、张能泉《日本唯美主义文学对狮吼社的影响》（《日本学论坛》2008 年第 2 期）等。

（二）当代文学

战后文学在第二次世界大战后日本文坛上有着非常重要的影响。刘炳范《战后日本文学的战争与和平观研究》（吉林大学博士论文，2008 年）认为，矛盾性的战争与和平观是由日本作家自身的矛盾性及其对战争和战后社会的矛盾性认识所决定的。还有刘欢萍《20 世纪 80 年代以来中国的日本诗话研究述评》（《日本学论坛》2008 年第 4 期）、王茹辛《20 世纪日本文学中的"死亡悖论"管窥》（复旦大学硕士论文，2008 年）、张能泉《日本唯美主义文学对狮吼社的影响》（《日本学论坛》2008 年第 2 期）等。

（三）著名作家、作品

在著名作家和文学作品方面，日本近现代著名作家、作品分析是我国日本文学研究学者关注的热点。

关于川端康成研究，康洁《边缘化生存的呈现和疗救——川端康成与大江健三郎的艳情文学创作》（《日本学论坛》2008 年第 4 期）认为，川端康成和大江健三郎的创作都体现出对"艳情"这一边缘化言说视角的选择。川端康成以"哀"和"艳"的审美情调把写作视为私人宗教，在虚构和幻想中疗救自我的非常态心理；大江健三郎则以凝重怪异的笔触剥露出社会病态的人格，积极地探究与人类自由健康相关的诸多命题。这种差异和两人的成长经历、性格特点以及哲学观念等的不同有关。

其他作家作品研究，有赵沛林《川端作品的艺术自我观照》（《日本学论坛》2008 年第 3 期）、社本武《论〈雪国〉中女性的哀切观照》（《日本研究》2008 年第 3 期）、西垣勤和刘立善《论夏目漱石〈虞美人草〉的道义观》（《日本研究》2008 年第 4 期）、关冰冰和刘洪涛《一个"典范"的没落——浅谈〈浮云〉在日本文学史上地位的变迁》[《东北师大学报（哲学社会科学版）》2008 年第 5 期]、兰立亮《文学批评理论观照下的日本文学作品解读》（《乐山师范学院学报》2008 年第 7 期）等。

关于现代作家，刘研《国内村上春树研究概况及走向》（《日本学论坛》2008 年第 2 期）解析"村上春树现象"，探讨了西方当代文化和文学与村上创作的关系。还有尚一鸥《日本的村上春树研究》（《日本学刊》2008 年第 2 期）以及郭勤《试析当代日本作家目取真俊的小说〈叫魂〉》（《日本研究》2008 年第 3 期）、邓桂英《试论〈山音〉中的处女崇拜》（《日本学论坛》2008 年第 4 期）等。

此外，由于应和 2008 年日本"蟹工船"现象和社会反思风潮的兴起，神谷忠孝和韩玲玲《小林多喜二与现代主义》（《日本学论坛》2008 年第 3 期）、松泽信祐和韩玲玲《小林多喜二文学欣赏的近况与意义》（《日本学论坛》2008 年第 3 期），对小林多喜二及其作品进行了重新解读。

（四）中日文学交流

中国的日本文学译介直至"文化大革命"后才逐渐走上正常发展道路。唐月梅《日本文学与当代中国邂逅的命运》（《日本研究》2008 年第 1 期）将这一

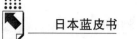

历史演进进行了概括。相关著述有谢迪南等《日本文学在中国30年传播历程》（《中国图书商报》2008年5月13日）、曹志伟《陈舜臣的文学世界：独步日本文坛的华裔作家》（天津人民出版社2008年7月版）。

关于中日文学史上的著名人物的研究，有木山英雄《北京苦竹庵记：日中战争时代的周作人》（三联书店2008年8月版）一书，为"日本二周研究经典选辑"，该书以思想传记的形式考察了1937～1945年期间周作人的个人经历和思想演变。

王虹《中日比较文学研究》（厦门大学出版社2008年7月版），通过历史考证、作家论、作品论等多种研究方法，对日本近世、近代的文学作品和中国近代著名作家的作品进行了详尽的比较分析。

日本文学受其特殊的岛国环境以及传统的一些思想倾向影响自古就形成了与大陆中国文学不同的风格。霍耀林和单文平《从日本古典文学中的审美理念看中日文学》（《经济研究导刊》2008年第15期）、李俄宪《日本文学的形象和主题与中国题材取舍的关系》（《外国文学研究》2008年第2期）、曹颖《唐诗远播扶桑时——从意象"竹"分析唐诗对于日本文学的影响》（《社会科学论坛》2008年第8期）、方长安《鲁迅文学观的发生与日本文学经验》（《广东社会科学》2008年第1期）、赵春秋《周作人与永井荷风的"市隐"道路》（《日本问题研究》2008年第1期）等。

也有论文在宏观上探讨在中国文学传统的影响下发展起来的日本文学所面临的巨大矛盾：一方面接受外来影响以提高文学的优雅，另一方面努力构建本土文学传统而形成自身特色。如林墨《中日文学作品中与茶色相关的色彩词汇的翻译》（《日语学习与研究》2008年第4期）、黎跃进《中日文学关系述略》（《枣庄学院学报》2008年第6期）、訾文静《中日文学审美观的对比研究——唐诗与和歌之比较》［《三峡大学学报（人文社会科学版）》2008年增刊］等。

五　中日文化交流研究

（一）文化交流史

近代中日文化交流方面的相关著作有张升余《明清时期中日文化交流研究》（陕西人民出版社2008年8月版）、郑匡民《西学的中介——清末民初的中日文化交流》（四川人民出版社2008年4月版）。

巴兆祥《中国地方志流播日本研究》（上海人民出版社 2008 年 3 月版）一书，通过中日文献资料和实地调查相结合的方法，探讨了地方志流播日本的历史过程及其影响。还有黄俊杰《德川日本〈论语〉诠释史论》（上海古籍出版社 2008 年 11 月版）、王晓平《日本中国学述闻》（中华书局 2008 年 1 月版）。

论文方面，胡令远《东亚实现真正和解的文化思考》（《日本研究》2008 年第 4 期）认为，第二次世界大战后中日文化交流的基本性格、特征及其所发挥的特殊功能，对于寻求东亚国家实现民族间真正的和解路径有一定的启鉴和认识意义。还有李晓燕《明清之际中日文化交流途径研究》（《东南亚纵横》2008 年第 2 期）、任萍《浙江在中日文化交流史上的地位研究综述》（《浙江树人大学学报》2008 年第 5 期）、王勇《书籍之路——中日文化交流研究》（《甘肃社会科学》2008 年第 5 期）、许宪国《"黄金十年"与中国近代留日潮》（《日本问题研究》2008 年第 2 期）、吴丽华《近代中日文化交流之趋向》（《齐齐哈尔大学学报》2008 年第 5 期）等。

研究中日文化交流的成果，还有王丰《唐代渤海国与日本文化交流之原因探析》（《理论与改革》2008 年第 4 期）、舒习龙《晚清江苏人与日本文化的交流和融合》[《淮北煤炭师范学院学报（哲学社会科学版）》2008 年第 4 期]、舒习龙《晚清中日文化交往视域中的皖人与日本》（《史林》2008 年第 3 期）、李兆忠《周作人对日本文化的误读》（《世界知识》2008 年第 19 期）等文章。

（二）当代文化交流

在著作方面，有屈庆璋《中日文化交流与发展解析》（中国文联出版社 2008 年 4 月版），对中日文化交流与发展进行了研究，论述了中日之间的理解、谅解、合作、和平的发展历史。

黄大慧和周颖昕主编《中日友好交流三十年（1978～2008）文化教育与民间交流卷》（社会科学文献出版社 2008 年 11 月版）一书，勾勒出自《中日和平友好条约》签订以来中日两国在文化教育及民间往来与交流的基本情况。还有王仲全《当代中日民间友好交流》（世界知识出版社 2008 年 5 月版）。

跨文化研究等方面的论著，如李朝辉《中日跨文化的话语解读》（知识产权出版社 2008 年 1 月版），以话语分析为着眼点，揭示了日本民族的独特个性和特有的表达、交流方式，通过分析不同的话语交际场景、模式，以实例解析中日人员交往中的文化误读及文化内涵，从语言、文化、教育方面，揭示了跨文化对话对于双向沟通的重要意义。

（三）中日文化比较

日本与中国因为地缘、文化的接近，成为对中国而言有比较意义的参照系。

韩天雍《中日禅宗墨迹研究及其相关文化之考察》（中国美术学院出版社2008年3月版），对中日禅宗墨迹进行了比较研究，包括禅宗墨迹的界定与分类、中国宋元禅僧墨迹的流派、日本中世禅僧墨迹的展开等内容。还有韩钊《中日古代壁画墓比较研究》（三秦出版社2008年10月版）一书。

荣桂艳《中日文化的特质之比较——由动物文化在成语、谚语中的映射谈起》（《内蒙古民族大学学报》2008年第1期）认为，在谚语，成语中使用的动物的不同，它体现了中日两国的文化特质，一个是"海洋渔业文化"，一个是"大陆畜牧文化"。在探讨中日文化交流的论文中，有些将论题集中于中日文化的差异比较。北京大学日本研究中心编《日本学（第十四辑）》（世界知识出版社2008年4月版）一书，从文化比较、家庭、宗教方面探讨了中日文化差异的根源。

此外，2008年9月9日，"融合·共生·互动"——中日文化比较研究国际学术研讨会在东北大学召开。此次研讨会由东北大学中日文化比较研究所、外国语学院、"985工程"科技与社会哲学社会科学创新基地主办。

以上从五个方面概述了2008年中国日本社会文化研究的状况。从综合情况看，最后需要提到的是中华日本学会年会的情况。以总结过去，展示成果，瞻望未来，探讨日本研究面临的重要课题，推动全国日本研究交流与合作为主旨的中华日本学会年会——"中国的日本研究——2008"，于2008年6月27日在长春市吉林大学召开。此次会议是由中华日本学会与吉林大学东北亚研究院共同主办的。中华日本学会部分副会长、团体会员单位负责人、常务理事及有关机构的代表70余人与会。中华日本学会常务副会长蒋立峰做了2008年度学会工作报告，通报了2009年研究工作的方针和重大事项，并就进一步完善中国的日本研究提出了几点意见。外交部亚洲司副司长邱国洪作为会议特邀嘉宾，就胡锦涛访日和当前中日关系迎来的新局面、面临的新形势、潜在的问题，做了主题演讲。在会上，中华日本学会各团体会员单位负责人，围绕过去一年所在单位的研究概况、主要成果、新年度中心工作和规划以及改进学会工作的建议、日本研究值得深入思考的课题等做了发言。会议还增补了常务理事和副秘书长，确定2009年年会在湖南长沙举行。

参考文献

国家图书馆联机公共目录查询系统，http：//opac. nlc. gov. cn/F/。
中国学术文献网络出版总库，http：//epub. cnki. net/grid2008/index/ZKCALD. htm。
《全国报刊索引（哲学社会科学版）》2008 年第 1～12 期、2009 年第 1～2 期。

2008 年中国における日本社会と
文化研究状況について

林　昶

要　旨：本文は、中国国家図書館横断検索システムと中国社会科学定期刊行
物ネットを通じて、2008 年中国大陸に出版された日本社会文化に関する著作
と発表された論文を収集し整理している。中国学界が日本社会と文化をめぐっ
て、日本文化論、思想史、伝統文化、外来文化、社会思潮、社会生活、社会保
障、社会問題、教育、文学、中日文化の交流と比較などの様々な領域において
行っている研究成果を分析することに通じて、最新の研究状況を展示し、研究
の焦点に注目しながら、便利な検索を提供するつもりである。

キーワード：2008 年　中国の日本研究　日本社会と文化　研究状況

2008 年日本大事记

朱 明

1 月

7 日 福田康夫首相发表新年致辞。

8 日 日韩战略对话在首尔举行。

日本防卫省原事务次官守屋武昌涉嫌接受军火商贿赂被起诉。

10 日 前首相森喜朗访问韩国，并会见韩国当选总统李明博。

日本政府决定自 2008 年开始对能源和服务产业实行新统计，2009 年 1 月由经济产业省公布"能源消费统计"，10 月由总务省公布"服务产业动向调查"。

11 日 日本海上自卫队在印度洋补给活动的《反恐怖特别措施法》在参议院遭否决后，在众议院再次通过（该法于 2007 年 10 月 17 日提出，11 月 13 日众议院通过），自 2007 年 11 月中断约三个半月的供油活动于次年 2 月 21 日恢复。

救济服用毒药导致感染丙型肝炎患者的《救济感染被害者特别措施法》在日本参议院获得通过（该法于 1 月 8 日在众议院通过）。

15 日 韩国新任总统李明博特使国会副议长李相得访日，16 日福田首相与李相得举行会谈。

民主党召开定期党大会，通过 2008 年度活动方针案。

湄公河流域东南亚五国外长会议在东京举行。日本承诺提供 4000 万美元的无偿资金援助，用于解决湄公河流域地区的贫困问题和完善物流基础设施。

17 日　自民党召开党大会，通过 2008 年"运动方针"。

18 日　日本第 169 届例行国会召开。

23 日　日兴证券停止在东京证券交易所等上市，29 日成为花旗银行的子公司，结束日兴证券 1961 年 10 月上市以来 46 年的历史。

25 日　日美两国签署新的驻日美军经费负担特别协定方案（"温馨预算"），期限三年，4 月生效。

26 日　第 38 届世界经济论坛达沃斯年会举行，福田康夫首相就防止全球变暖和国际经济等问题发表演讲。

28 日　日本政府决定向越南提供 35 亿日元贷款，用于完善环境投资。

30 日　日本消费者食用中国"天洋食品厂"生产的速冻饺子出现食物中毒。

31 日　澳大利亚外交部长斯蒂芬·史密斯访问日本，高村正彦外相与史密斯举行会谈。

2 月

6 日　2007 年度补充预算在日本众议院再次通过（同日参议院否决，1 月 29 日众议院通过）。

8 日　日本内阁府公布国民经济计算（确报），2006 年度末，日本的国民净资产 2716.6 万亿日元，比上年度增加 2.9%，九年来首次增加。因地价上升，土地资产自 1990 年达到峰值的 2452 万亿日元以后，16 年来首次增加，为 1228 万亿日元，比上年增加 0.5%。

9 日　七国集团财政部长和中央银行行长会议在东京举行。

俄罗斯轰炸机侵入日本领空，日外务省向俄罗斯驻日大使馆提出抗议。

12 日　日本邮政与"罗孙"就一揽子合作达成一致。

日本政府就冲绳美军强暴少女事件向美国表示强烈抗议。

15 日　日本文部科学省公布修改后的《中小学校学习指导要领案》。

18 日　新日本制铁和 JFE 就将 2008 年度的钢铁制品价格比 2007 年度提高

65%达成共识。

19 日 日本海上自卫队"宙斯盾"舰撞沉一艘日本渔船,两名渔民失踪。

20 日 民主党代表小泽一郎访问韩国,21 日小泽与韩国总统李明博举行会谈。

中国国务委员唐家璇访问日本。21 日福田康夫首相和高村正彦外相分别与唐家璇举行会谈。

日本民间智库日本国际关系论坛向福田康夫首相提交一项关于日本对俄罗斯外交政策的报告,建议政府采取强硬立场解决北方四岛问题。

中国全国人大与日本参议院定期交流机制第二次会议在北京举行。

22 日 第八轮中日战略对话在北京举行。

日本政府决定,作为防止地球变暖向发展中国家提供援助的第一步,向马达加斯加、塞内加尔、圭亚那三国提供总额 22 亿日元的资金援助。

自民党公布,2007 年底,该党党员人数为 110.246 万人,比上年减少 8.8412 万人,党员人数连续 10 年减少。

中国国务委员唐家璇会见日本前首相安倍晋三和自民党、公明党、民主党负责人。

24 日 福田康夫首相访问韩国,出席新任总统李明博的就职仪式。25 日福田康夫首相同李明博总统举行会谈。

25 日 以色列总理奥尔默特访问日本。

26 日 日本自卫队联合参谋长斋藤隆访华。

索尼公司和夏普公司宣布合作生产液晶电视面板。

27 日 福田康夫首相与到访的美国国务卿赖斯进行会谈,双方就防止美军强暴事件再次发生达成共识。

中国军委副主席曹刚川会见日本自卫队联合参谋长斋藤隆一行。

日本政府公布旨在扩充幼儿教育的"新待机儿童零作战"计划,到 2017 年之前,将 5 岁以下儿童入园人数由目前的 202 万人增加至 300 万人。

29 日 2008 年度预算案和维持征收汽油临时税的《租税特别措施法》修正案在日本众议院获得通过。

3 月

3 日 日本放宽对中国赴日游客的签证限制。

13 日 日本防卫省防卫政策局长高见泽将林表示，台湾海峡若出现紧急事态属于日本"周边事态"，14 日防卫大臣石破茂对此发言表示道歉。

14 日 福田康夫首相会见到访的英国前首相布莱尔。

日本金融厅决定，将 2003 年临时国有化的足利银行转让给野村证券公司旗下的投资公司。

15 日 第四届 20 国集团环境问题部长级会议在日本千叶县开幕。

"中日青少年友好交流年"开幕式在北京举行。

18 日 新日本石油和九州石油宣布 10 月 1 日合并。

19 日 因政府对日本银行行长提名 3 月 12 日被参议院否决，使任期已满的日本银行行长职务自二战后首次出现空缺。

20 日 中国国际战略研究基金会与日本国土安全对策委员会在北京联合举办"第一次中日安全问题研讨会"。

21 日 因防卫省发生海上自卫队"宙斯盾"舰撞船事件、"宙斯盾"舰核心情报资料外泄等，防卫大臣石破茂宣布，免去吉川荣治海上自卫队参谋长的职务，另有 88 名相关人员受到不同程度的处分。

23 日 第二次中日财长对话会议在东京举行。

25 日 日本政府确定 2007～2009 年度规制改革三年计划。

26 日 日本海上自卫队完成自 1954 年成立来最大规模的整编。

日本防卫省智库防卫研究所公布《东亚战略概观 2008》。

日本自卫队联合参谋长斋藤隆访问美国。

27 日 中国国家副主席习近平会见出席"第二届中日媒体人士对话"活动的日方代表。

28 日 2008 年度预算案在参议院否决、众议院通过。

29 日 东京地区反导弹防御系统部署完成。

31 日 第八次中日防务安全磋商在北京举行。

高村正彦外相在东京会见中日友好协会代表团。

参议院通过延长《租税特别措施法》的"过渡法案"。

4 月

1 日 汽油临时税失效。

"超高龄者医疗制度"开始实施。

2 日 驻日美军刺死一名日本出租车司机，3 日美驻日大使希弗表示道歉。

4 日 日本外相高村正彦与韩国外交通商部长官柳明桓举行会谈。

7 日 美国核动力航母"华盛顿"号起程前往日本，接替即将退役的"小鹰"号航母驻扎在日本。

日俄两国政府副部长级战略对话在东京举行。

8 日 日本自卫队联合参谋长斋藤隆访问俄罗斯。

10 日 前首相安倍晋三夫人和自民党人权问题调查会长太田诚一分别与途经日本的达赖喇嘛举行会谈。

11 日 日本政府第三次延长对朝鲜的经济制裁。

12 日 鸭下一郎环境相访华。

日本内阁府公布"关于社会意识的舆论调查"，认为"日本向坏的方向发展的领域"依次为"经济"（占受访者的 43.4%）、"物价"（占 42.3%）、"农产品"（占 40.9%）。

高村正彦外相访问俄罗斯，14 日与俄外长拉夫罗夫举行会谈。

14 日 日本与东盟签署经济合作协定。

15 日 以自民党干事长伊吹文明、公明党干事长北侧一雄为团长的日本执政党代表团访华，胡锦涛主席和王家瑞中联部部长分别会见访华团。

17 日 中国外交部长杨洁篪访问日本，高村正彦外相与杨洁篪举行会谈。

名古屋最高法院判决日本航空自卫队对伊拉克的空运活动违反宪法第九条。

18 日 日本、美国和澳大利亚三国在夏威夷举行安全事务三边会谈。

中国国家副主席习近平会见日本前首相村山富市和日中友好协会会长平山郁夫一行。

19 日 前首相安倍晋三访问德国。

20 日 韩国总统李明博访问日本，21 日福田康夫首相与李明博总统举行会谈。

22 日 超党派议员组成的"大家参拜靖国神社国会议员会"的 62 人参拜靖国神社。

24 日 福田康夫首相访问俄罗斯，26 日福田首相与普京总统举行会谈，就合作开发东西伯利亚达成共识。

29 日 胡锦涛主席会见到访的日本前首相中曾根康弘。

30 日　恢复征收汽油临时税的《租税特别措施法》修正案遭日本参议院否决后在众议院再次通过（该法于 2 月 29 日众议院通过）。

5 月

1 日　恢复征收汽油临时税。

2 日　高村正彦外相访问巴基斯坦。3 日与穆沙拉夫总统举行会谈，日向巴提供 480 亿日元贷款。

高村外相在事先未公布的情况下访问阿富汗，与卡尔扎伊举行会谈。

3 日　备受争议的电影《靖国神社》在东京上映。

6 日　胡锦涛主席访问日本，这是中国国家主席时隔十年再次访日。7 日胡锦涛主席与福田康夫首相举行会谈，两国签署《中日关于全面推进战略互惠关系的联合声明》。

13 日　《道路整备财源特例法》修正案在日本众议院再次通过（该法 1 月 23 日提出，3 月 13 日众议院通过，5 月 12 日参议院否决）。

日本内阁会议确定 2009 年度将道路特定财源一般财源化。

新西兰总理克拉克访日。

日本政府决定向中国四川地震灾区提供价值相当于 5 亿日元的物资和资金援助。22 日派遣的医疗队开展救援活动。30 日再度提供价值相当于 5 亿日元的追加物资援助。

20 日　日本政府通过 2008 年版《高龄社会白皮书》，截至 2007 年 10 月，75 岁以上的老年人占日本总人数的 9.9%。

21 日　《宇宙基本法》在日本参议院通过，扩大非军事领域的宇宙利用。

22 日　福田首相发表演讲，公布"新福田主义"的一揽子亚洲外交政策。

24 日　八国集团环境部长会议在神户举行。

28 日　第四届非洲开发国际会议在横滨举行，福田首相表示，今后五年增加对非洲的政府开发援助。

6 月

1 日　福田康夫首相出访德国、英国、意大利三国。

石破茂防卫相出席在新加坡举行的"亚洲安全保障会议"

3 日 中日经济合作会议签署《新潟备忘录》。

4 日 旨在援助中小企业重建和筹资的"中小企业金融三法"在日本参议院通过。

日本厚生劳动省公布，2007 年日本出生率为 1.34，比上年上升 0.02 个百分点，出生率连续两年上升。

5 日 联合国粮农组织高层会议闭幕，日本政府决定向发展中国家提供约 5000 万美元的紧急援助。

6 日 《国家公务员制度改革基本法》在参议院通过。

日本国会通过阿伊努族为"原住民族"决议案。

《金融商品交易法》修正案在参议院通过。

7 日 日朝恢复双边谈判。

八国集团和中、印、韩能源部长会议在日本青森举行，会议通过《青森宣言》。

8 日 东京秋叶原发生杀人事件，7 人死亡。

日执政党议员代表团赴四川灾区捐赠救灾物资。

9 日 福田康夫首相发表有关日本应对全球气候变暖的"福田构想"。

10 日 日本高中生代表团访华。

日本巡逻船和台湾渔船在钓鱼岛海域相撞，台湾渔船沉没。12 日台湾就此事件向日政府提出抗议，重申对钓鱼岛主权，14 日召回台北驻日经济文化代表许世楷，16 日台湾保钓船试图靠近钓鱼岛，遭日本海上保安厅巡逻舰阻拦，20 日日本就撞船事件道歉。

11 日 日本参议院通过对福田首相的问责决议案，这是现行宪法下首次通过对首相的问责。

《石棉健康被害救济法》修正案获得通过。

日本政府决定向阿富汗提供 5.5 亿美元的追加援助，这一决定将在 12 日巴黎举行的阿富汗国际援助会议上由高村正彦外相提出。日本七年间共向阿富汗援助 14.2 亿美元，加上此次追加援助达 20 亿美元。

日本众议院通过对福田内阁的信任决议案，对应 11 日参议院通过的首相问责决议案。

12 日 福田首相与到访的澳大利亚总理陆克文举行会谈，双方就加强日澳全面战略安全和经济伙伴关系达成一致。

日朝会谈达成协议，日本部分解除对朝鲜的制裁，朝鲜重新调查"绑架问题"。

14 日 八国集团财长会议在大阪举行。会议发表联合声明，对世界性的通胀压力增大表示担心。

岩手、宫城县发生 7.2 级地震。

18 日 中日两国政府就共同开发东海油气田达成共识。

21 日 日本第 169 届例行国会闭幕。

24 日 日本海上自卫队"涟"号访华，此访是对 2007 年 11 月中国海军"深圳"号导弹驱逐舰对日访问的回访。

25 日 甘利明经济产业相访问伊拉克，与伊拉克总理马利基举行会谈。

日本参议院议长江田五月率参议院议员团访问东帝汶、泰国和印度三国。

26 日 八国集团外长会议在京都举行，会议发表关于阿富汗问题的联合声明。

27 日 日本政府确定消费者行政推进基本计划，明确 2009 年度设立"消费者厅"。

日本政府确定经济财政运营基本方针《主体方针 2008》，维持削减岁出方针不变。

高村正彦外相与美国国务卿赖斯举行会谈，双方决定继续在绑架问题与朝核问题上进行合作。

日本政府确定"经济财政改革的基本方针"。

30 日 联合国秘书长潘基文访问日本，并会见日本明仁天皇及皇后、德仁皇太子、福田康夫首相和高村正彦外相。

日本众参两院公布，2007 年国会议员人均年收入 2580 万日元，比上年增加 193 万日元，连续三年增加。

7 月

2 日 日本政府经济财政咨询会议专门调查会公布"21 世纪版前川报告"。

6 日 日美首脑会谈在北海道洞爷湖举行。

7 日 胡锦涛主席抵达日本，出席在北海道洞爷湖举行的八国集团同发展中国家领导人对话会议。

八国集团首脑会议在北海道洞爷湖举行。

9 日 福田康夫首相分别与胡锦涛主席、俄罗斯总统梅德韦杰夫举行会谈。

14 日 日本文部科学省宣布，将在 2012 年度开始实施的中学社会课的新"学习指导要领解说书"中写入有关竹岛（韩国称独岛）是日本领土的内容。

15 日 日本防卫省改革会议拟订最终报告，取消防卫参事官制度。

中日两国政府间的"中日人权对话"时隔八年在北京举行。

日本主要 16 家渔业团体因燃料价格上升一齐休渔。

16 日 日本厚生劳动省公布，2007 年度概算医疗费（从国民医疗费中扣除自己全额负担部分等）为 33.4 万亿日元，比上年度增加 3.1%，国民人均负担医疗费 26.2 万元，比上年度增加 8000 日元。

22 日 2008 年版《经济财政白皮书》公布。白皮书指出，日本经济正面临考验。

28 日 日本政府和执政党宣布，对因燃料价格上升陷于困境的渔民提供 745 亿日元援助。

8 月

1 日 福田首相改组内阁，麻生太郎出任自民党干事长。

3 日 高村正彦外相访问印度，表示向印度提供 1047 亿日元贷款。

7 日 日本政府公布 8 月的月例经济报告，承认自 2002 年 2 月开始的战后日本最长的景气周期进入后退期。

8 日 福田首相出席第 29 届奥运会开幕式，并分别与胡锦涛主席和温家宝总理举行会谈。

日本社保厅公布，2007 年度厚生年金赤字 5.6 万亿日元，国民年养老金赤字 7800 亿日元。

11 日 日朝新一轮工作磋商在沈阳举行，双方就朝鲜重新调查"绑架问题"和日本部分解除对朝经济制裁达成一致。

12 日 日本发行特种邮票一套 10 枚纪念《中日和平友好条约》签订 30 周年。

15 日 日本外务省宣布，向格鲁吉亚提供 100 万美元的紧急人道主义援助。

16 日 高村外相访华。17 日分别与中国外交部长杨洁篪、国务委员戴秉国举行会谈。

24 日 第 29 届奥运会闭幕, 日本获得 9 枚金牌, 6 枚银牌, 10 枚铜牌。

26 日 一名日本人在阿富汗遭绑架。

日本农水相太田诚一的后援政治团体因涉嫌经费申报不当被曝光。在野党要求太田辞职, 指责福田用人不当。

27 日 《宇宙基本法》生效, 日本内阁成立 "宇宙开发战略总部"。

29 日 日本政府决定实施总额 11.5 万亿日元(定额减税除外)综合经济对策。

日本放弃向阿富汗派遣自卫队计划。

9 月

1 日 福田康夫首相宣布辞职。

5 日 "问题大米事件" 曝光。

日本内阁会议通过《2008 年版防卫白皮书》, 将竹岛(韩国称独岛)称为 "我国固有领土", 韩国表示强烈抗议。

10 日 自民党总裁选举公告发布, 麻生太郎等五位候选人参选。

11 日 明治乳业和明治制果宣布 2009 年 4 月 1 日合并。

日本政府决定年内从伊拉克撤出航空自卫队。

12 日 日本总务省公布, 2007 年 3845 个政党和政治团体的政治资金收入总额 1278.25 亿日元, 比上年增加 0.8%。

14 日 日本发现 "不明国籍" 潜艇入侵。

15 日 第四届 "北京—东京" 论坛在东京举行。

16 日 美国雷曼公司在日法人雷曼证券破产, 负债总额约 3.4 万亿日元(截至 8 月底), 仅次于 2000 年 10 月破产的协荣生命保险公司的 4.0096 万亿日元。

日本银行宣布实行公开市场操作向短期金融市场注资 1.5 万亿日元。

18 日 日、美、欧等主要五家中央银行决定向短期金融市场提供 1800 亿美元, 应对金融危机。

一名男子向皇宫发射自制炮弹。

日本厚生劳动省公布, 厚生年金记录有篡改嫌疑 6.9 万起。

19 日 农林水产相太田诚一因"问题大米事件"辞职。

民主党与国民新党放弃合并计划。

21 日 小泽一郎第三次当选民主党党首，任期至 2010 年 9 月。

胡锦涛主席会见由名誉会长御手洗富士夫和会长张富士夫率领的日中经济协会代表团。

前首相森喜朗访美，出席联合国关于非洲发展高层会议。

22 日 麻生太郎当选自民党总裁。

23 日 野村证券公司全面收购雷曼公司在欧洲和中东的业务部门。

太田昭宏再次当选公明党党代表。

24 日 麻生太郎当选日本首相，随即组成新内阁。

25 日 麻生太郎首相赴纽约出席第 63 届联合国大会，在发表演讲时说，日本将增进与中国和韩国的"互惠与共益"。

美核动力航母"乔治·华盛顿"号进驻神奈川横须贺港。

26 日 中国外交部长杨洁篪与日本新外相中曾根弘文举行会谈。

27 日 小泉前首相宣布退出政界。

28 日 日本国土交通相中山成彬因不当言论辞职。

29 日 麻生首相发表就任后首次施政演说。

中国全国人大与日本众议院合作委员会第四次会议在东京结束。

三菱 UFJ 金融集团就向美国摩根斯坦利出资达成最终协议，斥资 90 亿美元收购摩根斯坦利 21% 的股份，这是迄今为止日本对海外金融机构最大的企业并购（M&A）案。

30 日 日本总务省公布，43 个市町村财政不健全，其中北海道夕张市等处于财政破产边缘。

10 月

1 日 日本政府系统金融机构新体制启动。

松下电器公司更名为"Panasonic 公司"，中文名称不变。

2 日 麻生表示继承"村山谈话"精神，反省二战侵略史。

3 日 新任官房长官河村建夫曝光事务所经费问题。

6 日 日经平均股指四年零十个月来首次瞬间跌破 1 万日元。

7 日 美籍日裔科学家南部阳一郎，日本科学家小林诚、益川敏英获诺贝尔物理学奖。8 日下村修获诺贝尔化学奖。

日韩两国在争议岛屿竹岛（韩国称独岛）周边海域联合展开放射性物质调查。

10 日 日本政府决定将 10 月 13 日到期的对朝鲜经济制裁延长半年。

大和生命保险公司向东京地方法院提出申请适用更生特例法，实际破产，负债 2695 亿日元。

13 日 民主党众议院议员前田雄吉接收传销业界 1100 万日元讲演费被曝光。

14 日 日本政府公布稳定金融市场对策，向地域金融机构注资。

16 日 2008 年度补充预算在参议院通过，包括政府综合经济对策，总额 1.8080 万亿日元（10 月 8 日在众议院通过）。

17 日 日本第十次当选联合国安理会非常任理事国。

48 名超党派国会议员参拜靖国神社。

中国人民解放军校级军官团访问日本。

18 日 中曾根弘文外相出席在阿联酋举行的为支援中东、北非地区民主化的八国集团部长级会议。

21 日 日本众议院通过海上自卫队继续在印度洋提供燃油补给的新《反恐怖特别措施法》修正案，交参议院审议。

22 日 麻生首相与到访的印度总理辛格举行会谈，两国签署《安保共同宣言》。

23 日 麻生太郎首相同温家宝总理就中日和平友好条约缔结 30 周年互致贺电。

麻生首相抵达北京，出席在此举行的第七届亚欧首脑会议。

24 日 麻生首相与韩国总统李明博举行会谈。

胡锦涛主席在京会见麻生首相。

纪念《中日和平友好条约》缔结 30 周年招待会在北京举行。

27 日 日经平均股指下跌 486.18 点，收于 7162.9 点，创 1982 年 10 月（7114.64 日元）以来的新低。

29 日 中国海军司令吴胜利上将访问日本，与日本防卫相浜田靖一举行会谈。

30 日 日本政府决定实施总额 27 万亿日元的追加经济对策。

31 日 日本银行宣布，将银行间的无担保隔夜拆借利率下调 0.2 个百分点，从现行的 0.5% 下调至 0.3%。这是日本银行从 2001 年 3 月（7 年零 7 个月）来再次降息。

航空自卫队司令田母神俊雄因发表否认侵略史实论文，被免职。7 日外园健一郎接任其职务。

11 月

4 日　俄罗斯外长拉夫罗夫访日，与中曾根弘文外相举行会谈。

以防卫相滨田靖一为首的七名日军高官因"论文事件"受处分。

5 日　日本防卫省原事务次官守屋武昌因渎职受贿罪被东京地方法院判处有期徒刑两年零六个月。

6 日　《金融机能强化法》修正案在日本众议院获得通过。

7 日　松下和三洋电机宣布，就松下将三洋子公司化达成共识。

朝核问题六方会谈日本代表团团长斋木昭隆访华，就六方会谈问题与中国外交部副部长武大伟会谈。

8 日　日本和秘鲁就签署投资协定达成一致，协定自 2009 年生效。

10 日　日本就美国核潜艇未征得日方许可停靠冲绳港口向美方提出抗议。

11 日　中曾根弘文外相会见应邀访日的中国青少年代表团。

12 日　执政党就人均支付 1.2 万亿日元"定额补贴金"（不满 18 岁和 65 岁以上支付 2 万亿日元）达成共识。

"中日青少年友好交流年"日方闭幕式在东京举行。

13 日　日韩安全保障对话在福冈举行。

14 日　20 国金融峰会在华盛顿举行，日本政府提出向国际货币基金组织提供 1000 亿美元（约 10 万亿日元）贷款，应对金融危机。

中日韩国三国财长非正式会议在华盛顿举行。

17 日　麻生首相与民主党党首小泽一郎举行党首会谈。

前厚生省次官遇袭事件导致 3 人死伤，23 日嫌疑人被捕。

19 日　日本海上自卫队在美国夏威夷海域的导弹拦截实验失败。

21 日　麻生首相赴秘鲁首都利马，出席亚太经合组织领导人会议。22 日麻生首相与布什总统、胡锦涛主席举行会谈。

28 日　日本政府决定撤回驻伊拉克航空自卫队。

12 月

1 日　前航空自卫队司令田母神俊雄主张日本拥有核武器。

日本与东盟经济合作协定（EPA）部分生效（与老挝、缅甸、新加坡、越南已生效，其余国家分阶段进行），这是日本首次与地域联合体签署 EPA。

2 日　日本农水省公布时间表，用十年时间将农产品自给率提高至 50%。

日美确认应将取样核查写入六方会谈文件。

波兰总统卡钦斯基访日。

3 日　麻生太郎首相在东京会见中国全国人大外事委员会主任委员、中国国际友好联络会会长李肇星一行。

朝核六方会谈日美韩首席代表会议在东京举行。

4 日　《国籍法》修正案在日本参议院通过。

新日本石油公司和"新日矿控股公司"宣布合并。

5 日　新一届中日友好 21 世纪委员会第八次会议在长野县举行。

8 日　中国两艘海洋调查船进入钓鱼岛海域，日本政府向中方提出抗议。9 日中国外交部发言人刘建超在答记者问时指出，钓鱼岛及其附属岛屿是中国的固有领土，中方船只在中国管辖海域的巡航活动是无可非议的。

11 日　日本与菲律宾签署经济合作协定生效。

12 日　中日韩三国就扩大货币互换规模达成一致。

麻生首相宣布实施总额约 23 万亿日元的刺激经济计划。

东京外汇市场日元汇率瞬间升至 1 美元兑换 88 日元。这是日元 1995 年 8 月以来（时隔 13 年零 4 个月）最高值。

执政党确定 2009 年度税制改革大纲。重点短期放在住宅、节能、投资等刺激经济方面，长期则是增加消费税、降低法人税和提高所得税最高税率。

《金融机能强化法》修正案在参议院否决在众议再次通过（11 月 6 日曾在众议院通过）。

日本内阁府公布《日本经济 2008～2009 年微型白皮书》，认为当前经济形势很可能继续恶化。

延长自卫队在印度洋供油法案的新《反恐怖特别措施法》在参议院否决，同日众议院再次通过（法案 9 月 29 日政府提出，10 月 21 曾在众议院通过），将

2009 年 1 月 15 日到期的该法延长一年。

13 日 中日韩三国领导人会议在福冈县举行，会议发表《三国伙伴关系联合声明》和《国际金融和经济问题的联合声明》。

麻生首相与温家宝总理举行会谈。

15 日 日本航空自卫队开始撤离伊拉克。

17 日 修改后的《保险业法》开始实行。

18 日 松下公司宣布，就并购三洋电机达成最终协议，2009 年 2 月实施股票公开收购（TOB）。

参加"中日青少年友好交流年"闭幕式暨日本青少年友好使者代表团的千名日本青少年抵京访华。

日本政府在 2009 年度的财政预算中将驻日美军整编经费（含美军设施经费）调整为 700 亿 ~ 800 亿日元。

日本和澳大利亚"2 + 2"安全保障磋商第二次会议在东京举行。

19 日 日本银行决定将政策利率的无担保隔夜拆借利率由目前的 0.3% 下调至 0.1%，这是自 10 月 31 日以来再次下调利率。

20 日 日本政府确定 2008 年度第二次补充预算，作为追加经济对策，发放 2 万亿日元的"定额补贴金"。

福田康夫前首相与高村正彦外相出席"中青日少年友好交流年"中方闭幕式。22 日胡锦涛主席会见日本前首相福田康夫。

21 日 桥本圣子外务副大臣在事先未公开的情况下访问伊拉克，与伊拉克总理马利基举行会谈。

日本财务省公布 2009 年度预算案原案，ODA 预算为 6722 亿日元，比 2008 年度当初预算（7002 亿日元）减少约 4%。

日本外务省公开的外交文书显示，前首相佐藤荣作 1965 年 1 月访美时，在与美国国防部长麦克纳马拉会谈中，曾请求美国在中日开战的情况下动用核武器对付中国。

24 日 原行政改革担当相渡边喜美因赞成民主党提出的要求解散众议院决议案，受到自民党警告处分。

日本政府确定 2009 年度预算案，一般会计总额 88.5480 万亿日元，比上年度增加 6.6% 增，创历史新高。一般会计岁出 51.7310 万亿日元，同比增加 9.4%，连续三年增加。

　　日本政府确定税制改革"中期计划",2011 年度实行包括消费税在内的税制改革。

　　25 日　日本与越南签署经济合作协定,于 2009 年年中生效。

　　28 日　日本总务省公布 2007 年全国物价指数(全国平均为 100),最高的东京 108.5,最低的冲绳县 91.9,地区差比 5 年前调查增加 0.2 个百分点。

　　29 日　第七次日韩副部长级战略对话在首尔举行。

主要经济统计数据

朱　明　整理

表1　日本的 GDP 和军费

单位：亿日元

年　度	名义 GDP	军　费	年　度	名义 GDP	军　费
1955	—	1349	1998	5033044	49290 49397
1965	—	3014	1999	4995442	49201 49322
1975	—	13273	2000	5041188	49218 49358
1985	—	31371	2001	4936447	49388 49553
1990	4388158	41593	2002	4898752	.49395 49560
1991	4631744	43860	2003	4937475	49265 49530
1992	4718820	45518	2004	4984906	48764 49030
1993	4806615	46406	2005	5038447	48301 48564
1994	4870175	46835	2006	5118770	47906 48139
1995	4964573	47236	2007	5160000	47818 48016
1996	5084328	48455	2008	5269000	47426 47796
1997	5133064	49414 49475			

注：军费统计，上行不包括冲绳特别行动委员会（SACO）相关经费及美军整编相关经费。下行包括上述两项经费。

资料来源：GDP统计：日本《东洋经济统计月报》历年和《财政金融统计月报》2008年第5期。军费统计：《2008年版防卫白皮书》。

表2 日本对外贸易

单位：百万美元，亿日元

年 份	美元计算		日元计算	
	出口	进口	出口	进口
1996	412436	350662	447313	379934
1997	422890	340417	509380	409562
1998	386278	279312	506450	366536
1999	417430	309743	475476	352680
2000	480698	381100	516542	409384
2001	405152	351110	489792	424155
2002	415876	336830	521090	422275
2003	469858	381528	545484	443620
2004	565094	454669	611700	492160
2005	598206	518633	656565	569494
2006	647286	579301	752462	673443
2007	712736	621081	839314	731359
2008	775917	756104	810181	789547

资料来源：日本历年《东洋经济统计月报》。

表3 日本对外投资

单位：百万美元

年 份	世界	亚洲	东盟	欧盟	中国
1983	3612	—	—	604	—
1984	5965	—	—	769	—
1985	6452	—	—	1534	—
1986	14480	—	—	2748	—
1987	19519	—	—	3594	177
1988	34210	—	—	5793	513
1989	44130	—	—	9746	686
1990	48024	—	—	11027	407
1991	30726	—	—	7974	230
1992	17222	—	—	3370	526
1993	13714	—	—	3168	822
1994	17938	—	—	2843	1789
1995	22651	8447	3987	3230	3183
1996	23443	9749	5238	3214	2317
1997	26057	13114	7780	2581	1862
1998	24627	7814	4454	2268	1301
1999	22266	1811	1032	8334	360
2000	31534	2132	207	10968	934
2001	38495	7797	4013	17886	2158

续表3

年　份	世界	亚洲	东盟	欧盟	中国
2002	32039	8177	4256	9770	2622
2003	28767	5028	432	8029	3980
2004	30962	10531	2800	7341	5863
2005	45461	16188	5002	7872	6575
2006	50165	17167	6923	17925	6169
2007	73483	19388	7790	19934	6218
2008	130801	23348	6309	22939	6496

资料来源：日本贸易振兴会，http：//www. jetro. go. jp/jpn/stats。东盟1998年起包括老挝、缅甸。1999年起包括柬埔寨。

表4　中日贸易

单位：万美元

年　份	进出口	出口	进口
1983	907729	445684	462045
1984	1272778	535418	737360
1985	1643437	560908	1082529
1986	1386379	436419	949960
1987	1315962	591553	724409
1988	1462621	728716	733905
1989	1466336	814725	651611
1990	1659902	901103	758799
1991	2025066	1021911	1003155
1992	2536117	1167871	1368246
1993	3906264	1577956	2328308
1994	4789389	2157312	2632077
1995	5746744	2846268	2900476
1996	6005829	3087448	2918381
1997	6081280	3181982	2899298
1998	5789919	2969199	2820720
1999	6616726	3239901	3376825
2000	8316587	4165405	4151182
2001	8775448	4495757	4279691
2002	10190539	4843746	5346793
2003	13357340	5942257	7415083
2004	16788636	7351429	9437207
2005	18443791	8398628	10045163
2006	20735592	9163920	11571672
2007	23602193	10207129	13395064

资料来源：《中国对外经济贸易年鉴》历年版。2003年以后的数据来源《中国商务年鉴》（原《中国对外经济贸易年鉴》）。

表5　日本对华投资

年　份	项　目		协议金额		实际使用外资额	
	件　数	所占比重(%)	（万美元）	所占比重(%)	（万美元）	所占比重(%)
1984	138	—	20304	—	22458	—
1985	127	—	47068	—	31507	—
1986	94	—	21042	—	20133	—
1987	113	—	30136	—	21970	—
1988	253	—	27579	—	51453	—
1989	294	—	43861	—	35634	—
1990	341	—	45700	—	50338	—
1991	599	—	812200	—	532500	—
1992	1805	—	217253	—	70983	—
1993	3488	—	296047	—	132410	—
1994	3018	—	444029	—	207529	—
1995	2946	—	759236	—	310846	—
1996	1742	—	513068	—	367935	—
1997	1402	—	340124	—	310846	—
1998	1198	—	274899	—	340036	—
1999	1167	—	259128	—	297308	—
2000	1614	—	368051	—	291585	—
2001	2019	7.72	541973	7.83	434842	9.28
2002	2745	8.03	529804	6.4	419009	7.94
2003	3254	7.92	795535	6.91	505419	9.45
2004	3454	7.91	916205	5.97	545157	8.99
2005	3269	7.43	—		652977	9.02
2006	2590	6.24	—		459806	6.62
2007	1974	5.2	—		358922	4.3
截至2007年	39688	6.28	—	—	617.24亿美元	7.81

　　资料来源：《中国对外经济贸易年鉴》历年版。2003年以后的数据来源《中国商务年鉴》（原《中国对外经济贸易年鉴》）。2005年以后，协议金额未列入统计项目。

表6 日本对华援助

单位：亿日元

年　度	无偿资金援助	技术援助	有偿资金援助
1990	66.06	70.49	1225.24
1991	66.52	68.55	1296.07
1992	82.37	75.27	1373.28
1993	98.23	76.51	1387.43
1994	77.99	79.57	1403.42
1995	4.81	73.74	1414.29
1996	20.67	98.90	1705.11
1997	68.86	103.82	2029.06
1998	76.05	98.30	2065.83
1999	59.10	73.30	1926.37
2000	47.80	81.96	2143.99
2001	63.33	77.77	1613.66
2002	67.87	62.37	1212.14
2003	51.50	61.80	966.92
2004	41.10	59.23	858.75
2005	—	—	747.98
2006	—	—	623.30
2007	—	—	463.00

资料来源：日本外务省。

表7 国家和地方长期债务余额

单位：万亿日元，%

年度	2002	2003	2004	2005	2006	2007	2008
债务总额	698.0540	691.6203	732.5921	758.3024	761.0372	772.1009	777.9210
GDP	489.8752	493.7475	498.4906	503.8447	511.8770	516.0000	526.9000
债务/GDP	(142.5)	(140.1)	(147.0)	(150.5)	(148.7)	(149.6)	(147.6)

资料来源：日本财务省。

表8 银行不良债权处理一览

单位：亿日元，%

年　度	2001	2002	2003	2004	2005	2006	2007
贷款总额	5120760	4745810	4555050	4461270	4574720	4726570	48162701
不良债权	432070	353390	265940	179270	133720	119740	114050
不良贷款率	8.4	7.4	5.8	4.0	2.9	2.5	2.4

资料来源：日本金融厅，http://www.fsa.go.jp。

表9　公示地价一览

用途	全国平均					
年份 地区	东京地区	人阪地区	名占屋地区	三大都市圈平均	地方平均	全国平均
昭和四十六年	16.7	16.8	13.8	16.5		16.5
1972	13.1	12.2	12.2	12.8	8.8	12.4
1973	34.0	28.1	26.0	31.4	25.6	30.9
1974	33.3	29.9	26.5	31.7	39.1	32.4
1975	△11.4	△9.5	△9.5	△10.5	△8.2	△9.2
1976	0.4	0.3	0.4	0.4	0.6	0.5
1977	1.3	1.4	1.9	1.4	1.5	1.5
1978	2.8	2.3	3.1	2.7	2.4	2.5
1979	7.3	5.6	6.5	6.7	4.1	5.2
1980	15.7	11.8	11.4	13.9	7.3	10.0
1981	12.2	11.1	10.3	11.6	8.3	9.6
1982	6.8	8.5	7.0	7.3	7.4	7.4
1983	4.0	4.8	4.1	4.3	5.0	4.7
1984	2.7	3.5	2.4	2.9	3.2	3.0
1985	2.4	3.2	1.7	2.5	2.3	2.4
1986	4.1	3.1	1.7	3.5	1.8	2.6
1987	23.8	4.6	2.4	15.0	1.5	7.7
1988	65.3	19.8	8.3	43.8	2.4	21.7
平成元年	1.8	32.1	16.4	12.2	4.8	8.3
1990	7.2	53.9	19.9	22.1	11.7	16.6
1991	7.0	6.8	18.4	8.5	13.8	11.3
1992	△8.4	△21.3	△5.1	△11.6	1.9	△4.6
1993	△14.9	△17.4	△9.3	△14.7	△2.3	△8.4
1994	△9.4	△8.5	△6.9	△8.8	△2.0	△5.6
1995	△5.0	△4.0	△5.6	△4.8	△1.2	△3.0
1996	△7.0	△6.0	△5.2	△6.4	△1.8	△4.0
1997	△5.1	△3.4	△3.0	△4.3	△1.6	△2.9
1998	△3.9	△2.3	△1.9	△3.2	△1.7	△2.4
1999	△7.1	△5.9	△4.9	△6.4	△3.0	△4.6
2000	△7.4	△6.9	△3.0	△6.6	△3.4	△4.9
2001	△6.4	△7.4	△2.8	△6.1	△3.8	△4.9
2002	△6.4	△9.1	△5.3	△6.9	△5.0	△5.9
2003	△5.9	△9.1	△6.1	△6.8	△6.0	△6.4
2004	△4.9	△8.3	△5.3	△5.9	△6.5	△6.2
2005	△3.2	△5.4	△3.5	△3.9	△6.0	△5.0
2006	△0.7	△1.4	△1.0	△0.9	△4.6	△2.8
2007	4.6	2.7	2.8	5.3	△2.8	0.4
2008	6.7	3.4	3.8	5.3	△1.8	1.7
2009	△4.7	△2.3	△3.5	△3.8	△3.2	△3.5

注："△"表示下降。

资料来源：日本国土交通省（http：//www.mlit.go.jp）公布以当年1月1日为基准的地价。

中日关于全面推进
战略互惠关系的联合声明

应日本国政府邀请，中华人民共和国主席胡锦涛于 2008 年 5 月 6 日至 10 日对日本国进行国事访问。访问期间，胡锦涛主席会见了明仁天皇，并同福田康夫内阁总理大臣举行会谈，就全面推进战略互惠关系达成广泛共识。双方发表联合声明如下：

一、双方一致认为，中日关系对两国都是最重要的双边关系之一。两国对亚太地区和世界的和平、稳定与发展有着重要影响，肩负着庄严责任。长期和平友好合作是双方唯一选择。双方决心全面推进中日战略互惠关系，实现中日两国和平共处、世代友好、互利合作、共同发展的崇高目标。

二、双方重申，1972 年 9 月 29 日发表的《中日联合声明》、1978 年 8 月 12日签署的《中日和平友好条约》及 1998 年 11 月 26 日发表的《中日联合宣言》构成中日关系稳定发展和开创未来的政治基础，确认继续恪守三个文件的各项原则。双方确认，继续坚持和全面落实 2006 年 10 月 8 日及 2007 年 4 月 11 日发表的《中日联合新闻公报》的各项共识。

三、双方决心正视历史、面向未来，不断开创中日战略互惠关系新局面。双方将不断增进相互理解和相互信任，扩大互利合作，使中日关系的发展方向与世界发展潮流相一致，共同开创亚太地区和世界的美好未来。

四、双方确认，两国互为合作伙伴，互不构成威胁。双方重申，相互支持对方的和平发展。双方确信，坚持和平发展的中国和日本将给亚洲和世界带来巨大机遇和利益。

中国自改革开放以来取得的发展给包括日本在内的国际社会带来了巨大机遇，日方对此给予积极评价。中国愿为构建持久和平、共同繁荣的世界做出贡献，日方对此表示支持。

日本在第二次世界大战后 60 多年来，坚持走作为和平国家的道路，通过和平手段为世界和平与稳定做出贡献，中方对此给予积极评价。双方同意就联合国改革问题加强对话与沟通，努力增加共识。中方表示重视日本在联合国的地位和作用，愿意看到日本在国际事务中发挥更大的建设性作用。

双方坚持通过协商和谈判解决两国间的问题。

五、日方重申，继续坚持在《日中联合声明》中就台湾问题表明的立场。

六、双方决定在以下五大领域构筑对话与合作框架，开展合作。

（一）增进政治互信

双方确认，增进政治安全互信对构筑中日战略互惠关系具有重要意义。双方决定：

——建立两国领导人定期互访机制，原则上隔年互访，在多边场合频繁举行会晤。加强政府、议会、政党间的交流和战略对话机制，就双边关系和各自内外政策及国际形势加强沟通，努力提高政策透明度。

——加强安全保障领域的高层互访，促进多层次对话与交流，进一步加深相互理解和信任。

——为进一步理解和追求国际社会公认的基本和普遍价值进行紧密合作，不断加深对在长期交流中共同培育、共同拥有的文化的理解。

（二）促进人文交流，增进国民友好感情

双方确认，不断增进两国人民特别是青少年之间的相互了解和友好感情，有利于巩固中日世代友好与合作的基础。为此，双方决定：

——广泛开展两国媒体、友城、体育、民间团体之间的交流，开展丰富多彩

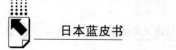

的文化交流及知识界交流。

——持之以恒地开展青少年交流。

（三）加强互利合作

双方确认，中日两国作为对世界经济有重要影响的国家，将为世界经济的可持续增长做出贡献，决定重点开展以下合作：

——在能源和环境领域开展合作是我们对子孙后代和国际社会的义务，基于这一认识，要特别加强在这一领域的合作。

——在贸易、投资、信息通信技术、金融、食品及产品安全、知识产权保护、商务环境、农林水产业、交通运输及旅游、水、医疗等领域广泛开展互利合作，扩大共同利益。

——从战略高度有效运用中日经济高层对话。

——共同努力，使东海成为和平、合作、友好之海。

（四）共同致力于亚太地区的发展

双方确认，中日两国作为亚太地区重要国家，将就本地区事务保持密切沟通，加强协调与合作。双方决定重点开展以下合作：

——共同致力于维护东北亚地区和平与稳定。共同推动六方会谈进程。双方一致认为，日朝关系正常化对东北亚地区的和平与稳定具有重要意义。中方对日朝解决有关问题，实现关系正常化表示欢迎和支持。

——本着开放、透明和包容的原则，促进东亚区域合作，共同推动建设和平、繁荣、稳定和开放的亚洲。

（五）共同应对全球性课题

双方确认，中日两国在 21 世纪对世界的和平与发展肩负更大责任，愿就重大国际问题加强协调，共同推动建设持久和平、共同繁荣的世界。双方决定开展以下合作：

——双方将在《联合国气候变化框架公约》框架下，根据"共同但有区别的责任及各自能力"的原则，按照巴厘路线图积极参与构建 2012 年之后有实效的应对气候变化国际框架。

——双方确认能源安全、环境保护、贫困、传染病等全球性问题是双方面临

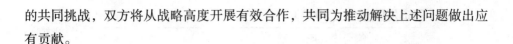

的共同挑战，双方将从战略高度开展有效合作，共同为推动解决上述问题做出应有贡献。

中华人民共和国主席　　　　　日本国内阁总理大臣

胡锦涛（签字）　　　　　　福田康夫（签字）

二〇〇八年五月七日于东京

（原载 2008 年 5 月 8 日《人民日报》第 3 版）

日本蓝皮书

日本发展报告（2009）

主　　编／李　薇
副 主 编／林　昶

出 版 人／谢寿光
总 编 辑／邹东涛
出 版 者／社会科学文献出版社
地　　址／北京市西城区北三环中路甲 29 号院 3 号楼华龙大厦
邮政编码／100029
网　　址／http：//www. ssap. com. cn
网站支持／(010) 59367077
责任部门／编译中心 (010) 59367139
电子信箱／bianyibu@ ssap. cn
项目经理／祝得彬
责任编辑／王玉敏　陶盈竹
责任校对／仪莉霞
责任印制／蔡　静　董　然　米　扬
品牌推广／蔡继辉

总 经 销／社会科学文献出版社发行部
　　　　　　(010) 59367080　59367097
经　　销／各地书店
读者服务／市场部 (010) 59367028
排　　版／北京中文天地文化艺术有限公司
印　　刷／北京季蜂印刷有限公司

开　　本／787mm × 1092mm　1/16
印　　张／31. 5
字　　数／556 千字
版　　次／2009 年 8 月第 1 版
印　　次／2009 年 8 月第 1 次印刷

书　　号／ISBN 978 - 7 - 5097 - 0954 - 2
定　　价／79. 00 元（赠光盘）

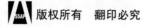